黄金冶金新技术

曲胜利　主编

北　京

冶　金　工　业　出　版　社

2018

内 容 提 要

本书共分八章，全面介绍了全球黄金市场和消费情况，对世界和中国黄金冶金发展历程、黄金资源分布与黄金冶金技术现状、技术特点进行了高度概括和全面回顾，总结了近年来黄金行业发展的最新成果和最新理念。特别针对近年来日益增多的难处理金矿处理方法，详细论述了加压氧化工艺、生物氧化工艺、两段焙烧工艺、近年来迅速发展起来的富氧底吹造锍捕金工艺和富氧底吹贵铅捕金工艺、含金铜阳极泥处理工艺、含金铅阳极泥处理工艺、金精炼工艺等。此外，归纳和总结了国内外黄金冶金"三废"治理工艺，重点对制约黄金冶金发展的瓶颈问题提出了新的发展思路。

本书可供从事黄金冶炼科研设计、生产企业和管理部门的工程技术人员阅读，也可供大专院校相关专业师生参考。

图书在版编目（CIP）数据

黄金冶金新技术/曲胜利主编 . —北京：冶金工业出版社，2018.7

ISBN 978-7-5024-7821-6

Ⅰ.①黄… Ⅱ.①曲… Ⅲ.①炼金 Ⅳ.①TF831

中国版本图书馆 CIP 数据核字（2018）第 157503 号

出 版 人 谭学余
地　　址 北京市东城区嵩祝院北巷 39 号　邮编　100009　电话　（010）64027926
网　　址 www.cnmip.com.cn　电子信箱　yjcbs@cnmip.com.cn
责任编辑 张熙莹　王 双　美术编辑　彭子赫　版式设计　孙跃红
责任校对 郑 娟 责任印制　牛晓波
ISBN 978-7-5024-7821-6
冶金工业出版社出版发行；各地新华书店经销；三河市双峰印刷装订有限公司印刷
2018 年 7 月第 1 版，2018 年 7 月第 1 次印刷
787mm×1092mm　1/16；20.5 印张；495 千字；314 页
89.00 元
冶金工业出版社　投稿电话　（010）64027932　投稿信箱　tougao@cnmip.com.cn
冶金工业出版社营销中心　电话　（010）64044283　传真　（010）64027893
冶金书店　地址　北京市东四西大街 46 号（100010）　电话　（010）65289081（兼传真）
冶金工业出版社天猫旗舰店　yjgycbs.tmall.com
（本书如有印装质量问题，本社营销中心负责退换）

序

    曲胜利是山东恒邦冶炼股份有限公司教授级高级工程师、总裁，中南大学兼职教授、博士生导师，长期从事黄金生产的技术开发和管理工作，对黄金生产具有丰富的实践经验和坚实的理论功底，在多年生产实践和研究开发的基础上，编写了《黄金冶金新技术》，内容丰富，实在难得。

    该书介绍了国内外黄金的资源、黄金生产的发展历程和现状以及今后的发展趋势，对难处理金矿的冶金工艺，如加压氧化预处理、生物氧化和两段沸腾焙烧技术进行了总结和分析。特别值得指出的是，该书对富氧底吹造锍捕金技术做了重点描述，包括基础理论、工艺过程和主要设备以及技术经济指标等，对相关的研究开发和工业生产具有宝贵的指导和借鉴作用。此外，该书也用较大篇幅介绍了阳极泥的处理和精炼工艺，以及黄金冶炼过程中的"三废"治理技术，相信会受到黄金生产同行的欢迎。

    山东恒邦冶炼股份有限公司长期与国内科研设计单位和高校紧密合作，将氧气底吹技术应用于黄金冶炼，运用造锍捕金技术处理复杂金矿，做了大量的科技开发工作，这一创新成果使我国黄金冶炼水平处于世界前列，企业也由于科技进步而获得了显著的社会效益与经济效益。

    相信该书的出版会对大专院校、科研设计、生产企业、管理部门和科技工作者了解黄金冶炼技术的现状和科技进步具有重要的作用，对实现黄金工业的绿色化发展也有一定的参考作用。

2018 年 3 月

前　言

黄金是人类最早认识的金属之一，人类对黄金的开采、生产和加工始于新石器时代。从淘洗砂砾起，"淘金者"的脚步从河边走向山地。唐代诗人刘禹锡诗曰："日照澄州江雾开，淘金女伴满江隈，美人首饰侯王印，尽是沙中浪底来。"诗中描述了生产黄金的艰辛，足见中华民族对采金工艺的探索和对黄金价值的认知历史之悠久。

19世纪以来，在不断加深黄金理性认识的过程中，现代化的黄金勘探、开采和提取工艺逐步得到应用，黄金生产跃上了新台阶。当前，我国已经成为世界黄金生产第一大国，并保持增长态势。近年来，为解决共性和关键问题，黄金行业企业围绕生产实际和发展需求，持续进行着具有时代意义的探索和实践。伴随技术进步和产业升级，国内黄金冶炼理论与工艺水平稳步提升，体现出以下几个方面的特征：一是行业企业规模化、集约化进步很大，二是难处理资源得到开发利用，三是黄金装备水平实现大幅提升和改善，四是综合利用程度取得巨大进展。

随着矿产资源的日益枯竭和全球环境压力的持续增大，开发难处理矿石资源清洁生产技术，加速推广资源综合利用成为行业的重要任务。为此，国内生产企业联合科研、设计单位开展了持续、大规模的攻关研发，先进成果的成功应用使我国黄金冶炼水平跃居世界前列，使行业发展实现了质的飞跃。例如，创新性地将氧气底吹技术应用于黄金冶炼，运用造锍捕金工艺处理复杂金精矿，有效提升了生产效率和环保效益，成为国内许多黄金生产企业的首选技术，引领行业发生了颠覆性的重大变革；开拓性地将有色金属冶炼与贵金属冶炼有机结合，使铜、铅阳极泥中的黄金、硒、碲、铂、钯等元素得到有效回收和综合利用；山东恒邦冶炼股份有限公司首创的干法收砷技术解决了世界处理高砷物料的难题，使复杂精矿有效处理成为现实，对企业多元素综合回收能力和经济效益有极大提升；同时硫化氢制备处理酸性废水、离子液脱硫等创新成果的研发和应用，有效解决了生产过程中的"三废"问题，极大地提高了生产的安全性和环保效益。

　　本书在编写过程中得到了中国工程院邱定蕃院士、中国恩菲工程技术有限公司蒋继穆大师和李兵博士、中南大学冶金与环境学院柴立元院长等人的大力支持，在资料收集方面山东恒邦冶炼股份有限公司的同事提供了许多帮助，在此一并表示感谢。同时，在编写过程中还参考了许多黄金冶金方面的文献，对文献作者为推进我国黄金冶金的发展作出的贡献表示敬意，并借此机会向他们表示由衷的感谢。

　　由于编者水平所限，书中不足之处，恳请广大读者批评指正。

曲胜利

2018 年 3 月

目　　录

1　绪论 …………………………………………………………………………… 1
　1.1　金及其化合物的性质和用途 ………………………………………… 1
　　1.1.1　金的物理性质 ………………………………………………… 1
　　1.1.2　金的化学性质 ………………………………………………… 2
　　1.1.3　金的化合物 …………………………………………………… 3
　　1.1.4　金的主要用途 ………………………………………………… 6
　1.2　黄金矿产资源 ………………………………………………………… 11
　　1.2.1　世界黄金资源分布 …………………………………………… 11
　　1.2.2　世界黄金资源特点 …………………………………………… 11
　　1.2.3　中国黄金资源分布 …………………………………………… 13
　　1.2.4　中国黄金资源特点 …………………………………………… 15
　　1.2.5　其他黄金资源 ………………………………………………… 16
　1.3　黄金的生产与消费 …………………………………………………… 17
　　1.3.1　黄金的生产 …………………………………………………… 17
　　1.3.2　黄金需求与消费 ……………………………………………… 20
　　1.3.3　黄金的价格走向分析 ………………………………………… 23
　1.4　黄金冶金技术发展概况 ……………………………………………… 25
　　1.4.1　发展历程 ……………………………………………………… 25
　　1.4.2　现阶段黄金冶金工艺流程 …………………………………… 27
　　1.4.3　黄金冶金可持续发展趋势 …………………………………… 34
　1.5　金矿冶金技术及特点 ………………………………………………… 35
　　1.5.1　金矿石的分类 ………………………………………………… 35
　　1.5.2　难处理金矿石的类型 ………………………………………… 36
　　1.5.3　难处理金矿的矿物学特征 …………………………………… 37
　　1.5.4　黄金冶金技术概述 …………………………………………… 38
　　1.5.5　难处理金精矿传统黄金冶金技术特点 ……………………… 45
　　1.5.6　现代黄金冶金技术特点 ……………………………………… 53

2　难处理金矿传统冶金工艺 ……………………………………………… 56
　2.1　难处理金矿加压氧化浸出预处理技术 ……………………………… 56
　　2.1.1　金属硫化矿加压氧化浸出机理 ……………………………… 56
　　2.1.2　酸法加压氧化工艺 …………………………………………… 57

2.1.3　加压催化氧化氨浸工艺 ·· 58

2.1.4　金矿加压氧化工艺局限性 ·· 59

2.1.5　加压氧化过程中的环境问题 ······································ 60

2.2　难处理金矿生物氧化处理技术 ·· 60

2.2.1　难处理金矿生物氧化工艺 ·· 60

2.2.2　浸矿微生物 ·· 61

2.2.3　难处理金矿细菌氧化过程反应机理 ································ 64

2.2.4　细菌氧化工艺条件 ·· 65

2.2.5　细菌氧化过程动力学 ·· 66

2.2.6　难处理金矿细菌氧化工艺优缺点 ·································· 68

2.2.7　难处理金矿细菌氧化工艺技术经济分析 ···························· 69

2.2.8　细菌氧化过程中的环境问题 ······································ 69

2.3　含砷难处理金精矿沸腾炉两段焙烧技术 ···································· 69

2.3.1　含砷难处理金精矿两段焙烧技术原理 ······························ 69

2.3.2　含砷金精矿两段焙烧过程工艺 ···································· 71

2.3.3　砷元素在焙烧过程中的走向与分布 ·································· 72

2.3.4　烟气骤冷干法布袋收砷工艺 ······································ 72

2.3.5　两段焙烧工艺优缺点 ·· 72

2.3.6　两段焙烧工艺技术经济分析 ······································ 73

2.3.7　两段焙烧过程中存在的环境问题 ·································· 74

3　富氧底吹造锍捕金工艺 ·· 75

3.1　富氧底吹造锍捕金技术理论基础 ·· 75

3.1.1　概述 ·· 75

3.1.2　造锍捕金技术熔炼热力学 ·· 76

3.1.3　造锍捕金技术熔炼过程动力学 ···································· 79

3.1.4　造锍捕金技术渣型对熔炼过程的影响 ······························ 80

3.2　富氧底吹造锍捕金工艺的开发及技术特点 ·································· 81

3.3　富氧底吹造锍捕金基本原理 ·· 81

3.3.1　富氧底吹熔炼捕金基本原理 ······································ 81

3.3.2　液态富金冰铜吹炼基本原理 ······································ 81

3.4　富氧底吹氧化熔炼造锍捕金工艺流程 ······································ 82

3.4.1　原料制备 ·· 82

3.4.2　氧化熔炼 ·· 83

3.4.3　主要元素分布 ·· 83

3.4.4　富氧底吹造锍捕金干法收砷技术 ·································· 84

3.5　富氧底吹造锍捕金工艺主要设备 ·· 85

3.5.1　富氧底吹炉 ·· 85

3.5.2　吹炼转炉 ·· 85

3.5.3　回转式火法精炼炉 ································· 86

3.5.4　余热锅炉 ································· 86

3.6　富氧底吹造锍捕金的冶炼产物及主要经济技术指标 ················· 87

3.6.1　富金冰铜 ································· 87

3.6.2　富金粗铜 ································· 87

3.6.3　富金精炼阳极板 ································· 87

3.6.4　炉渣 ································· 87

3.6.5　富氧底吹造锍捕金的主要技术经济指标 ················· 87

3.7　湿法电解精炼 ································· 88

3.7.1　概述 ································· 88

3.7.2　电解精炼的基本理论 ································· 89

3.7.3　高金银阳极板对电解的影响 ················· 98

3.7.4　电解精炼的技术发展 ································· 98

3.7.5　大极板电解主要经济技术指标 ················· 103

3.7.6　大极板电解的主要装备 ················· 109

4　富氧底吹贵铅捕金工艺 ································· 113

4.1　富氧底吹贵铅捕金技术理论基础 ················· 113

4.1.1　贵铅捕金技术氧化熔炼热力学 ················· 113

4.1.2　贵铅捕金技术氧化熔炼过程动力学 ················· 114

4.1.3　贵铅捕金技术渣型对氧化熔炼过程的影响 ················· 116

4.2　富氧底吹贵铅捕金工艺的发展及技术特点 ················· 118

4.2.1　富氧底吹贵铅捕金工艺的开发 ················· 118

4.2.2　富氧底吹贵铅捕金的工业化应用 ················· 119

4.2.3　富氧底吹贵铅捕金的技术特点 ················· 119

4.3　富氧底吹贵铅捕金基本原理 ················· 120

4.3.1　氧化熔炼捕金基本原理 ················· 120

4.3.2　液态富金铅渣还原熔炼的基本原理 ················· 120

4.3.3　富氧底吹炉的动力学过程 ················· 121

4.3.4　渣型选择 ································· 123

4.4　富氧底吹氧化熔炼贵铅捕金工艺流程 ················· 124

4.4.1　原料准备 ································· 124

4.4.2　氧化熔炼 ································· 125

4.4.3　主要元素分配 ································· 126

4.5　液态富金渣还原熔炼捕金工艺 ················· 128

4.5.1　液态富金渣还原熔炼及其特点 ················· 128

4.5.2　液态富金渣还原熔炼技术比较 ················· 128

4.5.3　液态富金渣还原的元素分布 ················· 129

4.6　富氧底吹贵铅捕金主要设备 ················· 130

4.6.1 富氧底吹炉 ……………………………… 130

4.6.2 底吹还原炉 ……………………………… 130

4.6.3 余热锅炉 ………………………………… 130

4.7 富氧底吹贵铅捕金的冶炼产物及特征 ……… 132

4.7.1 富金粗铅 ………………………………… 132

4.7.2 还原炉渣 ………………………………… 132

4.7.3 氧化锌 …………………………………… 132

4.7.4 烟化弃渣 ………………………………… 133

4.8 富氧底吹贵铅捕金主要技术经济指标 ……… 133

4.9 富氧底吹贵铅捕金初步火法精炼 …………… 134

4.9.1 概述 ……………………………………… 134

4.9.2 富金贵铅脱铜精炼的基本原理 ………… 134

4.9.3 富金贵铅脱铜精炼工艺 ………………… 135

4.9.4 主要经济技术指标 ……………………… 135

4.10 湿法电解精炼 ………………………………… 135

4.10.1 概述 …………………………………… 135

4.10.2 电解精炼的基本理论 ………………… 136

4.10.3 影响阳极泥结构和性质的主要因素 … 137

4.10.4 电解精炼的技术发展 ………………… 138

4.10.5 大极板电解技术 ……………………… 139

4.10.6 大极板电解主要经济技术指标 ……… 140

4.10.7 大极板电解的主要设备 ……………… 141

5 含金铜阳极泥精炼工艺 ………………………… 142

5.1 概述 …………………………………………… 142

5.2 铜阳极泥组成和性质 ………………………… 142

5.2.1 铜阳极泥的物相组成 …………………… 142

5.2.2 铜阳极泥的化学组成 …………………… 143

5.3 铜阳极泥冶金技术发展 ……………………… 144

5.4 铜阳极泥冶金工艺 …………………………… 145

5.4.1 传统处理工艺 …………………………… 145

5.4.2 选冶联合工艺 …………………………… 157

5.4.3 硫酸化焙烧—湿法浸出工艺 …………… 159

5.4.4 加压浸出—火法熔炼工艺 ……………… 170

5.4.5 工业实践 ………………………………… 178

5.5 铜阳极泥有价元素综合回收 ………………… 184

5.5.1 硒回收 …………………………………… 184

5.5.2 碲回收 …………………………………… 185

5.5.3 铂钯回收 ………………………………… 188

6　含金铅阳极泥精炼工艺 ……………………………………………… 190
　6.1　概述 …………………………………………………………… 190
　6.2　铅阳极泥的组成和性质 ……………………………………… 190
　　6.2.1　铅阳极泥的物相组成 …………………………………… 190
　　6.2.2　铅阳极泥的化学组成 …………………………………… 191
　6.3　铅阳极泥处理传统工艺 ……………………………………… 192
　　6.3.1　工艺流程 ………………………………………………… 192
　　6.3.2　工艺原理 ………………………………………………… 192
　　6.3.3　技术操作 ………………………………………………… 195
　　6.3.4　铅阳极泥传统工艺特点 ………………………………… 196
　6.4　铅阳极泥冶金技术的发展 …………………………………… 196
　　6.4.1　氧气底吹转炉处理铅阳极泥 …………………………… 197
　　6.4.2　三段熔炼法处理低品位铅阳极泥 ……………………… 198
　　6.4.3　高铋高铅铅阳极泥的火法精炼 ………………………… 200
　　6.4.4　富氧侧吹炉处理铅阳极泥工艺 ………………………… 200
　　6.4.5　真空蒸馏处理铅阳极泥工艺 …………………………… 202
　6.5　湿法工艺 ……………………………………………………… 203
　　6.5.1　浸出—氯化—还原法 …………………………………… 204
　　6.5.2　控电位氯化浸出—熔炼提金银工艺 …………………… 207
　　6.5.3　氯盐浸出—硅氟酸脱铅—熔铸合金—金银电解工艺 … 210
　　6.5.4　氯化浸出—萃取处理铅阳极泥 ………………………… 211
　　6.5.5　碱性加压氧化浸出—火法熔炼法 ……………………… 213
　6.6　铅阳极泥有价元素综合回收 ………………………………… 214
　　6.6.1　锑回收 …………………………………………………… 214
　　6.6.2　铋回收 …………………………………………………… 217

7　金精炼工艺 ………………………………………………………… 225
　7.1　概述 …………………………………………………………… 225
　7.2　金精炼原料性质和组成 ……………………………………… 225
　7.3　金精炼方法 …………………………………………………… 226
　　7.3.1　金的火法精炼 …………………………………………… 226
　　7.3.2　金的化学法精炼 ………………………………………… 229
　　7.3.3　金的电解精炼 …………………………………………… 240
　　7.3.4　金的萃取精炼 …………………………………………… 255
　　7.3.5　黄金精炼技术展望 ……………………………………… 263

8　黄金冶金"三废"治理工艺 ……………………………………… 265
　8.1　概述 …………………………………………………………… 265

8.2　黄金冶金污染特征 ……………………………………………………………… 265

　　8.2.1　黄金冶金废气特性 …………………………………………………………… 265

　　8.2.2　黄金冶金废水特性 …………………………………………………………… 266

　　8.2.3　黄金冶金固废特性 …………………………………………………………… 266

8.3　黄金冶金废气治理技术 ………………………………………………………… 266

　　8.3.1　SO_2 烟气处理技术 …………………………………………………………… 266

　　8.3.2　含 As_2O_3 废气治理技术 …………………………………………………… 267

　　8.3.3　含汞废气治理技术 …………………………………………………………… 267

　　8.3.4　氮氧化物治理技术 …………………………………………………………… 267

8.4　黄金冶金废水治理技术 ………………………………………………………… 268

　　8.4.1　黄金冶金废水传统治理技术 ………………………………………………… 268

　　8.4.2　黄金冶金废水处理工程 ……………………………………………………… 278

　　8.4.3　黄金冶金废水处理新技术 …………………………………………………… 284

　　8.4.4　黄金冶金废水处理技术的发展趋势 ………………………………………… 287

　　8.4.5　酸性废水硫化—浓缩处理工艺实践 ………………………………………… 287

8.5　黄金冶金废渣处理与处置技术 ………………………………………………… 290

　　8.5.1　含金固体废物处理技术 ……………………………………………………… 290

　　8.5.2　氰化尾渣的处理技术 ………………………………………………………… 291

　　8.5.3　含氰废堆的处理技术 ………………………………………………………… 293

　　8.5.4　含砷废渣处理技术 …………………………………………………………… 294

　　8.5.5　含金黄铁矿烧渣中有价金属的回收 ………………………………………… 300

参考文献 ……………………………………………………………………………… 308

1 绪 论

1.1 金及其化合物的性质和用途

1.1.1 金的物理性质

金（Au）的原子序数为 79，属于ⅠB族，相对原子质量为 196.97，原子半径为 0.1442nm，与银、钌、铑、钯、锇、铱、铂等统称为贵金属。

金的密度为 19.32g/cm³（20℃）。在不同的温度下金的密度也略有差异，如 18℃ 时为 19.31g/cm³，1064.43℃ 开始熔化时为 17.3g/cm³，凝固状态时为 18.2g/cm³。

金在所有的金属中延展性最好，1g 纯金可加工成厚度仅为 0.23μm 的金箔，并且这样薄的金箔在显微镜下观察仍然致密。金的拉长极限强度为 11.95kg/mm²，伸长率为 68%～73%。金的横断面面积收缩率为 90%～94%，在现有的加工条件下 1g 纯金可拉长到 3420m 以上。但若金中含有铅、铋、碲、锑、砷、锡等杂质，其力学性能将明显下降。例如，金中含有 0.01% 的铅时，性变脆；含有 0.05% 的铋时，甚至可用手搓碎。

金的导电性仅次于银和铜，电导率为银的 76.7%。金的电阻系数在 0℃ 时为 $2.065 \times 10^{-6} \Omega \cdot cm$，20℃ 时为 $2.42 \times 10^{-6} \Omega \cdot cm$，温度越高系数越大。金的导热性仅次于银，热导率为银的 74%。25℃ 时，金的导热系数为 315W/(m·K)。金的熔点为 1064.43℃，沸点为 2808℃，具有常数为 0.407nm 的面心立方体晶格。纯金的抗压强度为 10kg/mm²，其抗拉强度与预处理的方法有关。

金的挥发性很小，在 1100～1300℃ 间熔炼时，金的挥发损失为 0.01%～0.025%。但熔融的液态金会随着温度的升高而挥发，金的蒸气压见表 1.1。金的挥发损失与炉料中挥发性杂质的含量及周围的气氛有关。例如，熔炼合金中 Sb 或 Hg 含量达到 5% 时，金的挥发损失可达 0.2%；在煤气中蒸发金的损失量为在空气中的 6 倍，在一氧化碳中的损失量为在空气中的 2 倍。熔炼时金的挥发损失是由于金的强吸气性引起的。金的挥发速度和金中杂质的性质也有关系。

表 1.1 金的蒸气压

t/℃	953	1140	1403	1786	2410	2808
p/Pa	133.222×10^{-6}	133.222×10^{-4}	133.222×10^{-2}	133.222	133.222×10^2	7993.2

金的硬度极低，莫氏硬度为 2.5，矿物学硬度为 3.7。金很容易被磨损，变成极细的粉末，这也是黄金以分散状态广泛分布于自然界的原因。因此，大多数金首饰和金币一般都要添加银和铜，以提高硬度，并使其颜色更加绚丽多彩。

金的纯度可用试金石鉴定，称为"条痕比色"，条痕呈青色，含金量 70%；呈黄色，金含量为 80%；呈紫色，金含量为 90%；呈橙红色时为纯金。

1.1.2　金的化学性质

金的化学性质稳定，具有很强的抗腐蚀性，在空气中甚至在高温下也不与氧气反应（但在特定条件下纯氧除外），金在高温下不会和硫反应。但若满足适宜的条件，如位于河流底部，并长年累月地被河底的砂石摩擦就会被氧化。

在常温下有氧存在时金可溶于含有氰化钾或氰化钠的溶液，形成稳定的络合物 $Me[Au(CN)_2]$；金也可溶于含有硫脲的溶液中或通有氯气的酸性溶液中。金不与碱溶液作用，但在熔融状态时可与 Na_2O_2 生成 $NaAuO_2$。金的化合价有 -1、-2、$+1$、$+2$、$+3$、$+5$、$+7$，氧化物有 Au_2O_3，氯化物有 $AuCl_3$。

在酸性介质中，氯金酸 $H[AuCl_4]$ 或络合物 $Me[Au(CN)_2]$ 可被金属锌（锌粉或锌丝）、亚硫酸钠、水合肼等还原为单质金粉。碱金属的硫化物会腐蚀金，生成可溶性的硫化金。土壤中的腐殖酸和某些细菌的代谢物也能溶解微量金。

金的电离势高，难以失去外层电子成正离子，也不易接受电子成阴离子，其化学性质稳定，与其他元素的亲和力微弱。因此，在自然界多呈单质即自然金状态存在。

金的化学性质较为稳定，除了碲、硒、氯等几种元素外，与其他元素在同样条件下不易发生化学反应，这一性质使金拥有长期暴露于空气中也不改变颜色和光彩的特性。在特定条件下，金也会与其他元素反应生成多种化合物，如硫化物、氧化物、氰化物、硫氰化物、硫酸盐、硝酸盐、氨合物、烷基金、芳基金、雷酸金等。金的微粒在胶状溶液中带负电，在电解过程中，金的微粒沉积到阳极上，形成黑色膜。

金可与卤素化合，例如，在高温下即可与溴反应，加热时可与氟、氯和碘化合。金在各介质中的行为见表1.2。

表1.2　金在各介质中的行为

介质	温度	腐蚀速度	介质	温度	腐蚀速度
硫酸	室温	几乎没影响	硫化钠（有氧时）	室温	严重腐蚀
发烟硫酸	室温	几乎没影响	醋酸	—	几乎没影响
硒酸	室温	几乎没影响	酒石酸	—	几乎没影响
70%的硝酸	室温	几乎没影响	过二硫酸	室温	几乎没影响
发烟硝酸	室温	轻微腐蚀	王水	室温	腐蚀很快
40%氢氟酸	室温	几乎没影响	36%的盐酸	室温	几乎没影响
盐酸	室温	几乎没影响	碘氢酸	室温	几乎没影响
氰氢酸溶液	—	严重腐蚀	磷酸	100℃	几乎没影响
氟	室温	几乎没影响	湿氯	室温	腐蚀很快
干氯	室温	微量腐蚀	干溴（溴液）	室温	腐蚀很快
溴水	室温	腐蚀很快	碘	室温	微量腐蚀
碘化钾中的碘溶液	室温	腐蚀很快	醇中的碘溶液	室温	严重腐蚀
氯化铁溶液	室温	微量腐蚀	氰化钾	室温	腐蚀很快
硒	100℃	几乎没影响	柠檬酸	—	几乎没影响
硫	100℃	几乎没影响	湿硫化氢	室温	几乎没影响

　　金在化合物中常呈一价或三价状态，金的化合物很不稳定，在加热时容易分解，某些化合物在光照下也会分解。金的某些化合物的溶解度见表 1.3。

表 1.3　金的某些化合物的溶解度

金及其化合物	在 100mL 水中的溶解度（25℃）	在其他溶剂中的溶解度
Au	不溶	溶于王水、KCN、热 H_2SO_4，不溶于一般酸和强碱
AuBr	不溶	在一般酸中离解，溶于 NaCN
$AuBr_3$	微溶	
AuCl	极微溶	溶于 HCl、HBr
$AuCl_3$	68g	
AuCN	极微溶	溶于 KCN、NH_4OH，不溶于强碱
$HAu(CN_4)\cdot 3H_2O$	极易溶	
AuI	极微溶	溶于 KI
AuI_3	不溶	溶于碘化物中
$H[Au(NO_3)_4]\cdot 3H_2O$	可溶、解离	溶于 HNO_3
Au_2O_3	不溶	溶于 HCl、浓 HNO_3、NaCN
$Au_2O_3\cdot xH_2O$	5.7×10^{-11}g	溶于 HCl、浓 HNO_3、NaCN
Au_2P_3	不溶	不溶于 HCl、稀 HNO_3
Au_2Se_3	不溶	
Au_2S	不溶	溶于王水、KCN，不溶于一般酸
Au_2S_3	不溶	溶于 Na_2S
$AuTe_2$	不溶	

　　金的化合物易被还原，所有比金更负电性的金属（如 Mg、Zn、Al 等）、某些有机酸（如甲酸、草酸等）和某些气体（如氢、一氧化碳、二氧化碳等）都可作还原剂将其还原成金属。

1.1.3　金的化合物

1.1.3.1　氧化物及氢氧化物

金和氧可形成氧化亚金（Au_2O）和氧化金（Au_2O_3）。氧化亚金为紫灰色粉末，在 250℃时分解成金和氧气：

$$2Au_2O \xrightarrow{250℃} 4Au + O_2$$

Au_2O 在水中实际上不溶解，在湿润情况下可歧化生成深色的 Au_2O_3：

$$3Au_2O =\!=\!= 4Au + Au_2O_3$$

Au_2O_3 为深褐色粉末，160℃以上分解成金和氧，可溶于碱。介质的碱度不同，可形成三种金酸盐。金酸盐和某些有机物可形成爆炸性混合物。

　　在低温下，苛性碱溶液与 AuCl 作用生成低价氢氧化金：

$$AuCl + KOH === AuOH + KCl$$

在加热低价氢氧化金（AuOH）时，用碳酸钾或苏打加热干燥时使其分解，都可形成氧化亚金（Au_2O）：氢氧化金在100℃时可脱水，在110℃时便开始分解析出氢，在160℃时转化成 Au_2O，当加热到250℃便可得到金属金。

向含［$AuCl_4$］$^-$的溶液中加入氢氧化钠，可制得三价金的氢氧化物。这种氢氧化物脱水，首先生成 $Au(O)OH$，而后生成 Au_2O_3。

1.1.3.2　卤化物

A　氟化金

氟化金（AuF）不稳定，会发生歧化反应生成 Au 和 AuF_3。

AuF_3 是一种强氟化剂，呈橙色固体，能使苯燃烧。AuF_3 最初是加热 $AuF_3 \cdot AuBr_3$ 至300℃制得的，而 $AuF_3 \cdot AuBr_3$ 可将金溶于 BrF 得到。但是用此法形成的产物会被溴污染，因此 AuF_3 最好用 $AuCl_3$ 和金粉与氟在高温下反应制备。AuF_3 可在300℃的真空条件下升华，升华物为亮金黄色针状晶体；当温度达500℃时，AuF_3 分解为金和氟。

AuF_5 为暗红色固体，在85~88℃时熔化，且在真空下升华。

B　氯化金

较低温的氯气与纯金作用，可制得金的氯化物 AuCl 和 $AuCl_3$。AuCl 是一种柠檬黄的粉末，在室温和大气压力条件下不挥发，不分解，也不溶于水，但在水中会慢慢分解，形成溶解的 $AuCl_3$ 并析出粉状金：

$$3AuCl === 2Au + AuCl_3$$

AuCl 溶于氨水中，用盐酸酸化时可从溶液中沉淀出 $AuNH_3Cl$。AuCl 与盐酸作用则生成亚氯氢金酸：

$$AuCl + HCl === HAuCl_2$$

金粉与氯作用生成 $AuCl_3$，$AuCl_3$ 溶于水生成含氧的 H_2AuCl_3O，这是水溶液氯化法提取金的理论基础：

$$2Au + 3Cl_2 === 2AuCl_3$$
$$AuCl_3 + H_2O === H_2AuCl_3O$$
$$H_2AuCl_3O + HCl === HAuCl_4 + H_2O$$

金粉溶于王水并加稀盐酸缓慢蒸发，可获得 $HAuCl_4$，故王水分解法是提金的重要方法。

C　溴化金

AuBr 为灰黄色粉末，可由溴化亚金酸 $HAuBr_4$ 加热至200℃得到，也可将 $AuBr_3$ 与浓硫酸一起加热至200℃时制取。AuBr 可溶于碱金属溴化物溶液中生成络阴离子［$AuBr_2$］$^-$，加热至250℃以上时，可分解出金和溴。

D　碘化金

金的碘化物有 AuI 和 AuI_3。AuI 可在室温下由 AuI_3 分解生成。加热时，AuI 更容易分解；遇水时，其分解比其他卤化物慢。当有碘离子存在时，AuI 溶解并生成络阴离子。在 HI 和 KI 水溶液中的碘对细分散金作用时，金溶液生成络阴离子：

$$2Au + I_2 + 2I^- =\!=\!= 2AuI_2^-$$

AuI_3 可通过往碘化钾溶液中添加金氯酸制取。

$$AuCl_4^- + 3I^- =\!=\!= AuI_3 + 4Cl^-$$

通过 AuI 与 HI 中的碘饱和溶液也可制取 AuI_3。AuI_3 为暗绿色粉末，不溶于水。在 25℃ 时，粉末很快就分解为 I 和 AuI。AuI_3 可同一些有机物结合成多种化合物。

1.1.3.3　氰化物

最常见的金氰化物是一价和三价形式，用盐酸或硫酸分解氰金络合物得到一价金的氰化物：

$$KAu(CN)_2 + HCl =\!=\!= HAu(CN)_2 + KCl$$

一价金的氰化物可形成多种化合物，如 $NaAu(CN)_2$、$KAu(CN)_2$、$Ca[Au(CN)_2]_2$，这些络合物在金的氰化过程中是很重要的。当氧存在时，氰化物盐类可溶解金：

$$4Au + 8NaCN + O_2 + 2H_2O =\!=\!= 4NaAu(CN)_2 + 4NaOH$$

该反应是氰化法从矿石中提取金的理论基础，用同样的方法还可使金生成氰的钾盐，$KAu(CN)_2$ 和钙盐 $Ca[Au(CN)_2]_2$。

可通过在碱金属的氰化物溶液中溶解氰化亚金，获得碱金属的配合氰化物。

$$AuCN + NaCN =\!=\!= NaAu(CN)_2$$

金的络氰化物在水中可很好地溶解，当将这些络盐溶于盐酸中加热至 50℃ 时，可分解出氰化氢，并沉淀出氰化亚金。

$$NaAu(CN)_2 + HCl =\!=\!= HAu(CN)_2 + NaCl$$

$$HAu(CN)_2 \xrightarrow{50℃} HCN + AuCN$$

硫酸亚铁对金氰络合物不起作用，但是亚硫酸和草酸可从盐溶液中沉淀出氰化亚金的氰盐。常用锌、铝等作还原剂将氰化液中的金还原出来，也可再用电解还原法将金还原析出。

1.1.3.4　硫化物

金可以构成一价、二价和三价硫化物：Au_2S、Au_2S_2、Au_2S_3。当 H_2S 通入 $AuCl_3$ 或 $H[AuCl_4]$ 的水溶液时，便可以得到金的硫化物。沉淀条件不同，可以得到 Au_2S、Au_2S_3 以及一定比例的金和游离硫的化合物。在较高温度下，H_2S 可从这些溶液中还原金。

将 H_2S 与酸化 $[Au(CN)_2]^-$ 溶液作用可以生成 Au_2S：

$$2[Au(CN)_2]^- + 2H_2S =\!=\!= Au_2S + 4HCN + S^{2-}$$

此反应为可逆反应，若硫化氢溶液充分饱和，即可使反应向右进行。

Au_2S 为深褐色或黑色粉末，不溶于水和稀酸，而溶于碱金属硫化物水溶液，生成络合物，这些络合物在酸介质中遭破坏，析出 Au_2S 沉淀：

$$2[AuS]^- + 2H^+ =\!=\!= Au_2S + H_2S$$

Au_2S_3 可用 H_2S 在 10℃ 下处理金和钾的双氯化物时得到。Au_2S_3 为黑色粉末，30 ~ 220℃ 时稳定，继续加热便发生分解，析出金和硫，240℃ 时完全分解。在室温下，Au_2S_3 不溶于 HCl 和 H_2SO_4，但能溶于硝酸、王水、溴水和氰化钾溶液。水银对其作用很弱，仅能部分地使其分解并生成硫化亚汞。

1.1.3.5 硒化物和碲化物

金的硒化物 $AuSe \cdot H_2Se$ 是在盐酸介质中用硒化氢沉淀制取的。干燥后在 110~390℃ 的温度区间最稳定；当加热至 535~650℃ 时，可分解出金。

$Au(OH)_3$ 与亚硒酸通过磷酸酐相互作用，可以制得金的硒化物。金的硒化物是柠檬黄色沉淀物，不溶于水、乙醇、苯、醋酸乙酯和丙酮，易溶于盐酸，受热时也易溶于硒酸。300℃ 时，H_2SeO_4 与金互相作用可生成金的硒酸盐。金的硒酸盐为黄色晶体，能溶于硫酸和硝酸，并且可溶于加热的浓硒酸，不溶于水，在盐酸中会受损坏。

碲金矿 $AuTe_2$ 和 Au_2Te_3 是金的天然化合物。加热 Au_2Te_3 可还原为 $AuTe_2$。除二元硒、碲化合物之外，已知的混合化合物还有多种。

1.1.3.6 其他化合物

乙炔与硫代硫酸金溶液反应可以得到金的碳化物 Au_2C_2，在干燥情况下，这种化合物可爆炸。

硅酸金是将氧化金和水玻璃在苛性碱溶液中搅拌时生成的，只有在有游离碱存在时，硅酸金才稳定。酸可使硅酸金分解，且分解的硅酸凝胶可带走一些分离后的金属金。

金、银及其盐类在硫脲中溶解可得到金、银与硫脲的化合物。有氧化剂存在时，金、银及其合金可溶解于浓度较小的弱酸性硫脲溶液中。

1.1.4 金的主要用途

黄金是人类较早发现和利用的金属。随着社会发展，黄金的经济地位和应用在不断地发生变化。它的货币职能在下降，尤其在第一次世界大战后，金的流通和作为货币的用途大大消减。发展至今，黄金在法律上停止货币流通，形式上丧失了与货币制度的全部联系。然而，黄金仍是国家资源储备和私人储蓄的物质财富。此外，黄金在工业和高科技领域方面的应用在逐渐扩大。

1.1.4.1 黄金用作货币

黄金有多种用途，但在人类社会的发展过程中，黄金最重要的作用是作为货币。据统计，到 20 世纪 60 年代，世界黄金总量的 60% 供作货币，其中，大部分被铸成金条、金砖等保存在世界各国银行作为货币储存，仅有一小部分铸成金币供使用。黄金成为货币，主要由于它质地均匀、易于分割、体积小而价值大、不易腐蚀、便于携带。马克思说："金银天然不是货币，但货币天然是金银。"黄金作为货币，执行价值尺度、流通手段、贮藏手段、支付手段和世界货币职能，其中前两种为基本职能。

黄金用作货币源远流长。在我国古代，黄金一直作为货币流通。目前发展最早的金币是战国时代楚国铸造的。这种金币称为"郢爰"，"郢"在战国时曾是楚国的首都，"爰"是楚国的重量单位，一"爰"即楚制一两。我国正式的金属货币起源于周朝，发展于春秋，盛行于战国，统一于秦朝。在唐代，黄金作为货币大量用于馈赠、奉献、赏赐、赌博、储蓄等。进入宋朝后，黄金作为货币用途更加广泛，不仅充当商品交易媒介，还用来赔偿、借贷抵押、折款纳税、回收纸币等。发展到元代，黄金不再局限于在王公贵族之间流通，开始与银同时在民间作为货币流通。到明朝初年，金仍作为货币流通，但禁止金银私相买卖。到了清朝初期，社会上还有大量黄金作为货币使用。康熙年间，黄金用于国际贸易也曾流向国外。世界上金币的铸造，最早可以追溯到公元前8世纪初7世纪末位于西亚的亚述帝国。外国货币学家和考古学家认为第一枚金币是公元前7世纪在里底亚诞生的，其由含金73%、银27%的合金冲制而成。

20世纪70年代黄金与美元脱钩后，黄金的货币职能也有所减弱，但仍保持一定的货币职能。目前，许多国家的国际储备中，黄金仍占有相当重要的地位。据世界黄金协会（WGC）提供的数据显示，截至2016年12月，全球官方黄金储备33181.3t，其中欧元区（包括欧洲央行）共计10786.0t，占总比重的56.2%；央行售金协议（CBGA）签约国共计11951.7t，占总比重的31.7%。世界黄金协会2016年12月8日公布的世界黄金储备前20名的国家、地区和组织见表1.4。

表1.4 世界黄金储备前20名的国家、地区和组织

排名	国家、地区和组织	黄金储备/t	排名	国家、地区和组织	黄金储备/t
1	美国	8133.5	11	印度	557.8
2	德国	3377.9	12	欧洲央行	504.8
3	国际货币基金组织	2814.0	13	土耳其	425.2
4	意大利	2451.8	14	中国台湾	423.6
5	法国	2435.8	15	葡萄牙	382.5
6	中国	1842.6	16	沙特	322.9
7	俄罗斯	1583.1	17	英国	310.3
8	瑞士	1040.0	18	黎巴嫩	286.8
9	日本	765.2	19	西班牙	281.6
10	荷兰	612.5	20	澳大利亚	280.0

1.1.4.2 黄金用作装饰

华丽的黄金饰品一直是一个人财富的象征。黄金大量用于首饰、器皿和建筑装饰，尤其首饰业是黄金消耗大户。

A 首饰

黄金最早的用途之一是用于珠宝装饰，在古代，华丽的黄金饰品象征着社会地位和财富。在唐、宋、元、明、清几个朝代，黄金首饰业就发展很快，品种最多的是发饰、领饰、面饰和冠饰，其次是首饰、带饰和配饰。我国古代历史上有很多著名的黄金首饰，如魏晋的金戒、元末的金镯、隋朝的金链、明代的璎珞、辽代的耳环、明清的耳坠、唐明的凤钗、清代的凤冠等，均巧夺天工，令人叹为观止。在世界其他国家，用黄金制作首饰的历史也源远流长。哥伦比亚的印第安人早在公元前20世纪就开始用黄金制作耳环、鼻环、项链、别针、手镯等，显示了高超的碾箔、压花、包金和焊镀技术。秘鲁的查温、莫奇卡、奇穆、比库斯等时代，也有了金冠、金铠、金甲和其他各种金首饰。

B　器皿和建筑装饰

黄金可用于制作表带、表壳、皮带扣、眼镜架、小摆件、祭器等。秘鲁还用黄金制作古时的刀、弓、箭、矛和现代的枪、炮、子弹。俄罗斯伊萨基辅大教堂的圆屋顶和室内都采用黄金装饰，据记载耗金达 280kg。我国西藏布达拉宫中的第一座灵塔殿有殿堂三层，塔高 14.85m，塔身全部用黄金包裹，耗金 3721.3125kg，因而显得生辉夺目。

1.1.4.3　黄金在工业与科学技术上的应用

黄金于 19 世纪 50 年代后期在现代工业中开始得到应用。由于黄金价格昂贵和在国民经济中的特殊地位，它在现代工业中的应用受到了一定限制，用量仅占总用量的 15% 左右。但随着科技的进步，工业上对金的需求量也在不断增加。

金具有独一无二的完美性质，它具有极高的抗腐蚀的稳定性；良好的导电性和导热性；金的原子核具有较大捕获中子的有效截面；对红外线的反射能力接近 100%；在金的合金中具有各种触媒性质；金还有良好的工艺性，极易加工成超薄金箔、微米金丝和金粉；金很容易镀到其他金属、陶器及玻璃的表面上，在一定压力下金容易被熔焊和锻焊；金可制成超导体与有机金等。目前，金被广泛应用于现代高新技术产业，如电子技术、通信技术、宇航技术、化工技术、医疗技术等。

A　金在仪器仪表制造业中的应用

随着科学技术的发展，对各种仪器仪表的要求也越来越高。金在各种精密自动化仪器上的应用也越来越重要。

工业测量及控制设备上广泛使用以脉冲变线位移和角位移的绕线，电位计占有重要位置，电位质量是测量控制系统工作精度的决定因素。由于这个原因，往往要求这种设备在各种工业气氛的不同温度下长期工作。这是采用金或合金作为精密电位计关键材料的原因。

金-钯合金常用作热电偶元件。金（40%）、钯和铂（10%）或铟铑配对时产生很大热电势，这种热电偶可在 1000℃ 的空气中使用。在航空技术中控制温度，使用金（40%）、钯和铑（10%）热电偶效果最好，甚至在 1000℃ 经过 1000h 后它的误差只有 0.1~0.2℃；用金（35%）和钯合金线作负极。用钯（83%）、铂（14%）和金（3%）合金作正极，组成的热电偶用于测量涡轮喷气技术中的进口气体温度。如果用钯（55%）、铂（31%）和金（14%）的合金作正极效果更好，具有很高的疲劳强度，可在 900~1300℃ 长时间处于空气或氧化气氛中。

在测量液氢低温范围时，测量的精确度非常重要。在很低的温度（-269℃ 以下）范围内测量温度时，采用金-钴和金-银制造的热电偶可用于测量 -269~27℃ 的温度范围。金的合金还用在水压表的测量材料上，如金-铝合金用于制作测静压下的水压计。

B　金在电触点材料上的应用

由于金及金的合金具有优良导电性，稳定的电阻以及优良的耐蚀性、可加工性、热稳定性等特点，被广泛地应用于电子工业触点的制作。在长期的使用中，即使在多变的环境里，也能保证在微弱的电流转换及很小接触压力时具有优良的接触可靠性。

金及金合金用在电触点材料的种类也在不断增多，如铆钉型复合电触点材料（GB 11096—89）以贵金属及合金为复层，铜为基本材料制造的双金属复合触点；在低压电器、仪器仪表等产品中用作小型负荷的开关、继电器等的电触点；通信设备用触点材料（日本 JIS C2509—1965）；金、银和镍合金触点材料（美国 ASTM B477—92）用作滑动电触点，品种有薄板、带材、棒材和丝材；金-钯合金材料（美国 ASTM B540—91），包括带材、棒材和丝材。

由于金及金合金的可镀性、高塑性及良好的加工性能，可采用压制、电镀、包覆、电沉积等方法制作各种不同类型、不同用途的电触点，如用金-铂、金-铜、金-银-铟可制作通信设备用触点、滑动触点；用金-镓制成的电话继电器触点，耐磨而且能保证信号的传递；用金-钯制作高强度、耐腐蚀电触点；用金-铜-钯制作高弹性触点；金还广泛用于铁磁合金制作的舌片触点（舌簧管）；采用弥散氧化物（0.05μm 弥散颗粒状氧化钍）能明显地提高金的力学性能，这种材料耐热、抗氧化并有较强的力学性能，可用于制作高温下工业用继电器触点；金-铜-锌形状合金用作特殊用途导线触头。

C　金在导电材料上的应用

金丝、金箔、用金粉压制成的部件、金的合金、包金合金材料（如包金玻璃、包金陶瓷、包金石英）等被作为导体材料广泛用于电子设备、半导体器材和微型电路中作导体材料。如半导体集成电路引线框架是用引线框架材料经高速冲床冲制而成，合格的引线框架经清洗、局部镀金（镀金层厚度不小于 1μm）、装入芯片、键合引线、封装等工序才能制成半导体集成电路。金和金合金用于电子行业作内引线和外引线，如半导体器件键合金丝。

D　金在金基焊料上的应用

金-铜焊料用于焊接波导管、集成电路、半导体电子管、无线电设备、真空仪表等电子工业方面。金-铜共熔型合金流动性好，充填小缝隙的能力强，对铜、铁、镍、铝、锰、钨等金属及合金都有很好的润湿性；与焊接金属有节制的相互间的化学作用，不破坏焊缝的尺寸，不造成焊接件强度下降；当焊接真空焊缝时，在低气压下金铜焊料不会出现任何问题。金-铜焊料还用于钎焊大功率磁控管的大多数零件，可焊接铜、锰、镍、黄铜、蒙乃尔等合金零件。这样的焊料加入 1% 的铁，可防止与有序化有关的组织变化及体积的变化。在加入具有低气压的铟时可明显地降低金铁焊料的液相线温度。

半导体集成电路装配中广泛采用金基焊料作钎焊。为了改善半导体仪表导热，将其安装在金属底板上。因为半导体材料具有固定形式（n 型、p 型）的传导性，则焊料也必须有同样形式的传导性，具有 p 型的焊接是采用ⅢA 族元素配制的，如金-硼、金-铟、金-镓等。具有 n 型的焊料则采用ⅤA 族元素配制的，如金-砷、金-锑等，也采用具有易熔共晶的传导性的焊料。具有特殊传导性的金基焊料在半导体间具有良好的电接触，而低熔点保证了它在钎焊过程中的工艺性能。

E　金在电子浆料上的应用

1960 年兴起的集成电路发展很快。1967 年和 1977 年先后有大规模集成电路和超大规模集成电路问世。集成电路的发展带动了贵金属粉末在微电子工业中大规模应用，使贵金属电子浆料成为微电子工业的重要基础。电子浆料常用金粉、银粉、铂粉、钯粉等。各种浆料用粉粒度大约在 0.1~100μm，但大部分在 0.5~5μm，浆料贵金属粉末形态大多是球状、片状、鳞片状。采用化学或有机化合物的分解、化学还原法，满足高密度、高信赖度、高重现性等高品质的要求。浆料用贵金属需用量很大，例如新型片式电子元件中所需电极浆料、多层布线导体浆料、印刷电路板导体浆料、电磁屏蔽膜浆料等。

　　F　金在宇航工业中的应用

　　金以抗腐蚀性、抗热性，优良的导热、导电性，独特的化学性质在宇航领域中占有重要位置。金在宇航工业中的应用量大、范围广。从航天器、运载工具的制造到宇航的系统控制等，都离不开信息、测量、遥感、定位、计算机、摄影、仪表等各方面的器材，而其中成千上万的电子元件、仪表、特殊材料又都离不了金。

　　低蒸气金基焊料用于焊接电子元件的真空密闭隙缝和熔接宇航工业中的各种部件。如用在宇航装置的燃料部件上，采用金-镍焊料钎焊了美国"阿波罗"登月飞船发动机的燃料导管，用它钎焊了 1046 条直径为 4.7~50.8mm、壁厚为 0.1~0.5mm 的不锈钢管缝。只有使用这种焊料可保证过氧化氮-火箭燃料氧化剂相互作用的稳定性。这种焊料也用在了美国"魔鬼-5"导弹的一级发动机的装配中。

　　金由于具有高反射率兼低辐射率的特殊性能，因此常用在防止辐射的场合。如"阿波罗"等一些宇宙飞船上的零件和宇宙飞行员的装备也是为了这一目的而镀了金。金也用在喷气发动机和火箭发动部件涂金防热罩或热遮护板中。美国一公司研制了一种在飞机发动机外壳上喷镀黄金的方法，喷镀层的厚度不超过 0.04μm，这使得这种发动机的性能大大提高。抗辐射、耐高温、耐腐蚀的金箔合金常被用作喷气式发动机、火箭、超声速飞机引擎火花室等的材料。

　　G　金在润滑材料上的应用

　　金是最佳的固体润滑剂软金属材料。用它制成的固体润滑材料被用作在真空及有些不良气氛条件下运转的机械润滑。

　　金可以通过复合电积沉法制成固体润滑的复合材料，由复合电积沉法制备的镀层有良好的综合性能。如金-铜-镍-MoS_2E 四组元自润滑复合镀层具有摩擦系统耐磨性好、防冷焊、导电和耐高低温等优点。

　　离子镀是物质以原子态沉积成膜的制备方法，可以获得优异的减摩耐磨和抗接触疲劳性能。利用离子镀中最常用的热蒸发空心阴极离子镀（HCD 法）和活性反应离子镀（ARE 法）可在材料表面熔覆一层金属合金、化合物等硬质耐磨镀层。金的合金 TiC-Au 就可以通过 ARE 法获得耐磨性能良好的镀层，用于高精度、长寿命的陀螺仪常平轴承的润滑。

　　H　金在医学方面的应用

　　自古以来，人们一直认为服用金可以医治百病。13 世纪，人们服用的"金饮料"被称为万能药。民间有用金箔为小儿压惊，金还被用作镶牙的材料。近代由于金的化学理论的发展和医学上临床的研究，金已在医学上得到应用。

　　金在现代前沿科学上也有突破性的进展，如金在生物传感器上的应用。我国科研工作者唐芳琼等人采用酶与金的纳米颗粒简单混合，通过戊二醛与聚丙烯醇缩丁醛（PVB）发生交联，然后把一根半径 0.5mm 的铂丝浸到这种溶液（凝胶溶液）中作为电极，发现含有金属纳米金颗粒的生物传感器的电流响应得到大大提高。这种生物传感器在临床医学、信息产业等方面都有极其重要的用途，是当前前沿科学研究的热点之一。金的溶液也可使细胞内部染色，以观察细胞在动物器官中的情况。

　　在以人类健康为目的的医学生物研究中，金与其他贵金属元素具有高度化学稳定性、良好的生物相容性和适中的力学性能，因此是重要的人工脏器材料和外科种植材料。如用金及贵金属制造的微探针探索神经系统的奥秘已取得显著效果；神经的修复、心脏起搏器等都使用金和贵金属及其合金材料。

1.2 黄金矿产资源

1.2.1 世界黄金资源分布

黄金在自然界中的储量较低，在世界范围内的分布相对较广。据美国地质调查局统计，截至 2015 年底，全球金矿查明储量约 10 万吨，主要分布在南非、中国、澳大利亚、俄罗斯、印度尼西亚、美国等十几个国家。南非以 3.1 万吨的资源储量位居第一位。第二至第十位分别是：中国 11563t、澳大利亚 9900t、俄罗斯 7000t、印度尼西亚 6000t、美国 5500t、加拿大 4200t、智利 3900t、墨西哥 3400t、加纳 2700t，其他国家为 14837t[1]。主要国家黄金资源储量如图 1.1 所示。

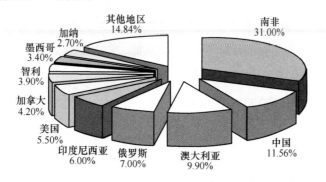

图 1.1 主要国家黄金资源储量

世界黄金的现存量，截至 2016 年底，地面黄金存量增长至 18 万吨左右，这些黄金除私人储备、首饰、装饰品和一些国家的小金库储备量外，大宗黄金多集中存放在世界上为数不多的几个大金库中。通过买卖，成交的黄金大多数只在库内完成过户。如美国四大金库之一的纽约自由大道 33 号美国联邦储备银行金库，就在该银行地下 24m 深处。它的储藏量约为发达国家官方黄金储备总量的 1/3。

1.2.2 世界黄金资源特点

地球的黄金总量大约有 48 亿吨，99% 以上的金存在于地核中。这种分布是地球长期演化过程形成的。地球发展早期阶段形成的地壳中金的丰度较高，因此，大体上能代表早期残存地壳组成的太古宙绿岩带，尤其是镁铁质和超镁铁质火山岩组合，金丰度值高于地壳各类岩石，可能成为金矿床的最早的"矿源层"。

世界金矿床分为脉金（占 70%）、砂金（占 5%）和多金属伴生金（占 25%）。脉金矿中，世界上最大储量和产量的矿床类型是含金铀砾岩矿床（也称兰德型），其储量占世界黄金储量的 60%，主要分布在南非。其次为太古代绿岩带中以含金石英脉为主的金矿，元古代含铁硅质建造中的金矿（也称霍姆斯塔克型），碳酸盐建造中的微细浸染型金矿（也称卡林型），穆龙套型金矿，与中、新生代火山岩、次火山岩有关的金矿等。

砂金矿床中，有工业意义的残积、坡积、冲积、湖成和海成等砂金中，尤以冲积砂金矿分布广、储量大，俄罗斯的金约70%是从砂金矿中采出的。

伴生金矿多分为含铜、镍、铅、锌、银等多种有色金属和贱金属的复杂矿床，金主要作为副产品加以回收。在许多国家，伴生金矿的储量及产量占有重要地位。

从黄金生产来看，1850年以前，世界黄金生产以开采砂金矿为主，砂金产量约占黄金总产量的98%；脉金从20世纪初才开始大量开采，但发展很快，至20世纪80年代脉金总产量占世界总产量的比值已上升到80%。1950年以后，由于采金船及其他采掘设备的广泛应用，砂金产量比例又有所增加。目前，脉金产量占65%～75%，砂金及伴生金产量占25%～35%。

随着黄金生产的发展和世界对黄金的需求，伴生金矿在许多主要产金国的储量和产量中占有重要地位。此外，低品位的各种含金二次资源也越来越受到各国的重视，成为黄金生产的重要原料之一，世界主要金矿床类型见表1.5。

表1.5　世界主要金矿床类型

岩浆型金矿床	火山块状硫化物矿床（VMS）	黑矿型
		别子型及乌拉尔型
		塞浦路斯型
		伊比利亚型
		绿岩带型
		中-高级变质地体中类型不明的VMS型矿床
	与超铁镁质火成岩有关的滑石菱镁岩型金矿床	
	与长英质侵入岩-火成岩有关的金矿床	
	斑岩型铜-钼-金矿床（含同源岩浆角砾岩筒）	
	高温变质硅卡岩型金矿床	
	浅成高硫及低硫型铜-金-银矿床	
	低硫型锰-金-银-铁-钡-氟矿床	
	与碱性火成岩有关的金-银-碲矿床	
	卡林型金矿床（以碳酸盐为主岩的浸染状金-银矿床）	
	（铜-磷-稀土-铀-钍）-金-铂族元素蚀石矿床	
与构造有关的金矿床	造山带型金矿床	
	与铁氧化物角砾岩有关的铜-金-铂族元素蚀石矿床	
沉积型金矿床	红土-腐泥土型金-（铂族元素-锡）-铁-铝-锰矿床	
	金-铂族元素砂矿床	
	古砂岩金-铀-（铂族元素-钍）矿床（石英卵石砾岩）	
	含金条带状铁建造	
	含金黑色页岩	
	含金煤层	
变质金矿床	变质金-砷-钯-汞-铋-碲流体	

1.2.3 中国黄金资源分布

2016 年，中国查明金矿资源储量 12166.98t，资源储量跃居全球第二位，其中：岩金 10181.39t、伴生金 1495.71t、砂金 489.88t。

我国黄金资源分布不平衡，东部地区金矿分布较广，类型较多，从金矿资源特点来看，主要以岩金为主，伴生金比重较大，难选冶金矿占比较高，小型矿床多，大型、超大型矿床少。除上海市和香港特别行政区外，在全国各个省（区、市）都有金矿产出，已探明储量的矿区有 1265 处。就省区论，以山东独立金矿床最多，金矿储量占总储量的 27.76%；江西伴生金矿最多，占总储量的 12.6%；黑龙江、河南、湖北、陕西、四川等省金矿资源也较丰富。中国黄金协会数据显示，2016 年我国 30 个省（区、市）有黄金查明资源储量报告，黄金查明资源储量超过 300t 的有山东、甘肃、内蒙古、新疆、河南等 15 个省（区），这 15 个省（区）的查明资源储量合计 10656.78t，占全国的 87.59%。黄金查明储量在 200~300t 之间的有吉林、河北、广西 3 省，黄金查明资源储量合计 766.30t，占全国的 6.3%。黄金查明资源储量在 100~200t 之间的有湖北、辽宁、广东 3 省，黄金查明资源储量合计 500.66t，占全国的 4.11%。黄金查明资源储量在 100t 以下的有海南、福建、山西、江苏、浙江、北京、宁夏、天津和上海 9 省（市），黄金查明资源储量合计 243.24t，占全国的 2.00%。金矿矿床分内生、外生两大类。内生矿床中以岩浆-热液破碎带蚀变岩型和石英脉型为最重要，前者如山东焦家金矿，后者如小秦岭地区；沉积改造微细粒型金矿具有较大的找矿潜力（如贵州黔西南金矿）；砂金矿也占有重要地位。金矿成矿时代的跨度很大，从距今约 28 亿年的太古宙开始，一直到第四纪都有金矿形成，但 56% 的金矿储量集中在前寒武纪，其次为中生代和新生代金矿储量，占总储量的 36%，古生代的金矿相对较少，只占 5.7%。

我国的主要矿床类型有：

（1）石英脉型金矿床。该类型矿床主要包括单脉型、复脉型和网脉型，是我国目前最主要的金矿类型，其产量占全国总产量的 46.9%，居全国首位。

（2）破碎带蚀变岩型金矿床。该类型矿床具有规模大、矿体形态简单、矿化稳定、连续性好、易开采等特点，目前在我国具有重要意义。

（3）细脉浸染型金矿床。该类型矿床主要分布在褶皱带内火山岩发育地区，多与中酸性浅成侵入岩、次火山岩、侵入角砾岩有关。

（4）石英-方解石脉型金矿床。该类矿床成因多与中生代和新生代火山岩、碳酸盐及碎屑岩有关。矿化以含金石英脉为主，也可有方解石-石英脉或石英方解石脉，成矿温度低，矿床埋藏浅。

（5）铁帽型金矿床。该类矿床呈微细粒浸染或呈吸附态在铁帽中产出，多分布于含金硫化物矿床的氧化带，或含菱铁矿矿床的氧化带，为表生风化成因，矿床规模小。

其中破碎带蚀变岩型、石英脉型及火山-次火山热液型，三者约占金矿总储量的 94% 以上。此外，砂金矿和伴生金矿也是我国金矿床的主要类型和金的重要来源。

目前在自然界中发现的金矿物不多，约 30 余种。最常见的为自然金、银金矿和金银矿，其次是碲金矿和碲金银矿等。金矿物虽然种类较多，分布较广，但数量不多。

由于金原子的外层电子受原子核的吸引牢固不易成为离子，与其他元素的化学亲和力极微弱，因此自然中金的离子混合物很少，多呈金属状态存在。又因金的原子半径与银、铜及铂族元素等的原子半径相近，故常与这些金属元素形成金属互化物。天然的金-银固溶体广泛分布在金的独立矿物中。金也可与某些半金属元素形成自然化合物，如碲化物、铋化物、锑化物等。

银金矿是自然金的一种，矿物中含银 20%~50%、含金 50%~80%，颜色为淡黄色或乳黄色，硬度 2~3，相对密度 12.5~15.6。

金银矿是自然银的亚种，矿物中含银 50%~80%、含金 20%~50%，颜色常呈浅黄色或亮黄色，金属光泽，硬度 2~3，相对密度 10.5~12.5。

碲金矿（$AuTe_2$），理论成分含 Au 43.5%、含 Te 56.41%，多呈粒状集合体，颜色为黄铜色至银白色，金属光泽，贝壳状或不平坦状断口，硬度 2.5~3，相对密度 9.1~9.4。

载金矿物是指金矿床中某种含金的有用矿物或脉石矿物，如黄铜矿、黄铁矿、方铅矿、闪锌矿、磁黄铁矿、辉铜矿、辉锑矿、辉铋矿、毒砂等。这些矿物中一般含金量较高，且经常以裂隙金、晶隙金、包裹金或吸附金的形态被某种矿物所携带。因此载金矿物中金的赋存状态比较复杂，我国大型金矿分布见表 1.6。

表 1.6 2016 年我国大型金矿分布

序号	矿山名称	保有储量/t	品位/g·t^{-1}	类型	使用情况
1	山东三山岛金矿	470.47	4.3	岩金	开采矿区
2	山东焦家金矿	73.4	8.89	岩金	开采矿区
3	福建紫金山金铜矿	317	4.69	共生岩金	开采矿区
4	内蒙古长山壕金矿	130.4	0.83	岩金	开采矿区
5	云南鹤庆北衙金矿	151.28	5.0	共生岩金	开采矿区
6	山东新城金矿	71.06	8.18	岩金	开采矿区
7	山东玲珑金矿	71.22	7.98	岩金	开采矿区
8	山东夏甸金矿	105	3.6	岩金	开采矿区
9	甘肃早子沟金矿	142	4.09	岩金	开采矿区
10	贵州烂泥沟金矿	120	7.01	岩金	开采矿区

山东是我国黄金资源和产金大省，就资源储量而言，胶东半岛金矿集中了全国 1/4 的黄金资源储量。截至 2017 年，山东省金矿保有资源储量 3694t，其中超过百吨的特大型金矿床有莱州市三山岛北部海域金矿（储量 470.47t）、莱州市西岭金矿（储量 382.5t）、莱州市纱岭金矿（储量 309.93t）、莱州市腾家金矿（储量 206t）、招远市水旺庄金矿（储量 170.543t）、莱州市新立村金矿（储量 141.81t）。储量大于 50t 小于 100t 的金矿产地近 10 处，其中山东招远市台上矿区新增金 59.4t、玲珑金矿新增金 50t、三山岛金矿新增金 60t、烟台市牟平区辽上大型金矿资源储量 69t。

山东省金矿开采至少可追溯到北宋时代。山东省的金矿多分布于莱州地区，莱州自古以来就是黄金矿产地。莱州及附近地区金矿资源丰富，是我国重要的黄金生产基地，在世界范围内也是罕见的金矿富集区。目前莱州已探明的黄金储量达 2000 多吨，是名副其实的中国黄金储量第一市。黄金的总产值、产量、利润、创外汇和黄金储量，均居全国首位。

1.2.4 中国黄金资源特点

中国是黄金矿产资源比较丰富的国家，世界上已知的金矿类型在中国都有发现，据资料显示，中国蕴藏的黄金资源储量在 3 万~5 万吨。中国黄金资源存在以下特点：

（1）黄金矿床种类多，但缺少世界级大型、超大型矿床。砂金较为集中的地区是东北地区的北部边缘地带，中国大陆三个巨型深断裂体系控制着岩金矿的总体分布格局，长江中下游有色金属集中区是伴（共）生金的主要产地。

尽管我国金矿类型较多，找矿地质条件较优越，但至今还未发现像南非兰德型、苏联的穆龙套型、美国的霍姆斯塔克和卡林型、加拿大霍姆洛型以及日本与巴布亚新几内亚的火山岩型等超大型的金矿类型。

中国地质探明和经过矿山生产勘探后超过 100t 金属量以上的矿床有夹皮沟、玲珑、焦家、新城、三山岛、岭南、尹格庄、夏甸等，尚未开采的有莱州瑞海公司、莱州朱郭李家以及三山岛西岭、焦家金矿深部、莱州藤家—曲家矿带等。紫金山由于充分利用资源，不断降低边界品位后，黄金总储量增加 300t 以上，目前保有 100t 以上。武警部队在甘肃阳山地区提交的资源量在 200t 以上。

（2）资源分布广泛，储量相对集中。我国金矿分布广泛，据统计，全国有 1000 多个县（旗）有金矿资源，但是由于各地区成矿地质条件不同及地质工作程度差异较大，各类金矿的地区分布很不均匀。全国共有 7 个岩金生产基地，分别是胶东、小秦岭、燕辽-大青山、辽吉东部、滇黔桂三角区、鄂皖赣三角区、新疆北部。岩金产量的 65.9%、探明储量资源量的 81.2%集中分布于山东、河南、吉林、河北、陕西、辽宁、湖南、内蒙古、黑龙江、新疆等省区，其中山东省岩金储量资源量接近全国岩金总储量资源量的 1/3 以上。砂金产量的 61.9%、探明储量的 73.6%集中分布于黑龙江、四川、陕西、内蒙古、吉林等五个省区，其中黑龙江占 41.6%。伴生金资源遍布全国 25 个省市区，其探明储量的 73.2%集中分布于江西、湖北、安徽、甘肃等省，其中 35%以上的集中在江西省。

（3）金矿床中副矿少，低品位居多。中国黄金储量资源平均品位为 2.32g/t，可利用工业储量平均品位为 2.55g/t，远景工业平均品位为 2.09g/t，黄金储量资源的品位呈逐年下降趋势，远低于世界主要产金国。总体来看，中国岩金矿、砂金矿品位偏低，富矿储量极少。

（4）探采深度浅，露采矿山少。探采深度大是国外金矿规模大的重要原因。目前国外开采超过 1000m 以上的矿山数量不少，特别是南非，探矿深度超过 5000m，达到 5424m，部分矿山的开采深度已经突破 4000m，而我国黄金矿山的开采深度普遍在浅部（600m 以内），部分矿山可到 800m，只有相五龙、二道沟、夹皮沟、玲珑、乳山等矿山开采垂直深超过 1000m，但近几年，由于金刚石小口径钻机的推广应用，探矿技术在迅速提高，探矿深度在迅速加大，在胶东半岛地区和其他地区实施深孔探矿，揭示了 3000m 以下黄金资源的赋存，为进一步扩大资源储量提供基础。

（5）低品位、难处理黄金资源占有比例增高。我国在滇桂黔三角区、云南哀牢山、川北地区、长江中下游、辽东、新疆、黑龙江、江西、吉林、甘肃等地区探明了一批微细粒浸染型金矿床，而且在其他地区也陆续发现此类矿床，显示出我国难处理黄金资源的赋存前景。探明的主要矿床有广西金牙金矿、贵州烂泥沟矿区、贵州紫木函矿区、贵州其他矿区、云南镇源矿区、甘肃舟曲坪定矿区、甘肃岷县鹿儿坝矿区和寨上金矿田、辽宁凤城、广东长坑矿区、安徽马山矿区等。但是由于此类矿石中含硫、含砷、含炭、含泥等有害含量过高和金粒度过细，除地表氧化可采用堆浸处理外，原生矿石处理难度很大。

（6）伴生金储量占有重要位置。我国伴生金储量占全国金矿总储量的27.9%，绝大部分来自铜矿石，少量来自铅锌矿石，主要集中于江西、甘肃、安徽、湖北、湖南五省，约占伴生金储量的67%，其中江西居第一位。

（7）金矿成矿时代广泛，可以形成于各个地质时期。我国已知金矿成矿研究资料显示，可分为太古宙、元古宙、古生代、中生代和新生代五个成矿时期。原地质矿产部沈阳地质矿产研究所统计，前寒武纪金矿储量占56.4%，中新生代占35.9%，古生代占7.4%。

1.2.5 其他黄金资源

中国是世界上最大的黄金生产国和消费国，具有先进的黄金勘探开采技术和人才优势，"一带一路"沿线国家黄金资源丰富，与沿线国家互补性较强，合作开发黄金资源的潜力和空间极大。中国黄金企业"走出去"，能有效带动黄金市场对外开放，提升"上海金"在国际黄金市场体系中的地位和影响力。

"一带一路"沿线国家黄金储量总和约为2.36万吨，其中俄罗斯黄金储量位居全球第四位，哈萨克斯坦拥有黄金储量位居全球第八位，乌兹别克斯坦黄金资源丰富，被称为"黄金之国"。"一带一路"沿线国家黄金产量总和约1150t，占全球总产量的36%。

2014年"一带一路"沿线国家首饰消费2025t，占全球的82.4%；实物黄金投资需求778t，占全球的77%，"一带一路"沿线的上海、香港、新加坡、迪拜、孟买、伊斯坦布尔等国家和地区是全球重要的黄金交易市场。世界十大金矿中，"一带一路"沿线国家占据三席，分别是印度尼西亚的格拉斯伯格金矿、俄罗斯的Sukhoi Log和蒙古Oyu Tolgoi，见表1.7。

表1.7 世界十大金矿

序号	项目名称	国家	金产量/t
1	格拉斯伯格	印度尼西亚	3451
2	奥林匹克坝	澳大利亚	3048
3	裴博	美国	2792
4	South Deep	南非	2536
5	波切夫斯 特鲁姆	南非	2368
6	Kloof/Drefontein Complex	南非	2107
7	Sukhoi Log	俄罗斯	1920
8	Lihir Island	巴布亚新几内亚	1773
9	KSM	加拿大	1666
10	Oyu Tolgoi	蒙古	1556

中国在矿山资源方面存在局限性，"一带一路"助推中国黄金企业突破资源局限，从储量方面看，虽然中国金矿分布很广，几乎每个省份都有金矿床，但是其规模普遍较小。从金矿品位方面分析，中国金矿床中富矿少，中等品位多，品位变化大，贫富悬殊。近几年中国加强对各矿种的勘查力度，虽然仍与国外的超级矿有一定差距，但也取得了一定成

绩，于 2016 年在河南省桐柏山区域内发现了一个特大金矿。另外，中国的黄金企业也加紧了在海外投资大型矿山的步伐。紫金矿业海外矿山 9 座，金产量占紫金矿业的总量超过 1/3。

我国黄金行业拥有技术优势，尤其是在难选冶金矿资源的处理方面，生物氧化、两段焙烧、加压预氧化、富氧底吹造锍捕金、富氧底吹贵铅捕金等世界先进提金工艺均已实现工业化，技术指标也都处于国际领先水平，这为黄金企业"走出去"，特别是参与开发"一带一路"沿线国家和地区的难处理黄金资源创造了有利的条件。

黄金资源的勘探和开发是技术密集型、资金密集型行业，开发风险高、资本回收周期长。但是经过 30 多年的技术创新，我国黄金行业已经具备采矿的全尾砂高浓度胶结充填技术、难选冶矿石的处理技术、低品位金矿的堆浸技术、尾矿浓缩膏体排放技术和低氰提金技术等五大优势。近些年，我国黄金行业经过与国内大型矿业设备制造企业密切合作，高端技术装备和大型设备的制造水平也迈上了新台阶，大型化、自动化、智能化水平越来越高。

1.3 黄金的生产与消费

1.3.1 黄金的生产

1.3.1.1 世界黄金生产概况

世界生产黄金的历史相当悠久，早在公元前 5000 年，人类就已开始生产黄金。古代主要采金地区是古埃及、努比亚、西班牙、现今的匈牙利地区、部分罗马尼亚、保加利亚和高卢、小亚细亚某些地区和高加索，中国、美洲和亚洲也有开采黄金的历史记载。

中世纪欧洲黄金比较缺乏，世界黄金生产技术也比较落后。文艺复兴时期，金矿石的处理方法得到某些改进。从 16 世纪发现美洲之后，采金工业开始发展起来。之后世界黄金生产出现三次猛烈上升时期：

（1）18 世纪 20~70 年代，主要是由于巴西发现并开采富砂金矿；

（2）19 世纪 20~50 年代，主要是在俄国乌拉尔和西伯利亚、美国加利福尼亚、澳大利亚发现和加强开采大量砂金矿；

（3）19 世纪 90 年代，南非发现并投产了世界上最大的含金脉矿威特沃特斯兰德，同时印度、美国阿拉斯加和加拿大育空地区也发现和开采大型富砂金矿，从而使黄金开采进入全盛时期。

富砂金矿的不断枯竭和脉金矿的雄厚储量，要求研制新的更加完善的回收脉金的方法，因此，1889 年出现了氰化提金工艺，并迅速得到推广应用，极大地促进了世界黄金的生产。

20 世纪以来，世界黄金生产稳步上升。20 世纪 50 年代后期世界黄金年产量已达 1000t 以上，60 年代中期突破 1400t。70 年代初期世界黄金年产量有所下降，至 80 年代初期开始回升，80 年代中期世界黄金年产量已突破 1500t。

进入 21 世纪以来，随着全球经济的不景气，黄金价格非常低迷，因此导致全球黄金产量略有下降，从 2001 年 2645t 下降到 2008 年 2415.6t，下降绝对数达到 239.4t，平均年降幅 1.29%。自 2009 年开始，全球黄金产量逐渐增加[2]。

　　世界主要产金国有南非、美国、澳大利亚、俄罗斯、加拿大、中国等国家。自 1980 年以来，南非的产金量呈逐步下降趋势，尤其 20 世纪 90 年代以后，下降速度稍有加快，但其产金量至 2006 年仍居世界各国第一位；美国的产金量一直处于不断增长的状态，特别是自 20 世纪 80 年代后期起，已跃居世界第二位；而澳大利亚的产金量自 20 世纪 80 年代末至 90 年代初，产金量趋于稳定，变化不大。不过，近年来世界黄金生产格局也有一些变化，美国、非洲黄金产量下降的同时，南美的秘鲁、阿根廷以及东南亚的黄金产量在显著增加，其中，拉丁美洲黄金产量已占到全球的 14%。

　　近几年世界黄金产量仍将维持稳定，虽然一些国家的黄金产量有所提高，如澳大利亚、秘鲁、印度尼西亚的黄金产量都在增加，但是南非、美国等黄金生产大国的黄金产量却在下降，特别是南非，其 2005 年的产量下降了 15%，仅为 300t 左右，这将使得全球的黄金产量难有提高。据《中国黄金年鉴 2017》数据统计，目前，世界前 10 位黄金产出国依次为：中国、澳大利亚、俄罗斯、美国、秘鲁、南非、加拿大、墨西哥、印度尼西亚、巴西。2007~2016 年世界主要产金国的产金量见表 1.8。

表 1.8　2007~2016 年世界主要产金国黄金产量　　　　　　　　　　　　（t）

国家	2007 年	2008 年	2009 年	2010 年	2011 年	2012 年	2013 年	2014 年	2015 年	2016 年
中国	280.5	292.0	324.0	350.9	371.0	411.1	432.2	478.2	458.1	463.7
澳大利亚	247.4	215.2	223.5	260.8	258.6	251.7	268.1	274.0	275.9	287.3
俄罗斯	169.0	186.4	200.8	197.1	207.2	219.3	237.5	247.5	252.4	274.4
美国	238.0	233.6	221.4	229.7	233.5	232.4	229.6	208.7	216.0	225.7
秘鲁	183.6	195.5	201.4	184.8	189.6	184.4	187.7	173.0	175.9	166.0
加拿大	102.2	95.0	96.0	103.5	107.8	107.8	133.6	152.1	158.7	162.1
南非	269.9	233.8	219.5	199.9	190.8	163.5	168.9	159.3	150.7	165.6
印度尼西亚	149.5	95.9	160.5	140.1	121.1	93.0	110.7	116.4	134.3	109.5
墨西哥	43.7	50.8	62.4	79.4	88.6	102.8	119.8	117.8	124.6	128.4
加纳	77.3	80.4	90.3	92.4	91.1	95.7	107.4	107.4	95.1	95.6
乌兹别克斯坦	72.9	72.2	70.5	71.0	71.4	73.3	77.4	81.4	83.2	86.7
巴西	58.1	58.7	64.7	67.5	67.3	67.3	80.1	81.2	80.8	96.8
阿根廷	42.5	40.3	48.8	63.5	59.1	54.6	50.1	59.7	64.1	59.6
巴布亚新几内亚	61.7	70.3	70.6	69.7	63.5	57.2	62.4	56.3	57.2	60.4
马里	51.9	47.0	49.1	43.9	43.5	50.3	48.2	47.4	49.1	50.1
哥伦比亚	26.0	26.0	27.0	33.5	37.5	39.1	41.2	43.1	47.6	51.8
哈萨克斯坦	22.7	22.1	23.7	31.2	38.8	40.0	44.9	48.9	47.5	52.6
菲律宾	38.8	35.6	37.0	40.8	37.1	41.0	40.3	42.8	46.8	—
坦桑尼亚	40.1	35.6	40.9	44.6	49.1	49.1	46.6	45.8	46.8	55.3
刚果（金）	6.5	7.2	10.0	17.0	22.0	26.1	25.3	40.0	45.7	—
世界总计	2498.3	2426.6	2608.4	2732.4	2828.8	2849.8	3041.8	3131.5	3157.7	3255.4

注：数据来源于 GFMS Thomson Reuters。

到目前为止，全球地面黄金存量约为 18.3 万吨，几乎可以装满 4.5 个标准奥运会用游泳池。通常一座金矿在开采 20 年后达到产量峰值，之后的产量会越来越少。2016 年世界产金企业产金量见表 1.9。

表 1.9　2016 年全球排名前 20 位的产金企业产金量

排名	企业名称	年产量/t	年同比/%
1	巴里克黄金矿业	171.6	-9.8
2	纽蒙特矿业	162.9	4.0
3	英美黄金阿山帝	112.8	-8.1
4	加拿大黄金	89.4	-17.1
5	金罗斯黄金	83.3	5.6
6	纽克莱斯特矿业公司	76.7	-0.9
7	金田公司	66.7	-0.7
8	极地黄金公司	61.2	11.7
9	乌兹别克斯坦国家矿业	61.0	0.0
10	阿哥尼可老鹰矿场	51.7	-0.6
11	斯巴雅黄金	47.0	-1.7
12	紫金矿业集团股份有限公司	42.6	14.5
13	中国黄金集团公司	42.1	1.4
14	亚马纳黄金公司	39.5	1.5
15	兰德戈尔德资源	39.0	3.4
16	山东黄金集团有限公司	37.1	3.1
17	哈莫尼黄金矿业公司	33.2	-0.3
18	嘉能可	31.9	6.3
19	自由港麦克莫兰铜金公司	30.8	-13.2
20	弗雷斯尼洛公司	29.1	22.8

注：数据来源于"金属聚焦"。

1.3.1.2　中国黄金生产概况

中国是世界上最早认识和开发利用黄金的国家之一，早在 4000 多年前的殷商甲骨文中就有关于金的文字记载。历史上自汉代开始采金，据《宋史·食货志》记载，宋朝元丰元年（1078 年）全国年产黄金 10711 两，白银 215385 两。到明朝时，"中国产金之区，大约百余处"。至清朝光绪年间达到鼎盛，光绪十四年（1888 年）我国黄金产量达到 13.45t，占当时世界黄金总产量的 17%，居世界第五位。此后，黄金产量一直徘徊在此水平上下。抗日战争初期，西南金矿曾一度繁荣，但全国总产量也没有达到清代最高生产水平。中华人民共和国成立后，我国黄金生产几经波折，依靠 1957 年以来党和政府采取的一系列政策，获得了较大发展。自 1949 年以来，我国黄金工业发展的历史，可以概括为以下三个阶段：

（1）生产恢复阶段（1949～1957 年）。这个阶段先后恢复和改造了几座老矿山，但由于地质勘查与生产开发投入较少，因此黄金产量呈下降趋势。

（2）初期发展阶段（1958~1975 年）。这个阶段先后扩建和新建了金厂峪、五龙、秦岭等一批骨干黄金矿山，但因受三年自然灾害和"文革"的影响，黄金产量呈现两个马鞍形，增长仍然比较缓慢。

（3）加快发展阶段（1976 年以后）。1975 年王震同志受周恩来总理委托主管黄金工作，使我国黄金工业有了较快发展。1976 年黄金产量达到 24.5t，超过历史最高水平。20 世纪 80 年代以来，我国黄金产量每年以 10% 以上的速度递增，1983 年黄金产量比历史最好水平翻了两番，达到 58t。1991 年再翻一番。从 1985 年起我国进入世界黄金生产前 6 位。1997 年我国黄金产量达 166.3t，比 1996 年增长 15%，提前 3 年实现"七五"末期年产黄金 150t 的目标。

自 2007 年以来，我国已超越南非成为世界黄金生产第一大国，并一直保持增长态势。中国黄金协会数据显示，2016 年，国内累计生产黄金 453.486t，连续 10 年成为全球最大黄金生产国，与 2015 年同期相比，增产 3.434t，同比上升 0.76%。其中，黄金矿产金完成 394.883t，有色副产金完成 58.603t。另有进口原料产金 81.960t，同比上升 24.51%；全国合计生产黄金 535.447t，同比增长 3.79%。中国黄金、紫金矿业、山东黄金、山东招金等大型黄金企业集团黄金成品金产量和矿产金产量分别占全国的 49.85% 和 40.05%。1997~2016 年我国黄金产量及增长率见表 1.10。

表 1.10　1997~2016 年我国黄金产量及增长率

年份	产量/t	增减率/%	年份	产量/t	增减率/%
1997	166.39	—	2007	270.49	12.67
1998	177.62	6.75	2008	282.01	4.26
1999	169.09	−4.80	2009	313.98	11.34
2000	176.91	4.62	2010	340.88	8.57
2001	181.83	2.78	2011	360.96	5.89
2002	189.81	4.39	2012	403.05	11.66
2003	200.60	5.68	2013	428.16	6.23
2004	212.35	5.86	2014	451.80	5.52
2005	224.05	5.51	2015	450.05	−0.39
2006	240.08	7.15	2016	453.49	0.76

据工信部预测，中国的黄金年产量在 2020 年前会上升至 500t，平均每年会增长 3%。这是由于金矿产业投资周期长、开采成本高，如果在一个地方勘探出黄金，按照正常的程序需要 6 年才能生产出黄金来，因为地质探矿需要 2~3 年，然后再做工程，开采矿石，再冶炼，最快也要 4~5 年。从历史数据看，全球矿产金数量不可能快速增长。因此，未来几年世界黄金产量不会变化很大，依然会比较稳定。

1.3.2　黄金需求与消费

世界黄金的需求主要来自珠宝首饰、工业、金条和金币、ETF 持仓以及类似金融衍生品、央行购买。2006~2015 年全球黄金供需情况见表 1.11。

表 1.11 2006~2015 年全球黄金供需情况 （t）

序号	类别	2006 年	2007 年	2008 年	2009 年	2010 年	2011 年	2012 年	2013 年	2014 年	2015 年
一	供应										
1	矿产金	2497	2498	2427	2608	2734	2829	2850	3042	3131	3158
2	再生金	1189	1029	1387	1764	1744	1705	1701	1303	1158	1173
3	净对冲供应	-434	-432	-357	-234	-106	18	-40	-39	104	-24
4	供应总计	3252	3095	3457	4138	4372	4552	4551	4306	4394	4306
二	需求										
1	珠宝首饰	2334	2458	2338	1849	2064	2064	2036	2470	2242	2166
2	工业制造	482	489	475	423	476	468	425	418	399	361
2.1	电子工业	334	341	331	291	342	339	303	296	285	253
2.2	医学	61	58	56	53	48	43	39	36	34	32
2.3	其他工业	87	89	89	79	86	86	84	85	79	76
3	官方黄金	-365	-484	-235	-34	77	457	544	409	466	483
4	私人投资	429	437	924	844	1231	1572	1356	1790	1101	1115
4.1	金条	237	237	667	561	944	1245	1050	1408	851	851
4.2	金币	192	200	257	283	287	326	305	382	251	263
三	实际需求	2880	2899	3501	3082	3848	4560	4361	5087	4207	4124
四	实际盈亏	372	195	-44	1056	523	-9	150	-780	187	182
1	ETF 持仓	260	253	321	623	382	185	279	-880	-157	-124
2	交易所持仓	32	-10	34	39	54	-6	-10	-98	1	-48
3	净差额	79	-48	-399	394	88	-187	-120	198	344	354
五	黄金价格	603.6	695.4	872.0	972.3	1224.5	1571.7	1669.0	1411.2	1266.4	1160.1

注：数据来源于 GFMS Thomson Reuters。

2014 年和 2015 年世界主要黄金消费国家和地区情况见表 1.12。

表 1.12 2014 年和 2015 年世界主要黄金消费国家和地区情况 （t）

国家和地区	2014 年			2015 年		
	金饰	金条和金币投资总量	总量	金饰	金条和金币投资总量	总量
印度	662.1	180.6	842.7	654.3	194.6	848.9
中国	667.3	200.2	867.5	841.9	208.9	1050.8
中国内地（大陆）	623.5	190.1	813.6	783.5	201.0	984.5
中国香港	36.8	2.4	39.1	51.4	1.5	52.9
中国台湾	7.0	7.8	14.8	7.0	6.4	13.4
日本	16.3	1.6	17.9	16.6	16.2	32.8
印度尼西亚	39.8	12.0	51.8	38.9	20.1	59
韩国	9.4	7.1	16.5	14.1	7.4	21.5
泰国	6.1	77.6	83.7	12.2	78.0	90.2
越南	12.7	56.4	69.1	15.6	47.8	63.4

续表 1.12

国家和地区	2014 年			2015 年		
	金饰	金条和金币投资总量	总量	金饰	金条和金币投资总量	总量
中东地区	174.1	41.7	215.7	224.1	64.6	288.7
沙特阿拉伯	53.3	14.6	67.9	68.9	15.7	84.6
埃及	45.0	10.8	55.8	36.5	4.9	41.4
阿联酋	55.6	12.6	68.2	49.9	8.5	58.4
亚洲其他	20.2	3.6	23.8	68.8	35.6	104.4
土耳其	68.2	54.8	123.0	49.0	23.1	72.1
俄罗斯	70.6	——	70.6	41.1	4.8	45.9
美国	132.4	46.7	179.2	170.5	79.7	250.2
欧洲（独联体外）	46.4	220.0	266.4	75.8	219.3	295.1
意大利	18.8	——	18.8	18.0	——	18.0
英国	27.6	——	27.6	26.0	9.4	35.4
法国	——	2.2	2.2	13.5	1.6	15.1
德国	——	101.4	101.4	10.0	113.8	123.8
瑞士	——	46.5	46.5	——	50.4	50.4
欧洲其他	——	70.0	70.0	8.2	44.2	52.4
以上总计	1905.5	898.7	2804.0	2204.9	990.6	3195.5
世界其他	247.7	164.9	412.6	210.0	21.0	231.0
世界总计	2152.9	1063.6	3216.6	2414.9	1011.7	3426.6

注：数据来源于世界黄金协会。

黄金具有商品和金融双重属性，因此，黄金需求分为两大类，一是商品制造消费，二是市场投资需求。2016 年，金价大幅震荡，一方面美元持续走强、美联储进入加息周期让金价承压；另一方面英国脱欧、特朗普当选、意大利公投及地缘政治摩擦加大等不确定性增强又为黄金价格提供坚强支撑。

2016 年黄金消费量大幅下滑，全国黄金消费量为 975.38t，与 2015 年同比下降 6.74%。其中：首饰用金 611.17t，下降幅度较大，减少了 18.91% 的需求；而用于实物投资的金条，却同比大涨 28.19%，达到 257.65t；金币更是增长了 36.80%；此外，工业及其他用金则增长了 10.14%。虽然黄金饰品的消费有所疲软，但实物黄金的投资，却同比大幅度增长，特别金条、金币等投资，越来越受到大家的青睐。

我国黄金市场正处于快速成长期。黄金市场快速成长，黄金交易发展迅速。2016 年，上海黄金交易所全部黄金品种累计成交量共 4.87 万吨，同比增长 42.88%，是全球最大的场内实金交易市场。上海期货交易所黄金期货合约累计成交量共 6.95 万吨，同比增长 37.30%，交易量位居全球前三。随着黄金市场功能的不断健全，交易品种的不断创新，交易规模的不断扩大，交易时间的不断延长，未来上海在国际黄金交易市场中将成为独立于纽约、伦敦之外的重要一极。

1.3.3　黄金的价格走向分析

黄金是重要的避险资产，也是对抗通胀的利器。布雷顿森林体系瓦解后，金价进入自由波动时代，至今总共经历了六轮周期，多种因素引发黄金价格上涨。美元、通货膨胀以及国际政治经济局势都是影响黄金价格的主要因素。

1.3.3.1　黄金供需与黄金价格

黄金的供给主要包括矿产金、再生金和官方售金。从全球黄金的供给结构分析，矿产金占总供给比例最高，其次是再生金和官方售金。矿产金占总供给比例一般保持在60%～75%之间，是世界黄金供给的主要来源。2005年后随着生产技术的提升，再生金的占比不断增长。到2009年再生金的比例达到了最高值41%。金融危机后，各国央行开始从售金转而购金，2010年后，官方售金占总供给比例由正转负，与此同时矿产金的比例重新上行。从供给结构看，分析黄金的供给情况对金价的影响，应主要分析矿产金的供给情况。

从需求结构来看，黄金珠宝首饰的需求占比最高，其次是投资需求，工业需求比较稳定，官方储备需求在2010年后逐年增加。从时间纵向上看，在2013年前黄金首饰和工业需求逐年下降，而投资需求占总需求的比例在逐年增加。在2009年和2010年，投资需求占总需求的比例达到39%。随着金融危机的爆发，各国央行减少黄金输出，增加黄金储备。2011年后，年均需求占比维持在12%。在分析需求对黄金价格的影响时，官方储备不是主要影响因素，应更偏重黄金的首饰工业需求和投资需求。

1.3.3.2　美元走势与黄金价格

美元是国际黄金市场的标价货币，因此美元的价格也是影响金价波动的重要因素之一。美元的价格对美国内部可以用美元的购买力来衡量，对外在国际市场上可以用美元汇率来衡量。从美元指数与伦敦现货黄金价格增速的比较可以看出，两者的负相关性非常显著，若计算2000年后两者的相关系数，达到-0.5338。

由于美元指数的变化综合反映了美国国内经济基本面相对国外的变化，因此，美国国内的关键经济指标都能对黄金价格产生影响，比如失业率和通货膨胀。如果失业率和通胀两者呈现上升趋势，则拉低美元指数，推高黄金价格。另外，美联储的财政和货币政策也会影响美元的相对购买力，进而影响黄金价格。

美元指数对黄金价格的直接和间接影响如图1.2所示。

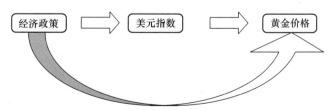

图1.2　美元指数对黄金价格的直接和间接影响

1.3.3.3　通货膨胀与黄金价格

黄金作为世界货币又同时具有大宗商品的属性，当发生严重通货膨胀时，黄金的保值性使其能够减小货币贬值带来的亏损，降低市场风险，所以黄金一直以来被作为对冲通胀的有力武器，这也是黄金受追逐的另一重要原因。尽管各个国家的通货膨胀水平受自身经济政策的影响，各国的通胀周期往往具有一致性。这点从美国、日本以及欧元区的 CPI 同比趋势图可以得到验证。由于黄金天然具有对抗通胀的属性，因此在各国通胀水平上行的期间，黄金价格也随之上涨。值得注意的是，黄金价格同比的高点比 CPI 高点领先了 2~4 个月。也就是说，真正影响黄金价格的应该是通胀预期。

用原油期货价格同比衡量通货膨胀的预期，检测通胀预期是否会推高黄金价格。结果发现，在大部分时间内，原油期货价格同比几乎与黄金现货价格同比的趋势相同。

1.3.3.4　国际政治经济局势与黄金价格

政治经济局势发生变化和突发战争都将造成黄金价格的剧烈波动。政局动荡带来的经济政策的变化，突发战争造成的巨额军费，都会使人们产生导致负面的经济或货币预期。这时黄金就会成为硬通货。黄金需求的增加会推动金价的上涨。而金融危机期间，黄金的避险作用让位于流动性需求，黄金被抛售引发价格下跌。

1997 年的泰铢贬值事件始于泰国巨额的外债规模和盯住美元的固定汇率制。由于泰国出口低迷，贸易赤字增加，对泰铢汇率构成巨大压力。1997 年 7 月 2 日，泰国政府被迫宣布放弃泰铢盯住美元的汇率制度，实行有管理的浮动汇率制度，当天泰铢对美元的汇率贬值幅度高达 30%。到 1998 年 7 月，泰铢对美元累计贬值了 60%。

然而，泰国危机爆发后，黄金价格并没有暴涨反而下跌。综合在此期间的两个现象：美元指数上扬，世界主要的几个股指环比变动不大，可以说，1997 年的泰国金融风暴并没有引发全球股市的动荡。此时黄金的避险作用完全让位于流动性需求，危机爆发当天，价格迅速下跌，市场急速去杠杆，流动性枯竭，一切具备流动性的资产尤其是优质资产也将会遭到抛售。类似的情况也出现在 2008 年美国金融危机，危机期间黄金价格跌幅超过 20%。

2016 年 6 月 23 日英国举行退出欧盟公投，伦敦黄金现货价格暴涨。英国作为欧盟国成员享有会员国所带来的贸易繁荣，欧盟成员国身份降低了英国与其他国家的贸易成本，若"脱欧"成功将使其他欧盟成员国在与其进行贸易方面受到摩擦，对于欧盟和英国的经济产生显著的负面影响。公投结果公布后，当天英镑兑欧元汇率和兑美元汇率分别下挫 6.02% 和 7.95%。脱欧公投后，黄金价格持续上扬，与之伴随的是美元指数的同步走高，这个趋势一直持续到 7 月底。从 2016 年年初至英国脱欧公投前夕期间，美元总体疲弱，从年初的 98.65 下滑至 6 月 22 日的 93.55，中间最低达到 92.60。这段时间内美元与黄金价格的相关系数为 -0.8272；而脱欧公投之后的一个多月期间两者的相关系数为 0.4002。也就是说，在这一个多月时间内，美元之外的因素主导着黄金价格的走势。从全球主要股市的表现上看，该因素应该就是避险需求。

1.3.3.5 美国新政与未来黄金走势

无论是基于黄金本身的属性还是历次黄金周期的经验，可以发现决定黄金长期走势的是美元指数、通胀以及各种政治经济局势变动带来的避险需求。

美国总统特朗普的"基建+减税+反移民"政策有助于刺激美国经济和再通胀，美元走强，黄金大跌。特朗普上台具有特殊的时代背景。民主党总统奥巴马在任内大幅增加社会福利，特别是全民医保法案导致联邦医疗支出攀升，财政赤字严重，债务逼近上限。特朗普的政策很有可能沿袭共和党的传统思路，缩减福利开支的同时大力推行减税，同时他的政策的另一亮点是基建。特朗普的财政刺激政策明显是利于强势美元。无论是从特朗普的竞选承诺还是从他所代表的利益集团，基建势在必行。因此，从趋势上看，利空黄金价格。但美国新政未来仍将面临诸多不确定性。市场对贸易保护担忧大幅上升，黄金价格可能反弹。

1.4 黄金冶金技术发展概况

1.4.1 发展历程

最初，人类长期从含天然金的河床砂金中获得黄金，随着砂金的逐渐消耗，人们开始转入开采浅部岩金，先将易碎的含金矿石用石锤等简单工具破碎，在手推磨中浆化，并在原始筐筛中分级，再用淘金盘淘洗，或用倾斜的木制冲洗槽或粗制溜槽获得金。

对于有部分金存在于硫化矿物中，希腊人在最终富集以前采用简陋的焙烧工艺，将含金硫化物置于炉中，加入一定比例的铅、盐、锡等焙烧熔炼，得到较纯净的金。

公元前1000年埃及人发明了将金与汞混合的混汞法。此后希腊人和罗马人广泛应用混汞法处理一些较复杂的矿石，富含金的汞用蒸馏法排除，剩下的海绵金加助熔剂熔炼生产金锭。约在公元前700年前，土耳其人用盐从金的金属中使银生成氯化银而除去，从而生产出第一枚金币。公元前500年，埃及人已了解金银合金生产工艺。

从中古时期或中世纪时代（476~1453年），开始采用黑色火药开采矿石，但黄金生产技术未能获得明显的突破。这一时期黄金不是通过开采而是通过掠夺而获得的。

中世纪兴盛时期及其晚期，在西欧、中欧开始大力扩大金属开采，从而刺激了黄金的生产。此时期，西班牙使用了水轮机和阿基米德螺旋机，进行水力采矿。罗马人把破碎过的岩石通过装有带刺灌木的槽道进行冲洗，用带刺灌木捕集金粒。到1400年，混汞法和蒸馏工艺已广泛用于金的提取。从这一时期一直到19世纪的英国工业革命，欧洲普遍采用铜板混汞法回收金。但是中世纪末期的战争及各国统治者在矿山及矿业开发上的特权妨碍了矿冶的发展，致使中世纪结束时，欧洲、西亚及非洲的金、银矿业生产普遍下降。

19世纪随着世界资本主义的发展和大量金矿的发现，世界进入黄金热时代。人们逐渐开始采用蒸汽和水力带动的滚筒筛及溜槽以及附有筛子及溜槽的摇床及长淘洗溜槽。在缺水地区，用水较少的淘金摇动槽得到应用，并辅以成浆槽以捣碎矿石中的黏土。1882年，新西兰第一次使用了挖泥船。美国第一台挖泥船是1887年在蒙大拿的巴马克应用的。在黄金热时代，各地研制出多种重力选矿设备，用于处理类型广泛的大规模矿石。混汞法流程得到改进，重选法及混汞法被用于破碎回路，以便在流程中尽可能早地回收金。尽管这时重力选矿及混汞法有所改善，但这些工艺并不适合细粒金与硫化物伴生金的回收。1774 年发现了氯气，1848 年普拉特·耐尔提出了氯化法，对破碎矿石通入氯气以产生可溶于水的可溶性氯化金，然后从溶液中用硫酸亚铁、硫化氢或炭沉淀金。19 世纪 60 年代中叶，各种氯化法在美国、南非及澳大利亚得以应用，但很少直接用于金矿石处理，主要是因为处理费用高，因为氯化前必须对含砷、锑和大量硫化物的矿石预先氧化，尤其是处理含贱金属和碳酸盐矿石时氯气含量过高，从而影响了氯化法的推广应用。

1843 年俄国学者彼得巴格拉几昂首先发现了金银能溶解于有氧存在下的氰化钾溶液中的特性，由此奠定了氰化法处理金矿石的基础。1887 ~ 1888 年间，苏格兰的麦克阿瑟与福雷斯特兄弟首先采用氰化法浸出金，随后用锌粉置换回收金，该工艺很快获得专利并发展为工业工艺。1889 年，在新西兰的克朗矿建立了世界第一座氰化厂。1890 年南非的 Robinson Deep 矿采用此法，接着 1891 年在美国犹他州及加利福尼亚州投入使用，以后澳大利亚、墨西哥、法国等相继在世界各地广泛使用[3]。氰化法的出现与应用，使世界黄金生产发生了深刻的变革。直到今天，氰化法仍是世界最普遍采用的方法。

在氰化法的发展过程中，从氰化法溶液中回收贵金属引起了较大关注，初始的回收方法是锌粉沉淀置换。1894 ~ 1899 年西门子及哈尔斯克应用电解槽处理从矿泥倾析产生的稀溶液。

19 世纪 90 年代，开始采用在贵液中加活性炭的方法回收金。澳大利亚的氯化提金厂主要使用这种工艺。但这一时期内，炭提金工艺发展缓慢。1910 ~ 1930 年间，浮选法被引入处理贱金属硫化物矿石，并很快被应用于含硫化物矿及游离金精矿的金回收。第二次世界大战后，研制出了颗粒状活性炭及活性炭的浆洗方法，并使其可循环使用。1949 年，洪都拉斯的柯潘厂建立了第一座使用颗粒炭的炭浆法（CIP）工厂，1950 年在内华达州温尼马卡附近的格彻尔矿也建立了一座炭浆厂。

在此期间，美国矿务局扎德拉等人研制出了炭淋洗方法，而且能使活性炭循环再利用。淋洗过程可把金洗脱下来产生富集溶液，然后再从溶液中把金电积到钢棉阴极上。1961 年该工艺首先在科罗拉多州的 Gripple Greek 矿使用，随后南达科他州霍姆斯特克矿也应用了这种方法。之后，世界范围内的一些矿山也相继地采用了炭浆法和炭浸法。因为这种工艺的设备费和生产费用均较低，约是锌粉置换法的 60% ~ 90%。

自 20 世纪 70 年代以来，黄金提取技术出现了一系列重大改革，有效的炭再生法和淋洗工艺相结合使炭浆工艺更趋于成熟。1973 年，南达科他州的霍姆斯特克金矿用炭浆法代替常规的矿泥氰化法处理；南非英美研究实验室研制的用氰化法预浸渍去离子水淋洗的 AARL 法获得专利，并成为以后普遍采用的淋洗方法。1978 年在莫德方舟建立了一座小厂，1980 年在布朗德总统地区、蓝德方舟地区及西部地区建立了 3 座较大的工厂。1981 ~ 1984 年间在南非有 11 座大型炭浆法及炭浸法（CIL）工厂投产。美国和澳大利亚的许多厂也都建立活性炭回收系统作为金的首选工艺方法。目前，炭浆法和炭浸法已是新建金回收厂的首选方案，其生产的金产量约占总产量的 1/2。

最有希望取代活性炭的是离子交换树脂法。苏联于 1970 年在西乌兹别克斯坦的大型穆龙套金矿建立起第一座树脂矿浆法工厂，随后其他工厂也都采用了树脂矿浆法。1988 年，南非东德兰斯瓦尔的戈登必利矿建立了一座树脂矿浆法工厂。我国 20 世纪 80 年代也建成了类似的工厂。但由于树脂性能还无法同活性炭竞争，从而阻碍了树脂矿浆法的应用。

黄金提取的另一技术是堆浸法。20 世纪 60 年代末至 70 年代初，美国矿务局开发了低品位矿石回收金的堆浸法，并于 1970 年在卡林矿建立了第一座大规模堆浸厂。随后美国其他地区以及世界各国都相继采用了堆浸法，使得它成为世界目前较为广泛采用的提金工艺。

20 世纪 80 年代以来，世界黄金提取技术的研究与开发重点是难处理矿石的处理与利用。首先是焙烧法在难处理金矿石预处理中普遍得到了应用。许多国家或地区，如南非的费尔维尤、法国的拉贝列尔、美国的格彻尔、澳大利亚的莫根山、加拿大的坎贝尔红湖金矿等都建立了金精矿焙烧工厂。20 世纪 80 年代后期，气体洗涤净化工艺得到相当大的改进，其中循环流化床焙烧和两段氧气焙烧的出现，使得难处理金矿的焙烧可能由焙烧精矿转向焙烧全部矿石。1990 年，在大斯普林斯、杰利特峡谷及科特斯焙烧金矿石工艺试运转获得成功。

在难处理矿的预处理技术中，湿法加压氧化法在国外使用较多，主要用于处理范围广泛的难处理矿石。1985 年，在美国霍姆斯特克 麦克劳福林建成了第一座酸性加压氧化厂，1986 年在巴西圣本图也建立了同样的加压氧化厂。此后，又相继出现了十多家金矿企业用该法来预氧化微细浸染含金硫化物矿石或精矿。1988 年，美国默克尔建成了第一座金矿石非酸性加压氧化厂，这种方法适合处理含碳酸盐高的矿石。

更新一代的预氧化技术是微生物湿法化学氧化（细菌氧化）。细菌氧化是南非 Gencor 公司自 1975 年率先研究开发的，经十多年的发展，1986 年在南非的 Fairview 金矿成功地建成了世界第一座细菌氧化厂。1991 年，巴西的圣本图也建成了生物氧化厂。从 1991 年至今世界各地已有二十多个细菌氧化工厂，如澳大利亚的 Harbour Lights（1991）和 Wiluna（1993）、加纳的 Ashanti（1994）等。

随着金矿石难处理性增大和环保要求日益严格，人们正寻求能用于酸性介质的浸出剂，避免氰化浸出前需要大量的碱中和，以及相应的无氰提金技术。虽至今仍未实现工业应用，但这是提金技术的一个重要发展方向。

1.4.2 现阶段黄金冶金工艺流程

目前，黄金生产工艺主要包括破碎与细磨、选矿、预处理、浸出、提取与回收、精炼及"三废"处理等过程单元。由于金矿石性质不同，生产工艺会有一定差别。金提取的单元工艺过程见表 1.13。

表 1.13 金提取的单元工艺过程

单元工艺	工艺类型	单元工艺	工艺类型
破碎与磨细	物理	固液分离及洗涤	物理/表面化学
筛分与分级	物理	溶液纯化与富集	湿法冶金
选矿	物理/表面化学	回收	湿法冶金
氧化预处理	湿法/火法冶金	精炼	湿法/火法冶金
浸出	湿法冶金	废物处置/处理	湿法冶金

1.4.2.1　破碎与磨细

矿石的破碎、细碎以及精矿磨细，主要是为了解离金、含金物质及其他有经济价值的金属，以利于金的提取。矿石或精矿所需要细碎的程度取决于金粒的解离度、原生矿物的粒度及其性质以及回收金所用的方法等。最佳细碎粒度受各种经济因素的限制，如金回收率、加工费用（反应动力学与试剂消耗）和细碎费用之间的平衡。

物料破碎分为三段：粗碎至 $150\sim123mm$，中碎至 $100\sim25mm$，细碎至 $20\sim5mm$。矿石破碎主要采用各种破碎机，如颚式破碎机、圆筒破碎机、对辊破碎机、锤碎机等。

破碎后矿石按工艺不同要求细磨至所要求的细度。磨矿方法有球（或棒）磨、半自磨和自磨。常用磨矿设备为球磨机，其他有捣矿机、碾磨机、管磨机。新发展的有搅拌磨、高压辊式磨矿机等高效超细粉碎设备。

1.4.2.2　筛分与分级

筛分的作用是从破碎后的物料中，分出细粒产品。按目的不同，筛分可分为预先筛分、检查筛分、准备筛分和最终筛分。常用筛分设备有格栅、条筛、振动筛、摇动筛、圆筒筛等。

在提取流程中，分级工艺最重要的作用是在研磨回路中采用旋流器和筛，提高研磨效率，以获得下步加工所要求的粒度。此外分级还能实现其他功能，如：

（1）后续加工过程，按粒度分别处理的要求，对物料进行分级。

（2）通过筛分过程从矿浆和溶液中分离出吸附剂。

（3）用于尾矿构筑中尾矿的分级。

目的不同，所采用的分级机也不同，主要有水力分级机、机械分级机和离心分级机等。机械分级机又分为耙式、浮槽式和螺旋式等。离心分级机（即水力旋流器）又分为单个水力旋流器和水力旋流器组。

1.4.2.3　选矿

在金的提取流程中，选矿是一种回收颗粒金的方法，或在氰化工序之前作为预富集手段而被广泛应用。其主要作用是：

（1）通过重选或混汞法回收游离金与重矿物（如硫化物和钛矿物）伴生的金。

（2）在氰化之前，用浮选法获得含游离金和含金硫化物的浮选金精矿，或产生用氰化法处理的游离硫化物矿尾矿。

（3）用浮选法剔除部分品位低但对下一步金提取会产生不良影响的组分，如消耗氰化物的硫化物、吸附金的含碳物质和耗酸的碳酸盐。

（4）优先浮选，例如金、含金黄铁矿、砷黄铁矿以及黄铁矿的分离。

（5）通过手选、光电选、辐射分选、电磁选、浮选等方法剔除一部分不含金的脉石，以减少以后工序的给矿量。

1.4.2.4　氧化预处理

用常规浸出法处理时，金回收率低或是试剂消耗过高的矿石，可采用预氧化处理。这一类矿石通常称做难处理矿石，其难处理程度因矿石不同而异。氧化预处理过程是全部氧化或是局部氧化矿石中难处理矿物，使金变得适合于氰化物浸出。局部氧化适合于钝化难处理矿物，解离出与特定矿物伴生的金，或是解离出在硫化矿物中优先氧化部位伴生的金。全部氧化通常用于嵌布细粒金，或完全与之伴生的硫化物矿。

目前可供利用的氧化方法主要有湿法冶金工艺和火法冶金工艺两类（见表 1.14）。焙烧氧化法用来处理含硫化物、砷化物、碳质及碲化物的矿石和精矿，应用已有几十年，被证明是可行的方法。但是由于环保法规对焙烧排出物的要求越来越严格，焙烧工艺日益复杂，进而伴随费用的日益增加，其应用也越来越少。

预充气用于氧化或钝化那些在氰化物溶液中充分反应并消耗氰化物及氧使金浸出率降低和费用增加的矿物，如用于处理少量磁黄铁矿及白铁矿的矿石十分成功。

湿法冶金方法除简单的预充气技术外，也出现了许多有吸引力的方法，如用于处理各种难处理的含硫化物和砷化物的矿石及精矿的加压氧化和硝酸氧化法，处理含碳物料的氯气氧化法。这些方法的优点是环保，但缺点是费用高。

生化氧化被用于处理含硫化物和砷化物的浮选精矿，尽管氧化速度较慢，但与焙烧法和加压法比较，费用低且利于环保，因此有着广阔的发展前景。

表 1.14 氧化预处理工艺

工艺类型	氧化方法	技术发展状况	处理矿石类型	应用实例
湿法冶金	低压氧（预充气）	工业上已验证	中等难处理矿石：含少量活泼硫化矿物（如磁黄铁矿及白铁矿）	南非的东德里方丹、加拿大的鲁平、美国的霍姆斯特克-麦克劳福林
	高压氧（酸性介质）	工业上已验证	难处理含硫化物及砷化物矿石：低碳酸盐、高硫	戈德斯特克莱、巴西泽本图
	高压氧（非酸性介质）	工业上已验证	难处理含硫化物及砷化矿物：低硫、高碳酸盐	美国的默克尔
	硝酸	工业上未验证 小型中试试验	无资料	无资料
	氯气	工业上已验证	含碳质矿石、低硫碲化物矿石	美国的卡林、杰里特峡谷、斐济的黄碲矿
	生物	对浮选精矿工业上已验证，全矿预处理未验证	难处理含砷化物、硫化物矿石、金与砷黄铁矿、白铁矿伴生	南非的费尔维尤、巴西的圣本图
火法冶金	焙烧	工业上已验证	难处理含硫化物、砷化物、碳质及碲化物矿石	加拿大的坎贝尔红湖、吉尔特耶罗奈特，澳大利亚的卡尔古利联合体-吉德捷，南非的新康索特、美国的大斯普林斯、杰里特峡谷及科特斯

1.4.2.5 浸出

所有湿法冶金中，金的提取都采用浸出步骤以获得提取回收金的含金溶液。过去用氯气和氯化物介质浸出,目前工业上主要采用稀的碱性氰化物溶液作为溶解金的浸出溶液。其他浸出剂,如硫脲、硫代硫酸盐、溴化物及碘化物溶液也有潜在的浸出能力,但目前还没有在工业上应用。金的浸出剂见表 1.15。

表 1.15 金的浸出剂

试 剂		条 件	干扰和耗试剂物	说 明	已知或可能的应用
氰化物系统	氰化物	$0.05\% \sim 0.1\%NaCN$, OH^-($pH>10$), O_2	硫化物,某些氧化的贱金属、碳和有机物	很多矿石的标准处理工艺,但对环境影响较大	石英矿石或硫化物精矿中的细分散金
	氨-氰化物	$NaCN$, NH_4^+, O_2, OH^-	硫化物,某些氧化的贱金属、碳和有机物	为配合大部分氧化铜加足够氨	矿石中氧化铜干扰氰化
	溴氰化物	$BrCN$, $pH=7$	未知	$BrCN$ 水解成 CN^- 和溴氧化剂	用于碲化物
	氰化物-矿石矿浆电解	OH^-, CN^-, O_2, 直流电	硫化物,某些氧化的贱金属、碳和有机物	金溶解和电沉积同时进行	未知
	碳酸盐-氰化物	HCO_3^-, $pH=10.2$, CN^-	硫化物,某些氧化的贱金属、碳和有机物	比常规氰化浸出慢	从矿石和残渣中同时浸出金和铀
碱性系统	有机腈(丙二腈)	腈,O_2,$pH>10$	类似氰化物	含碳物质对已溶解金吸附减弱,金与有机腈形成有机络合物	就地浸出、堆浸碳质矿石
	α-羟基腈(丙酮氰醇)	腈,O_2,$pH>10$	类似氰化物,但干扰少	试剂水解成 CN^- 和酮,金溶解速度比氰化物快	就地浸出,堆浸,据说对含砷矿石和碳质矿石有效
	氰氨化钙	$Ca(CN)_2$, NH_4^+, O_2, $pH>10$	硫化物,某些氧化的贱金属、碳和有机物	未知	未知
	硫代硫酸铵	$(NH_4)_2S_2O_3$, $pH>7$, O_2	未知	金溶解慢	重金属厂的残渣
	腐殖酸,氨基酸	未知	未知	初步研究,无毒,浸出速度很慢	就地浸出和堆浸
	碱-氯气预处理	未知	未知	消除了劫金行为,解离了化学结合金,分解硫化物	难浸碳质矿石
酸系统	王水	$HCl-HNO_3$	未知	腐蚀性,成本高,化学侵蚀硫化物和贵金属	高品位物料及金-铂分离
	氯水溶液	Cl_2, $HClO$, H^+($pH<2$)	硫化物,碳,有机物	腐蚀性	氧化矿预焙烧矿石、金-锌沉淀泥

续表 1.15

试剂		条件	干扰和耗试剂物	说明	已知或可能的应用
酸系统	Cl_2，Br_2 和 I_2 浸出	未知	未知	未知	硫化物矿石或精矿
	氯化铁	$FeCl_3$，H^+，pH<3	不清楚	细粒金溶解块	不清楚
	硫代氰酸盐	SCN^-，H^+，pH<3，氧化剂（Fe^{3+}）	过量氧化剂	比氰化物毒性低，形成阳离子配合物，实际消耗高	氰化物难浸矿石就地浸出和堆浸
	硫脲	0.1%~1%$CS(NH_2)_2$，H^+，pH<4，氧化剂和 SO_2	不清楚	有些矿石不需氧化剂	不清楚

金的氰化浸出有搅拌浸出和堆浸两种基本方法。这两种方法的提金原理相同，不同的是矿石预处理后的最终粒度及浸出作业不同。

（1）搅拌浸出。搅拌浸出在混合搅拌槽中进行。此法浸出后经磨矿后的矿浆或尾矿，对矿石的粒度要求较高，一般要求矿石粒度80%在4~150μm之间。矿石和氰化溶液都在动态中将金浸出。浸出时用空气或机械搅拌使固体保持悬浮状态。影响矿石和氰化物的参数较多，在标准氰化浸出工艺条件下，矿浆浓度为35%~50%，pH值用石灰调至9.5~11.5之间，氰化物浓度为0.02%~0.1%，通空气或纯氧保持浸出时足够的溶解氧（通常条件下，氧在水中的最高溶解度为5~10mg/L），温度21~45℃，浸出时间24~40h。

（2）堆浸。堆浸工艺是将破碎后的矿石堆放于不透水的底垫上，然后喷洒氰化溶液到矿堆的顶部，氰化物溶液渗透过矿石并将金浸出来。

一般情况下，堆浸时，矿石粒度为10~25mm，堆浸时间为60~90天，金浸出率为70%（而搅拌浸出一般大于90%）。

堆浸提金工艺中最关键的是筑堆和浸出前后的作业方式和程序。根据大多数矿山作业情况，堆浸提金大致可分为三种：固定堆浸法、堆浸场地扩展法和筑堤堆浸法，采用较多的是堆浸场地扩展法。

堆浸工艺能够处理常规提金工艺不能处理的低品位矿石、表外矿石、废堆矿以及各种尾矿等。堆浸所处理的矿石类型主要有：石英脉氧化矿、硅质粉砂岩矿、在石灰岩裂隙中浸染金的火山角砾岩、流纹凝灰岩、硅化粉砂岩等矿体上部的氧化矿石等。

1.4.2.6 固液分离与洗涤

固液分离过程在金提取流程中的作用是：

（1）在浸出后可使富浸液和贫金相分离，为金回收和处理创造条件。

（2）不同相可用不同方式处理，以求得到最好的工艺效果。

（3）化学平衡能够转化，以便优化反应动力学和热力学。

（4）工艺流体及试剂在工艺过程中的不同部位能够通过再循环以优化水及试剂的使用。

浸出矿浆经固液分离才能获得供下一步回收金用的澄清贵液。而为了提高金的回收率，需对金的固液分离部分进行洗涤，以尽量回收固体部分所夹带的含金溶液。

生产中用倾析法、过滤法和流态化法进行浸出矿浆的固液分离与洗涤。

倾析法分为间断倾析法和连续倾析法。前者在澄清器或浓密机中进行，后者多在几台单层或多层浓密机中以连续逆流方法进行。

过滤法常用筒式真空过滤机和圆盘真空过滤机以间断或者连续方式进行。流态化法常在流态化洗涤柱（塔）中进行。

固态分离的效率也能决定随后的化学过程的效率。矿浆或浑浊溶液的固液分离还涉及多种化学药品及其组合应用。这些药品包括 pH 值调整剂（如氢氧化钙、氢氧化钠及硫酸）、絮凝剂、凝结剂及黏度调整剂。它们都会对下步过程有明显的影响，需通过试验确定和选用。

1.4.2.7　溶液纯化与富集

浸出所产生的溶液一般含金浓度不高，因为金矿石的品位相对低。这些溶液可以直接用还原工艺回收金。但通常最经济的提取方法是用活性炭或离子交换树脂吸附溶液中的金银有用组分，然后把金银淋洗到小容量的清洁溶液中。这样不仅富集了金，而且也提供了一个纯化步骤，因为从矿浆及未澄清的溶液中进行回收而不需要固液分离。依据所用的载体不同，工业上主要方法有炭浆法、炭液法、炭浸法、树脂矿浆法。

1.4.2.8　回收

从浸出液或通过中间富集及纯化阶段回收金，是应用化学或电解还原过程实现的。对于稀的金浸出液，一般可采用锌粉置换沉淀方法回收金。由于在溶液中所得到的电流效率很低，且处理体积很大的浸出液需要许多体积很大的电解槽，因此电积法不适用，用锌粉置换直接回收金的方法比炭吸附法更适合于含银高（Ag：Au>10：1（质量比））的矿石，对高含量可溶性铜的矿石的处理也具有优越性。

对于经从活性炭或树脂上淋洗产生的高品位的金溶液（一般大于 30g/t），采用电积法和锌粉置换法都能从中回收金，二者之间没有明显的经济差别。但电积法产出的是几乎不需要精炼的高纯产品，而锌粉置换法产出的是需精炼的低纯度产品。

1.4.2.9　精炼

提纯金、银的方法有火法、化学法和电积法。目前主要采用电积法，其特点是操作简便，原材料消耗少，效率高，产品纯度高且稳定，劳动条件好，能综合回收铂族金属。其次是采用化学提纯法，如硫酸浸煮法、硝酸分银法和王水分金法等，主要用于某些特殊原料和特定的流程中。火法为古老的金银提纯方法，目前一般不再使用。

1.4.2.10　废物处理/处置

在金提取化学过程中会产生各种废料。废料产品可用解毒法或回收有价值废料组分的办法处理。一般步骤是：试剂回收和循环、金属的回收、去毒性。前两步骤主要用于提高经济效益，并可能去除一部分毒性，改善环境。当废物含毒物量超过法规所允许的范围时，或者废物需要在工艺过程中有效循环使用时，去毒是非常必要的。对于很多废物，可以考虑上述环境保护和冶金处理因素，不需要加以处理就允许处置。

在确定最终工艺流程过程中，对于每个单元工艺的选择以及这些单元工艺在流程图中的组合，可遵循图 1.3 的工艺路线。

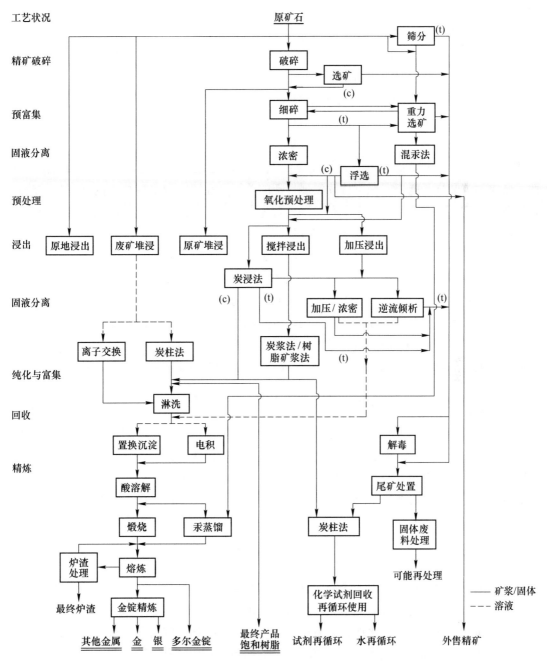

图 1.3　工艺路线

c—精矿；t—尾矿

1.4.3　黄金冶金可持续发展趋势

中国黄金工业发展存在的主要问题有：

（1）中国黄金资源潜力非常大，但查明资源储量远远不够，与南非查明资源储量相比差距很大，与全球第一产金大国地位不相称，必须加快黄金地质勘查，增加黄金资源储量。

（2）中国黄金资源的特点是大都处于偏远山区，矿点多，比较分散，不利于大规模开采。黄金企业规模偏小，中国仅有三家黄金企业集团可进入全球黄金矿业公司前二十名。另外，中国黄金企业抗风险能力明显不如国外黄金矿业公司强。

（3）中国黄金企业技术装备水平有待提高，尤其是 1000m 以下的深井钻探、地压、地热、岩爆、通风等技术难题，还需要更长时间进行黄金科技攻关解决。

目前，我国大多数的黄金矿山企业的环保意识不强，环保技术含金量不高，对矿山周边环境往往有较大的负面影响。含氰化物的废水如何处理，能不能彻底消除氰化物的毒性，已成为黄金行业能否实现可持续发展目标的关键。在国家越来越严格的环境保护政策和法律条件下，黄金企业为了生存和发展，首先考虑的必然是在黄金生产过程中全面推广和应用全循环工艺以实现含氰废水的零排放。

尾矿资源综合开发利用技术的全面推广使黄金工业焕发了新生机。尾矿资源的再选具有如下的特点：建设周期短，投资少，见效快；可以进行大规模生产，成本较低；综合回收各种有价元素和非金属元素；缓解矿山资源紧张的矛盾，延长企业服务年限等。

将这部分尾矿资源进行综合开发利用，可实现经济效益、社会效益及环境效益的统筹兼顾。另外，一些生产周期较长的矿山均不同程度地出现了资源危机，如能对有利用价值的老尾矿进行综合开发，对缓解矿山的资源短缺，延长生产寿命，都会起到至关重要的作用。

提高各种共生资源的回收率，提升黄金工业的资源综合利用整体水平，成为企业的一大经济增长点。在伴生金属元素的综合回收方面，我国许多黄金矿山均含有可以综合回收的伴生元素组分，如铅、铜、锌、硫等，然而矿山一般仅注重金银的回收，对其他金属元素则仅顺带回收，不再采取更多的回收措施。特别是矿山的初建阶段，伴生有价组分都随尾矿流失。据调查，有些采用浮选-精矿氰化工艺的选厂，浸渣中有价元素含量一般高于最低工业品位，甚至是最低工业品位的两倍以上。为此，金厂峪、三山岛金矿、银洞坡金矿、湘西金矿及辽宁五龙金矿等均对选矿生产工艺进行了改造，以便回收伴生有用组分，并取得了显著的经济效益。

有些尾矿砂中含有较高的氧化铁和氧化铝，经加工可生产出铁红、聚合铝、聚合铁等新型絮凝剂，是一种物美价廉的半成品原材料。山东某地尾矿含铁在 20% ~ 30% 之间，在回收金的同时，生产纳米氧化铁，成为高效益企业。某些含铝较高又含铁的尾矿，可成功地生产水处理剂，如氧化铝含量大于 30%，就能制备 PAFC 聚合铝铁净水剂。

在硫和氧化砷的回收方面，有些金矿含有较多的硫和砷的氧化物，是生产硫酸和砒霜的原料。精矿金提取后，进一步提取硫和砷的氧化物，会得到经济效益很好的副产品。利用含硫固体废物生产硫酸，可从源头上减少二氧化硫大气污染物的排放；生产的硫酸带来了一定的经济效益。近十年来，含砷金矿得到了开发利用，除了传统的火法之外，湿法生化冶金技术迅速成熟。生产过程中的副产品有 As_2O_3、$Ca_3(AsO_4)_2$ 等物质。砷化合物是剧毒物质，As_2O_3 是毒药砒霜。无论砷化物在水中还是在大气中都有强烈的毒性作用，所以这些副产品在生产时必须回收。现在的回收技术还有待提高，不能停留在仅回收 As_2O_3 的水平上，可开发提取单质砷技术、生产光敏半导体材料等。

在非金属元素的综合利用方面，通常尾矿中所含的主要矿物成分有硅酸盐、硅铝酸盐、石英、黄铁矿、斜长石等，黄金的尾矿在矿物组成与化学成分和建筑材料、陶瓷、玻璃等相近，这就为尾矿的综合利用提供了科学依据。常见的综合利用主要有：作井下充填材料，用作水泥配料，用作建筑原料，用作建筑材料及用作建筑装饰材料。

总之，我国含金尾矿资源量大、分布广。充分综合利用将会产生可观的经济效益和社会效益。它不仅可以解决部分老矿山的资源短缺问题，同时可增加黄金产量。这对于推动我国黄金工业的可持续发展，具有重要而积极的意义。

经过几十年的快速发展，黄金工业发展质量不断提升，可持续发展能力日益增强，社会责任意识逐步增强，绿色发展、回馈社会、追求和谐成为企业共识。"科技兴金"取得显著成效，一批具有自主知识产权的科技成果获得突破并得到应用，有效地解决难采、难处理黄金资源的开发以及资源综合开发利用问题，科技人才大量涌现，我国黄金科技实力、创新能力不断增强，这为黄金企业"走出去"，特别是参与开发"一带一路"沿线国家和地区的难处理黄金资源，创造了有利条件。黄金行业绿色矿山建设成绩斐然，截至2016年底，共有76家矿山成为国家级绿色矿山建设试点单位，占全国绿色矿山总数的11.5%。黄金产业链得到延伸和完善，上下游黄金企业之间、黄金企业与银行等金融机构之间的沟通和协作不断增强。

1.5 金矿冶金技术及特点

1.5.1 金矿石的分类

金矿石的类型划分还没有统一的方法和标准，根据矿石组成的复杂性及选矿难易程度大致分为以下几类：

（1）贫硫化物金矿石。这种矿石多为石英脉型，也有复石英脉型和细脉浸染型等，硫化物含量低（0~15%），多以黄铁矿为主，在有些情况下伴有铜、铅、锌、钨、钼等矿物。这类矿石中自然金粒度相对较大，金是唯一的回收对象，其他元素或矿物无工业价值或仅能作为副产品回收。采用单一浮选或全泥氰化等简单的工艺流程便可获得较高的回收指标。

（2）多硫化物金矿石。这类矿石中黄铁矿和砷黄铁矿含量多（20%~45%），它们与金一样也是回收对象。金的品位偏低，变化不大，自然金颗粒相对较小，并多被包裹在黄铁矿和砷黄铁矿中，用浮选将金与硫化物选别出来，一般比较容易；但进而使金与硫化物分离则需要采用复杂的选冶联合流程。

（3）含多金属矿石。这类矿石除金以外，有的含有铜、铜铅、铅锌银、钨锑等几种金属矿物,它们均有单独的价值。其特点是:含有相当数量硫化物(10%~20%);自然金除与黄铁矿密切共生外,大多与铜、铅等矿物密集共生;自然金呈粗细不均匀嵌布,粒度变化区间宽;供综合利用的矿物繁多。这些特点决定了对这类矿石一般需要采用比较复杂的选矿工艺流程进行选别。

(4)含金铜矿石。这是伴生金的主要来源,这类矿石与第三类矿石的区别在于:金的品位低,但可作为主要的综合利用的元素之一。矿石中自然金粒度中等,金与其他矿物共生关系复杂。选矿中大多将金富集在铜精矿中,在铜冶炼时回收金。

(5)含碲化金矿石。金仍然以自然金状态者为多,但有相当一部分金赋存在金的碲化物中,脉石为石英、玉髓质石英和碳酸盐矿物。由于金的碲化物在氰化物溶液中较难溶解,因此被视为异类难浸金矿。

(6)碳质金矿石。这类矿石的主要特点是含有吸附性较强的碳质物,如石墨、长链有机碳、有机质等。金被氰化浸出后,这些吸附性强的碳质又将金氰酸化合物吸附至矿石中。这类矿石的另一个特点是:金通常与黄铁矿和砷黄铁矿共生,金呈微细粒浸染状嵌布于其中,成为三高(高硫、高砷、高碳)矿石,是目前为止最难处理的一类矿石。

1.5.2　难处理金矿石的类型

J. P. Vanghan 等人以常规氰化浸出时金的浸出率为依据,按矿石浸出的难易程度,将矿石分为四类,见表 1.16。

表 1.16　金矿石可浸性分类

金回收率	<50%	50%~80%	80%~90%	90%~100%
可浸性	极难浸矿石	难浸矿石	中等难浸矿石	易浸矿石

他们认为,易浸矿石用常规氰化法经 20~30h 浸出能得到 90% 以上的金回收率;难浸矿石即用常规氰化法金回收率低于 80% 的矿石。其中,对于那些要消耗相当高的氰化物和氧才能得到较为满意金回收率的矿石称为中等难浸矿石;而那些仅依靠提高药用量也无法得到较高金回收率的矿石被划为难浸或极难浸矿石。表 1.17 为按金矿石难浸性划分的难处理金矿石类型及其适用的预处理方案。

表 1.17　难处理金矿石类型及其适用的预处理方案

矿石类型	难浸原因	适用的预处理方案
碳质矿石型	自然界存在的碳质成分"劫金"	除碳,碳的物理或化学钝化法,采用碳浸法、氧化焙烧、微生物氧化、加压氧化等
磁黄铁矿型	硫化物中的亚显微金裹体,试剂和氧的需要量高	加碱预充气
黄铁矿、砷黄铁矿、雄黄、雌黄、硫砷铁矿型	硫化物中的亚显微金	加压氧化、焙烧、硝酸氧化和微生物氧化法
硫盐型	金与硫盐(如硫锑银矿)共生	氯化法、氧化法

矿石类型	难浸原因	适用的预处理方案
碲化物型	金-碲矿物	氯化法、氧化法
包裹体型	在石英或硅酸盐中的细粒金	细磨
硫化铅型	银与铅、锑、铋、银的硫化矿物（如硫锑铅矿）共生	氯化法和强化氧化提高银回收率，如不成功试验加压氧化、微生物氧化和焙烧，浮选可能有所帮助
硫砷铜矿型	银与富锑和贫锑的硫砷铜矿类矿物共生	氯化法和强化氧化提高银回收率，如不成功试验加压氧化、微生物氧化和焙烧，浮选可能有所帮助
难浸硅质矿型	金与石英、玉髓或非晶质石英的亚微粒级共生	无经济上的可行的方法

（1）碳质金矿石。金银矿石存在着能"劫金"的有机碳质物，导致氰化物溶液中金被活性炭吸附，使矿石难以氰化浸出。一般采用焙烧和氯化的预处理方法破坏全部或部分碳。钝化主要包括用物理方法除碳、用煤油或类似的抑制剂以及竞争吸附来消除碳的活性。

（2）磁黄铁矿型金矿石。在高温下，用碱性空气氧化法可以相当容易地完成磁黄铁矿的碱性预氧化，从而使金易于氰化浸出。

（3）黄铁矿、砷黄铁矿、雄黄、雌黄、硫砷铁金矿石。含金的硫化物构成了目前遇到的大部分难处理矿石。硫化铁矿石中包括各种形式的黄铁矿和砷黄铁矿。金与硫化物矿在亚微粒度下紧密共生，需要用焙烧、加压氧化、细菌氧化和氯化法氧化硫化物。各种煤球状黄铁矿比粗粒晶体的黄铁矿和砷黄铁矿类型矿石更适合于用低温氧化法，如氯化法或加碱预氧化法处理。而粗晶粒黄铁矿和砷黄铁矿则要求更强的处理方法，如焙烧、微生物氧化和加压氧化等。其他含砷矿物的行为与上述任何预处理条件下的砷黄铁矿的行为相似。

（4）碲化物和硫盐型金矿石。为解离碲化物和硫盐使金易于回收，一般采用次氯酸盐氯化法、焙烧法和加压氧化法。加压氧化的处理条件一般不像立方晶体黄铁矿、砷黄铁矿和其他含砷硫化物所采用的条件那么严格。

（5）硫化铅和硫砷铜矿型金银矿石。在这种类型矿石中，银与铅、锑硫化物和含锑的硫砷铜类矿物共生。如果银是主要经济金属的话，可以试用中等预处理方法，如矿石或精矿的氯化、苏打浸出和强化氰化浸出。如果这些方法无效的话，为了用氰化法回收银，将需要更复杂的预处理方法，如焙烧、加压氧化和微生物氧化法。对于金银矿石而言，当金是主要经济金属时，它的回收率将支配预处理的方法。在这种情况下，最佳金回收率可能使银的回收率较低。

（6）难浸硅质金矿石。金与石英玉髓或非晶质石英的亚微粒级共生。金以极细粒度被包裹，不利于用经济的方法回收金。

1.5.3 难处理金矿的矿物学特征

国内知名专家对"难处理金矿"的定义进行了更为规范化的解释，专家认为，难处理金矿是指不能用常规浸出工艺提取黄金的矿石，称为难选冶金矿。难处理金矿必须先进行预处理，就是指提前将载金矿物分解，使金充分暴露出来，以及将有害物质分解去除或改变其性质，消除其对浸金过程的不利影响。难处理金资源涵盖了难采的金矿资源，难处理一般指的是这类矿石所具有难选、难冶特性，即指采用常规或单一的选冶方法难于达到有效提取的目的。在技术上表现在选冶的回收率低，开发利用不经济，或是开发利用受环保限制等三个方面。

金矿石难处理的原因多种多样，有物理的、化学的和矿物学方面的。概括起来，难处理的原因主要有以下几种情况：

（1）物理性包裹。矿石中金呈细粒或次显微粒状，被包裹或浸染于硫化矿物（如黄铁矿、砷黄铁矿、磁黄铁矿、黄铜矿）、硅酸盐矿物（如石英）中，或存在于硫化矿物的晶格结构中。这种被包裹的金即使将其磨细也不能暴露出来，导致金不能与氰化物接触。

（2）耗氧耗氰矿物的副作用。许多金矿的金常与砷、铜、锑、铁、锰、铅、锌、镍、钴等金属硫化物和氧化物伴生，它们在碱性氰化物溶液中有较高的溶解度，大量消耗溶液中氰化物、碱和溶解的氧，并形成各种氰配合物和 SCN^-，从而影响了金的氧化和浸出。矿石中最主要的耗氧矿物是磁黄铁矿、白铁矿、砷黄铁矿；最主要的耗氰化物矿物是砷黄铁矿、黄铜矿、斑铜矿、辉铜矿、辉锑矿和方铅矿。

（3）金颗粒表面被钝化。矿石氰化过程中，金粒表面与氰化矿浆接触，金粒表面可能生成诸如硫化物膜、过氧化膜（如过氧化钙膜）、氧化物膜、不溶性氰化物膜等使金表面钝化，显著降低金粒表面的氧化和浸出速度。例如，当金矿石中有硫化物存在时，金的溶解就会受到不同形式的影响。一种解释认为是由于矿物溶解产生可溶性硫化物（S^{2-} 和 HS^-）能与金反应并形成硫化物膜，钝化了金粒表面；另一种理论认为是由于硫化物表面形成一个动态还原电偶，它会导致在金颗粒上氧化形成致密的含氰配合物薄膜，从而使金钝化。

（4）碳质物等的"劫金"效应。矿石中常存在碳质物（如活性炭、石墨、腐殖酸）、黏土等易吸附金的矿物。这些矿物在氰化浸出过程中，可抢先吸附金氰配合物，即"劫金"效应，使金损失于氰化尾矿中，严重影响金的回收。此外，某些碳质物还可能与已溶出金生成一种稳定且难溶的配合物，载金碳解吸时需要较高的温度和氰化液浓度可能与此有关。

（5）呈难溶解的金化合物存在。某些金矿中金呈碲化物（如碲金矿、碲银金矿、碲锑金矿、碲铜金矿）、固溶体银金矿以及其他合金形式存在，它们在氰化物溶液中作用很慢。此外，方金锑矿、黑铋金矿以及金与腐殖酸形成的配合物，在氰化物溶液中也很难溶解。富银金矿易形成硫化银包裹层，阻止氰化液进入。

（6）电化学方面，金与碲、铋、锑等导电矿物形成的某些化合物，使金的阴极溶解被钝化。

1.5.4　黄金冶金技术概述

金的化学性质非常稳定，通常情况下不与酸、碱反应，但与混合酸和一些特殊试剂反应生成可溶性配合物。从含金矿石中提取金的方法有多种，其中包括常规的冶炼方法和新技术。我国的某些冶炼黄金的技术还达到了世界先进水平。大体上，全世界黄金冶炼方法分为物理方法和化学方法两大类。

物理方法包括重选法、浮选法、汞齐法（混汞法）等。化学方法包括氰化法、硫脲法、氯化法、预处理法、非氰化浸出法等[4]，具体选择哪种方法取决于矿石的化学组成、矿物组成、金的赋存状态及对产品的要求。

1.5.4.1 重选法

重选法是一种古老而重要的选金方法，利用矿石中矿物颗粒的密度差，在流体介质（如水）中进行分选[5]。重选法不仅是砂金矿石的传统分选方法，也是目前对含有游离金、品位极低的物料进行粗选的方法之一。重选不消耗药剂，对环境无污染，设备简单，能耗低，易于操作和管理。其缺点是对微细粒矿石的处理能力小，分选性差，因此只能作为辅助手段。

1.5.4.2 浮选法

浮选法是在矿浆中添加化学试剂，并通入空气，经强力搅拌产生气泡，相关矿物附着在气泡上与其他矿物分离[6]。金为亲硫元素，常与金属硫化物共生。金也常呈自然金形式产出，而硫化物和自然金为易浮矿物，可浮性较好。浮选法主要用于处理含金硫化物脉金矿。

1.5.4.3 氰化法

氰化法的原理是金首先被氧化成 Au(I)，然后与 CN⁻络合生成 [Au(CN)$_2$]⁻进入溶液。金的氰化反应早在 1846 年由 Elsner 通过试验提出，从 1887 年开始用于从矿石中浸出金。此后氰化法逐渐得到广泛应用，并且很快取代了其他工艺成为湿法提金的主要方法之一。目前，世界新建提金厂中约有 80%都采用氰化法。

强化氰化浸金新技术主要有：管道化加压氰化法，富氧氰化法，碱液热压氧化—氰化法，超声波强化法，加压氧化分解法（加压酸浸、加压碱浸、加压中性浸出），微生物氧化分解法，超细磨法和磁场强化法等。其中以超细磨法、细菌预氧化法等预处理工艺研究较多。

A 氰化助浸工艺

氰化助浸工艺主要有富氧浸出和液相氧化剂辅助浸出[7~11]，如添加过氧化氢或高锰酸钾、氨氰助浸、加温加压助浸、加 Pb(NO$_3$)$_2$ 助浸、机械活化浸金等。

（1）富氧浸出和过氧化物助浸。添加氧化剂可提高金的浸出率，缩短浸出时间，减少氰化物消耗。因此，在氰化浸出过程中，通过改善供氧条件，如加大充气量、充氧、加氧炭浸和加氧树脂浸出等提高矿浆中溶解氧的含量，从而提高金的浸出效果。

PAL 法（peroxiede assistant leaching）即在氰化浸出矿浆中加入经稀释的过氧化氢作为溶金反应的供氧源，这是近年来出现的氰化提金强化措施中比较好的方法之一。采用此法，金的浸出率可达到 98%以上。

（2）氨氰助浸。在氰化时加入氨，使 Au 在形成 [Au(CN)$_2$]⁻的同时生成铜氨配离子 [Cu(NH$_3$)$_4$]$^{2+}$，有利于金的浸出和铜的沉淀，而且使氰化物得到有效利用。澳大利亚某公司研发出直接用 Cu (NH$_3$)$_2$(CN)$_2$ 配合物代替 NaCN 作为铜金矿石的浸出剂，金得到有效浸出。

（3）加温加压助浸。将压缩空气以射流状态均匀弥散到矿浆中，形成强力旋搅，使固、液、气三相充分接触，使浸出所需的氧气和氰化物迅速扩散到矿物表面并发生氰化反应。加温加压可缩短浸出时间，显著提高金浸出率。1978 年，联邦德国鲁奇化学冶金公司研究了加温加压—管道氰化浸出工艺，浸出 15min，金浸出率即达 94%~96%。

（4）加 $Pb(NO_3)_2$ 助浸。浸出过程中加入 $Pb(NO_3)_2$，不但可使钝化的金粒表面恢复活性，还可沉淀可溶性的硫化物及其他金属离子，从而提高金的浸出率。

（5）机械活化浸金。机械活化就是在磨矿的同时加入浸金剂进行氰化浸出。球磨能使金粒充分暴露且保持新鲜。在细磨过程中，机械作用可导致矿物发生物理化学性质的变化，不仅能改善浸出状况，缩短浸出时间，也能提高浸出率。

B 堆浸工艺

堆浸技术早在 300 多年前就已应用于处理低品位铜矿资源。20 世纪 60 年代后期，美国矿务局研究出用堆浸法从低品位金矿石中提取金，70 年代后期，堆浸技术在世界范围内得到广泛应用。通常，由于矿石平均品位低，堆浸浸出率较低（50%~70%），但由于堆浸为大规模生产，而且可通过改进制粒和喷淋方法，强化微生物作用，添加强化试剂、纯氧[12]等多种措施，以及基建投资少、能源消耗低等特点，仍有较高的经济效益。

另外，浸出设备的改进也可提高浸出率。浸出槽有机械搅拌槽和空气搅拌槽，目前，氰化厂一般采用机械搅拌槽，且采用双叶轮搅拌以及大直径低速叶轮搅拌。最好的搅拌器是采用按流体力学设计的弧形变形截面的叶轮，因为它电耗少，搅拌效果好。

堆浸法工艺成熟、流程简单、成本低，但是对矿石适应性差、浸出速度慢、周期长、氰化物耗量高、废液严重污染环境，且易受铜、铁、铅、锌、硫和砷等杂质的干扰[13]。

1.5.4.4 难处理金矿石的预处理[14]

随着金矿资源的大规模开采，富矿和易处理矿石逐年减少，难处理矿石已成为黄金工业的主要矿石资源，因此，世界各产金国都非常重视难处理金矿石生产工艺的研究。这类矿石通常为含砷硫化物包裹型、碳质型矿石。

含砷硫化物包裹型矿石在氰化物溶液中有较高的溶解度和溶解速度，但溶解产物易于在金粒表面形成致密薄膜，阻碍金的浸出。对此类矿石的预处理有火法和湿法。碳质型难浸金矿石中含有的天然碳质物质会优先吸附金氰络合物，目前比较普遍采用氧化法、炭浸法以及抑制法等处理。在用氰化物处理含铜金矿石时，铜、金与氰化物竞争配合导致氰化物大量消耗，而铜对炭吸附金也有一定影响。含金矿石的预处理方法主要是焙烧氧化法、化学氧化法和生物氧化法等，也有直接强化氰化—加压浸出法、炭浸法。非氰化法有硫脲浸出法、水氯化浸出法、硫代硫酸盐浸出法等[15]。

A 焙烧法

焙烧是将砷、锑硫化物分解，使金粒暴露出来，使含碳物质失去活性。它是处理难浸金矿最经典的方法之一。焙烧法的优点是工艺简单、操作简便、适用性强，缺点是环境污染严重。含金砷黄铁矿-黄铁矿矿石中加入石灰石焙烧，可控制砷和硫的污染；加碱焙烧可以有效固定 S、As 等有毒物质。美国发明的在富氧气氛中氧化焙烧并添加铁化合物使砷等杂质进入非挥发性砷酸盐中，国内研发的用回转窑焙烧脱砷法，哈萨克斯坦研发的用真空脱砷法以及硫化挥发法、微波照射预处理法，俄罗斯研发的球团法等都能有效处理含砷难浸金矿石。

B 化学氧化法

化学氧化法主要包括常压化学氧化法和加压化学氧化法。常压化学氧化法是为处理碳质金矿而发展起来的一种方法。常温常压下添加化学试剂进行氧化，如常压加碱氧化，在碱性条件下，将黄铁矿氧化成 $Fe_2(SO_4)_3$，将砷氧化成 $As(OH)_3$ 和 As_2O_3，再进一步生成砷酸盐，可以脱除。主要的氧化剂有臭氧、过氧化物、高锰酸盐[16]、氯气、高氯酸盐、次氯酸盐、铁离子和氧等。

加压氧化是采用加氧和加热的方法，通过控制化学反应过程来使硫氧化[17]。不同的反应过程可采用酸性或碱性条件。加压氧化法具有金回收率高（90%~98%）、环境污染小、适应面广等优点，处理大多数含砷硫难处理金矿石或金精矿均能取得满意效果。加压氧化包括高压氧化、低压氧化和高温加压氧化。如加压硝酸氧化法，用硝酸将砷和硫氧化成亚砷酸和硫酸，使包裹金充分解离，金的浸出率在95%以上，缺点是酸耗较高。方兆珩等人[18]采用中温低压氧化、酸浸或氨浸联合预处理方法使高砷含锑难浸金精矿中的金的氰化浸出率提高到90%以上。

另外还有热压氧化法[19]。采用热压氧化法预处理难浸金矿石，然后在高温下氰化浸出，金的浸出率达93.69%，工艺流程简单，操作方便，浸出时间短。电化学氧化法是通过电极反应氧化黄铁矿或砷黄铁矿，改变矿物的微观结构，提高矿物的孔隙度，并将砷、铁转化成砷酸铁、硫酸铁等从而解离出金。与其他方法相比，此法不污染大气，不存在高压问题，没有生物法苛刻的要求，同时氧化速度较快，因此，受到广泛重视。电化学法的电解质体系有硫酸、硝酸、盐酸等[20]。

C 生物氧化法

生物氧化工艺在20世纪80年代得到了广泛研究[21~23]，其最初用于从含铜废石中浸出铜[24]，之后推广于难选金矿的预处理。在适宜的环境下，利用氧化亚铁硫杆菌等的新陈代谢产物直接或间接作用于砷黄铁矿和黄铁矿，使它们氧化和分解，将包裹的金暴露出来，然后再用常规方法回收金。该法主要应用于处理含砷难浸金矿和碳质硫化物金矿。其与焙烧氧化、加压氧化同为难处理金矿的3大预处理技术。在生物氧化过程中，矿石中对环境有污染的有害元素砷、硫等分解成相对稳定的无害盐类，经中和沉淀后可堆存。该法具有资源利用率高，环境污染小，对复杂的含砷、硫、微细包裹型金精矿（或含金矿石）的适应性强，生产操作简单，基建和生产费用低等优点，与堆浸技术相结合，是黄金提取最理想的技术之一。

生物氧化法也存在一些缺点，如氧化作业时间长，不能综合回收伴生的有价元素，工程菌放大周期长等。

D 其他预处理方法

石灰-压缩空气预处理法可以替代焙烧法[25]，用以处理含砷黄铁矿和黄铁矿的金矿石，能使砷形成惰性组分留在残渣中。

中南大学开发的 $Na_2Cr_2O_7$ 浸出法和常压催化氧化法，在硫酸介质中处理含砷难浸金矿石，脱砷率在95%以上。

加 N113 催化剂的 MnO_2 氧化法是在硫酸介质中添加 N113 催化剂，利用 MnO_2 分解砷黄铁矿及黄铁矿，再用多硫化钠浸出，脱砷率达 95.5%，金浸出率达 98.5%，该法设备投资少，易于操作。

加拿大 Queen 大学研制出一步浸出工艺，即在高压釜内加酸性次氯酸盐溶液直接浸出，金的浸出率达 97% 以上。该法省去了中和与氰化工序。在强碱 NaOH 介质中，利用氯气对矿浆进行电解氧化可处理含砷和碳质矿石，使包裹在硫化物中的细粒分散金得以解离。

炭浸法和炭氯法是处理碳质难浸金矿石的直接方法。炭浸法即在有活性炭存在时对矿石进行浸出。炭氯法是将氯气和活性炭同时加入矿浆中，金溶解并转化成金氯配合物，然后在炭粒表面还原成金属金。浸出后，从矿浆中筛出载金炭并回收金，金回收率达 90%。强螯合剂丙二腈能与金形成 $Au[CH(CN)_2]_2$ 而使金进入溶液。该法适用于处理含碳质金矿石，金浸出率较高，缺点是丙二腈易挥发、毒性重，螯合作用比较强，从其浸出液中回收金较困难。

1.5.4.5　非氰化法

近些年来，非氰化提金技术有了很大发展，有些已在生产中得到应用。近几年来，研究较多的有硫脲法、硫代硫酸盐法、氯化法、多硫化物法、溴化法、碘化法、石硫合剂法、硫氰酸盐法等。

A　硫脲法

硫脲提金工艺是最有可能取代氰化法的工艺之一[26]。硫脲提金方法较多，常见的有硫脲铁浆法、硫脲炭浆法、离子交换树脂法、锌粉（铝粉、铅粉）置换法、电积法、溶剂萃取法等，工业上应用较多的是硫脲铁浆法、锌粉（铝粉）置换法。用硫脲提金，溶金速度快，比氰化法快 4~5 倍，可避免浸出过程中出现钝化现象；选择性高，对一些难选难浸矿石浸出率高。缺点是它不适宜处理含碱性脉石较多的矿石，而且价格较贵，从贵液中回收金的工艺尚不成熟[27]。硫脲浸金的基本反应式为：

$$Au + Fe^{3+} + 2SC(NH_2)_2 = Au[SC(NH_2)]_2^+ + Fe^{2+}$$

在酸性介质中，Fe^{3+} 作氧化剂，金与硫脲形成配合物。硫脲-金配合阳离子适于用溶剂萃取法和离子交换法回收[28]。硫脲铁浆法是在浸出的同时向矿浆中插入铁板或铁棒置换金，定期提取铁板并将表面金泥洗掉后再反复此过程[29]。它与炭浆法都是在浸出的同时进行置换，有利于缩短流程，缺点是酸耗和置换材料消耗高。

传统的硫脲提金工艺中采用电动搅拌或磁力搅拌，硫脲不稳定，易于氧化分解，而且浸出时间长，设备腐蚀严重。目前采用强化技术可以解决这些问题。如磁场强化硫脲提金技术和超声波强化硫脲提金技术。

磁场强化硫脲提金技术是将外加磁场作用于硫脲浸金过程中，使浸出体系的物理化学性质发生变化，促进药剂与矿物的相互作用[30]。利用超声波强化多相扩散体系，可减小体系的表观活化能，明显缩短浸出过程，降低溶剂用量[31]。

B　硫代硫酸盐法

硫代硫酸盐浸出法是基于碱性条件下，金能与硫代硫酸盐形成稳定的配合物

$[Au(S_2O_3)_2]^{3-}$。为防止 $S_2O_3^{2-}$ 分解，常加入 SO_2 或亚硫酸盐作稳定剂。研究表明，在 Cu^{2+} 催化作用下，金的溶解速度可提高 17~19 倍。该法特别适于处理含铜、锰、砷的难处理金矿石及碳质金矿，如美国 Newmont 公司于 1994 年发明的用硫代硫酸铵堆浸含碳质组分的金矿石[32]。该法速度快，无毒，对杂质不敏感，浸出率高，但硫代硫酸盐耗量高，不稳定，所以至今尚未推广应用。

C 多硫化物法

利用含多硫螯合离子 S_2^{2-}、S_2^{3-}、S_2^{4-}、S_2^{5-} 的多硫化物与合适的氧化剂，通过多硫离子自身的歧化作用与金反应生成配合物[33]。多硫化物一般为多硫化钠、多硫化钙、多硫化铵等。该法适于处理含砷、锑的含金硫化矿精矿。多硫化物的特点是选择性强，浸出速度快，浸出周期短，金浸出率高达 80%~99%。该法的缺点是热稳定性差，分解产生硫化氢和氨气，对环境有污染，对设备密闭性要求高。

D 氯化法

氯化法始于 19 世纪中叶，后来因氰化法的出现而较少使用，自 20 世纪 70 年代起，才又重新得到应用，并发展了高温氯化挥发焙烧法、电氯化浸出法等。氯化法利用的是氯的强氧化性[34]。在金—氯—水体系中，金被氯化而发生氧化并与氯离子配合进入溶液，故也称为水氯化法。氯在浸出过程中既为氧化剂又为络合剂。所采用的氯化物主要是氯气、次氯酸、氯酸盐等。氯化法有多种形式，如空气氧化—氯化浸金法，处理含砷碳质金矿，金浸出率达 94%，焙烧—氯化浸金法，金浸出率达 98%，比直接氯化浸金法高 4%；炭氯浸金法，可使矿石预处理、浸出与回收在同一系统中进行；闪速氯化法，对传统的水溶液氯化法进行改进，使通入的氯气高度分散，可提高 6% 的金提取率，并降低 25% 的氯气消耗；电化学氧化法，在矿浆中加入氯化钠然后通电，利用电解产生的次氯酸盐使碳质矿石氧化。水氯化法的最大优点是浸出速度快、浸出率高、原料丰富、价格便宜，但其主要问题是：在处理硫化矿时会有一部分或大部分硫化物溶解，使后面处理工序复杂化；对生产环境有影响，对设备腐蚀严重；氯气消耗量大。干氯化法即高温氯化法，它是在高温条件下使金与氯作用形成易挥发的 $AuCl_3$，通过冷却收尘，烟尘采用常规水冶法提金，对含微粒金的难选冶多金属精矿有一定作用，但还需解决回转窑结圈、成本高等问题。

E 石硫合剂法

石硫合剂法的原理是电化学—催化原理[35]。该法为我国首创，可浸出含碳、砷、铜、锑、铅等的难处理矿石[36]。所用试剂为廉价的石灰或 $Ca(OH)_2$ 与硫黄及适当添加剂的混合物，常温常压下，在碱性介质中与金形成稳定的配离子，实际上是多硫化物浸金与硫代硫酸盐浸金的联合作用，具有无毒、浸金速率快、对设备和材质要求不高等优点。

F 硫氰酸盐法

硫氰酸盐具有溶解金的能力。在酸性条件下，以 MnO_2 作氧化剂，SCN^- 作配合剂，利用 SCN^- 与 Au 的较强配位能力，MnO_2 可先将 SCN^- 氧化为可溶于水的 $(SCN)_2$，然后由它再将金、银氧化成可溶性配离子。此法金浸出率高，反应速度快，不污染环境。

G 溴化法和碘化法

金在溴-溴化物溶液中的溶解反应为：

$$2Au + 3Br_2 \rightleftharpoons 2AuBr_3$$

溴-溴化物浸出与氯-氯化物浸出相似。美国曾于 1881 年发表了有关溴-溴化物提金工艺专利[37]，但是直到近些年由于环保和矿石性质变化等原因，此工艺才又得到重新研究。如澳大利亚的溴化浸出 K 法，金溶解能力是王水的 5 倍，可在中性条件下从矿石中浸出金，但目前仍处于试验研究阶段。

溴化法的特点是浸出快，金回收率高，试剂无毒，药剂费用与氯化法相差不大，对 pH 值变化的适应性强，环保设施费用低，试剂可循环利用。在处理难浸金矿石时，省去了预中和处理工序，是一种极有前途的绿色提金工艺。

碘是一种氧化性很强的氧化剂。金在碘化物-碘溶液中的电化学反应为：

阳极：　　　　　　　　　　　　$Au + 2I^- \rightleftharpoons AuI_2^- + e$

阴极：　　　　　　　　　　　　$I_3^- + 2e \rightleftharpoons 3I^-$

总反应式：　　　　　　　　$2Au + I^- + I_3^- \rightleftharpoons 2AuI_2^-$

金碘配合物强度比金氰配合物的差，但比溴的、氯的、硫氰化物的、类氰酸盐的要强。与氰化物相比，碘无毒，适用范围宽，可在低浓度下从矿石中浸出金。但碘价格昂贵，生产成本高。

H　其他无氰提金法

随着金矿石品位的降低，人们一直在寻求由多组分匹配的混合氧化—配位浸金药剂，以替代过去的单一浸金试剂，并取得了一些成果。

美国专利公布[38]，使用一种硫酸溶液，其中含尿素约 2g/L，硫脲约 2g/L，$Fe_2(SO_4)_3$ 约 3g/L 以及木素磺酸钠约 1g/L，pH 值为 1~1.5，对原矿（3g/t）进行浸出，浸出时间 2~6h，金回收率约 98%。

聂如林[39]介绍了一种从含金矿物中无氰浸金的方法，其主要特征是无催化剂，浸出剂主要由次亚氯酸盐、氯化钠及盐酸等组成，通过调整固液质量比及各组分含量来提高不同物料的浸出率，不使用氰化物，具有较好的经济效益和环境效益。

文献[40]介绍，由赫伯（Haber）和李仲海共同研制的一种药剂由 21 种化合物组成，为酸性，含有很强的金配位体，浸金速度快，可处理各种氧化矿和不适于氰化法处理的矿石，对 Cu、Pb、As、C、S 等杂质的敏感性低，对动植物无毒害。但由于药剂成本高而阻碍了其工业应用。

其他非氰试剂浸金法还有生物有机试剂法，如氨基酸类、类氰化合物和腐殖酸类等。氨基酸类分子在适合的氧化剂如高锰酸钾作用下可利用其分子中的氮氧配位原子与金形成有利的可溶性螯合物，使金溶解。类氰化合物有丙二腈、溴氰、硫氰化物、氨基酸钙等，这些药剂的毒性比氰化物的要小。腐殖酸类试剂来源广泛，价格便宜，一般在 pH 值为 10 以上的碱性条件和有氧化剂存在条件下，使浸出液中金质量浓度达 10mg/L。经磺化或硝化后的改性腐殖酸比天然腐殖酸的浸金能力高 15~19 倍，金浸出率可达 87%。生物有机试剂来源广泛，成本低，无环境污染，对就地浸出和堆浸有广阔应用前景。工业试验表明，氨基酸及腐殖酸的堆浸成本比氰化物堆浸成本略高，但明显比硫脲的低。

1.5.4.6　混汞法

混汞法是一种传统的提金方法[41]，基于矿浆中单体金粒表面和其他矿粒表面被汞润湿性的差异及汞继续向金粒内部扩散生成金汞合金，使金粒与其他矿物及脉石分离。混汞后刮取汞膏，经洗涤、压滤和蒸汞等使汞挥发而获得海绵金。蒸汞时挥发的汞蒸气经冷凝回收后，可返回使用。该法简便、经济，适于粗粒单体金的回收。由于环境保护日益严格，混汞法已为重选、浮选和氰化法等所取代，目前已少有应用[42]。

1.5.5 难处理金精矿传统黄金冶金技术特点

1.5.5.1 加压预浸处理技术特点

加压氧化又称为热压氧化，是在一定的温度和压力下，加入酸或碱进行氧化分解难处理金矿中的砷化物和硫化物，使金颗粒暴露出来，便于随后的氧化法提金。此方法可以处理金矿中的原矿，也可以处理金精矿。加压氧化过程所使用的溶液介质是物料的性质来选定的。当金矿的脉石矿物主要为酸性物质时（如石英及硅酸盐等），多采用酸法加压氧化；当金矿的脉石矿物主要为碱性物质时（如含钙、镁的碳酸盐等），多采用碱法加压。

加压浸出工艺最早见于铝土矿的加压碱浸，该工艺称为拜耳法，是因为化学家拜耳（K. J. Bayer）在 1889~1892 年提出而得名。1947 年，加拿大哥伦比亚大学 Forward 教授研究发现，在氧化气氛下，含镍和铜的矿石可以直接浸出而不必经过预先还原焙烧。20 世纪 50 年代，加拿大的 Sherritt Gordon 公司在加压浸出方面进行了大量的研究工作。该公司于 1954 年建立了第一个采用加压氨浸技术的工厂，用以处理硫化镍精矿。在 20 世纪 50~60 年代期间，加压酸浸技术也得到了迅速的发展，主要体现在各种镍钴混合硫化物、镍硫和含铜镍硫的处理。建于 1969 年的南非 Impala 铂厂，采用加压酸浸，从含铂族金属的镍冰铜中生产出高品位铂族金属精矿，同时副产回收镍、钴和铜。采用加压酸浸技术的还有 20 世纪 60 年代投产的南非 Springs 镍精炼厂、20 世纪 70 年代投产的美国 Amax 公司的镍钴精炼厂以及美国自由港硫黄公司（现为自由港迈克墨伦铜金矿公司）于 1959 年在古巴建成的 Moa Bay 镍厂等。20 世纪 70 年代，加压酸浸的最大进展是硫化锌精矿的直接加压浸出。1977 年，加拿大 Sherritt Cordon 公司与 Cominco 公司联合进行了硫化锌精矿加压浸出和回收元素硫的半工业试验，并在 Trail 建立了第一个硫化锌精矿加压酸浸厂，设计能力为日处理 190t 精矿。第二个硫化锌精矿直接加压酸浸厂建在加拿大 Timmins，设计能力为日处理 190t 精矿，于 1983 年投产。第三个硫化锌精矿加压酸浸厂是德国鲁尔锌（Ruhr Zink）厂，设计能力为日处理 300t 精矿，于 1991 年投产。

20 世纪 80 年代，加压浸出技术在有色冶金中最引人注目的进展是难处理金矿的加压氧化预处理。难处理金矿经过加压预氧化处理后，可以大大改善矿石的氰化浸出效果，特别是对于金以次显微金形式的存在、被包裹在黄铁矿或毒砂矿物晶格中、难以用一般方法解离出金颗粒的矿石，尤其有效。因此，加压氧化浸出技术用于难处理金矿的预处理，在 20 世纪 80 年代获得了迅速发展，并已进入工业应用阶段。

世界上第一个采用加压氧化浸出工艺处理金矿石的工厂，位于美国加利福尼亚州的麦克劳林（McLaughlin）金矿，属于 Homestake 公司。该工厂采用酸法加压氧化工艺，日处理硫化矿 2700t，1985 年 7 月高压釜开始运转，9 月投产。使用内径 4.2m、长 16.2m 的具有 4 个隔室的卧式机械搅拌高压釜，浸出温度为 160~180℃，氧压为 140~280kPa，矿浆在高压釜内的停留时间约为 1.5h。McLaughlin 金矿加压氧化预处理—氰化提金工艺的成功，为难处理金矿的开发利用提供了新的有效途径。该厂的建设，对后来一系列新厂的建设具有重要的指导作用。第二座采用类似工艺的加压氧化厂的是巴西的 Sao Bento 金矿，于 1984 年 10 月开始设计，日处理 240t 金精矿，1987 年开始产金。美国内华达州的 Barrick Mercur 金矿于 1988 年 1 月投产，日处理矿石量为 680t。美国内华达州的 Getchell 金矿于 1989 年上半年投产，日处理矿石量为 2730t。自 1985 年以来，陆续有一批采用加压氧化预处理难处理金矿的工厂投产，此外还有一些工厂正在建设中，部分工厂生产概况见表 1.18。

表 1.18　加压氧化预处理金矿工厂

序号	矿山	国家	原料	设计能力/t·d⁻¹	投产日期
1	McLaughlin	美国	金矿	2700	1985
2	Sao Bento	巴西	金精矿	240	1986
3	Mercur	美国	金矿	680	1988
4	Getchell	美国	金矿	2730	1988
5	Goldstrike	美国	金矿	1360 5450 11580	1990 1991 1993
6	Porgera	巴布亚新几内亚	金精矿	2700	1992
7	Campbell	加拿大	金精矿	70	1991
8	Olympias	希腊	金矿	315	1990
9	Lihir	巴布亚新几内亚	金矿	9500	1997
10	萨格	美国	金矿	7528	1997
11	Long Tree	美国	金矿	2270	1994
12	Nerco Con	加拿大	金精矿	100	1992
13	Macraes	新西兰	金精矿	528	1999
14	Kittila	芬兰	金精矿	300	2008

加压氧化预处理工艺的优点是：反应速度快、环境污染小、适应性强、对锑和铅等有害杂质的敏感度低。其缺点是：操作技术条件要求较高、对含有机碳较高的物料处理效果不明显、对设备材质的要求较高、投资费用较大。加压氧化法较适用于处理规模大或品位高的大型金矿，用规模效应来弥补较高的投资及成本费用。

随着全球环境的不断恶化和矿产资源的日益枯竭，开发清洁、高效、节能的加压氧化技术越来越受到重视，其应用范围也会越来越广。我国加压浸出技术首先从铜矿和铝矿的浸出开始，现该技术已经用于铝、铀、镍、钴、钨、钼、锌和铬等的提取。我国在加压氧化法预处理难浸金矿方面，也进行了大量的研究与开发工作，但还未在工业上大规模应用。

1.5.5.2　细菌氧化处理技术特点

微生物氧化法是利用细菌的氧化作用，将难处理金矿中包裹金的含砷矿物（如毒砂 FeAsS、雄黄 AsS、雌黄 As_2S_3 等）和含硫矿物（如黄铁矿 FeS_2、白铁矿 FeS_2、磁黄铁矿

FeS 等）氧化解离，使金的颗粒暴露出来，然后再用氰化法或其他方法提金。1947 年，柯尔默（Clomer）首先发现煤矿酸性矿坑水中含有一种将亚铁离子氧化为铁离子的细菌，并证实该菌在氧化金属硫化矿和某些矿石坑道水酸化过程中起着重要作用。1951 年，坦波尔（Temple）和幸凯尔（Hinkle）从煤矿酸性坑水中分离出一种能氧化金属硫化物的细菌，并将其命名为氧化亚铁硫杆菌（或称氧化铁硫杆菌，*thiobacillus ferrooxidans*）。美国肯尼科特（Kennecott）铜矿公司的尤他（Utah）矿，首先利用该菌渗透浸出硫化铜矿获得成功，1958 年取得了这项技术的专利，这种技术称为微生物冶金。难处理金矿的细菌氧化工艺是微生物冶金技术的一种应用。

表 1.19 列出了难处理金矿石细菌氧化研究的进展历程。细菌氧化法由于具有成本低、无污染、设备简单、易于操作、浸出指标高等特点，越来越受到人们的重视。

表 1.19　难处理金矿石细菌氧化研究进展历程

时　间	研　究　进　展
1975 年	英国发表含砷硫化物金精矿细菌浸出试验研究结果
1983 年	加拿大发表难浸矿的细菌氧化实验研究结果
1985~1990 年	北美多座细菌氧化中试厂的研究开发成果发表
1986 年	加拿大发表难浸金矿石细菌氧化法工艺流程、过程控制及操作规程等成果
1986 年	世界上第一座搅拌反应槽式细菌处理厂（Fairview）在南非投产，规模35t/d
1991 年	世界上第一座细菌与加压氧化联合处理厂（Sao Bento）在巴西投产，规模150t/d
1996 年	世界上第一座细菌处理厂（Ashanti）调试并投产，规模720t/d

20 世纪 70 年代初，难处理金精矿开始采用细菌槽浸技术进行预处理。1976 年首先在南非完成了细菌氧化预处理技术的工业实验，目前世界上已建成近十个采用此项技术的黄金生产厂。我国于 1996 年在西安建成日处理 10t 的含砷难处理金精矿生物预浸实验工厂，又于 2001 年在烟台和莱州各建成并投产 50t/d 的细菌预处理生产厂。表 1.20 和表 1.21 为某些典型的细菌氧化生产厂的相关数据。

表 1.20　国外细菌氧化预处理黄金生产厂的相关数据

厂（矿）名	矿石	硫含量 /%	反应器 类型	尺寸 /m³	日处理量 /t	固体浓度 /%	停留时间 /h
Fairview（南非）	GAP	22.6	STR	90	35	20	96
Salmta（南非）	GAP		STR		100		
Harbour Lights（澳大利亚）	GAP	18	STR	40	40		
Sao Bento（巴西）	GAPyP	24.9	STR	1×580	150	20	24
Wiluna（澳大利亚）	GAP	20~14	STR	9×450	158	20	120
Youanmi（澳大利亚）	GAP	20~30	STR	6×480	120	18	91.2
Sansu（加纳）	GAPyP	11.4	STR	6×900(×3)	720	20	96

注：GAP 为砷黄铁矿/黄铁矿浮选金精矿；GAPyP 为砷黄铁矿/磁黄铁矿及黄铁矿浮选金精矿；STR 为搅拌混合槽反应器。

表 1.21　世界上已投产的难处理金矿细菌氧化预处理工厂

厂（矿）名	国别	投产年份	规模/t·d⁻¹	使用细菌	工作温度/℃	反应槽体积/m³
Fairview	南非	1986	40	*T.f*, *L.f*	35~40	100
Sao Bento	巴西	1991	100	*T.f*, *L.f*	35~40	580
Harbour Lights	澳大利亚	1992	40	*T.f*, *L.f*	35~40	250
Wiluna	澳大利亚	1993	150	*T.f*, *L.f*		450
Ashanti	加纳	1994	750	*T.f*, *L.f*	35~40	900
Youanmi	澳大利亚	1994	120	M4	45	500
Yamantoto	乌兹别克斯坦	1997	1000	*T.f*, *L.f*	35~40	

注：*T.f* 为氧化亚铁硫杆菌；*L.f* 为氧化铁小螺旋菌；M4 为中等耐热混合菌。

在微生物氧化处理难处理金矿的工艺中，已成功得到工业应用的有以下四种：Biox 工艺、Bactech 工艺、Minbac 工艺和 Newmont 工艺。

（1）Biox 工艺。该工艺是 20 世纪 70 年代末由南非 Gencor 公司所属的 Genmin 工艺研究所开发成功的，目的是为了解决该公司所属的 Fairview 金矿焙烧车间的污染问题。在实验室研究的基础上，1984 年建成日处理金精矿 750kg 的中试厂。连续运行两年，工艺指标逐年提高，1986 年扩大规模建成处理能力 40t/d 金精矿的世界上第一座难处理金矿的微生物氧化预处理厂，从而关闭了使用几十年的焙烧炉。该 Fairview 金矿的细菌氧化预处理—氰化提金厂的生产流程如图 1.4 所示。该公司为此申请了注册商标，定名为 Biox 工艺。从 20 世纪 90 年代起，该公司向世界各地转让该工艺技术。例如，1991 年建成的巴西 Sao Bento 矿业公司细菌氧化厂，采用细菌氧化与加压氧化联合法处理难浸金精矿的工艺流程，日处理能力为 150t 金精矿；1992 年建成的澳大利亚 Harbour Lights 细菌氧化厂，日处理能力为 40t 金精矿；1993 年建成的澳大利亚 Wiluna 细菌氧化厂，日处理能力为 115t 金精矿；1994 年建成的加纳 Ashanti 细菌氧化厂，日处理能力为 115t 金精矿。该公司还与英国 Lonrbo 公司合资在乌兹别克斯坦建立了一座目前世界上规模最大的细菌氧化厂，日处理能

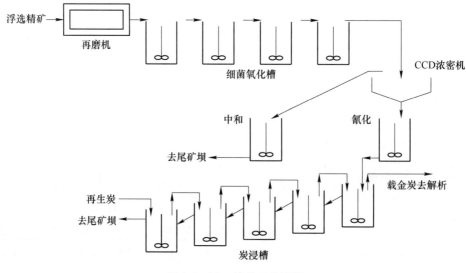

图 1.4　Biox 技术工艺流程

力为 900~1000t 金精矿。世界上已投产的金矿细菌氧化厂，除澳大利亚的 Youanmi 及南非的 Vao Reefs 氧化厂外，均采用 Genmin 公司的 Biox 工艺。

浮选精矿再磨后给入细菌氧化槽，通常将氧化过程分为两段，第一段为 3 个并联的氧化槽，第二段为 3 个串联的氧化槽。这样做的目的是延长细菌在单槽内的停留时间，以确保细菌的正常繁殖，同时又不至于造成矿浆流的短路。为保证细菌有合适的生存温度，通常要对矿浆进行冷却，以维持细菌生存及活动所必需的 40℃ 左右的温度。冷却方式通常为蛇形管冷却。同时根据矿石含硫量的不同，还应适当加入硫酸或石灰，以调整 pH 值在细菌需要的 1~2 范围内。另一重要的控制因素是充气量，充气的目的是为了提供细菌生存所需要的氧气，充气的好坏直接影响细菌的活性。如何合理地进行充气并保证较高的弥散度，是 Biox 的技术关键之一。Biox 工艺使用的细菌菌种种类是严格保密的。一般认为，它是由氧化铁硫杆菌（*thiobacillus ferrooxidans*）、氧化硫硫杆菌（*thiobacillus thiooxidans*）和氧化铁螺旋菌（*leptospirillum ferrooxidans*）组成的混合物。混合的比例视矿石的组成成分不同而不同。

（2）BacTech 工艺。该工艺开发于 1984 年，使用的是耐热混合培养菌 M4。该菌株是由英国 Barret 博士领导的科研小组在西澳大利亚炎热的沙漠地区找到的，属于中等耐热菌，最佳生存温度为 46℃。BacTech 公司利用该菌株处理西澳大利亚 Youanmi 难浸金精矿获得成功。该菌株能耐当地的高温和高盐度水质，很适合于当地干旱缺乏淡水的条件，并可减少氧化反应时的冷却费用。1994 年采用 BacTech 工艺在西澳大利亚 Youanmi 金矿建成第一座使用耐热菌的细菌氧化厂，日处理能力为 120t 金精矿。该工厂投产后设备运行稳定，生产指标良好。同时，BacTech 公司还培育出能耐更高温度，可以在 60℃ 条件下使用的菌株，进行了规模 1t/d 金精矿的中间工厂试验，并分别在保加利亚、加纳和哈萨克斯坦进行半工业试验，随后在澳大利亚、秘鲁、哈萨克斯坦、加纳、乌斯别克斯坦等国家建设细菌氧化预处理厂提金。

（3）Minbac 工艺。该工艺是由南非的 Mintek 矿业公司、南非英美矿业公司和 Bateman 跨国工程公司三家联合开发成功的。使用的细菌是氧化亚铁硫杆菌与氧化铁小螺旋杆菌的混合培养菌，在南非建有规模 1t/d 金精矿的中间试验厂。在试验厂进行了包括过程动力学和氧化槽结构放大所要求的物料混合、充气及冷却的试验并建立了数据库，通过试验评价了 50 多种难处理金矿的细菌氧化预处理的可行性。采用 Minbac 工艺在南非英美矿业公司的 Veal Reefs 金矿建成了处理能力 20t/d 金精矿的细菌氧化厂。除该厂外，目前还未见利用该工艺建立的其他工业性细菌氧化厂。

（4）Newmont 工艺。该工艺是由美国 Newmont 黄金公司开发出的一种用于处理难浸金矿的细菌氧化制粒堆浸工艺，其他工艺都是处理难浸的浮选金精矿，因为采用搅拌槽细菌氧化技术时，只能在较低的矿浆浓度下（15%~20%固体）进行操作，从经济上考虑只适合于处理经浮选富集后的金精矿；从售价看来，对于难浸金矿的原矿或低品位矿采用搅拌槽细菌氧化工艺是不合理的。鉴于以上原因，开发出的 Newmont 工艺是针对低品位难浸金矿采用制粒后细菌氧化堆浸预处理的工艺，取得了美国专利。1996 年，在美国内华达州的卡林金矿进行了数百吨到百万吨级的一系列细菌氧化堆浸试验并获得了成功，所处理的卡林金矿含金品位为 0.6~1.2g/t，矿石制粒的粒度为 80%小于 19mm，细菌氧化周期为 80~100 天，金回收率为 60%~70%，加工成本为 5 美元/t 左右。Newmont 黄金公司已将该工艺用于美国卡林难浸金矿石的工业堆浸。Newmont 工艺流程如图 1.5 所示。

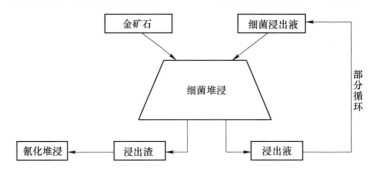

图 1.5   难处理金矿细菌氧化堆浸处理工艺流程图

难处理金矿细菌氧化预处理工艺的发展并非一帆风顺。20 世纪 90 年代美国内华达州 Tonkin Springs 金矿规模为 20t/d 金精矿的细菌氧化厂，由于事先未经中试及细菌氧化作业的工程研究就仓促建厂，导致工厂投产后运行失败，这一失误曾给在工业上应用细菌氧化预处理工艺产生过消极影响，使北美工业界对该工艺产生了在工业上应用尚不成熟的印象，这也是美国、加拿大等北美国家至今在工业上未采用细菌氧化预处理工艺的原因之一。

我国难处理金矿细菌氧化预处理工艺的研究起始于 20 世纪 80 年代。最先开展此项研究的是中科院微生物研究所，于 1981 年在广西六岑金矿进行了单槽 1000kg 级细菌氧化金精矿脱砷的试验，在国内培育出耐砷的氧化亚铁硫杆菌菌株。随后与中科院化工冶金研究所、兰州化学物理研究所合作，对河北半壁山金精矿进行了公斤级多槽连续细菌氧化脱砷和提金的试验，并使用了能够耐 40℃ 的中等嗜热菌株。随着国内对难处理金矿开发的日益重视，一些研究单位也相继开展了细菌氧化预处理工艺的研究。例如吉林冶金研究所进行了细菌氧化预处理的扩大连续试验，用于处理新疆阿希金矿并取得了较好指标；长春黄金研究所完成了"九五"国家科技攻关项目"细菌氧化—氰化提金工艺"的研究，进行了 5kg/d 和 100kg/d 的扩大连续试验；陕西地质勘探局矿业生物工程研究中心 1996 年建成 1t/d 半工业试验厂，1998 年建成 10t/d 工业试验厂，先后共处理了难处理含砷金精矿近 1000t，并在双王金矿行了 2000t 级细菌氧化堆浸预处理的试验；北京有色设计院等单位共同开发设计山东烟台市黄金冶炼厂细菌氧化预处理车间；山东莱州市黄金冶炼厂拟引进澳大利亚的技术，筹建细菌氧化预处理车间。从上述情况可以看出，我国对难处理金矿细菌氧化预处理工艺已有一定的工作基础，并具有一定的技术开发能力，尽管在工业化进行方面与发达国家相比还有较大差距，但相信经过不断的努力，将会在黄金工业中较快地得到应用。表 1.22 为国内主要的难处理金矿细菌氧化预处理工厂。

表 1.22   国内难处理金矿细菌氧化预处理工厂

序号	名 称	地址	规模/t·d⁻¹	投产时间	采用工艺
1	烟台黄金冶炼厂	山东烟台	100	2000 年	CCGRI（长春黄金研究所）
2	莱州黄金冶炼厂	山东莱州	100	—	BacTech
3	天利公司	辽宁凤城	100	2003 年	CCGRI

序号	名 称	地址	规模/t·d⁻¹	投产时间	采用工艺
4	江西三和金业有限公司	江西德兴	80	2005 年	CCGRI
5	山东招远黄金集团	山东招远	100	—	CCGRI
6	金凤黄金有限责任公司	辽宁丹东	5000t/堆	—	CCGRI
7	锦丰矿业	贵州烂泥沟	750	2006 年	Biox
8	新疆阿希金矿	新疆	80	2005 年	吉林省冶金研究所
9	哈图金矿	新疆	80	2008 年	吉林省冶金研究所

1.5.5.3 两段焙烧技术特点

焙烧工艺的优点是适应性较强（可处理含碳质的难浸金矿），作业费用相对较低，矿中含铜时，可通过酸浸工艺综合回收铜。该工艺的缺点是对工艺参数和给料成分变化比较敏感，容易造成过烧或欠烧，欠烧时矿石中的含硫和含砷矿物分解不充分，过烧时焙砂出现局部烧死，使焙砂的空隙被封闭，造成二次包裹，从而导致金的浸出率下降。再者焙烧时会产生二氧化硫和三氧化二砷，综合回收不利时，会严重污染大气与环境。从目前来看，随着环保要求越来越严格，与工艺相配套的烟气治理成本将会大幅度提高。因此，该工艺将会受到湿法预处理工艺的挑战。为了更好地解决环保要求，降低能耗，增加焙烧强度、提高浸出率，焙烧工艺的技术也得到了一定的完善和发展，国外的研究机构正在开发研究热解—氧化焙烧法、闪速焙烧法和微波焙烧法等更加有效的焙烧技术，像微波焙烧工艺等已显示出了良好的工业应用前景。

两段焙烧工艺技术成熟，从国内诸多厂家的实际生产情况看，金的综合回收率在87%~90%，物料中的有价金属回收效果良好，经济效益显著[43]。其特点为：

（1）砷有效回收，在潼关中金冶炼有限责任公司的两段焙烧处理含砷金精矿工艺中，按照原料含砷8%，日处理200t金精矿计算，年运行300天，可生产白砷7500t。

（2）铜有效回收。按照金精矿含铜2.5%，日处理200t金精矿，运行300天，将生产1500t电解铜。

（3）有效提高金的浸出率。含砷金精矿采用常规工艺处理后氰化时，金浸出率通常在50%~65%，某厂常规的焙烧工艺，处理含砷3.5%金精矿，金的有效浸出仅62%，采用两段焙烧后，金的浸出率为89.62%，效果显著。

相对于常规的一段氧化焙烧，两段焙烧工艺有其独特的优越性，其能够较好地回收金、银、硫、铜、砷等，经济效益显著。我国的含砷金矿贮量较大，因此两段焙烧工艺的应用前景广阔。目前我国两段焙烧工艺生产已经取得了较大的进步，但仍与发达国家有一定差距。存在问题：

（1）生产处理规模小，自动化控制程度低，环境污染严重，对焙烧系统的监控水平相对落后。

（2）产出的焙砂浸出，浸出渣含金较高，达4.5g/t，铜、金的回收率相对较低，综合回收水平相对较差，这是亟待解决的问题。

绝大多数含金物料冶炼企业则采用金精矿焙烧—氰化工艺提金，工艺技术方面有一段焙烧，也有两段焙烧，两段焙烧占有较大比例，全国主要黄金冶炼企业情况见表1.23。

表 1.23   国内主要黄金冶炼企业情况

归属	序号	企业名称	处理能力/t·d⁻¹	主要工艺简介
中国黄金	1	中国黄金冶炼厂	600	两段焙烧+氧化
	2	潼关黄金冶炼厂	300	两段焙烧
	3	湖南平江黄金冶炼厂	150	两段焙烧
	4	辽宁朝阳黄金冶炼厂	100	两段焙烧
	5	嵩县黄金冶炼厂	150	两段焙烧
	6	辽宁天利	150	生物氧化
招远黄金	1	山东国大黄金冶炼厂	800	200两段焙烧+600氧化
	2	金翅岭	800	氧化
	3	北截	600	氧化
	4	罗山	400	氧化
	5	新疆招金	100	两段焙烧
	6	甘肃招金	400	两段焙烧
紫金矿业	1	上杭黄金冶炼厂	200	两段焙烧
	2	洛宁黄金冶炼厂	400	一段焙烧
	3	黔西南黄金冶炼厂	200	两段焙烧
灵宝黄金	1	灵宝股份	800	两段焙烧
	2	晨光冶炼	200	两段焙烧
恒邦冶炼	1	恒邦冶炼	600	两段焙烧
其他	1	山西临汾	150	两段焙烧
	2	黑龙江伊春	100	两段焙烧
	3	山东海阳金奥	200	两段焙烧
	4	青海大紫旦	480	两段焙烧
	5	新疆阿希	400	两段焙烧
	6	贵州金华	200	两段焙烧
	7	甘肃西脉	200	两段焙烧
	8	河西天承	200	生物氧化
	9	烟台黄金冶炼厂	100	
山东黄金	1	西部冶炼	200	200焙烧+100氧化
	2	莱州黄金冶炼厂	1200	直接氰化

目前生产中的复杂金精矿两段焙烧均采用常规的沸腾焙烧炉并联组合形式，在第一段沸腾炉内还原气氛焙烧脱砷产生的三氧化二砷作为白砷产品，在第二段沸腾炉内氧化焙烧脱硫产生的二氧化硫烟气制硫酸。两段焙烧提金工艺流程可以实现金、砷、硫资源的综合回收利用。招金矿业针对难处理金精矿的特点，将循环流态化焙烧技术引入两段焙烧中，将一段流化床沸腾焙烧脱砷后的焙烧矿采用循环流态化床进行强化焙烧脱硫，以便提高焙

烧矿中金的氰化浸出回收率以及降低浸出药剂的消耗。

循环流态化焙烧在金精矿两段焙烧技术中应用的优点：（1）原料适应性强，而且焙烧强度较大，炉膛截面积相对较小；（2）矿物中的有机碳燃烧完全，消除了后续氰化过程中"劫金"的影响；（3）操作气速相对较高，气固返混强烈，载硫化物等包裹金矿物焙烧反应充分，焙烧后产生多孔结构的焙砂，包裹金暴露充分易被氰化浸出。两段强化焙烧工艺流程主要特点为：（1）一段焙烧炉与二段焙烧炉分别为独立的焙烧收尘配置，烟气只是在电收尘后合并；（2）一段焙烧后的焙烧矿与烟尘均通过气力输送至二段循环流态化焙烧炉；（3）一段沸腾流化床焙烧矿全部实现"二次焙烧"。

难处理金精矿两段焙烧流程中，第二段焙烧炉采用循环流态化强化焙烧，产出的焙砂残硫、残碳显著低于常规沸腾焙烧炉焙烧效果，产出的焙砂金的氰化浸出率提高 2% ~ 3%，渣含金降至 2.5~3.5g/t，而目前运行的两段焙烧渣金品位平均为 4~6g/t。现有复杂金精矿两段焙烧提金冶炼厂进行两段循环流态化强化焙烧技术改造是提高企业经济效益、技术装备升级的有效途径，值得借鉴与推广。

1.5.6　现代黄金冶金技术特点

随着金矿资源的不断开发，易处理金矿石储量逐渐枯竭，结构复杂、低品位及嵌布粒度细、杂质金属元素（Cu、Pb、Zn、Sb）含量高以及高砷、高硫、含有机碳等难处理金精矿所占比重逐渐增大，已成为黄金生产的主要原料。

人们对提高金银回收率、有价金属综合利用技术提高和完善，产生更多相应的难处理金矿焙烧技术，如两段焙烧法、循环流态化焙烧、造铜锍捕金、造贵铅捕金等工艺技术。

造锍捕金和造贵铅捕金在金银回收率和有价金属的综合回收方面具有无可比拟的优势，成为近几年黄金冶炼领域比较热门的课题。造锍捕金和造贵铅捕金可以将各种复杂难处理金精矿直接掺入铜精矿或铅精矿中进行金属熔炼，利用熔融状态的铅或铜捕集贵金属，金被捕集到铜（铅）锍，实现金精矿中金银的转移与高校富集。国内多数铜、铅冶炼厂，由于铜精矿、铅精矿含数克或数十克金，以及更高品位的银，所以重有色冶炼企业大都副产黄金、白银产品，而且产量可观。

1.5.6.1　富氧底吹造锍捕金技术特点

造锍捕金工艺是目前世界上广泛采用的炼铜生产技术，所用的原料是以硫化铜为主，在反应过程中释放出大量的热能，传统的炼铜工艺没有充分利用铜精矿自身的热能，需要原油和煤炭来补充过程中的热能损失，而现代炼铜工艺采用提高氧浓度甚至纯氧强化冶炼工艺，或深度脱硫、或干燥原料，基本实现自热或半自热熔炼，以山东恒邦冶炼股份有限公司为代表的黄金冶炼企业使用具有中国自主知识产权的"氧气底吹造锍捕金新工艺"，为铜和贵金属综合回收开创了一条新路子，为我国有色金属冶炼领域赶超世界先进水平取得重大突破。

造锍捕金工艺的主要优点：（1）铜捕集金银效果好，金银的回收率大于 95% 以上，渣中金银金属损失小；（2）铜对人体的伤害小，作业环境好；（3）能实现大部分有价资源的综合利用；（4）单系统处理量大，作业率高，生产成本低。

造锍捕金工艺的缺点：（1）金、银生产周期长；（2）增加炼铜给料量及炉渣量；（3）

产生的炉渣夹带铜，造成铜损失。

目前国内外采用造锍捕金工艺的部分厂家见表 1.24。

表 1.24　采用造锍捕金技术的部分厂家

序号	矿物类型/年处理量或年产电铜量	厂　　家	投产时间
1	年产 1 万吨电铜	越南大龙冶炼厂	2008 年
2	多金属/年产 10 万吨电铜	山东东营方圆有色金属有限公司	2008 年
3	10 万吨粗铜	包头华鼎铜业发展有限公司/（技改底吹—转炉）	2011 年
	10 万吨粗铜	包头华鼎铜业发展有限公司/（技改底吹—底吹）	2016 年
4	多金属/150 万吨	山东东营方圆有色金属有限公司	2016 年
5	铜精矿/150 万吨	侯马北方铜业有限公司	2015 年
6	年产 10 万吨电铜	河南豫光金铅股份有限公司（双底吹）	2014 年
7	多金属矿/50 万吨	中条山集团北方铜业垣曲冶炼厂/（双底吹）	2015 年
8	铜金混合矿/150 万吨	中原黄金冶炼厂	2015 年
9	多金属矿/66 万吨	灵宝市金城冶金有限责任公司/（三联炉）	2016 年
10	复杂金精矿、提金尾渣、浸出渣、铅膏、铅精矿等混合含金、银物料	山东恒邦冶炼股份有限公司/（技改）	2010 年

1.5.6.2　富氧底吹贵铅捕金技术特点

对含铅难处理金矿，采用其他预处理提金技术，其中的铅无法直接回收，存在回收率相对较低与生产成本过高，有价金属无法综合回收等问题。而将含铅难处理金矿与铅精矿混合，以贵铅捕集 Au、Ag 等贵金属，就可以实现综合回收 Au、Ag、Pb 等有价元素，而且可以提高原料中金的冶炼回收率。

贵铅捕金工艺优点：

（1）对原料适应性强。氧气底吹熔炼炉入炉原料（包括熔剂）无需干燥，无需破碎，无需磨矿，湿料、块矿、粒矿、粉矿均可直接送入炉内进行熔炼。

可搭配处理其他各种二次铅原料，如废蓄电池铅膏等，在处理硫化铅精矿时，废蓄电池铅膏配入量可达 50%，在回收铅的同时，还可以有效回收其中的硫。

目前，世界上以废蓄电池铅膏为代表的二次铅原料处理工艺和设施普遍比较落后，氧气底吹熔炼炉的生产实践为二次铅原料的处理开辟了既经济又环保的技术路线。

（2）能耗低。氧气底吹熔炼炉和还原炉均采用工业纯氧熔炼，动力消耗少；产出烟气量小，烟气带走热少。氧气底吹熔炼炉和还原炉均内衬耐火材料，熔池部位没有水套，炉子保温性能好，散热损失小。

（3）环保好。熔炼过程在密闭的氧气底吹熔炼炉中进行，生产中能稳定控制氧气底吹熔炼炉微负压操作，有效避免了 SO_2 烟气外逸；氧气底吹熔炼厂房生产操作环境用空气采样器检测典型的结果为：Pb 含量为 $0.03mg/m^3$，SO_2 含量为 $0.05mg/m^3$。氧枪底吹作业，熔炼车间噪声小；工艺流程短，生产过程中产出的铅烟尘均密封输送并返回配料，有效防止了铅尘的弥散污染。

（4）有价元素回收率高。铅回收率高：还原终渣含铅可保证不高于3%，贵金属回收率高：氧气底吹熔炼炉和还原炉两段产粗铅，对贵金属实施两次捕集，Ag，Au 进入粗铅率不小于99%；脱硫率高，S 回收率大于96%。

（5）作业率高。氧气底吹熔炼炉和还原炉构造简单，故障率低，维护方便；氧气底吹熔炼炉炉衬寿命较高，实际生产炉寿高达3年以上；氧气底吹熔炼炉氧枪寿命长，实际喷枪寿命为30~60天；还原炉喷枪寿命预计大于90天；氧气底吹熔炼炉只有在更换喷枪时才停止加料；作业率大于90%，年有效作业时间大于7900h。

（6）易操作、自动化水平高。氧气底吹熔炼炉和还原炉工艺控制容易，操作简单。整个生产系统采用DCS控制。

目前国内采用贵铅捕金工艺的部分厂家见表1.25。

表 1.25 采用富氧底吹贵铅捕金技术的部分厂家

序号	设计产能	厂 家	投产时间
1	8 万吨电铅	河南金利金铅有限公司	2009 年
2	10 万吨电铅	安阳市岷山有色金属有限责任公司	2010 年
3	8 万吨电铅	济源市万洋冶炼（集团）有限公司	2011 年
4	10 万吨电铅	山东恒邦冶炼股份有限公司	2012 年
5	10 万吨电铅	湖南宇腾有色金属股份有限公司	2014 年
6	10 万吨电铅	湖南省桂阳银星有色冶炼有限公司	2013 年
7	10 万吨电铅	灵宝市新凌铅业有限责任公司	2013 年
8	8 万吨电铅	江西金德铅业股份有限公司	2015 年

2 难处理金矿传统冶金工艺

2.1 难处理金矿加压氧化浸出预处理技术

2.1.1 金属硫化矿加压氧化浸出机理

黄铁矿和砷黄铁矿的加压氧化既可以在酸性介质中，也可以在碱性介质中进行。相对于碱法加压氧化而言，酸法加压氧化过程发展更快[44]。

2.1.1.1 黄铁矿

酸性溶液中加压氧化黄铁矿的产物主要有 H^+、Fe^{2+}、Fe^{3+}、SO_4^{2-}、S^0 等。Fe^{3+} 大都以赤铁矿、硫酸高铁或铁矾的形式沉淀，不同产物的形成取决于不同的氧化条件，如温度、时间、氧分压、酸度、硫酸盐浓度等。黄铁矿加压氧化过程总的反应式如下式所示：

$$2FeS_2 + 15/2O_2 + 4H_2O \longrightarrow Fe_2O_3 + 4H_2SO_4$$

对于上述反应机理，一般认为，黄铁矿的表面吸附氧气，反应后以 Fe^{2+} 形式进入溶液中，并有元素硫生成，即

$$FeS_2 + 2O_2 \longrightarrow FeSO_4 + S^0$$

元素硫和硫酸亚铁又分别氧化为硫酸和硫酸铁：

$$S^0 + H_2O + 3/2O_2 \longrightarrow H_2SO_4$$

$$4FeSO_4 + O_2 + 2H_2SO_4 \longrightarrow 2Fe_2(SO_4)_3 + 2H_2O$$

Fe^{3+} 水解生成氢氧化铁沉淀，再脱水生成三氧化二铁：

$$Fe_2(SO_4)_3 + 6H_2O \longrightarrow 2Fe(OH)_3 + 3H_2SO_4$$

$$2Fe(OH)_3 \longrightarrow Fe_2O_3 + 3H_2O$$

研究表明，Fe^{3+} 具有加速氧化黄铁矿的作用，特别是在反应初期，Fe^{3+} 的这种作用非常明显，但 Fe^{3+} 并未充当催化剂。当温度高于 154℃ 时，Fe^{3+} 发生水解反应，低酸度下，反应式为：

$$Fe_2(SO_4)_3 + 3H_2O \longrightarrow Fe_2O_3 + 3H_2SO_4$$

高酸度下，反应式为：

$$Fe_2(SO_4)_3 + 2H_2O \longrightarrow 2FeOHSO_4 + H_2SO_4$$

Fe^{3+} 水解还会生成铁矾类类化合物，反应式为：

$$3Fe_2(SO_4)_3 + 14H_2O \longrightarrow 2H_3OFe_3(SO_4)_2(OH)_6 + 5H_2SO_4$$

但相对于生成 Fe_2O_3 和生成 $FeOHSO_4$ 的反应而言，生成铁矾的反应更为次要。从经济角度来讲，生成赤铁矿沉淀，对后续的中和及金回收等操作是有利的。

然而，对氧压浸出黄铁矿，还存在另一种机理，即溶液中的氧直接氧化黄铁矿表面生

成 $\alpha-Fe_2O_3$，然后与溶液中的 H^+ 作用生成 Fe^{3+}，溶液中的 Fe^{3+} 再与 S^0 及 FeS_2 反应生成二价铁离子。相关反应式如下：

$$2FeS_2 + 9/2O_2 + 2H_2O \longrightarrow \alpha-Fe_2O_3 + 2SO_4^{2-} + 2S^0 + 4H^+$$

$$\alpha-Fe_2O_3 + 6H^+ \longrightarrow 3H_2O + 2Fe^{3+}$$

$$6Fe^{3+} + S^0 + 4H_2O \longrightarrow 6Fe^{2+} + SO_4^{2-} + 8H^+$$

$$14Fe^{3+} + FeS_2 + 8H_2O \longrightarrow 15Fe^{2+} + 2SO_4^{2-} + 16H^+$$

$$S^0 + H_2O + 3/2O_2 \longrightarrow 2H^+ + SO_4^{2-}$$

有研究表明，通过放射性同位素 [55.59] Fe 作示踪剂，证明了在酸性溶液中加压氧化溶解黄铁矿时产生 $\alpha-Fe_2O_3$ 的反应机理的合理性。

2.1.1.2 砷黄铁矿

研究表明，砷黄铁矿在硫酸介质中加压氧化，首先产生三价砷酸和二价铁离子，随后进一步氧化为五价砷酸和三价铁。研究还发现，在较低的温度（100~160℃）和较高酸度下，有单质硫产生，而砷酸铁则水解成三价铁的化合物。一般认为，砷黄铁矿在酸性溶液中加压氧化，发生如下化学反应：

$$2FeAsS + 11/2O_2 + 3H_2O \longrightarrow 2H_3AsO_3 + 2FeSO_4$$

$$2FeAsS + 7/2O_2 + 2H_2SO_4 + H_2O \longrightarrow 2H_3AsO_4 + 2FeSO_4 + 2S^0$$

有研究工作表明，单质硫的产生实际上并非作为一种中间产物。实际上存在两个相互竞争的化学反应，相应的反应产物不同，一个是 S^0，另一个是硫酸根离子。加拿大的 Sherritt Gordon 公司的研究结果表明，高温下的氧化可以避免单质硫的生成。上述反应式中的 H_3AsO_4 是反应初期的产物。当在溶液矿浆浓度高、反应时间长、高温及低酸度条件下，X 射线衍射分析反应生成的沉淀为比较稳定的结晶状砷酸铁或臭葱石，反应式为：

$$Fe_2(SO_4)_3 + 2H_3AsO_4 + 4H_2O \longrightarrow 2(FeAsO_4 \cdot 2H_2O) + 3H_2SO_4$$

2.1.2 酸法加压氧化工艺

矿石中含有大量碳酸盐矿物，在酸性介质中，这些碳酸盐矿物将消耗大量的酸，因此该矿石不宜采用酸性氧化法处理。在碱性介质中，在高温加压和有氧气存在的条件下，矿石中的黄铁矿、毒砂、辉锑矿及部分脉石矿物发生如下化学反应：

$$2FeS_2 + 8NaOH + 15/2O_2 \longrightarrow Fe_2O_3 + 4Na_2SO_4 + 4H_2O$$

$$2FeAsS + 10NaOH + 7O_2 \longrightarrow Fe_2O_3 + 2Na_3AsO_4 + 2Na_2SO_4 + 5H_2O$$

$$Sb_2S_3 + 12NaOH + 7O_2 \longrightarrow 2Na_3SbO_4 + 3Na_2SO_4 + 6H_2O$$

$$2NaOH + H_2SO_4 \longrightarrow Na_2SO_4 + 2H_2O$$

$$2NaOH + SiO_2 \longrightarrow Na_2SiO_3 + H_2O$$

$$2NaOH + Al_2O_3 \longrightarrow 2NaAlO_2 + H_2O$$

在碱性（石灰）热压氧化过程中，主要化学反应如下：

$$2FeS_2 + 4Ca(OH)_2 + 15/2O_2 \longrightarrow Fe_2O_3 + 4CaSO_4 + 4H_2O$$

$$2FeAsS + 5Ca(OH)_2 + 7O_2 \longrightarrow Fe_2O_3 + Ca_3(AsO_4)_2 + 2CaSO_4 + 5H_2O$$

$$Sb_2S_3 + 6Ca(OH)_2 + 7O_2 \longrightarrow Ca_3(SbO_4)_2 + 3CaSO_4 + 6H_2O$$

$$As_2S_3 + 6Ca(OH)_2 + 7O_2 \longrightarrow Ca_3(AsO_4)_2 + 3CaSO_4 + 6H_2O$$

$$Ca(OH)_2 + H_2SO_4 \longrightarrow CaSO_4 + 2H_2O$$

$$Ca(OH)_2 + SiO_2 \longrightarrow CaSiO_3 + H_2O$$

$$Ca(OH)_2 + Al_2O_3 \cdot nH_2O \longrightarrow Ca(AlO_2)_2 + (n+1)H_2O$$

从上述化学反应可以看出，在碱性介质中的加压氧化预处理过程中，硫化矿物被氧化，其中的硫、砷、锑分别转化为硫酸盐、砷酸盐、锑酸盐而进入溶液，铁则以赤铁矿的形式留在矿渣中。矿物的氧化分解，破坏了硫化矿物的晶体，使包裹的金暴露出来，成为可浸金。难处理金矿的预氧化过程实际上就是处理金之外的其他矿物的过程。

2.1.3　加压催化氧化氨浸工艺

加压氧氨浸也称热压氧氨浸。在加压氧氨浸中，凡能与氨生成可溶性配合物的金属均进入溶液，但钴的浸出率低，铂族金属分配于浸液和浸渣中。因此，加压氧氨浸适宜处理钴含量低于 3% 和铂族金属含量较低的含金矿物原料，或用于分离金矿石中的钴。氨浸反应为：

$$MS + 2NH_3 + 2O_2 \longrightarrow [M(NH_3)_2]^{2+} + SO_4^{2-}$$

$$4FeS_2 + 15O_2 + 16NH_3 + 2(4+m)H_2O \longrightarrow 2(Fe_2O_3 \cdot mH_2O) + 8(NH_4)_2SO_4$$

当 pH 值较高时，大量的硫总是被氧化为硫酸根。有研究表明，在 120℃、p_{O_2} = 1.01MPa、NH_3 的浓度为 1mol/L、硫酸铵的浓度为 0.5mol/L 的条件下，硫化矿物的氧化顺序为：$Cu_2S > CuS > Cu_3FeS_3 > Cu_2FeS_2 > PbS > FeS > Fe_2S > ZnS$。氨浸时需要严格控制氨的浓度，否则易生成不溶性的高氨配合物，如 $[Co(NH_3)_6]^{2+}$。此工艺在 1953 年已成功地用于处理 Ni-Cu-Co 硫化矿，在 70~80℃、空气压力 0.456~0.659MPa 下浸出 20~24h，最终产出镍粉、钴粉、硫化铜和硫酸铁等产品。此外，此工艺还可以处理含金黄铁矿、黄铜矿、铜锌矿及其他矿物原料。

含雌黄和雄黄的浮选金精矿，在稀氨水脱砷后，还需对其残存的薄膜在氨水介质中进行氧化，以消除其对金氰化浸出的严重影响。以氨水脱砷-氰化方案实验为例，脱砷率高达 99% 时，金的氰化率反而比不脱砷时效果差。其原因是雌黄的弥散性污染，生成的雌黄薄膜包裹了金粒或含金物料颗粒。即矿浆脱砷后，经固液分离及用水洗涤，氨溶液被除去。此时，残留的原为水溶性的雌黄变为固体薄膜析出并覆盖在反应颗粒表面，从而严重地阻碍了金的氰化。因此还须进行氧化预处理，使雌黄薄膜氧化为砷酸盐，才能消除其有害影响。通过向氨性溶液中加入硫黄使雄黄转化为易溶于氨水中的雌黄，再通过氨水将矿物中的雄黄去除。最后，利用二价铜离子的催化作用促使砷脱除过程中在金矿表面形成的不溶性硫薄膜氧化，便于后续氰化提金的进行。

2.1.3.1　雌黄在氨水中的氧化

雌黄在氨水中氧化时，化学式可表达为：

$$As_2S_3 + 7O_2 + 12NH_3 \cdot H_2O \longrightarrow 2(NH_4)_3AsO_4 + 3(NH_4)_2SO_4 + 6H_2O$$

雌黄氧化后，硫离子按下列顺序变化：

$$As_3S_6^{3-} \longrightarrow S_3O_3^{2-} \longrightarrow S_3O_6^{3-} \longrightarrow SO_4^{2-}$$

同时还有部分的负二价硫氧化成单质硫。

2.1.3.2　雄黄在氨水中的氧化

雄黄难溶于稀氨水,当它在稀氨水中氧化时,属于液固多相反应。氧化过程产物及最终产物与雌黄氧化情况相同。影响其氧化速率的主要因素除氨浓度、氧分压、温度之外,还有雄黄的粒度。在 $60 \sim 97$℃、$5 \sim 14.7$mol/L 氨水溶液、氧分压为 1MPa 时,雄黄起始氧化速率与氨水浓度近似成正比。显然这与雄黄在氨水中的溶解度较低有关。

雌黄和雄黄氧化时,二价铜离子同样有催化作用。对于雌黄在氨水中氧化时而言,铜离子的作用在于提高了不饱和硫酸根离子的氧化速率及亚砷酸根离子的氧化速率;对于雄黄而言,铜离子的作用在于加速低价砷的氧化及低价硫的氧化。铜离子的作用不仅是加速氧化速度,重要的是显著地提高了与氧化处理后金矿中金的浸出率。

2.1.3.3　砷黄铁矿在氨水中的氧化

实验样品为天然砷黄铁矿,纯度为 74.4%,含铁 26.91%、砷 34.2%、硫 13.81%,其他主要为石英,氧化反应如下所示:

$$2FeAsS + 7O_2 + 4NH_3 \cdot H_2O \longrightarrow 2FeAsO_4 + 2(NH_4)_2SO_4 + 2H_2O$$

反应进行程度可以氧耗量标记。如 100g 样品,在 3mol/L 氨水中于 86℃下进行,氧分压为 800kPa 时反应 16h 即完全,理论耗氧量为 35.78L 实测值为 35.84L。

砷黄铁矿的氧化速率主要与其粒度、氨浓度及作为催化剂的铜离子浓度有关。有研究结果表明,铜离子有催化作用;砷黄铁矿粒度粗时氧化速率慢。另外,在含 $3 \sim 5$mol/L 氨水时,砷黄铁矿氧化速率变化仅仅相差 10% 左右,故可认为氨的浓度影响不大。在实际应用时,当矿浆浓度高时则氨水浓度较高些为宜。在氧分压在 $0 \sim 600$kPa 范围内,达到相同的转化率时,氧分压与反应时间的乘积不变,即氧分压高时所需时间短;反之亦然。这表明,氧化过程的速控步骤为氧的传递快慢所决定。初步研究表明,当氧分压、粒度大小、搅拌速率及矿浆浓度等因素在适当范围内,均有利于砷黄铁矿的氧化,这就为含砷金精矿的氨法操作优化条件范围提供了依据。

2.1.3.4　元素硫在氨水氧化过程中的行为

硫化物氧化时可产生元素硫。在氨水中氧化时所生成的单质硫可悬浮在溶液中,也可悬浮在硫化物颗粒上。由于它是中间生成物,故其产率与操作因素有关。无二价铜离子时,雌黄中的硫变成单质硫后,由于易发生歧化反应,故产率低;有二价铜离子存在时,生成的单质硫呈团聚状悬浮于氨水中,这是有无二价铜离子的显著差别。雄黄氧化时,有无二价铜离子时单质硫的产率均很低,这是由于新生成的单质硫易与 As_2S_2 作用生成 As_2S_3。

2.1.4　金矿加压氧化工艺局限性

难处理金矿加压氧化工艺的应用取决于以下几个因素:矿石的储量、矿石中硫的品位、难浸出金与硫的数量比、金与硫化物矿的共生特性、工艺操作的动力费与石灰的价格、金矿的品位以及矿石的难浸程度等。应根据物料的性质来选择合适的加压氧化工艺。对于一些可浮性差、含硫量低、含碳酸盐量高的难处理金矿，选择碱性介质加压氧化较为合理。当在碱性加压氧化时，若氢氧化钠消耗高而且砷、汞、铊等有害杂质也被浸出，则选择酸性介质加压氧化处理工艺较为合理。

采用加压氧化工艺需要适度提高矿石中金和硫的品位，这是因为加压釜设备尺寸主要取决于物料中硫含量。金矿石直接氧化只适用于矿石可浮性不好或者硫含量满足或基本满足自然氧化要求的条件下。

2.1.5　加压氧化过程中的环境问题

在难处理金矿的加压氧化过程中，一些杂质元素（如重金属）从矿物中被解离出来。因此要保证杂质元素既不污染环境，又与主要金属分离。大部分矿物的有毒化合物在加压氧化过程中被转化为稳定的化合物，易保存在尾矿坝中，环境污染小。必要时，杂质元素可作为副产品进行回收。

硫化物矿中的锑化合物在加压氧化过程中会被氧化溶解，随后又会发生水解，完全地沉淀。难处理金矿中镉、钴、铜和锌等其他贱金属在加压氧化时被大量浸出，可以在随后的洗涤工序中除去。在中和工序中，酸性溶液中的金属都以相应的氢氧化物或水和氧化物的形式沉淀出来。硫化物中的铅被转化为溶解度很小的硫酸盐和矾类（如黄铁矾）。

在加压氧化初期，物料中的砷被氧化为可溶性的亚砷酸盐和砷酸盐，但随后与溶解的硫酸铁反应形成稳定的砷酸铁或生成复杂的铁砷硫酸盐沉淀。砷在加压釜中的沉淀情况取决于原料中的砷含量、铁砷比、溶液的温度与酸度等因素。一般情况下，沉淀率为 85% ~ 95%。

在后续提金的工序中，氧化渣中砷的溶出几乎可以忽略不计，逆流洗涤产生的酸性水经中和处理可以除砷。当溶液中的铁砷比高时，经中和产生大量的氢氧化物沉淀，通过物理或化学吸附可以进一步脱除溶液中的砷。

金矿石中常伴生有一定数量的汞，在加压氧化中，大量的汞转化为硫酸汞。多数情况下，硫酸汞又会以汞铁矾的形式沉淀或进入复杂的铁化合物中。虽然加压氧化可以处理含有一定数量汞的难处理金矿，但由于在后续氰化浸出时，汞仍然会浸出，因此有必要控制矿物原料中的汞含量。

加压氧化可以使难处理金矿石中的硫全部转化为硫酸盐，一部分以明矾石、矾类、硫酸铁或硫酸钙的形式进入固体。即使存在一些不稳定的硫酸盐，也很容易在矿浆氧化前通过调控 pH 值将其转化为石膏，最终以石膏或矾-石膏混合物的形式排出。

2.2　难处理金矿生物氧化处理技术

2.2.1　难处理金矿生物氧化工艺

生物氧化是利用氧化亚铁硫杆菌等微生物在酸性条件下，将包裹金的黄铁矿、毒砂等组分氧化分解成硫酸盐、碱式硫酸盐或砷酸盐，从而使金暴露，易于下一步浸出。生物氧化工艺的预处理常规工艺流程如图 2.1 所示。

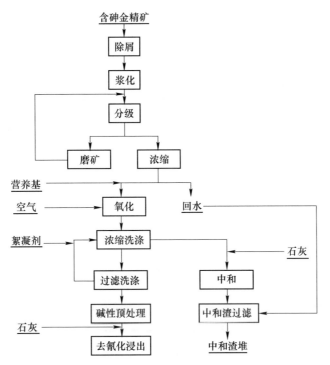

图 2.1　生物氧化提金厂生物氧化预处理工艺流程

2.2.2　浸矿微生物

2.2.2.1　细菌的种类

目前正在利用或研究利用的与生物冶金有关的细菌可分为 4 类：（1）硫杆菌和微螺旋菌的嗜中温细菌；（2）磺杆菌属及许多未鉴别菌种的中等嗜热细菌；（3）叶硫球菌属，双向酸酐菌属及硫球菌的非常嗜热细菌；（4）异氧细菌。目前工业上已经利用的是嗜中温细菌和中等嗜热细菌。

生物氧化预处理技术中采用的菌种主要为需氧矿质化能自养菌，研究和使用最多的是氧化亚铁硫杆菌、氧化硫硫杆菌和氧化亚铁微螺旋菌，工业上使用的则多为诸种细菌的混合物。

2.2.2.2　细菌的来源

生物氧化中所采用的细菌大都取之于被氧化矿物所在的地域内或某些特定的废水中，经培养驯化，选育出合适的菌种后用于生物氧化。

2.2.2.3　细菌的生长特性

生物氧化过程中的细菌主要是需氧矿质化能营养细菌，这些细菌主要靠从下列物质的氧化过程中获取能量来满足自身的生长繁殖：液相 Fe^{2+}、元素硫、含硫（化合价小于 6）的某些离子以及含有 Fe^{2+} 及硫化物的矿物。细菌的生长主要受以下因素的影响：

（1）温度。到目前工业上应用的只有嗜中温细菌和中等嗜热细菌，前者最佳生长范围为 $25 \sim 40℃$，后者最佳生长范围为 $45 \sim 60℃$。

（2）pH 值。细菌氧化的原理，其氧化反应是在酸性环境中进行的。在不同的 pH 值下，菌液中不同细菌的比例会发生变化，因此有人提出在硫化矿物的生物氧化过程中，由于氧化系统的 pH 值很低，可采用 $T.f$ 菌和 $T.t$ 菌一起使用，目的是由 $T.f$ 菌氧化铁，有 $T.t$ 菌氧化硫。因此氧化环境的 pH 值也是一个重要的参数。

（3）氧化还原电位。由于细菌对矿物的氧化过程是一个氧化还原反应的过程，通过氧化还原电位的变化，可以很好地了解细菌氧化的进行情况。理论上讲维持高的氧化还原电位，可以使氧化过程加快，缩短目的矿物的停留时间。在细菌氧化体系中，存在着 Fe^{3+} 和 O_2 两种氧化剂，其中 O_2 是可以通过给入量控制，而 Fe^{3+} 则可通过采用不同的细菌（如 $T.f$ 菌）来使溶液中维持一个高的 $c_{Fe^{3+}}/c_{Fe^{2+}}$ 比值，即维持一个高的氧化还原电位，有利于细菌氧化的进行。

（4）空气量。由于细菌氧化过程中采用的细菌主要是需氧矿质化能自养菌，其生长所需的碳主要来自空气，而氧化过程所需的氧同样来自空气。因此，细菌氧化过程中空气的给入量是最关键的因素。

（5）营养。微生物的营养物质通常为 6 个要素：水、碳源、氮源、无机盐、生长因子和能源。在生物氧化过程中矿质化能自养菌所需的营养主要为碳、氮、磷、钾、硫、钙、镁、钠等，而这些物质中的大部分可以从氧化的矿物中得到，需要另外补充的主要为碳（从空气中补充）、氮（部分从空气中，部分从铵盐或硝酸盐中补充）、磷（从无机磷盐中补充）和钾（从无机钾盐中补充）。由于矿质化能自养菌不需要外援有机物质，只需无机物就能合成全部细胞物质，故其生长不需要生长因子。而能量则主要从氧化反应中获取。

（6）Fe^{2+} 与 Fe^{3+} 比值。研究表明，在细菌间接氧化过程中，有两个速度可控的反应：Fe^{3+} 参与的黄铁矿的化学反应和细菌参与的 Fe^{2+} 的氧化反应。而这两个反应的动力学已经确定均是 $[Fe^{3+}]/[Fe^{2+}]$ 比值的函数。

（7）磨矿细度。磨矿细度与硫化矿物的嵌布粒度有关。但是由于氧化反应速度、细菌在矿物颗粒上的吸附、矿物颗粒在细菌氧化反应器中的分布均匀程度及后续作业等因素的影响，磨矿细度有一个合适的范围。过粗影响硫化矿氧化速率，延长矿浆停留时间；过细也会导致氧化速率减缓，且给后续的浓缩、过滤等作业带来影响，增加了 CIL 矿浆的黏度，在氧化过程中会不同程度地影响细菌的生长。

（8）矿浆浓度。目前，工业上生物氧化预处理过程中，细菌氧化的矿浆质量浓度不大于 20%。研究表明，矿浆浓度对氧化过程所需的空气的传送分散有着很强烈的影响。当矿浆中硫化矿物含量高时，所需空气量大，矿浆浓度要降低；反之，矿浆浓度可升高。

另外，细菌氧化搅拌过程中的剪切力，对细菌的细胞壁有很强的破坏力，会损伤其细胞壁并且影响细菌在矿物颗粒上的附着。矿浆浓度过高会要求反应器功率增大，以保证矿物颗粒的均匀分布，从而导致细菌的正常生长受影响，即氧化过程受影响。

（9）停留时间。氧化反应所需的停留时间与氧化采用的菌种、给矿颗粒粒度、矿浆浓度、给矿中硫化矿物的含量、给矿中目的矿物的嵌布粒度、所采用的营养剂类型等有关。停留时间的长短直接影响着生物氧化技术应用的投资、生产成本和经济效益。一般生物氧化预处理工厂的矿浆氧化停留时间在 $4 \sim 6$ 天。

此外，盐度，即溶液中 Cl^- 含量会影响生物的氧化活动。Lawson 等人的研究表明，溶液中 5g/L 的 Cl^- 就会大大减缓氧化亚铁硫杆菌对 Fe^{2+} 的氧化活性。同理，溶液中的金属离子、选矿过程中使用的药剂、油类、水处理中使用的化学药剂等都会对生物的氧化活动造成影响。

2.2.2.4　生物氧化的类型

需氧矿质化能自养菌的特性决定了它们可以氧化含有 Fe^{2+} 或还原硫（包括硫化物、二硫化物及砷硫化物）的矿物。此外，被氧化的矿物的氧化物（如 Fe^{3+} 或硫酸）可以用来溶解同时存在于矿石中的次级矿物，从而使得那些能被酸或 Fe^{3+} 溶解，或能被两者的反应剂溶解。不含 Fe^{2+} 也不含还原硫的矿物也有可能被生物氧化处理。在这种情况下，被氧化的矿物中需要存在或加入足够量的黄铁矿或一种可替代的含 Fe^{2+} 及硫的矿物。因此，生物氧化工艺基本可以分为金属解离氧化工艺、原生矿物氧化工艺和次生矿物氧化工艺 3 种类型。

（1）金属解离氧化工艺。采用细菌对载体矿物进行氧化，使其中被包裹的有价元素裸露出来，易于下一步作业回收。如对包裹金（或银）的各种载体矿物进行氧化及溶解，使其中的金（或银）解离出来易于回收。

（2）原生矿物氧化工艺。采用细菌对原生硫化矿物进行氧化及溶解，使其中的金属组分被回收。如黄铜矿、硫钴矿、闪锌矿等的生物浸出则为原生矿物的氧化。

（3）次生矿物氧化工艺。采用细菌对次生矿物（氧化物及碳酸盐）进行氧化及溶解，通过对黄铁矿或类似含铁及含硫的矿物的初级氧化，提供可以溶解金属的 Fe^{3+}，然后硫酸溶解含铀酰离子的矿物，Fe^{3+} 将含铀的氧化物氧化（U^{3+} 氧化为 U^{6+}），使其易于回收。

2.2.2.5　优良菌种的选育和驯化

通常在金属提取的工业生产中，细菌能够直接从矿物的溶液及充入的空气中获得能量和营养，化能异养型微生物的能源及碳源，化能自养型的能源都是还原态的无机物，如 NH_4^+、H_2S、Fe^{2+} 等。细菌的培养则需要特定的培养基，如 9K 培养基、Colmer 培养基等。

生物氧化所需的细菌，对于特定的氧化环境，需经过一定的适应能力驯化，才能得到理想的结果。细菌的生存和生长，依赖于一定的环境，突然改变其已经适应的环境，会对其生长造成不利的影响，过分的改变会造成细菌的死亡。自然界生长的细菌，对环境的适应能力具有较强的可塑性。因此在逐渐改变其环境的情况下，使细菌慢慢地适应新的生长环境，就会形成新的菌种。Adibah Yahya 等人对没经过驯化和经过驯化的菌种进行比较，驯化的细菌对砷、铁的氧化速度分别是没有驯化细菌的 3 倍和 3.2 倍。同一菌种，在不同的 pH 值下，其氧化能力的差别很大，见表 2.1。

表 2.1　嗜中温氧化铁的嗜酸菌在不同的 pH 值下对黄铁矿的氧化速度比较

细　菌	黄铁矿的氧化速度（溶解的 Fe）/mg·d^{-1}		
	pH = 1.2	pH = 1.5	pH = 2.5
At. ferroxidans	0	223	240
T. ferrooxidans	0	57	136
Sulfobacillus L-15	204	230	68

但也有人在采用经过驯化与没经过驯化的细菌对锌的浸出研究中发现其浸出速度没有差异。

2.2.2.6　细菌的测定和计量

对于生物氧化过程中的细菌，使用时需要知道菌液中所含的细菌数量。测定和计量细菌的数量一般有以下几种方法：

（1）比浊法。其原理是因为菌体不透光，利用菌液所含的细菌浓度不同，液体的浑浊度则不同，然后利用分光光度计测定菌液的光密度。用测得的光密度和标准曲线对比，即可得知菌液的浓度。

（2）直接计数法。该方法是利用血球计数器直接在显微镜下观察计数所取菌液样品中的细菌数量。

（3）平皿计数法。该方法是将所要测定的菌液取出后，稀释成一定的倍数，用固体培养基制成平板，然后在一定的温度下进行培养，使其长成菌落，计算出菌落数，再乘以稀释倍数，则得到所测菌液的活菌浓度。

（4）液体稀释法。该方法是将菌液按 10 的倍数在培养基中连续稀释成不同浓度，然后进行培养。观察细菌能够生长的最高稀释度，若此最高稀释度培养液中的细菌数目为 1 个，则可按总的稀释倍数计算出原菌液内所含活菌的浓度。

（5）细胞干重测定法。该方法是将菌液离心或过滤后，洗涤除去培养基成分后转移到适当的容器中，置于 $100 \sim 105℃$ 干燥箱中烘干或低温低压干燥（$60 \sim 80℃$）至恒重后称重。一般细胞干重为细胞湿重的 $10\% \sim 20\%$，对于细菌，一个细胞质量约 $10^{-12} \sim 10^{-13}$g。

目前，采用较多的微生物生长测定方法是比浊法、直接计数法和液体稀释法。以上均为直接计数方法。此外，也有采用蛋白质分析方法来估测细菌的数量。

2.2.3　难处理金矿细菌氧化过程反应机理

细菌浸出一般是通过细菌对金属硫化矿的氧化作用将矿石中某种金属浸出来。而细菌氧化难处理金矿是借助某些浸矿细菌可以氧化金属硫化矿的特点，将硫化矿物破坏，使包裹的金暴露出来，以利于后面的氰化浸出。目前关于细菌是如何将硫化物氧化的问题争议很大，但普遍认为，细菌氧化硫化物是通过直接作用、间接作用和直接与间接作用同时存在的协同作用三种实现。直接作用机制，即细菌的细胞和黄铁矿固体基质之间紧密接触而发生生物化学氧化；间接作用机制，即细菌的代谢产物——硫酸高铁对黄铁矿进行化学氧化。直接作用是通过附着在矿物表面上细菌所分泌酶的参与，由空气中的氧将硫化矿物氧化为硫酸，释放出金属离子。间接作用则是 Fe^{3+} 和 H^+ 在化学作用下使硫化矿溶解，产出单质硫和二价铁离子，随后又被细菌氧化为硫酸和三价铁离子。在一个具体矿物的氧化浸出过程中，由于细菌的种类不同以及硫化矿物性质的差异，直接作用和间接作用对过程的贡献也不同。例如，氧化亚铁硫杆菌浸出黄铁矿时，只有间接作用而无直接作用。协同作用机制表现为：附着在矿物表面的细菌对其产生溶解作用，溶液中的游离菌和附着菌创造了良好的生长环境[45]。

有人认为硫化矿的溶解只有化学作用，细菌的直接作用是将这种化学作用（Fe^{3+} 和 H^+）集中到附着在矿石表面的细菌周围几微米的小范围内，从而增强了化学作用。也就是说，细菌的作用只是在细菌表膜和硫化矿物表面之间营造出一薄层高浓度电子受体（Fe^{3+}）的反应区，提供硫化矿浸出时所消耗的 Fe^{3+} 和 H^+。这一理论主要包括：金属离子没有进入细菌的新陈代谢系统；细菌浸出时得到的单质硫是从溶液中沉淀出来；电化学研究表明细菌浸出黄铁矿与 Fe^{3+} 和 H^+ 浸出的极化曲线一致等。

硫化矿无论是因 Fe^{3+} 的化学作用，还是因 Fe^{3+} 和 H^+ 的共同作用而被浸出，细菌的作用都是产出 Fe^{3+}，以此维持进行化学反应所需的高氧化还原电位，并氧化硫产物，将浸出体系保持在低 pH 值。也就是说，硫化矿的生物浸出至少包含三个重要的宏观化学过程：硫化矿的溶解、亚铁离子的氧化及硫化物的氧化。

包裹金的金属硫化物主要是黄铁矿和砷黄铁矿，细菌对黄铁矿的氧化反应如下：

直接氧化反应：

$$2FeS_2 + 15/2O_2 + H_2O \xrightarrow{\text{细菌}} Fe_2(SO_4)_3 + H_2SO_4$$

间接氧化反应：

$$FeS_2 + Fe_2(SO_4)_3 \longrightarrow 3FeSO_4 + 2S$$

反应生成的 $FeSO_4$ 和 S 又分别被细菌氧化为 $Fe_2(SO_4)_3$ 和 H_2SO_4：

$$4FeSO_4 + 2H_2SO_4 + O_2 \xrightarrow{\text{细菌}} 2Fe_2(SO_4)_3 + 2H_2O$$

$$2S + 3O_2 + 2H_2O \xrightarrow{\text{细菌}} 2H_2SO_4$$

在通气良好的情况下，产生的单质硫会立即被细菌氧化。一般认为，细菌对黄铁矿的直接作用和间接作用是交替或同时进行的。

氧化亚铁硫杆菌氧化砷黄铁矿可以分为 3 个阶段：

（1）开始氧化砷黄铁矿时，细菌吸附到矿物表面，吸附细菌数量迅速增长，侵蚀矿物表面，加强了细菌的直接作用。直接作用产生的 Fe^{2+} 会促进溶液中细菌的生长，溶液中细菌数量的增长引起更多细菌吸附到矿物表面。此过程主要为细菌的直接作用：

$$4FeAsS + 2H_2O + 3O_2 \xrightarrow{\text{细菌}} 4HAsO_2 + 4Fe^{2+} + 4S^0_{surface} + 8e$$

$$2S^0_{surface} + 2H_2O + 3O_2 \xrightarrow{\text{细菌}} 2SO_4^{2-} + 4H^+$$

（2）大量的活性细菌将 Fe^{2+}、As（Ⅲ）氧化为 Fe^{3+}、As（Ⅴ），产生的 Fe^{3+} 又可氧化 As（Ⅲ）和砷黄铁矿。这个过程主要是细菌的间接作用，即氧化亚铁硫杆菌的主要作用是再生 Fe^{3+}：

$$4Fe^{2+} + 4H^+ + O_2 \longrightarrow 4Fe^{3+} + 2H_2O$$

$$FeAsS + 7Fe^{3+} + 4H_2O \longrightarrow H_3AsO_4 + 8Fe^{2+} + S^0_{surface} + 5H^+$$

$$HAsO_2 + 2Fe^{3+} + 2H_2O \longrightarrow H_3AsO_4 + 2Fe^{2+} + 2H^+$$

（3）溶液中的 Fe^{3+} 和 As（Ⅴ）浓度的升高使浸出液中砷酸铁沉淀的浓度升高，沉淀物的增加降低了溶液中 Fe^{3+} 的浓度，抑制了细菌的间接氧化作用：

$$H_3AsO_4 + Fe^{3+} \longrightarrow FeAsO_4 \downarrow + 3H^+$$

难浸金矿经细菌氧化处理后，金属硫化矿被氧化破坏，包裹在硫化矿中的金暴露出来。固液分离后，含有亚铁硫酸盐的氧化浸出液经过细菌氧化再生后可以返回利用，氧化处理新矿石。氧化浸出渣用石灰中和后，用氰化物浸出金银。

2.2.4 细菌氧化工艺条件

含砷难处理硫化精矿的生物氧化预处理回路的基本工艺条件见表 2.2。

表 2.2　难处理硫化精矿生物氧化回路的基本条件

序号	工　艺　参　数	控　制　值
1	矿浆浓度/%	15~20
2	氧化槽数量/台	一段 3 台（平行）；二段 3 台（串联）
3	矿浆停留时间/d	4~6（其中一段 2~3）
4	温度/℃	嗜中温细菌 40~50；中等嗜热细菌 45~50
5	pH 值	1.2~1.6
6	溶解氧	2×10^{-6}

　　浮选精矿在浮选之后都要脱水，以便于浓度控制，同时脱去精矿中所含的浮选药剂，以免影响生物氧化过程。有些浮选药剂对生物是有毒的，会影响生物在矿物表面的附着[46]。

　　对生物氧化工艺来说，水质是一个很重要的问题。如果生物氧化厂和浮选在同一现场，水回路必须分开。中等质量的水用于浮选和其他选矿作业，高质量的水用于生物氧化回路，如果有限的话，用作稀释水。当现场的水质差异大时，应进行实验室实验，以确定现场的水是否可以使用。来自金回收回路的尾矿回水不能作为生物氧化回路的补加水，这是因为其中的氰化物对生物是有毒的。

　　第一段氧化槽中的矿浆停留时间主要取决于微生物繁殖到稳定数量时所需的时间。微生物的繁殖速度（也称"双倍时间"）在最佳条件下呈指数增长，不同的微生物其双倍时间有差异。如氧化亚铁硫杆菌，条件的不同，其双倍时间为 6~12h。因此，第一段氧化槽的停留时间应当足够长，以使微生物的繁殖速度（数量）大于随矿浆离开第一段氧化槽的微生物的数量。从这里可以清楚为什么第一段氧化槽的工艺条件会减缓微生物的增长速度，如氧量不足、营养不够或毒素的影响，会导致微生物数量的减少。当微生物生长速度减缓时，矿浆在氧化回路的停留时间小于微生物的双倍时间，氧化回路中微生物的数量就会流失。进一步讲，也有可能引起某一种微生物的流失。如在第一段氧化槽中 pH 值下降，能够被低 pH 值抑制的微生物种群就会流失，而只留下能够耐受低 pH 值的微生物种群。而留下的微生物种群可能不能氧化 Fe^{2+}，这种情况下，氧化能力会急剧下降。

　　生物氧化回路不能将溢流和冲洗水循环使用。这些溶液中可能含有对微生物有抑制的成分，会导致微生物种群的流失。过量的溢流会增加通过回路的体积流量，减少矿浆的停留时间，很容易导致微生物的流失。此外，由于油和脂类对微生物有抑制作用，氧化槽搅拌器的减速机箱应装有溢流盘，从减速机流出或排出的油脂类可直接送到生物氧化回路边界以外的地方。

2.2.5　细菌氧化过程动力学

　　涉及硫化矿细菌浸出动力学模型的研究较多，最初的研究基于传统化工模型，偏重于细菌氧化的传质因素，试图通过建立具有普遍意义的模型来建立广泛适用的浸矿动力学理论。随着研究的深入，对细菌浸矿过程的了解越来越深刻。最近关于细菌浸出的研究表明，在浸出过程中，硫化矿的浸出有两个步骤。在此基础上可以认为，硫化矿的浸出主要是 Fe^{3+} 化学浸出，细菌的作用主要为再生体系中的 Fe^{3+}。这样 Fe^{3+} 对硫化矿的浸出作用和细菌对 Fe^{2+} 的氧化就可以相对独立地研究和强化。

浸矿过程中细菌对 Fe^{2+} 的氧化是通过铁氧化酶完成的，是酶促反应。对具体的细菌浸出过程进行研究，只有通过实验得到浸出过程特定的动力学模型才具有意义。

Fe^{3+} 对硫化矿的浸出作用可用电化学理论来研究，针对含砷金精矿的细菌浸出过程，Ruitenberg 等人以此为基础推导并验证了砷黄铁矿的 Fe^{3+} 浸出动力学模型。

细菌浸出体系中 Fe^{3+} 和 Fe^{2+} 比例可用 Nernst 方程表述：

$$E = E_0 + \frac{RT}{zF}\ln\left(\frac{c_{Fe^{3+}}}{c_{Fe^{2+}}}\right)$$

式中　E——溶液氧化还原电位，mV；

　　E_0——标准电动势，mV；

　　R——普适气体常数，kJ/(mol·K)；

　　T——温度，K；

　　z——参与氧化还原反应的电荷数；

　　F——法拉第常数，C/mol。

体系中由铁元素守恒得砷黄铁矿的浸出速率 r_{FeAsS} 表达式为：

$$r_{FeAsS} = \frac{[TFe]\dfrac{zF}{RT}\cdot\dfrac{dE}{dT}}{\left(1 + \dfrac{c_{Fe^{3+}}}{c_{Fe^{2+}}}\right)\left(\dfrac{5}{\dfrac{c_{Fe^{3+}}}{c_{Fe^{2+}}}} + 6\right)}$$

在验证实验中，Ruitenberg 等人得到了该模型基本符合实验结果的结论。当然，该模型只是纯粹的化学与电化学推导过程，而且只是在宏观尺度上对浸矿动力学的描述，更准确的模型应考虑吸附于矿物表面的细菌对矿物的浸出作用以及 Fe^{3+} 和 Fe^{2+} 的传质作用等。

Boon 等人在研究黄铁矿的细菌浸出动力学时，对进出反应器的空气组分进行了分析，通过反应前后的空气组分变化来检测细菌生长情况。由于在实验室中发现所有的氧气消耗都发生在溶液中，而不是发生在黄铁矿表面，所以他们认为实验中的间接作用占统治地位，从而导出了一个细菌间接作用浸出动力学公式。

首先利用元素和电荷平衡得到如下方程：

$$CO_2 + 0.2NH_4^+ + \frac{(1-4.2)Y_{SX}}{4Y_{SX}}O_2 + \frac{1}{Y_{SX}}Fe^{2+} + \left(\frac{1}{Y_{SX}} - 0.2\right)H^+ \longrightarrow$$

$$CH_{1.8}O_{0.5}N_{0.2} + \frac{1}{Y_{SX}}Fe^{3+} + \left(\frac{1}{2Y_{SX}} - 0.6\right)\cdot H_2O$$

式中　Y_{SX}——每单位二价铁可生成的生命物质量。

通过此方程可以得到各物质的反应速率和细菌生长速率之间的比例关系，而基质的消耗和细菌的生长与维持可以通过下式进行关联：

$$-r_s = \frac{r_X}{Y_{SX,\,max}} + m_s C_X$$

式中　　r_s——基质反应速率；

　　　　r_X——细菌生长速率；

　　$Y_{SX,max}$——每单位基质产生的最大生命物质量；

　　　　m_s——维持系数；

　　　　C_X——生命物质浓度。

另一方面，根据经验方程描述黄铁矿的比氧化速率 v_{FeS_2}：

$$v_{FeS_2} = \frac{v_{FeS_2,\ max}}{1 + B\dfrac{c_{Fe^{2+}}}{c_{Fe^{3+}}}}$$

其中根据推导得到黄铁矿比氧化速率 v_{FeS_2} 与氧气消耗速率 r_{O_2} 之间的关系为：

$$v_{FeS_2} = \frac{4}{15} \cdot \frac{r_{O_2}}{c_{FeS_2}}$$

而二价铁和三价铁浓度比可以通过 Nernst 方程得到。

Boon 认为细菌所起的作用就是氧化溶液中的二价铁离子，使 $c_{Fe^{3+}}/c_{Fe^{2+}}$ 保持较高值，从而保持较高的黄铁矿氧化速率。这一结论从实验结果中得到了证明，模拟计算的结果也与实验值符合得较好。

Fowler 等人通过一种能够保持溶液氧化还原电势的反应器研究了黄铁矿的细菌浸出过程，结果发现并不存在细菌的表面吸附，因此也不存在直接机理。并通过电化学中的法拉第定律关联黄铁矿反应速率和反应电流密度得到反应速率方程为：

$$r_{FeS_2} = \frac{K_{FeS_2}c_{H^+}^{-\frac{1}{2}}}{14F} \cdot \left(\frac{K_{Fe^{3+}}c_{Fe^{3+}}}{K_{FeS_2}c_{H^+}^{-\frac{1}{2}} + K_{Fe^{2+}}c_{Fe^{2+}}} \right)^{\frac{1}{2}}$$

式中　　　　　　　r_{FeS_2}——黄铁矿反应速率；

K_{FeS_2}，$K_{Fe^{3+}}$，$K_{Fe^{2+}}$——FeS_2、Fe^{3+}、Fe^{2+}反应速率常数；

　　　　　　　　　　F——法拉第常数，C/mol。

认为细菌的作用是产生 Fe^{3+}，并降低矿物表面的 H^+ 浓度，由于在反应速率方程式中 H^+ 级数为负值，所以其浓度降低将有利于反应。

2.2.6　难处理金矿细菌氧化工艺优缺点

生物氧化预处理工艺对难浸金矿石的处理与其他的预处理工艺相比，具有以下优点：

（1）选择性氧化。在大多数情况下，只需氧化难处理金矿中的一部分（40%~50%）硫化矿物，便可将包裹中的金矿物暴露，从而大幅度提高金的氰化浸出率。

（2）投资少。

（3）生产成本低。

（4）对银的回收率高。

（5）对环境影响小。

（6）生产安全。

（7）工艺简单，操作方便。

（8）细菌氧化可以降低或消除某些难处理金矿中碳质物对溶解金的吸附能力。

与其他氧化工艺相比，细菌氧化工艺也存在明显的缺点和局限性，主要体现在以下几个方面：

（1）氧化周期长，效率低，使用的细菌对矿浆的温度、pH 值及其杂质含量要求苛刻。

（2）存在一定的局限性，不是所有难处理金矿都适合于细菌氧化处理。例如被石英包裹的难处理金矿和某些含有对细菌有明显毒性的金矿就不宜用细菌氧化。

（3）不能综合回收有价元素。矿石经过生物氧化后，其中伴生的硫、砷、铁等元素将进入氧化液中。最终进入中和渣被废弃。环保处理成本也较高，会产生大量废渣。

（4）细菌氧化工艺生产要求连续，如果在生产中"误操作"导致菌种大量死亡，则需要几个星期才能恢复正常生产。

（5）细菌氧化渣中的细菌代谢物的起泡性影响氰化浸出作业，生产中需要大量的消泡剂抑制泡沫。

2.2.7 难处理金矿细菌氧化工艺技术经济分析

Bounds 和 Ice 对含 FeS_2 的 ·种金精矿细菌氧化及焙烧工艺的经济效益做了对比，见表 2.3。从两种工艺的总投资和生产成本以及各自的总收益情况，可以比较它们的经济效益。

表 2.3 焙烧工艺与细菌氧化工艺的经济效益对比

项 目	焙烧	细菌氧化	项 目	焙烧	细菌氧化
总收益/万美元·a^{-1}	574.1	566.3	存现值/万美元·a^{-1}	616.3	676.0
生产成本/万美元·a^{-1}	352.0	385.3	偿还期/a	8.7	6.2
投资/万美元·a^{-1}	1748.3	837.4	内部收益率（12%）/%	2.6	10.0
生产盈利/万美元·a^{-1}	222.1	181.0			

以生产 10 年、按直线性折旧和 46% 税率计，焙烧工艺与细菌氧化工艺的生产成本和生产盈利大致相同，焙烧工艺的投资是细菌氧化工艺的两倍。但焙烧工艺的盈利未考虑硫的回收效益，如果硫品位达到了回收价值，那么就可以省去中和费用，变废为宝，经济效益和社会效益突出。

2.2.8 细菌氧化过程中的环境问题

细菌氧化砷黄铁矿工艺中的硫转化为硫酸，砷转化为砷酸根离子，产生大量的含砷酸性废水，需要石灰中和其中的酸生成硫酸钙，加入铁盐使砷转化为难溶的砷酸铁沉淀。产生大量的含砷硫酸钙渣，堆存需要很大的场地，而且堆存场地还需要做防渗处理，会给周边环境带来不同程度的污染。

2.3 含砷难处理金精矿沸腾炉两段焙烧技术

2.3.1 含砷难处理金精矿两段焙烧技术原理

沸腾焙烧是固体流态化技术在工业上的具体应用。它是利用矿粒在炉内一定流速的空气作用下进行的一种激烈焙烧反应，介于静止的固定床和气流输送床之间。矿粒在焙烧过程中, 一直处于不停的运动状态——一种类似黏性液体沸腾的状态, 因此称它为沸腾床, 也称流化床或假液化床等, 通称"流态化"。运动时的料层, 称沸腾层, 静止时的料层称固定层。鼓风机将气体鼓进沸腾炉固定物料层, 物料的状态随气流速度的变化而变化, 随着气流速度的增高, 当气流速度继续增大超过临界值时, 物料粒子做紊乱运动, 物料粒子就在一定高度范围内翻动, 像液体沸腾一样, 称之为"流态化床", 也就是沸腾状态。

沸腾炉的特点是它能保持较厚的焙烧料层, 空气从炉底通入, 经分布器进入炉内, 矿料入炉随同炉料混合, 整个料层在空气鼓动下, 上下翻腾, 高度可有 $1 \sim 1.5m$, 焙烧反应十分强烈, 反应温度高达 $800 \sim 900℃$, 炉内热容量大、速度快、强度高[47]。

随着原料市场的变化, 处理普通硫铁矿效益逐步降低, 含砷金精矿等复杂金精矿日益成为主流矿源。而传统沸腾工艺为采用单炉操作 (即一段氧化焙烧), 在处理含砷等金精矿时, 由于无法实现砷、铅等杂质元素的分离, 因此出现金回收率偏低问题。针对含砷金精矿, 研发出两段焙烧技术进行处理。

含砷金精矿中的砷主要以 FeAsS (毒砂) 形式存在, 另有一定量砷存在于 FeS_2 中。采用一段氧化焙烧工艺, 精矿中的金属硫化物被氧化生成金属氧化物和二氧化硫, FeS_2 在较高氧化气氛下反应生成 Fe_2O_3, Fe_2O_3 则与砷迅速反应, 形成稳定的铁砷化合物:

$$4FeS_2 + 11O_2 === 2Fe_2O_3 + 8SO_2$$
$$As_2O_3 + Fe_2O_3 + O_2 === 2FeAsO_4$$

铁砷化合物严重抑制金的浸出, 矿物含砷 2% ~ 3% 时, 采用一段焙烧, 焙砂中金的浸出率仅为 45% ~ 50%[48]。两段焙烧工艺, 是将含砷金精矿先在一段炉缺氧条件下进行焙烧, FeS_2 生成 Fe_3O_4, 物料中的砷挥发。之后再进行二段氧化焙烧, 使铁充分氧化, 金与紧密结合的硫化矿物和其他矿物分离, 在氰化物浸出时获得较高的浸出率。

通过选择性地控制沸腾炉内的反应温度和气氛, 在氧气不足的情况下, 反应生成四氧化三铁多, 叫磁化法焙烧, 主要目的是脱砷。

如氧不足则进行如下反应:

$$3FeS_2 + 8O_2 \longrightarrow Fe_3O_4 + 6SO_2$$

脱砷: $$2FeAsS + 5O_2 === Fe_2O_3 + As_2O_3 + 2SO_2$$

在流态化床中, 采用硫酸化焙烧即在氧气充足的情况下, 形成硫酸盐的焙烧, 含硫金精矿与气体进行充分的接触, 迅速进行以下化学反应:

脱硫: $$4FeS_2 + 11O_2 === 2Fe_2O_3 + 8SO_2 （氧气充足）$$

脱铜: $$4CuFeS_2 + 15O_2 === 4CuSO_4 + 2Fe_2O_3 + 4SO_2 （氧气充足）$$

脱其他杂质: $$PbS + 2O_2 === PbSO_4$$
$$ZnS + 2O_2 === ZnSO_4$$
$$C + 2O_2 === CO_2$$

通过焙烧金精矿中的硫、碳、砷氧化成 SO_2、CO_2、As_2O_3 进入烟气, 同时使精矿颗粒的孔隙性变好, 被包裹的金暴露出来, 有利于下一步氰化浸出时与氰化物充分接触, 提高金的氰化浸出率, 铜、铅、锌转化成硫酸盐, 可通过水淬酸浸去除, 减轻或消除对氰化提金的不良影响。铁最大限度地转变成不参与氰化反应的 Fe_2O_3 滞留渣尘中, 铁的氧化物包

含有 Fe_2O_3 和 Fe_3O_4，它们之间的比例随炉内氧气量的多少而相应滞留于渣中，达到焙烧脱硫、杂质金属转态的目的。

当氧气富余时，渣尘中的 Fe_2O_3 含量就多，焙砂为红色，炉气中的 SO_2 浓度相应较低，SO_3 浓度较高，也就是原始酸雾的含量较高；当氧气稀少时，渣尘中的 Fe_3O_4 就多，焙砂呈黑色，炉气中的 SO_2 浓度很高，且容易生成升华硫堵塞管道和设备。

矿粉中除铁的硫化物外，还包含有铜、铅、锌等其他元素的硫化物，为了彻底打破它们对金的包裹，促使它们完全地氧化和硫酸盐化，要求炉气中空气过剩量要尽可能的多。在焙烧过程中，既要较高的 SO_2 浓度，又要保证金属硫化物的充分反应，这就要求沸腾炉内操作范围较为狭窄，只有在这狭窄的适宜区操作，才能保持系统的稳定和金属最大限度的综合回收。

2.3.2 含砷金精矿两段焙烧过程工艺

2.3.2.1 弱氧沸腾炉脱砷预处理过程

工艺流程主要是对物料中的金、银及铜、锌、铅、砷等进行合理配置，含硫必须达到20%以上，含砷控制在合理范围，一般要求控制在 2%～8% 之间。两段焙烧工艺通常有干法和湿法两种进料方式。其中干式进料是先将物料进行干燥，使其含水降低到 8% 以下，再通过圆盘给料机和其他形式的加料机送入焙烧炉内。干式进料的优点是可以处理含硫较低的精矿。浆式进料，物料在浆化前先要除杂，浆化后再经振动筛除杂（避免杂质堵塞软管泵），然后由软管泵入。采用浆式进料时，需要充分考虑国内软管泵和国外软管泵输送能力的差异，以及输送到炉内需要的压力，可以增加高位缓冲槽，采用两级输送，这样既保证了泵送料浆到炉内的压力，同时也延长了输送软管的寿命。

一段炉焙烧时，料浆经软管泵输送到一段焙烧炉内，炉况稳定时，根据一级旋风后工艺气体和后燃烧室后工艺气体的温差，判断炉内气氛，调整一段焙烧炉的给料量。一段炉焙烧在较低的温度和缺氧条件进行，炉温控制在 600～700℃ 之间，通过添加工艺水来控制炉温。经过一段焙烧炉焙烧，精矿中的铁大部分转化为 Fe_3O_4，砷和硫分别以 AsS、AsO 和 SO_2、SO_3 形式进入烟气中，物料的细粒和烟尘约有 75%～80% 从烟气中排出。

脱砷总反应式：
$$2FeAsS + 5O_2 === Fe_3O_4 + As_2O_3\uparrow + 2SO_2$$

$$2FeAsS + 3FeS_2 === 5FeS + As_2S_3$$

$$2As_2S_3 + 9O_2 === 6SO_2 + As_4O_6$$

2.3.2.2 沸腾炉深度脱硫焙烧过程

经过一段焙烧炉焙烧的物料残硫控制在 3%～4.5%，物料经翻板阀或星形阀进入二段焙烧炉料进行氧化焙烧。二段焙烧炉烟气同一段焙烧炉的烟气混合进入燃烧室，部分没有燃烧的气体在此充分燃烧，烟气中的 S 生成 SO_2，AsS 和 As 转化为 AsO。焙烧炉烟气流速由鼓风机鼓入的空气控制，控制其足以使产生的细粒焙砂移走。粗粒焙砂积聚在炉床上，通过焙烧炉的排料口排出。焙砂超过炉床的水平高度取决于流化床的压降比，其反过来又控制翻板阀或星形阀的排料。

2.3.3　砷元素在焙烧过程中的走向与分布

以某两段焙烧冶炼厂为例分析如下：砷元素全部来自精矿，输入精矿含砷量为 6.58t，输出物料含砷量为 6.533t，相对误差为 0.72%<5%，说明没有不明物料损失，可以作为进一步分析的依据。其中产品含砷量为 4.716t，占总量的 71.67%；酸浸液含砷量为 0.45t，占总量的 6.84%；废水含砷量为 0.116t，占总量的 1.76%；尾矿含砷量为 1.25t，占总量的 18.90%；硫酸中含砷量很少。通过平衡分析可以发现，砷的回收率为 71.67%，废水中含砷量偏高。各成分所占比例如图 2.2 所示。

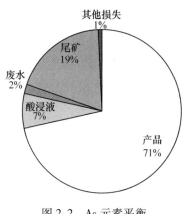

图 2.2　As 元素平衡

2.3.4　烟气骤冷干法布袋收砷工艺

焙烧炉出来的烟气含气态的 As_2O_3，经过电除尘，将烟气的尘沉降去除后，烟气温度在 280~330℃之间，As_2O_3 仍然以气态形式存在，进入骤冷塔后，来自电尘出口的高温炉气与雾化的汽水混合，使烟气温度骤冷到 150℃，将炉气中的气态 As_2O_3 转化为固态 As_2O_3，形成的气固混合炉气经布袋收砷器的滤布袋过滤后固态收集为成品 As_2O_3 包装、入库，烟气进入后段净化工序。

骤冷塔上部设有雾化喷嘴，将水雾化成微粒，依靠水的蒸发热将烟气温度降下来。塔的控制系统能保证雾化的水珠在离开塔之前，已经完全汽化，使塔内部干式运行。

2.3.5　两段焙烧工艺优缺点

2.3.5.1　优点

两段焙烧工艺优点如下：

（1）两段焙烧对含砷矿金精矿的处理使砷有效回收。

（2）有效提高金的浸出率。含砷金精矿采用常规工艺处理后氰化时，金浸出率通常在 50%~65%，某厂采用常规的一段焙烧工艺，处理含砷 3.5% 金精矿，金的有效浸出率仅 62%；采用两段焙烧后，金的浸出率为 89.62%，效果明显。

2.3.5.2　缺点

两段焙烧工艺缺点如下：

（1）两段焙烧酸化法焙烧效果低于一段焙烧效果，主要原因：一是在二段炉进行焙烧时，二氧化硫含量相对较低，形成硫酸盐的焙烧不充分；二是一段炉的烟尘除尘效率问题，总会有一部分烟尘未经过二段焙烧进入后续的电除尘系统，直接进入酸浸工序，且与入炉物料的细颗料含量多少有关。为解决二段焙烧酸化法的问题，工艺上有考虑使用二氧化硫风机再返回二段炉的方案，来增加二氧化硫浓度。实践运行效果不理想，不仅增加了气量，还减少了二段炉的氧含量，对提高酸化法焙烧效果有限。

（2）焙烧渣中仍然含有少量的砷，虽然量少，但同样也对金产生包裹，使金的浸出率达不到一般常规矿的95%浸出率以上的水平。

（3）收砷过程中仍有少量的砷进入后续净化工段，使稀酸中的砷含量增加，增加了废水处理的费用，且必须采用可靠的除砷水处理工艺，才能解决废水中的砷，但同时废水处理产生的污泥含砷，一般被列为危险废物进行处置，费用较高。

2.3.6 两段焙烧工艺技术经济分析

以国内某冶炼厂200t/d两段焙烧系统为例，指标见表2.4~表2.6。

表2.4 某厂200t/d两段焙烧一段炉工艺指标

序号	名 称	单 位	数 量
1	处理精矿量	t/d	200
2	焙烧炉入炉矿浆浓度	%	70~75
3	年工作日	d	330
4	焙烧温度	℃	650~700
5	焙烧矿产量	t/h	5.68
6	焙烧矿产出率	%	68.15
7	焙烧炉床能力	t/(m²·d)	11.56
8	鼓风量	m³/h	9788.17
9	烟气量	m³/h	13408.16
10	烟尘率	%	65
11	脱砷率	%	92.00
12	系统收砷效率	%	99.5

表2.5 某厂200t/d两段焙烧二段炉工艺指标

序号	名 称	单 位	数 量
1	处理焙烧矿量	t/d	5.68
2	焙烧温度	℃	650~700
3	焙烧炉床能力	t/(m²·d)	9.88
4	焙烧矿产量	t/h	7.01
5	焙烧矿含Au	g/t	59.43
6	焙烧矿含Ag	g/t	148.57
7	焙烧矿含硫	%	7.74
8	其中：硫化物含硫	%	0.07

表 2.6　某厂 200t/d 两段焙烧回收率指标

序号	名　称	单　位	数　量
1	铜浸出率	%	78
2	铜回收率	%	73.3（从焙砂至电铜）
3	酸浸渣含铜	%	<0.4
4	酸浸渣铜洗涤效率	%	>98
5	金浸出率	%	90.3
6	金洗涤效率	%	98.5
7	金置换率	%	99
8	金回收率	%	88.05（从焙砂至金锭）
9	银回收率	%	53（从焙砂至银锭）

从以上分析来看，两段焙烧技术能将金的回收率提高 30% 以上，因此两段焙烧技术在处理含砷金精矿时具有较好的经济价值。

2.3.7　两段焙烧过程中存在的环境问题

两段焙烧存在的环境问题具体如下：

（1）焙烧渣中含有少量的砷，进入氰化浸金工序之前酸浸洗涤过程产生酸性废水含砷较高，一般在 100~300mg/L，须进行合理处理，简单的石灰中和可导致砷进入中和渣造成二次污染。

（2）净化稀酸含砷一般在 2000~5000mg/L。主要是布袋除尘过程中仍有少量的砷进入后续净化工序，造成稀酸含砷较高。此部分废水一般采用硫化+铁盐中和进行处理，产生部分硫化砷、砷酸钙、砷酸铁，若处置不当会导致二次污染。

（3）尾渣中仍然含有少量的砷，一般焙烧渣砷品位在 0.4% 左右，对焙烧渣的后续利用存在一定的环境问题。

3 富氧底吹造锍捕金工艺

3.1 富氧底吹造锍捕金技术理论基础

关于富氧底吹造锍捕金过程的原理乃至造锍捕贵金属的原理尚无定论，文献报道较少，通过热力学计算或实验进行研究均有较大难度。有学者认为贱金属捕集贵金属的原理是铂族金属和金、银与铁及重有色金属铜、镍、钴、铅具有相似的晶格结构和相似的晶胞参数，可以在广泛的成分范围形成连续固溶体合金或金属间化合物，因而熔融状态的贱金属及其二元或多元合金是贵金属有效而可靠的捕集剂。另外，有学者认为原子半径也起到一定作用，指出铜是体心立方结构，原子半径也与铂族金属接近。与铂、钯、铑都能形成固溶体，且可溶解一定量的铱。

云南大学化学科学与工程学院陈景院士[49]指出这些观点均是以贵金属和贱金属的晶型、晶胞参数、原子半径等物理特性参数相同或相近，作为贱金属可以捕集贵金属的"原理"，但他认为这些参数不能作为捕集原理的必要条件。他从微观层次讨论火法熔炼过程中贱金属相及锍相捕集贵金属的原理，指出捕集作用的发生是由于熔融的渣相和贱金属相两者的组成结构差异很大。渣相由脉石矿物成分 SiO_2、MgO、CaO 以及熔炼中产生的 FeO 所组成。它们形成熔融的硅酸盐，是一种熔融的玻璃体。渣相靠共价键和离子键把硅、氧原子和 Ca^{2+}、Mg^{2+}、Fe^{2+} 等离子束缚在一起，键电子都是定域电子。因为贵金属的价电子或原子簇表面的悬挂键不可能与周围的定域电子发生键合，贵金属原子在熔渣中不能稳定存在。而金属相靠金属键把原子束缚在一起，原子间的电子可以自由流动，贵金属的键电子可以和周围贱金属原子的键电子发生键合，分散进入具有无序堆积结构的熔融贱金属相中，并且可降低体系自由能。锍在高温下具有相当高的电导率（数值为 $10^3 \sim 10^4 S/cm$），且温度系数呈负值，属电子导电。因为熔锍的性质类似金属，因此，在造锍熔炼过程中，贵金属原子进入熔锍而不进入熔渣。并且由于贵金属的电负性及标准电极电位高，贵金属化合物在还原熔炼中将先于贱金属化合物被还原；在氧化性熔炼中将后于贱金属被氧化。因此，在硫化矿的冶炼过程中，贵金属原子先进入锍相，而后进入粗金属，最后进入阳极泥。

3.1.1 概述

氧气底吹熔炼造锍捕金处理复杂金精矿技术在基础理论研究的基础上，通过工程技术开发和工艺参数优化、生产技术开发与改进实现了产业化稳定运行，其中主要的研究内容有：

（1）利用水模型实验模拟和计算机仿真模拟，优化氧气底吹熔炼炉结构、耐火材料内衬结构、出烟口、下料口、放铜锍以及放渣口的位置，优化喷枪结构、数量及位置。

（2）通过 Metsim、Factsage 等先进热力学软件，研究优化氧气底吹熔炼炉的渣型以及氧气鼓入铜锍层时铜锍、熔炼渣等热力学参数。

（3）试生产中对氧气底吹熔炼造锍捕金处理复杂金精矿技术进行创新改进和提高，利用氧气底吹熔炼过程过热和杂质易挥发脱除的优势，用于处理脉石性金精矿和含碳金精矿，以及多元素高砷复杂金精矿，以铜冶炼工艺流程为主线，做到多金属同时富集和回收。

（4）开发了一种骤冷干法收砷技术。该技术的主要特点：优化氧气底吹熔炼工艺条件，采取喷碱性吸收剂等举措，抑制和消除烟气中三氧化硫，降低烟气露点温度，解决烟气中三氧化硫对收砷系统严重制约的难题，为骤冷干法收砷创造了条件。氧气底吹熔炼烟气经余热锅炉降温后送骤冷塔再冷却，经沉降室降低烟气流动速度，利用自然沉降与分流板将骤冷塔产生的硫酸盐、其他烟尘和小部分砷沉降并回收，最后由布袋收砷器捕集较高纯度的砷。

（5）通过离子液、双氧水脱硫等工艺技术的集成，实现尾气中二氧化硫的资源化利用及尾气中铅、砷的达标排放。

该技术自投产以来，生产稳定，环保效果好，技术经济指标先进，取得了良好的环境效益、经济效益及社会效益。

3.1.2　造锍捕金技术熔炼热力学

3.1.2.1　熔炼过程化学反应

造锍熔炼的主要化学反应为：高价硫化物、碳酸盐的分解，硫化物的氧化，造锍，造渣。

（1）化合物分解。混合精矿中的高价硫化物主要有 FeS_2 和 $CuFeS_2$，其分解反应为：

$$2FeS_2 \longrightarrow 2FeS + S_2$$
$$2CuFeS_2 \longrightarrow Cu_2S + 2FeS + 1/2S_2$$

炉料中的碳酸盐也会发生分解：

$$CaCO_3 \longrightarrow CaO + CO_2 \uparrow （MgCO_3 一样）$$

（2）硫化物氧化：

$$2FeS_2 + 11/2O_2 =\!=\!= Fe_2O_3 + 4SO_2$$
$$3FeS_2 + 8O_2 =\!=\!= Fe_3O_4 + 6SO_2$$
$$2CuS + 5/2O_2 =\!=\!= Cu_2O + 2SO_2$$
$$2Cu_2S + 3O_2 =\!=\!= 2Cu_2O + 2SO_2$$

FeO 可继续氧化成 Fe_3O_4：

$$3FeO + 1/2O_2 =\!=\!= Fe_3O_4$$

（3）造锍反应。由于 Fe 和 O 的亲和力远大于 Cu 和 O，而 Fe 和 S 的亲和力又小于 Cu 和 S，故只要有 FeS 存在，Cu_2O 就会变成 Cu_2S 并与 FeS 形成铜锍。

$$FeS + Cu_2O =\!=\!= FeO + Cu_2S$$
$$FeS + Cu_2S =\!=\!= Cu_2S \cdot FeS （铜锍）$$

（4）造渣反应。炉料中产生的 FeO 在有 SiO₂ 存在时，将按下式形成铁橄榄石炉渣：

$$2FeO + SiO_2 \rightleftharpoons 2FeO \cdot SiO_2$$

此外，炉内的 Fe₃O₄ 在高温下也能与 FeS 和 SiO₂ 作用生成炉渣：

$$FeS + 3Fe_3O_4 + 5SiO_2 \rightleftharpoons 5(2FeO \cdot SiO_2) + SO_2\uparrow$$

3.1.2.2 熔炼过程热力学平衡

造锍熔炼过程完成了铜与部分或绝大部分铁的分离，形成的铜锍主要是 Cu、Fe 和 S 等形成的均匀混合体，其中还含有少量的 Pb、Zn、As 等伴生元素。铜锍吹炼的目的是除去其中的 Fe 和 S 以及其他的杂质，从而获得粗铜。

铜锍的成分主要是 FeS 和 Fu₂S，此外还有少量的其他化合物，它们与吹入的氧作用首先发生如下反应：

$$2FeS(l) + 3O_2(g) \rightleftharpoons 2FeO(l) + 2SO_2(g) \qquad \Delta G^\ominus = -966480 + 176.60T$$
$$2Cu_2S(l) + 3O_2(g) \rightleftharpoons 2Cu_2O(l) + 2SO_2(g) \qquad \Delta G^\ominus = -804582 + 243.51T$$

有关反应的 $\Delta G^\ominus$-T 如图 3.1 所示，从反应的吉布斯自由能变化可以判断以上硫化物发生氧化的顺序：FeS→Cu₂S。也就是说，铜锍中的 FeS 优先氧化生成 FeO。在 Fe 氧化时，Cu₂S 不可能不氧化，此时也将有小部分的 Cu₂S 被氧化而生成 Cu₂O。所形成的 Cu₂O 可能按下列反应进行：

$$Cu_2O(l) + FeS(l) \rightleftharpoons FeO(l) + Cu_2S(l) \qquad \Delta G^\ominus = -144750 + 13.05$$
$$2Cu_2O(l) + Cu_2S(l) \rightleftharpoons 6Cu(l) + SO_2(g) \qquad \Delta G^\ominus = 35999 - 58.87T$$

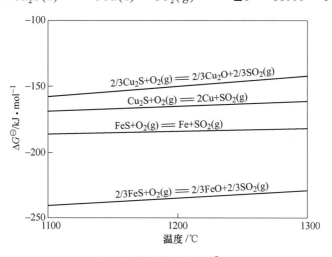

图 3.1 造锍反应的 $\Delta G^\ominus$-T

比较以上反应的吉布斯自由能变化可知，在有 FeS 存在的条件下，FeS 将置换 Cu₂O，使之成为 Cu₂S，而 Cu₂O 没有任何可能与 Cu₂S 直接作用生成 Cu。也就是说，只有 FeS 几乎全部被氧化以后，才有可能进行 Cu₂O 与 Cu₂S 作用生成铜的反应。

当铜锍中的 Fe 含量降到 1% 以下时，也就是 FeS 几乎全部被氧化之后，Cu₂S 开始氧化。Cu₂S 氧化生成 Cu 以及 Cu₂O 的过程可以用图 3.2 来说明。

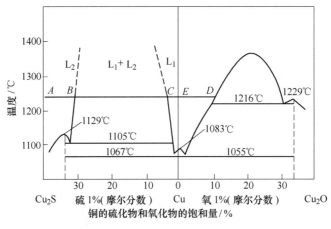

图 3.2　Cu-Cu₂S-Cu₂O 系状态图

　　从图 3.2 可以看出，从 A 点开始，Cu₂S 氧化生成的金属铜溶解在 Cu₂S 中，形成均一的液相（L₂），即溶解有铜的 Cu₂S 相。此时熔体组成在 A—B 范围内变化，随着吹炼过程的进行，Cu₂S 相中溶解的 Cu 相逐渐增多，当达到 B 点时，Cu₂S 溶解铜的饱和量为 10%。超过 B 点后，熔体组成进入 B—C 段，此时熔体出现两相共存，其中一相是 Cu₂S 溶解 Cu 的 L₂ 相，另一相是 Cu 溶解 Cu₂S 的 L₁ 相。两相互不相溶，依密度不同而分层，密度大的 L₁ 相沉底，密度小的 L₂ 相浮于上层。在吹炼温度下继续吹炼，两相的组成不变，但是两相的相对量发生了变化，L₁ 相越来越多，L₂ 相越来越少。当吹炼进行到 C 点位置，L₂ 相消失，体系内只有溶解有少量 Cu₂S 的 L₁ 金属铜相。进一步吹炼，L₁ 相中的 Cu₂S 进一步氧化，铜的纯度进一步提高。图 3.3 所示为 Cu-S 相图[33]。

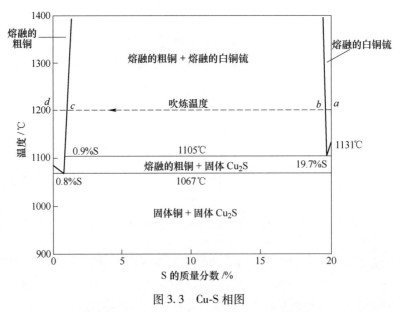

图 3.3　Cu-S 相图

　　从图 3.3 中可以看出，造铜有三个连续的阶段：

（1）最初向 Cu_2S 鼓入氧以除去硫，生成 SO_2，得到贫硫的白铜锍，但并不是金属铜。这个阶段的化学反应如下：

$$Cu_2S + xO_2 \longrightarrow Cu_2S_{1-x} + xSO_2$$

这个反应一直在进行，直到硫降到 19.6%（b 点，1200℃，见图 3.3）。

（2）接下来鼓入的氧气会反应产生第二个液相，出现金属铜（1%S，c 点）。这是因为液相的平均成分现在位于液-液不混溶区。铜水相对密度大，沉积在冶金炉底部。进一步鼓氧可以氧化 Cu_2S 中硫，白铜锍在消耗，铜水量在增加。在不混溶区，吹炼炉中金属分成两层，白铜锍（19.6%S）和铜水（1%S），其总的平均成分按比例改变。

（3）最后，白铜锍的硫降低，硫化物相消失，仅留下铜水（1%S）。进一步鼓氧可以去除剩余的大部分硫（d 点）。在这个期间，为了保证铜不会过氧化生成 Cu_2O，需要细心操作，因为用 Cu_2S 去还原 Cu_2O 生成铜不太容易。

P-S 转炉周期性操作时，通过判断火焰颜色来判断吹炼的终点。连续吹炼没有造渣期和造铜期，需通过鼓入的氧和加入的物料的比例（氧料比）进行判断。

现代连续吹炼有诺兰达三相（吹炼渣、白铜锍、粗铜）连续吹炼以及三菱和双闪两相（吹炼渣、粗铜）连续吹炼。从图 3.3 中可以看出当连续吹炼熔池中存在吹炼渣、白铜锍、粗铜三相时，所产生的粗铜含 S 在 1.0% 左右，若使粗铜含硫进一步降低，需保持两相操作（即粗铜层和渣层）。

3.1.3 造锍捕金技术熔炼过程动力学

由氧枪喷射出的气流股，在液体介质中分散成无数的气泡并与液体混合，造成液体内大量均匀分散的气泡搅拌或沸腾状态，形成均匀的气泡扩散区。扩散区的形状及混合流体运动的轨迹与炉身几何形状相吻合。在底吹吹氧过程中，氧枪吹出的气体自下而上运动使熔体充分搅拌，氧气先和底吹铜锍层接触，被搅拌卷入的渣层以及生料层再与铜锍层进行交互反应。氧气和铜锍层充分的接触为造锍提供了良好的条件，故氧气底吹具有优良的动力学条件。混合流体和气体运动的轨迹如图 3.4 所示。

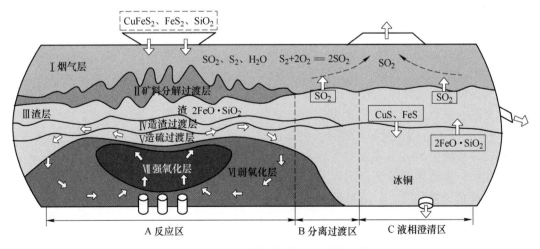

图3.4 混合流体和气体运动的轨迹图

3.1.4　造锍捕金技术渣型对熔炼过程的影响

造锍熔炼过程渣型主要为 FeO 和 SiO₂，其次是 CaO、Al₂O₃ 和 MgO 等，固态炉渣是由 2FeO·SiO₂ 和 2CaO·SiO₂ 等硅酸盐复杂分子化合物组成，液态炉渣则是由各种离子组成的离子熔体。

3.1.4.1　硅酸度

炉渣的酸碱度过去常用硅酸度来表示，即

$$硅酸度 = \frac{酸性氧化物中氧的质量和}{碱性氧化物中氧的质量和}$$

考虑到铜锍熔炼渣中酸性氧化物主要是 SiO₂，所以硅酸度用下式表示：

$$硅酸度 = \frac{m_{O/SiO_2}}{m_{O/\sum MeO}}$$

目前主要用碱度表示炉渣的酸碱性，当渣碱度大于 1 时，为碱性渣；碱度 = 1 时，为中性渣；碱度小于 1 时，为酸性渣。

$$渣的碱度 = \frac{w(FeO) + b_1 w(CaO) + b_2 w(MgO) + b_3 w(MeO) + \cdots}{w(SiO_2) + a_1 w(Al_2O_3) + a_2 w(Me_xO_y) + \cdots}$$

式中　$w(FeO)$，$w(CaO)$，…——炉渣中各氧化物的含量，%；

a_1，b_1——分别是酸性氧化物和碱性氧化物的系数。

在造锍熔炼实际应用中，把 CaO、MgO、Al₂O₃ 及其他金属氧化物分别简化为等量的 FeO 和 SiO₂，则碱度被简化为 Fe/SiO₂（或 FeO/SiO₂），该比值是铜熔炼生产过程中重要控制参数。

3.1.4.2　结构

炉渣的性质与炉渣的结构密切相关，火法炼铜的炉渣是一种复杂的硅酸盐，在接近熔化点的温度时，熔融态硅酸盐与晶态硅酸盐结构相似。

3.1.4.3　黏度

底吹炉造锍熔炼炉渣属于以铁橄榄石为基的炉渣，G. H. Kaiura 等人的研究表明不论氧分压和温度升高或降低，随着 Fe/SiO₂ 比值的升高，该渣系的黏度均降低，同时随着氧分压的升高，该渣系黏度稍有降低。Bodnar 和 A. Vartiainen 等人研究表明，CaO、MgO、FeO、Fe₂O₃、Fe₃O₄ 等氧化物的加入会使熔渣黏度降低，而增高 SiO₂ 和 Al₂O₃ 时，熔渣黏度升高，并且渣中 SiO₂ 含量高时，加入 CaO 对降低渣的黏度作用较大，这是因为 CaO 是碱性氧化物，能破坏硅氧聚合阴离子的三维网状结构，从而使熔渣黏度降低。加入少量 MgO 也能降低渣系黏度，但是 MgO 的加入量不能超过 6%，否则会使黏度升高。

3.1.4.4　组元活度

炉渣在冶炼过程中的热力学行为取决于炉渣中组元的活度，如果知道了炉渣中组元的活度与炉渣组成的关系，就可根据所需要的活度值调整炉渣的组成，使冶炼过程能更好地进行。

3.2 富氧底吹造锍捕金工艺的开发及技术特点

混合精矿入富氧底吹熔炼炉，造出含铜 40%~65% 的铜锍。铜锍经 P-S 转炉吹炼，产出含 Cu 约 98% 的粗铜，粗铜再经反射炉火法精炼后得到含铜约 99% 的阳极铜，然后进行电解精炼。

富氧底吹熔炼炉和转炉产出的炉渣经缓冷后送渣选矿，得到渣精矿（Cu>20%）返回备料系统配矿，选矿产出的铁精矿和尾矿产品外售。

富氧底吹熔炼炉及转炉烟气均经余热锅炉回收余热，余热锅炉产出的蒸汽大部分送发电，发电后的低压蒸汽用于生产工艺、保暖。通过余热回收、收尘后烟气送硫酸系统。

富氧底吹熔炼烟气在收尘过程中设骤冷塔降温，布袋收砷器将 As_2O_3 收集得到白砷产品。

氧气底吹熔炼技术是我国自主研究开发的具有自主知识产权的造锍熔炼技术，氧气底吹熔炼炉是该技术的核心设备。

氧气底吹熔炼生产过程中通过炉子底部的氧气喷枪将富氧空气吹入熔池，使熔池处于强烈的搅拌状态。炉料从底吹炉顶部加入熔炼区的熔池表面，迅速被卷入搅拌的熔体中，形成良好的传热和传质条件，使氧化反应和造渣反应激烈地进行，释放出大量的热能，使炉料很快熔化，生成锍和炉渣。锍和炉渣在沉降区进行沉降分离后，锍由放锍口放出送转炉吹炼，渣从渣口放出，经缓冷送选矿厂选矿，回收渣中的铜和金及其他有价金属。烟气由排烟口排出，进入余热锅炉经降温除尘后送酸厂。

氧气底吹熔炼炉具有熔化速度快、对炉料的适应性强；烟气量相对较小、含尘低、SO_2 浓度高、有利于制酸、机械化程度高、操作方便、烟气外逸少、环境条件好等突出优点。

氧气底吹熔炼炉熔炼过程过热和杂质易挥发脱除的优势，用于处理脉石性金精矿和含碳金精矿，以及多元素高砷复杂金精矿，以铜冶炼工艺流程为主线，做到多金属同时富集和回收。

3.3 富氧底吹造锍捕金基本原理

3.3.1 富氧底吹熔炼捕金基本原理

在 1150~1250℃ 的高温下，使混合铜精矿、石英熔剂和鼓进的氧气在熔炼炉内进行反应，炉料中的硫化亚铜（Cu_2S）与未氧化的硫化亚铁（FeS）形成的以 Cu_2S-FeS 为主，并溶有金、银等贵金属和少量其他金属硫化物（如 ZnS、PbS）和微量铁氧化物（FeO、Fe_3O_4）的共熔体——铜锍，而炉料中的脉石成分（SiO_2、CaO、MgO、Al_2O_3）与 FeO 一起形成液态炉渣（以铁橄榄石 $2FeO·SiO_2$ 为主的氧化物熔体）。铜锍与炉渣并不相溶，且炉渣的密度比铜锍小，从而达到分离。

3.3.2 液态富金冰铜吹炼基本原理

吹炼过程是周期性进行的，整个作业分为造渣期和造铜期两个阶段。在造渣期，从风口向炉内熔体中鼓入空气或富氧空气，铜锍中的 FeS 被氧化为 FeO 和 SO_2，FeO 再与加入的石英熔剂进行造渣反应。造铜期结束停止送风时，熔体分成两层，上层炉渣定期排出，下层的为白铜锍（纯 Cu_2S），在造铜期，白铜锍与鼓入的空气中的氧反应，产生粗铜和 SO_2，粗铜送入下道工序进行精炼。

3.4　富氧底吹氧化熔炼造锍捕金工艺流程

富氧底吹造锍捕金工艺流程如图 3.5 所示。

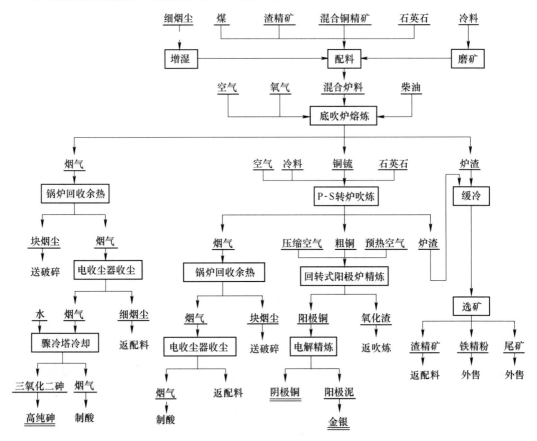

图 3.5　富氧底吹造锍捕金工艺流程

备料配置的混合物料经圆盘定量给料机及移动皮带输送到底吹炉，通过氧枪输送的氧气高温熔炼产出炉渣和符合转炉生产的冰铜，烟气经余热锅炉和电收尘得到的烟尘返回配料及破碎处理，烟气输送到硫酸车间进行制酸。

3.4.1　原料制备

外购的复杂金精矿、银精矿、铜精矿等物料和含砷浸出渣、石英石通过汽车运至精矿仓储存，渣（铜）精矿和返料用汽车运到精矿仓。精矿仓中的各种复杂金精矿和铜精矿利用抓斗起重机抓配成的混合精矿、渣精矿、石英石分别通过抓斗桥式起重机、圆盘给料机和定量给料机经胶带输送机送至熔炼厂房，吹炼用的石英石和返料经胶带输送机送至吹炼厂房。

3.4.2 氧化熔炼

混合炉料经胶带输送机送到炉顶中间料仓中，再经定量给料机和移动式胶带加料机连续地从炉顶加入 $\phi4.4m×16.5m$ 氧气底吹熔炼炉内。从炉子的底部使用 5~9 支氧枪鼓入氧气和保护空气，使熔池形成剧烈搅拌，炉料在熔池中迅速完成加热、脱水、熔化、氧化、造铜锍和造渣等熔炼过程，反应产物液体铜锍和炉渣因密度的不同而在熔池内分层，并分别从铜锍口和渣口间断地放出。产生的液体铜锍（捕集金、银、铂、钯等贵金属）用钢包经电动平板车、起重机送 P-S 转炉吹炼，炉渣经钢包、电动平板车、起重机转送热渣缓冷场，渣经冷却后送炉渣选矿车间，选出的渣（铜金）精矿返精矿仓。

熔炼炉出炉烟气主要含有 SO_2、SO_3、H_2O、N_2、CO_2、S_2、As_2S_3、As_2O_3 以及烟尘等，烟气在经过上升烟道、余热锅炉、电收尘器除尘过程中，由于漏风以及烟尘的催化等原因，部分 SO_2 转化为 SO_3，As_2S_3 转化为 As_2O_3。为了使熔炼烟气中气态的 As_2O_3 转化为固体的 As_2O_3，同时避免玻璃砷的产生，烟气需骤冷至 175℃ 以下。熔炼烟气在电收尘出口烟气温度为 300~400℃，进入 $\phi4500mm×25200mm$ 的骤冷塔，在骤冷塔中，将制备的碱性吸收液（碱性吸收剂与水混合，吸收液中碱性溶质所产生 OH^- 或 HSO_3^- 物质的量与烟气中的三氧化硫物质的量比例至少达到 1.1∶1，碱性吸收剂一般为氢氧化钠、碳酸钠、亚硫酸氢钠）与压缩空气通过骤冷塔顶的喷头雾化喷入塔内，吸收液与从骤冷塔底部进入的冶炼烟气在塔内发生物理化学反应，烟气中的三氧化硫与雾化后的吸收液接触，发生酸碱中和反应，生成硫酸盐，化学反应方程式为：

$$2OH^- + SO_3 \rightleftharpoons SO_4^{2-} + H_2O$$

或

$$SO_3 + 2HSO_3^- \rightleftharpoons SO_4^{2-} + 2SO_2 + H_2O$$

吸收液中的水分与高温烟气接触，水分被蒸发，带走大量的热，烟气温度骤降至 160~190℃，三氧化二砷由气态析出变成固态。产出的部分颗粒状硫酸盐从骤冷塔下部排出，骤冷后烟气进入沉降室，沉降室内烟气流动速度变慢，利用自然沉降与分流板将大部分硫酸盐、其他烟尘和小部分砷回收。烟气在经过沉降室进入布袋除尘器中，利用布袋除尘器回收析出的三氧化二砷，得到粗三氧化二砷产品，烟气中大部分的砷在布袋中进行收集。熔炼炉烟气收砷之后进入制酸系统，烟气中残留的少量砷在制酸净化系统中除去，净化形成的污酸硫化后形成的硫化渣返回熔炼炉处理。熔炼炉产出含金、银、铂、钯等贵金属的铜锍，在 P-S 转炉中吹炼。

3.4.3 主要元素分布

富氧底吹熔炼过程杂质元素砷、铅、铋元素大部分进入烟尘，锑进入底吹炉炉渣中，杂质元素分布见表 3.1。

表 3.1 杂质元素分布 （%）

熔炼产物	炉型	Pb	As	Sb	Bi
铜锍	底吹熔炼炉	39.95	4.14	22.50	20.78
炉渣	底吹熔炼炉	16.60	7.51	58.10	10.17
烟尘、烟气	底吹熔炼炉	43.45	88.35	19.4	69.05

3.4.4　富氧底吹造锍捕金干法收砷技术

氧气底吹熔炼炉出炉烟气经余热锅炉降温后进入电除尘器除去大部分烟尘，除尘烟气通过骤冷塔迅速降温后进入布袋除尘器收砷，之后再送制酸系统。富氧底吹炉出口烟气温度高达 900~1200℃，经过余热锅炉降至 400℃以下，在此降温过程中，由于直升烟道、锅炉以及锅炉本体漏风提供氧气，烟气中的可燃物质会进行二次燃烧，烟气中的部分二氧化硫在烟尘催化下转化为三氧化硫，三氧化硫含量增加导致烟气露点提高。

生产实践表明，烟气从冶炼炉烟气口进入烟道开始就有部分 SO_2 转化为 SO_3，烟气在电收尘出口处有 1%~5% 的 SO_2 已转化为 SO_3。生成的 SO_3 在移动过程中与烟尘中的水蒸气结合形成硫酸蒸气，当移动过程中温度低于硫酸露点时，将会凝结成硫酸液体附着在粉尘颗粒或者直接在设备上凝结。这不仅降低了 SO_2 的制酸效率，还会严重腐蚀设备。

И. А. Варанова 计算烟气露点的公式如下：

$$T = 186 + 20\lg\varphi_{H_2O} + 26\lg\varphi_{SO_3}$$

式中　φ_{H_2O}，φ_{SO_3}——分别是烟气中水蒸气和 SO_3 的体积分数，%。

可见，硫酸的露点温度主要与烟气中的 SO_3 分压和水蒸气分压有很大关系。

收砷系统不运行时，富氧底吹熔炼系统硫酸净化工段外排稀酸量 400m³/d 和酸浓度为 6.86%，进入硫酸工段的烟气中三氧化硫的含量（标态）在 266.56m³/h，而电除尘出口烟气量（标态）约在 58000m³/h，则三氧化硫含量为 0.46% 左右。当骤冷塔喷水量在 100L/min 时，И. А. Варанова 公式计算烟气的露点在 205℃左右。为了避开玻璃态砷的生成温度区间（175~250℃），一般干法骤冷收砷控制骤冷塔出口温度 175℃以下，因此这给干法骤冷收砷应用带来了很大的困难，收砷系统开车初期运行情况不稳定，骤冷塔底部出现大量稀酸，对设备造成严重损害，同时影响金铜冶炼系统开车率。

烟气干法收砷的技术创新主要是：骤冷塔中另外烟气中产生的 SO_3 在布袋收砷过程中易形成液态硫酸，不仅会腐蚀布袋，还会使烟尘变黏，堵塞布袋，影响布袋收砷器的正常使用。因此控制进入布袋收砷器中烟气 SO_3 含量对于富氧熔炼含砷烟气收砷技术取得成功与否至关重要。

在烟气干法收砷的技术创新过程中，通过以下方法控制以及消除进入布袋收砷器中的 SO_3，从而达到控制和消除骤冷塔以及布袋收砷器中的稀酸：（1）控制烟气处理过程中的漏风；（2）及时处理余热锅炉表面形成的结垢，从而能够及时处理表面腐蚀形成的氧化物和附着的一些金属氧化物，消除催化剂的影响和作用；（3）在骤冷塔骤冷过程中喷药剂消除烟气中的 SO_3。干法收砷的烟尘量及成分见表 3.2。

表 3.2　干法收砷的烟尘量及成分

元素	Cu	Fe	Ni	As	Sb	Bi
含量/%	0.14	0.5	0.1	50	0.4	0.03
元素	Au	Ag	Pb	Zn	S	烟尘量
含量/%	0.24g/t	12.14g/t	0.1	0.02	0.1	2

3.5 富氧底吹造锍捕金工艺主要设备

3.5.1 富氧底吹炉

富氧底吹炉是一个卧式圆筒型转动炉，炉体外壳为钢板，内衬耐火砖，两端采用封头形式，结构紧凑（见图3.6）。在炉顶部设有水冷加料口，在炉体的熔炼区下部安装氧枪。在熔炼区一侧的端面上安装一台主燃烧器，用于开炉烘炉、熔料和生产过程中需要进行补热。在炉体的另一端端面上，可安装一支辅助烧嘴，需要时用于熔化从锅炉掉入炉内的熔体结块，提高熔渣温度。在此端面上设有放渣口，炉渣由此放出，经过溜槽进入渣包。锍放出口设在炉体的另一端，采用打眼放锍方式，泥炮机堵口，锍放入包子，送转炉吹炼。烟气出口设在炉尾部垂直向上，与余热锅炉的上升段保持一致。

底吹炉炉衬采用镁铬砖砌筑，在冰铜口、渣口、放空口以及烟气出口处等易损坏部位设置水套保护，保证其使用寿命。氧枪口区的砖体结构是特殊设计的，砖的材质和性能更好，可以延长氧枪寿命和枪口区砖体的寿命。

圆筒形的炉体通过两个滚圈支撑在两组托轮上，炉体通过传动装置，拨动固定在滚圈上的大齿圈，可以做360°的转动。在生产过程中需停风、保温或更换氧枪时，才转动炉体，而只需要转动90°就能把氧枪转到液面以上，避免氧枪被熔体灌死，氧枪从工作位置到转出熔体需要约40s。传动系统由电动机、减速器、小齿轮、大齿圈组成。

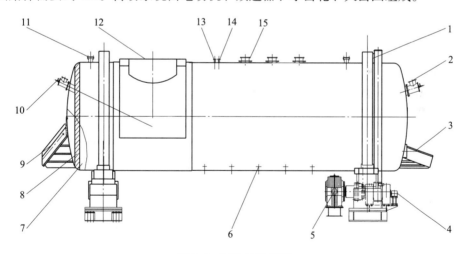

图 3.6　底吹炉示意图

1—固定端滚圈；2—主燃烧器；3—放铜口；4—转角控制器；5—传动装置；6—氧枪；
7—炉壳；8—砖体；9—放渣口；10—燃烧器；11—测量孔；12—出烟口装置；
13—测压孔；14—测温孔；15—加料口

3.5.2 吹炼转炉

卧式侧吹（P-S）转炉，除炉体外还包括送风系统、倾转系统、排烟系统、熔剂系统、环保系统、废料加入系统、通风口装置、炉口清理等附属设备。炉体包括炉壳、炉衬、炉口、风口、大托轮、大齿圈等部分。

3.5.2.1　炉壳

吹炼转炉为卧式圆筒炉，其炉壳用 40~50mm 钢板（锅炉钢或低碳合金钢材）卷制焊接而成，上部中间有炉口（加料口），两侧焊接弧形端盖、靠近两端附近安装有支撑炉体的大托轮（整体铸钢件），驱动侧和自由侧各一个，转炉可转动 260°~270°。

3.5.2.2　内衬材料

炉壳内部多用镁铬质耐火砖砌成炉衬，但各部分砌筑的材质和厚度又有所差别，炉壳与耐火砖之间有 50mm 填料。

3.5.2.3　炉口

炉口设于炉筒体中央或偏向一端，中心向后倾斜，供装料、放渣、放铜、排烟共用。一般为整体铸钢件，采用镶嵌式与炉壳相连接，用螺栓固定在炉口支座上。

现代转炉大都用长方形炉口，炉口大小对转炉正常操作很重要。若炉口面积过小，注入熔体和加冷料发生困难，炉气排出不畅。增大炉口面积，在鼓风压力一定时可以减少炉气排出阻力，有利于增大风量提高生产率。若炉口面积过大，会增大热损失，降低炉壳强度。

3.5.2.4　风口

在转炉的后侧同一水平线上设有一排竖割的风口，压缩空气由此送入炉内熔体中，参与反应。它由水平风口管、风口底座、风口三通、弹子和消声器等组成。风口是转炉的关键部位，其直径一般为 38~50mm。风口直径大，在同等压力下鼓入的风量多，生产效率大。当风口直径过大时，容易使炉内熔体喷出，应转炉规格来定。风口位置一般与水平面成 3°~7.5°。

3.5.3　回转式火法精炼炉

火法精炼炉为卧式圆筒形炉，由筒体、燃烧器、燃烧室、传动机构炉体支撑结构和炉体驱动系统。

炉口处在炉体中心位（备有盖和启闭装置），水套式结构，两个风口开设在筒体两侧，离两端约 300mm，与炉呈 45°夹角。燃烧器和燃烧室分部安装在筒体两端。筒体由 40~60mm 厚锅炉钢板焊接而成，内砌 400~550mm 耐火材料。

3.5.4　余热锅炉

余热锅炉是冶炼过程的关键设备，由于铜冶炼烟气 SO_2 浓度高且烟气温度高、含尘量大、烟尘黏结性强等特点，对后续收尘设备以及硫酸净化设备均造成很大影响，所以必须依靠余热锅炉对烟气进行降温，余热锅炉安装于底吹炉出烟口上方，由垂直布置的上升烟道及水平布置的对流区组成，熔炼产生的高温烟气经上升烟道进入水平对流区，锅炉内部全部为水冷壁及管束，采用强制循环方式与高温烟气进行换热，产生蒸汽。为了有效控制各组管束的循环量分配，在每组管束入口均装设节流孔板，在保证循环量稳定的同时，还可以防止发生水流停滞、倒流和脉动现象。

3.6 富氧底吹造锍捕金的冶炼产物及主要经济技术指标

3.6.1 富金冰铜

底吹炉产富金冰铜，其成分见表 3.3。

表 3.3 富金冰铜成分

元 素	Cu	Fe	S	SiO_2	Au	Ag
含量/%	40~60	8~11	20~24	0.3~0.5	40~60g/t	>2000g/t

3.6.2 富金粗铜

转炉产富金粗铜，其成分见表 3.4。

表 3.4 富金粗铜成分

元 素	Cu	Fe	S	SiO_2	Au	Ag
含量/%	98	<0.1	<0.1	—	50~80g/t	>3000g/t

3.6.3 富金精炼阳极板

回转式阳极炉产富金阳极板，其成分见表 3.5。

表 3.5 富金阳极板成分

元 素	Cu	Fe	S	SiO_2	Au	Ag
含量/%	>99	—	—	—	50~80g/t	>3000g/t

3.6.4 炉渣

底吹炉产底吹炉渣，其成分见表 3.6。

表 3.6 底吹炉渣成分

元 素	Cu	Fe	S	SiO_2	Au	Ag
含量/%	3.5	38~40	—	24	<2g/t	<80g/t

3.6.5 富氧底吹造锍捕金的主要技术经济指标

富氧底吹造锍捕金的主要技术经济指标见表 3.7。

表 3.7　富氧底吹造锍捕金技术经济指标

序　号		名　称	单位	数值	备　注
熔炼系统	1	混合含金铜精矿处理量	t/h	100	
	2	混合铜精矿含 Cu	%	13~15	
	3	混合铜精矿含 Au	g/t	20	
	4	混合铜精矿含 Ag	g/t	1000	
	5	混合炉料水分	%	6~9	
	6	鼓风富氧空气氧浓度	%	65~75	
	7	铜锍品位	%	40~60	
	8	炉渣含铜	%	≤3.5	
	9	炉渣中 Fe/SiO$_2$		1.5~1.9	
	10	氧料比（标态）	m^3/t	125~150	
	11	熔池温度	℃	1120~1180	
	12	冰铜层	mm	900~1100	
	13	渣层	mm	200~350	
	14	熔池深度	mm	1150~1350	
	15	最大熔池面	mm	1400	
吹炼系统	1	炉次处理铜锍量	t/炉次	160	
	2	送风量	m^3/h	21000	
	3	操作温度	℃	1150~1250	
	4	吹炼渣 SiO$_2$ 含量	%	20	
	5	粗铜含铜	%	98	
	6	转渣含铜	%	≤4.5	
精炼系统	1	粗铜处理量	t/d	600	
	2	氧化及出渣时间	h	3	
	3	还原时间	h	1.5	
	4	浇铸时间	h	3.5	
	5	渣含铜	%	25~35	

3.7　湿法电解精炼

3.7.1　概述

　　铜的火法精炼一般能产出含铜99.0%~99.8%的粗铜产品，但其质量仍不能满足电气和其他工业的要求。因此，几乎所有的粗铜都要经过电解精炼除去火法精炼难以除去的杂质。铜的电解精炼，是将火法精炼的粗铜浇铸成阳极板（阳极板必须在阳极校正架经过整形、校耳、排板，由行车吊入阳极泡洗槽泡洗、吊入冲洗槽冲洗后，再吊入电解槽内进行电解），用薄铜片（也称始极片）作为阴极（阴极是在种板槽内产出的始极片经人工剥离后，经裁边、压纹、钉耳、穿铜棒、平板、上架等工序制成），阴、阳极板相间的装入电解槽中，用硫酸铜和硫酸的混合水溶液作电解液，在直流电的作用下，阳极上的铜和电位较负的贱金属溶解进入溶液，而贵金属和某些金属（如碲、硒）等不溶，成为阳极泥沉于电解槽底，阳极泥几乎富集了阳极板中全部的贵金属，经浆化、压滤脱水后装袋送阳极泥车间，滤液进入电解液；溶液中的铜在阴极上优先析出，而电位较负的贱金属不能在阴极上析出，留于电解液中，待电解液定期净化时除去；阴极的生产周期是 7 天，产出的电解铜经烫洗、堆垛，然后用叉车送至成品库过秤、打包；阳极周期是 21 天，电解的残极经冲洗、分拣、打捆、过秤后由叉车送至精炼车间。

由于在电解的过程中电解液中的杂质不断积累，当其达到一定浓度，就会影响电解过程的正常进行，因此必须定期定量的净化电解液，在净化的过程中，一方面脱除杂质，另一方面是回收副产品粗硫酸镍，硫酸则返回电解系统。

电解工段的废电解液送至不洁电解液贮槽，再经高位槽加热至 60℃后，自流至一段脱铜电解槽进行一段脱铜电解，一段脱铜后液经泵送至二段脱铜高位槽并加热至 60℃后，自流到二段脱铜电解槽，电解液自流连续脱铜，其含铜浓度逐渐降低，最后由 25g/L 降至 0.5g/L，为避免 H_3As 气体的产生，二段脱铜采用主辅供液方式，使砷呈固体形态电解沉积于黑铜中，黑铜大部分呈粉末状落至槽底，定期清槽。清槽时黑铜经溜槽自流入黑铜贮槽，再经泵送压滤机过滤，得到的黑铜含铜 65%左右，返炉处理，滤液到二段脱铜后液贮槽。二段脱铜后液部分返回电解精炼，其余部分经真空蒸发后进行冷冻结晶，过滤后得到含镍 21.5%的粗硫酸镍包装出售，结晶母液（黑酸）返回电解精炼。

3.7.2 电解精炼的基本理论

3.7.2.1 电解精炼过程中的主要化学反应

（1）阳极的主要化学反应。在通电时阳极上可能发生下列反应，阳极铜溶解：

$$Cu - 2e \longrightarrow Cu^{2+} \qquad E^{\ominus} = 0.34V$$

$$H_2O - 2e \longrightarrow 2H^+ + 1/2O_2 \qquad E^{\ominus} = 1.23V$$

$$SO_4^{2-} - 2e \longrightarrow SO_3 + 1/2O_2 \qquad E^{\ominus} = 2.42V$$

（2）阴极的主要化学反应：

铜析出： $\qquad Cu^{2+} + 2e \longrightarrow Cu \qquad E^{\ominus} = 0.34V$

析氢： $\qquad 2H^+ + 2e \longrightarrow H_2 \qquad E^{\ominus} = 0.0V$

铜的析出较氢正，加之氢在铜上析出的超电压值又负得很大，故只有当阴极附近 Cu^{2+} 浓度极低，且由于电流密度过高而发生严重的浓差极化时，在阴极上才有可能析氢。

3.7.2.2 电解精炼过程的元素走向分析

铜电解精炼的阳极板是一种含有多种元素的合金，国内外一些典型厂家的阳极板成分见表 3.8。除表 3.8 中所列元素外，在阳极铜中大都还含有 Cd、Hg、In、Tl、Mn 和铂族元素，其含量为 $0.001 \sim 1 \times 10^{-6}$。

表 3.8　国内外一些典型厂家的阳极铜成分　　　　　　　　（%）

元素	江西铜业集团公司 贵溪冶炼厂	云南 铜业公司	金川 集团公司	Olympic Dam （澳大利亚）	Pty 公司 （澳大利亚）
Cu	99.3	>99	95.18	99.5	99.7
As	0.15~0.38	<0.35		0.025~0.035	0.043
Sb	0.04~0.18			0.0005~0.0015	0.003
Bi	0.02~0.18	<0.03		0.01~0.015	0.0035
Ni	0.08~0.2	<0.15	3.394	0.002~0.004	0.025
Pb	0.029	<0.2	0.028	0.001~0.005	0.008
Fe	0.001		0.007	0.002~0.005	0.0005
Se	0.029			0.02~0.03	0.0025
Te	0.024			0.003~0.005	0.005
S	0.0041	<0.01	0.36	<0.005	0.0015
O	0.05			<0.15	0.15
Au/g · t^{-1}	25~40			14~45	35
Ag/g · t^{-1}	450~3500			300~500	125

在阳极铜中的杂质有两种形式，即金属铜基体中的固溶体和晶粒间的不连续夹渣。在电解过程中，所有这些杂质都出现强烈的化学和物相变化，这对阳极钝化、阴极质量、电解液净化以及从阳极泥中回收有价元素均有很大影响。

当贱金属与铜一起溶于电解液时，贵金属或化合物则在电解液中沉淀。与铜一起呈固溶体存在的许多杂质表现出惰性性质，电解时在阳极表面形成阳极泥。由于电解液存在着微量的溶解氧（一般为 $1.8 \times 10^{-6} \sim 2.0 \times 10^{-6}$），使各种杂质在电解液中溶解后其离子具有多种化合价，结果使阳极泥形成的过程变得十分复杂。当然，在电解过程中，各种金属杂质的行为主要决定于它们本身的电位及在电解液中的溶解度。由杂质元素行为决定的在各电解产物（电解液、阴极铜、阳极泥）间的分布关系，还与它们在阳极中的含量、氧的含量和电解技术等条件有关。通常将阳极铜中的杂质分为以下四类：

（1）比铜显著负电性的元素，如锌、铁、锡、铅、钴、镍。

（2）比铜显著正电性的元素，如银、金、铂族元素。

（3）电位接近铜但较铜负电性的元素，如砷、锑、铋。

（4）其他杂质，如氧、硫、硒、碲、硅等。

现将各类杂质在电解过程中的行为分别叙述如下。

A　比铜显著负电性的元素

当阳极溶解时，以金属形态存在的该类杂质均电化溶解，并以二价离子状态进入溶液，其中铅、锡由于易生成难溶的盐类或氧化物，大部分转入阳极泥，其余则在电解液中积累。共同特点是：消耗溶液中的硫酸，增加溶液的电阻。

锌在火法精炼中很容易除去，在阳极铜中的含量通常很小。但若以再生铜为原料，则阳极板中的含锌量可能高达 0.5%。锌在阳极溶解时，全部成为硫酸锌进入溶液。由于锌的电位比铜要负得多，故不能在阴极上析出，因此对电解过程没有显著影响。不过，锌的溶解会消耗电解液中的硫酸，并使电解液的黏度和密度增大。国外某厂以铜、锌混合精矿为原料，经稀硫酸浸出，所得浸出液含铜 50g/L、锌 100g/L。首先经电极析出溶液中所含的大部分铜，脱铜后的溶液经净化除铁后，送往电解沉积锌，产出电锌。电解脱铜时，在电解液含锌 100g/L、槽电压 2.5V 的情况下，产出的电铜含 Cu 为 99.986%，而锌含量仍为微量。由此推论，阴极铜中存在的极少量的锌是由电解液的杂质机械黏附于阴极或者出槽阴极洗涤不良的结果。

铁也是火法精炼时容易除去的杂质，因此阳极铜中铁的含量也很低。阳极铜的物相分析结果表明，阳极中的铁以 Fe_2O_3 形式存在于铜晶体间的缝隙中，粒度为 $2\sim3\mu m$。阳极溶解时，铁以二价离子进入电解液。

当阳极附近的电解液中有 Fe^{2+} 存在时，一部分 Fe^{2+} 在阳极上被氧化成 Fe^{3+}，因而降低了阳极电流效率。一部分 Fe^{2+} 也可以被空气或电解液中存在的微量氧氧化生成 Fe^{3+}，即

$$2Fe^{2+} + 2H^+ + 1/2O_2 \longrightarrow 2Fe^{3+} + H_2O$$

当 Fe^{3+} 移向阴极时，又被阴极铜还原为 Fe^{2+}，因而又降低了阴极电流效率，并增加了电解液中 Cu^{2+} 的含量。铁虽然不至于在阴极上析出，但它在阴、阳极之间来回作用，使电流效率下降。铁在阳极的溶解会增加硫酸的消耗，在电解液中的积累会降低电解液的导电率，并增大电解液的黏度和密度。电解液中铁的含量一般都在 1g/L 以下，但也有的工厂高达 $4\sim5g/L$。

锡也属于火法精炼过程中易于除去的杂质元素，它在阳极铜中的含量也很小。锡在阳极溶解时，先以二价离子进入电解液，即

$$Sn - 2e \longrightarrow Sn^{2+}$$

二价锡在电解液中逐渐被氧化为四价锡，即

$$SnSO_4 + 1/2O_2 + H_2SO_4 \longrightarrow Sn(SO_4)_2 + H_2O$$
$$SnSO_4 + Fe_2(SO_4)_3 \longrightarrow Sn(SO_4)_2 + 2FeSO_4$$

硫酸高锡很容易水解，水解后产物沉入槽底成为阳极泥，即：

$$Sn(SO_4)_2 + 3H_2O \longrightarrow H_2SnO_3 + 2H_2SO_4$$
$$H_2SnO_3 \longrightarrow SnO_2 \cdot H_2O$$

二价锡离子能使可溶性的砷酸盐还原成溶解度不大的亚砷酸盐，而使砷沉入阳极泥中。胶态的锡酸又能吸附砷、锑。这种胶状沉淀，若能尽量沉入阳极泥中，则可以减少电解液中砷、锑的含量。但若是黏附于阴极上，也会降低阴极铜的质量。当电解液中含锡超过 1g/L 时，只要偶然遇到酸度不够或温度下降，就会造成锡酸（$SnO_2 \cdot H_2O$）的大量析出。此时，阴极被锡污染就会特别严重。同时大量的锡酸还可能包围阳极，影响阳极的溶解并增大槽电压。有资料介绍，电解液中的含锡不超过 0.4g/L 时能使阴极光洁，避免阴、阳极间短路的发生。但当电解液含锡超过 0.7g/L 时，就应注意适当地提高电解液的酸度。为保证电解液的含锡不致超过正常操作所允许的浓度，阳极板中的含锡量要适当地控制（<0.075%）。对于含锡的电解液，则应加强净化处理。

铅在铜熔体中溶解度很小。电解过程中，比铜负电性的铅优先从阳极溶解，生成的 Pb^{2+} 与 H_2SO_4 作用而成为难溶的白色 $PbSO_4$ 粉末。$PbSO_4$ 一旦生成即附着在阳极表面或逐

渐从阳极上脱落沉入槽底。在酸性溶液中，$PbSO_4$ 有可能氧化成棕色的 PbO_2 覆盖于阳极表面。因此，阳极铜若含铅高，在阳极上就可能形成 $PbSO_4$、PbO 或 PbO_2 等的薄膜，因而增加电阻，使槽电压上升；另外，所引起的阳极溶解的不均匀，也使阳极表面呈现出明显的凹凸不平。有实验表明，铜阳极铅含量达到 2% 时，并不明显地引起阳极钝化，而过量氧却能加速阳极钝化。

在一般情况下，阳极铜中的含铅应控制在 0.2% 以下，以维持正常的电解作业。若含铅量在 0.3% 以上，则槽电压上升至 0.3V 以上甚至达 0.4~0.5V，影响生产的正常进行。

电解液中氯离子的存在，能减少阳极的钝化现象。若阳极含铅为 0.2%，则电解液中 Cl^- 保持 0.05g/L 左右。

镍是火法精炼时难以除去的杂质。为了提高冶炼流程中镍的综合利用率，火法精炼时，力求将镍最大限度地以金属镍的形态保存在阳极板中，即调铜保镍。阳极铜含镍一般都小于 0.2%，个别工厂可能高达 0.6%~0.8%，甚至大于 1%。

对含镍为 0.012%~0.67%、含锑小于 0.001%~0.003% 的阳极铜进行电解试验研究，结果表明，阳极铜中镍含量小于 0.3% 时镍完全是以固溶体形态存在于金属铜基体中，当镍含量大于 0.3% 时也形成 NiO，但 85% 以上的镍仍以固溶体存在于铜基体中。电解精炼时，镍与铜同时溶解，少量镍与 Cu-Ni 硫酸盐或含镍的 Cu-Ag-As-Se-S 复杂相留在阳极泥中。若阳极板中锑的含量超过 0.02%，锑会以 Cu-Ni-Sb 的氧化物存在。根据阳极铜中铁含量的不同，还可能出现含铁的 NiO、$NiFe_2O_4$ 和其他含镍的氧化铁相。所有镍氧化物相在电解精炼时并不溶解，而在阳极泥中富集。

另有研究表明，当阳极铜中含 $O \leqslant 0.1\%$、$Ni \leqslant 0.3\%$ 时，氧主要以 Cu_2O 形式存在；当 O 或 Ni 含量超过该值时，则氧以 Cu_2O 和 NiO 相存在。工艺研究表明，Ni 在阳极泥中的分配率（α_{Ni}）随阳极泥中含氧量增加而上升。在阳极铜含镍 0.3% 时，不同含氧量对应的镍在阳极泥中的分配率见表 3.9。

表 3.9　不同含氧量对应的镍在阳极泥中的分配率

含氧量/%	0.16	0.29	0.38	0.45
α_{Ni}/%	8.3	22.7	39.3	46.0

从表 3.9 看出，镍在阳极上的溶解与阳极含氧量有很大的关系。阳极含氧低，镍绝大部分进入溶液；阳极含氧高，则镍很大部分进入阳极泥。这主要是由于氧含量增加，导致镍在铜中的固溶物含量减少，而相应的 NiO 含量就增加，进入阳极泥的镍量也会增加，阳极泥产率增大。从铜电解生产的要求来说，不希望有大量的镍进入阳极泥，而更希望其进入电解液，进而用生产硫酸镍的方式加以回收。当阳极铜含氧和硫不高（氧 0.03%，硫 0.012%）时，阳极中镍的含量不影响阳极泥的产量和镍在阴极铜中的含量。

在铜电解精炼的实践中，若阳极铜中除镍以外的其他杂质都很低，也经常出现阳极"钝化"现象，阳极电位和槽电压都升高，而电流效率却降低，这是由于随着阳极铜的溶解，阳极表面形成一层由 NiO 组成的致密阳极泥外壳所引起。即使不形成致密的 NiO 阳极泥外壳，也会由于大量 NiO 从阳极表面脱落后，在电解液中沉降的同时，以机械形式大量地黏附在阴极铜板面，使阴极质量恶化及发生长粒子或短路现象。另外，大量 NiO 进入阳极泥后，使阳极泥中贵金属含量降低，阳极泥率升高。阳极泥中大量 NiO 的存在也给阳极泥的处理带来不便。例如，国内某厂在采用含 Cu 98.07%、Ni 0.7%，O 约1%的阳极铜电解精炼时所产阳极泥率为1%~1.3%，Ni 入阳极泥的分配率为76%，阳极泥含镍约50%，该阳极泥需经过两次以上的焙烧处理，才能将镍基本脱除。

当阳极含镍同时又含有砷、锑时，砷、锑则与镍结合生成溶解于铜中的镍云母（铜、镍与砷、锑氧化物所组成的复盐 $6Cu_2O \cdot 8NiO \cdot 2Sb_2O_5$、$Cu_2O \cdot 8NiO \cdot 2As_2O_3$）。NiO 和镍云母在阳极上形成一层不易脱落的阳极泥层，一般都附着在阳极表面成为薄膜，这种现象在新阳极电解的初期比较显著，使阳极溶解不均匀，电位增高，当含量过高时就会在阳极表面形成一层硬壳，引起阳极钝化。

为了维持正常的电解作业，满足高质量电铜产品的生产需要，通常希望阳极中镍含量不高于0.5%，而含氧量应维持在0.2%以下，以使阳极铜中的镍几乎全部进入溶液。另外，镍在电解液中积累，也会对电解过程造成如下影响：

（1）降低电解液中硫酸铜的溶解度。电解液中溶解1g 镍，相当于溶液中增加了1.67g 的硫酸所导致的硫酸铜溶解度降低。当电解液中积累了大量的 Ni^{2+} 后，如果电解液温度稍有降低，硫酸铜就可能呈过饱和结晶析出，从而降低了电解液中 Cu^{2+} 浓度。例如，25℃时，在含硫酸170g/L 的溶液中 Cu^{2+} 的溶解度约为54g/L，当 Ni^{2+} 含量增加时，Cu^{2+} 溶解度随之而降低的情况见表3.10。溶液中其他金属（如锌、铁）盐类的积累也造成同样的影响。

表 3.10 当 Ni^{2+} 含量增加时 Cu^{2+} 溶解度随之而降低的情况

镍含量/g·L^{-1}	0	5	10	15	20	25	30	35	40
铜的溶解/g·L^{-1}	54	51.5	47.2	44.2	42.7	42	40.8	39.5	37.5

（2）增加电解液的电阻，降低电导率。55℃时在含硫酸150g/L 的溶液中，每增加1g/L 金属离子（如镍、铜、铁、砷）所引起的溶液电阻增加率见表3.11。

表 3.11 每增加 1g/L 金属离子（如镍、铜、铁、砷）所引起的溶液电阻增加率

金属（硫酸盐）	Ni	Cu	Fe	As
电阻增加率/%	0.766	0.657	0.878	0.0725

（3）增加电解液的密度和黏度。对含 Cu^{2+} 33g/L、$H_2SO_4$190.7g/L 的电解液，在50℃时电解液密度与含镍量的关系见表3.12。

表 3.12 在 50℃下的密度与含镍量的关系

含镍量/g·L^{-1}	0.6	5.9	10.5	16.1	20.2	30.2
电解液密度/g·cm^{-3}	1.140	1.157	1.169	1.173	1.183	1.188

研究指出，在50℃时，往纯的酸性硫酸铜电解液中加入硫酸镍时，电解液的黏度也显著提高，见表3.13。

表 3.13 硫酸镍加入量与黏度提高比例

硫酸镍加入量（Ni^{2+}）/g·L^{-1}	10	20	30
黏度提高比例/%	1.65	3.52	5.12

综上所述，阳极中镍含量的增加以及电解液中镍的积累，都对电解过程产生一系列不

良的影响。只要采取一定的措施，可以消除这些不利因素的影响，获得高质量的阴极铜。

　　B　比铜显著正电性的元素

　　银、金和铂族元素比铜具有较大的正电性，几乎全数沉淀进入阳极泥中。但它们通常只以很小的浓度与铜形成固溶体，若浓度较高，则形成过饱和固溶体。一般的固溶体合金阳极的电位理论是固溶体的平衡电位随正电性金属（金、银）含量的增加而提高，并处于组成固溶体的各纯金属电位的中间值。在阳极铜中，由银、金与铜组成固溶体中的银、金浓度通常很小，因此这种固溶体的电位实际上与铜的电位几乎相同。

　　有研究者通过实验认为，银在阳极铜中主要是以过饱和固溶体的形式存在。由于银是以过饱和固溶体存在，因此阳极溶解时，固溶体中的各组分（铜、银、金）在该固溶体特有的电位下同时溶解，首先以离子的形式进入溶液，然后再发生后续的固化反应。当银从过饱和固溶体中溶出后，阳极表面就露出银、铜饱和固溶体晶带。溶液中与饱和固溶体相平衡的银离子浓度低于与过饱和固溶体相平衡的银离子浓度，从而使过饱和固溶体溶出的银又立即被还原而在饱和固溶体的表面上凝聚（固化）成微粒后，再沉入电解槽底，成为阳极泥。银离子与金属铜发生的固化反应是一系列连续的过程，可以表示为如下反应：

$$Cu + 2Ag^+ \Longrightarrow Cu^{2+} + 2Ag$$

银离子与一价铜也发生还原反应，即

$$Ag^+ + Cu^+ \Longrightarrow Ag + Cu^{2+}$$

　　上述两个反应发生在阳极上或靠近阳极的边界层中。一部分 Ag^+ 又以 Cu-Ag-Pb-As-Se 复杂氧化物形式沉淀，有的 Ag^+ 与从阳极上脱落下来的 Cu_2Se、Cu_2Te 夹杂物起作用，而形成含银的 $AgCuSe$ 和 Ag_2Se，因此进入阳极泥中的银以多种多样的复杂形态存在。

　　温度对电解液和阴极铜中的银含量有显著影响。随着温度升高，电解液中银离子浓度增大，阴极铜中的银含量也增大。

　　另有研究指出，随着阳极铜中银含量增加，进入阴极铜的银含量也随之增加。在60℃时，当阳极铜含银从0.3%增加至1.0%时，阴极铜含银几乎增加了两倍。此外，如果阳极铜含氧量增加，阴极铜中的银含量会有减低的趋势。

　　阳极中的金一部分以金粉形式脱落，其余呈黑色 Au_2O 固体颗粒并带有正电荷形成 $(Au_2O)^+$ 微粒。研究表明，随着阳极中金含量增加，生成阳极泥颗粒也增多，即颗粒细小的阳极泥悬浮于电解液中并进入阴极的数量也较多。

　　从银、金进入阴极铜的机理研究指出，银、金在阴极铜中的含量与电流密度并无直接关系。但是由于电流密度的提高，相应地增加了电解液的循环速度和阴极表面的粗糙程度，因而对银、金微粒在阴极上黏附具有间接的影响。电流密度越高，阴极铜含银、金也越高。

　　有研究表明，电解液上进下出的循环方式有利于阳极泥沉降，也有利于阴极铜中金、银含量的降低，不同循环方式的阴极铜中金银含量列于表3.14。

表 3.14　不同循环方式的阴极铜中金银含量

贵金属含量/g·t⁻¹	电解液循环方式	
	上进下出	下进上出
Au	0.225	0.280
Ag	10.475	12.70

研究还表明，每槽电解液流量从 15L/min 增加至 30L/min 时，阴极铜金含量增加了 0.04g/t，银含量增加了 0.2g/t；而从 30L/min 增加至 35L/min 时，阴极铜金含量增加了 0.26g/t，银含量增加了 1.2g/t。所以，对高银阳极铜进行电解精炼时，宜采用较小的电解液循环速度。

对阳极泥进行物相分析结果发现，阳极泥中绝大部分的银是以硫酸银（$Ag_8S_3SO_4$）形态存在，少量以氯化银存在，以金属银形态存在的更少，而且氯化银相与硫酸银相混合。这一现象说明，在电解过程中氯离子可能同时与硫酸银和银离子反应生成氯化银。因此，电解过程中氯离子的加入并不完全是为了减少银的损失，更重要的还在于可以使电解液中的银离子生成沉淀进入阳极泥。

此外，为了减少贵金属的损失，各工厂都采取了一些有效的措施：加入适宜的添加剂（如洗衣粉、聚丙烯酰胺絮凝剂等），以加速阳极泥的沉降，减少黏附；扩大极距、增加电解槽深度；加强电解液过滤，使电解液中悬浮物含量维持在 20mg/L 以下等。

金几乎 100%地进入阳极泥，阴极铜中含有极微量的金，是机械黏附所引起的。

C　电位接近于铜但较铜负电性的元素

砷、锑、铋的电位与铜比较接近，在正常的电解过程中，一般很难在阴极析出。阳极溶解时，这些元素成为离子进入溶液，大部分水解成为固态氧化物，一部分则在电解液中积累，其分布情况见表 3.15。

表 3.15　阳极中砷、锑、铋在溶液和阳极泥中的分布

元素	溶液/%	阳极泥/%
As	60~80	40~20
Sb	10~60	90~40
Bi	20~40	80~60

砷、锑在铜基体中呈 α 固溶体。研究指出：大部分锑是均匀分布在阳极板中，部分锑以 Sb_2O_3 偏析在铜晶粒界面处。对阳极铜进行物相分析，结果表明砷、锑、铋、铅四种元素基本上是生成一种氧化物的复合物夹杂在铜基体中，其粒度极细小，一般为 1~8μm，分子式为 $(Pb·Bi)_2(As·Sb)_4O_{12}$。阳极溶解时，砷、锑均以三价离子的形态进入溶液。进入电解液的 As（Ⅲ）和 Sb（Ⅲ）很容易发生水解：

$$As_2(SO_4)_3 + 6H_2O = 2H_3AsO_3 + 3H_2SO_4$$
$$Sb_2(SO_4)_3 + 6H_2O = 2H_3SbO_3 + 3H_2SO_4$$

因此，砷、锑首先以亚砷酸根离子 AsO_3^{3-}、亚锑酸根离子 SbO_3^{3-} 的形态存在于电解液中。但由于电解液中一价铜离子的存在，它与溶解于电解液中的氧作用而放出活性氧，即：

$$Cu^+ + O_2 = Cu^{2+} + O_2^-$$

生成的活性氧使部分 AsO_3^{3+}、SbO_3^{3+} 氧化为砷酸根 AsO_4^{3-} 和锑酸根 SbO_4^{3-}。由此可以认为砷、锑在电解液中是以三价的 AsO_3^{3-}、SbO_3^{3-} 和五价的 AsO_4^{3-}、SbO_4^{3-} 的形态共存的。野口文男等人认为锑在电解液中主要以 Sb（Ⅲ）形态存在。电解液中溶解的三价砷离子也会与 Cu^+ 反应，使砷生成 Cu_3As 而沉入电解槽底成为阳极泥。

阳极铜中铋含量小于 0.5% 时，铋在阳极铜中呈粒状，但若含量大于 0.5% 时，则在阳极中呈网状。阳极铜溶解时，铋以三价离子状态进入溶液。各种铋的氧化物、盐类都具有很小的溶解度，且随电解液的酸度越高，过饱和倾向越大。因此，Bi(Ⅲ) 在阳极周围与 SO_4^{2-} 反应，形成过饱和的 $Bi_2(SO_4)_3$ 沉淀下来。当溶液中有足够的砷存在时，Bi(Ⅲ) 则与砷形成砷酸铋（$BiAsO_4$）沉淀。而且，只要电解液的温度、循环速度或其他条件发生微小的变化，铋盐就从溶液中析出，并可能黏附在阴极上，使阴极铜质量下降。

不同价的砷、锑化合物，即三价砷和五价锑、三价锑和五价砷，也能够形成溶解度很小的化合物，如 $As_2O_3 \cdot Sb_2O_5$ 及 $Sb_2O_3 \cdot As_2O_5$。它们是一种极细小的絮状物质，粒度一般小于 $10\mu m$，不易沉降，在电解液中漂浮，并吸附其他化合物或胶体物质而形成电解液中的所谓"漂浮阳极泥"。一般阳极泥多呈光滑的球形晶体，能快速沉于电解槽底部，而漂浮阳极泥多呈不规则的、表面粗糙的非晶体颗粒。与球形晶体阳极泥相比，漂浮阳极泥颗粒在电解槽中停留的时间要长些。实践证明，当 Sb(Ⅲ)、Bi(Ⅲ) 浓度大于 0.5g/L 时，电解液中易生成这类很细小的 $SbAsO_4$、$BiAsO_4$ 漂浮阳极泥。漂浮阳极泥的生成，虽能限制砷、锑在电解液中的积累，但它们会机械地黏附于阴极表面或夹杂于铜晶粒之间，降低阴极铜的质量，而且还会造成循环管道结壳，需要经常清理。漂浮阳极泥的化学成分见表 3.16。

表 3.16　漂浮阳极泥的化学成分

元素	Cu	Pb	Bi	Sb	As	SO_4^{2-}	Cl^-	Ag
含量/%	0.6~3	2.8~7.6	2~8	29.5~48.5	4~18	1.0~4.0	0.2~1.2	0.04~4.0

砷在电解液中有很大的溶解度，但溶液中没有锑、铋时，砷可以随着电解过程的进行而逐渐在电解液中积累至 50g/L 左右。而锑在电解液中的溶解度就相对小得多，三价锑更容易以氧化物晶体形态析出。溶液酸度及温度的增加有利于锑的溶解。例如，含 40g/L 铜及游离硫酸浓度为 100g/L、150g/L、200g/L 的纯电解液，当温度为 50℃ 时分别能溶解 0.46g/L、0.63g/L、0.96g/L 锑。若温度降至 18℃，则锑的溶解度将降低 20%。

实际上，当电解液的循环不均和阴极未能充分洗涤时，砷在阴极铜中的含量将会略有增加。在正常的电解生产条件下，锑、铋在阴极放电析出的可能性也是很小的。

因此可以认为，阴极铜中所含的砷、锑、铋主要是由漂浮阳极泥污染以及阴极沉积物晶体间的毛细孔隙吸附了含有砷、锑、铋的电解液所引起的。实践证明，当洗涤情况不良时，阴极铜中的砷含量增至洗涤良好时的两倍。这就证明了在阴极上的吸附电解液造成砷、锑污染阴极铜的作用，也说明了在高电流密度下，由于阴极铜沉积物的结构往往变得粗松而多粒，增大了溶液和漂浮阳极泥的吸附量，所以阴极铜中砷、锑含量会有所增加。

从杂质元素进入阴极的情况来看，砷、锑、铋盐类水解或相互结合生成的漂浮阳极泥对阴极的黏附，远比这些离子直接放电的危害要大得多。因此，必须保持电解液具有必要的酸度和清洁度。向溶液中添加氯离子，可以显著地降低阴极铜中的锑含量。

综上所述，为避免阳极铜中的杂质砷、锑、铋进入阴极，保证电解过程能产出合格的阴极铜特别是高纯阴极铜（Cu-CATH-1 标准），应当采取如下措施：

（1）粗铜在火法精炼时，应尽可能地将这些杂质除去。

（2）控制溶液中适当的酸度和铜离子浓度，防止杂质的水解和抑制杂质离子的放电。

（3）维持电解液有足够高的温度（60~65℃）以及适当的循环速度和循环方式。

（4）电流密度不能过高。采用常规电解方法，电流密度以不超过 300A/m^2 为宜。国内几个生产高纯阴极铜（Cu-CATH-1 标准）的企业普遍采用的电流密度范围为 200 ~ 270A/m^2。

（5）加强电解液的净化，保证电解液中较低的砷、锑、铋浓度。一般维持电解液中砷为 1~7g/L，最高不超过 25g/L；锑为 0.2~0.5g/L，不超过 0.6g/L；铋一般为 0.01~0.3g/L，不超过 0.5g/L。

（6）加强电解液的过滤。实践表明，保证电解液中漂浮阳极泥（悬浮物）含量低于 20~30mg/L，有利于高纯阴极铜的正常生产。

（7）向电解液中添加配比适当的添加剂，保证阴极铜表面光滑、致密，减少漂浮阳极泥或电解液对阴极铜的污染。

D 其他杂质

阳极铜中的氧通常与其他元素形成化合物存在，这些化合物大部分是难溶于电解液的，在电解过程中它们主要进入阳极泥。NiO 的行为对电解过程有很大的影响，随阳极铜中氧含量增加，镍进入阳极泥的分配率也随之增大。

Cu_2O 作为一种稳定的化合物，在阳极上不进行电化学溶解，而以化合物的微粒沉入槽底，成为阳极泥的一部分。正常生产中，阳极铜氧含量一般都控制在 0.15% 以内，此时阳极泥铜含量在 8%~15% 之间，而当阳极中氧含量超过 0.2% 时，阳极泥中的铜含量就会大幅上升。例如，某厂曾因阳极铜含氧偏高而使阳极泥中的铜含量高达 35%~40%。对其阳极泥进行物相分析，结果表明，以 Cu_2O 形态存在的铜占阳极泥中总铜量的 44%，单质铜粉约占 15%。

阳极铜氧含量增大，也使阳极泥率增大。其主要原因是 NiO、Cu_2O 等含量增加。当然，氧对阳极泥产率的影响是通过多种因素，其中最主要的是 Ni、Cu、Pb、As 及 Bi 等共同作用的结果。

阳极铜氧含量增加使 NiO、镍云母的比率增大，阳极泥率增大的同时，也常在阳极表面形成不易脱落的化合物薄膜，引起阳极电位升高，槽电压增大，严重时甚至造成阳极钝化。与此同时，由 Cu_2O 和稀硫酸反应生成的铜粉也会呈海绵状黏附于阳极表面，加剧了薄膜对阳极的危害。此外，阳极泥率增大，也就意味着漂浮阳极泥的增多，它们在阴极铜表面黏附并形成了结晶核，从而引起阴极表面长粒子，影响阴极铜质量。铜粉在向槽底沉降的过程中，有一部分粒子黏附于阴极上成为活性核心，使后来放电产生的铜在其上结晶进而长成铜粒子；一部分 Cu_2O 也会直接黏附于阴极，影响阴极铜质量。实践表明，阳极中氧含量每增加 0.1%，阴极铜直收率就将下降 0.63%。

因此，粗铜火法精炼时，应该把阳极铜中的氧含量控制在低限内，以消除上述不利影响，保证电解生产的正常进行。

阳极铜中的硫大多以 Cu_2S 的形态存在。研究结果表明，在 Cu-S-O 系的阳极中，当氧浓度小时便产生细小的球状粒子。由于其阳极电位比铜正而不被分解，残留在阳极上形成阳极泥并导致阳极钝化。当氧浓度高时，不会引起阳极钝化。

国内外现行的火法精炼技术都能使阳极铜中的硫含量降低至 0.01% 以下，因此对电解过程的影响很小。通常能保证阴极铜含硫低于 0.001%，达到 Cu-CATH-1 标准的要求。

阳极铜中的硒多以 Cu_2Se 颗粒夹杂于 Cu_2O 之间。一般阳极铜中碲的主要载体是一种连续的复杂夹杂物相 Cu_2Se-Cu_2Te，它们存在于铜粒子的边界上。在电解过程中，硒化物、碲化物并不溶解，而在阳极上形成程度不同的松散外壳或从阳极表面脱落，沉入电解槽底，成为阳极泥。通过对阳极泥的形成机理及其矿相研究表明，硒化物、碲化物从阳极表面脱落的过程中往往会与银、砷、锑、铅等发生一些复杂反应，而使阳极泥的组成变得复杂多样。一部分 Ag^+ 与从阳极脱落下来的 Cu_2Se、Cu_2Te 夹杂物起作用，形成含银的 $AgCuSe$、Ag_2Se、Ag_2Te 等。大多数碲以微小的银-铜-硒化物-碲化物颗粒夹杂在阳极泥中，少部分以碲的氧化物形态存在。这类固体杂质通常沉降较快，很少在阴极表面黏附，因此对阴极铜质量的影响很小。

通常，硅在阳极铜中的含量是很小的，在铜电解精炼过程中，存在的硅量也并不多，但它也有可能影响阳极钝化。在电解过程中，一部分富铜的硅酸盐包裹物溶解形成硅胶，但大部分仍被带入阳极泥中。而阳极铜中的硅酸盐不溶解，从阳极上脱落后进入阳极泥。另有研究表明，硅在电解液中以硅酸根离子存在，当硅含量高于 100mg/L 时会使阴极极化明显增加，但使阴极质量有所改善[50]。

3.7.3　高金银阳极板对电解的影响

铜电解精炼的目的既要产出合格的阴极铜又要尽量减少贵金属进入电铜而造成不可再回收的损失。那么，电解金、银含量较高的阳极，对电解技术条件将会有更高的要求。目前山东恒邦冶炼股份有限公司使用阳极板含金品位达到 100g/t 铜、含银达 4000g/t 铜，对铜电解主要影响有：

（1）阳极泥率增加，整个循环过滤系统将会出现一定的阳极泥悬浮，最终导致阴极铜表面铜粒子的出现。

（2）阳极泥率增加将会导致电解液循环管道结垢严重，从生产实践来看，一般半年时间就需要对电解液管道及循环槽进行一次彻底清理，减少因为管道结垢影响电解液的循环量。

（3）造成贵金属的损失，特别是阴极铜中含银可能会超标，可以通过系统电解液中增加盐酸的加入量来降低贵金属损失，但是由于大板电解使用的为不锈钢阴极，过高的氯离子浓度将会对不锈钢阴极造成损伤，目前一般控制氯离子浓度不超过 80mg/L。

3.7.4　电解精炼的技术发展

3.7.4.1　永久性不锈钢阴极法

目前，世界上铜电解精炼工艺主要有传统法电解和永久性不锈钢阴极法电解两种。

传统法在我国已有多年生产历史，工艺成熟可靠。特别是采用了机械化、自动化水平高的阴、阳极加工机组后，适当提高了阴、阳极板的垂直度，可产出较好的阴极产品。但始极片制作工艺复杂，需要独立的生产系统，劳动强度大。虽然采用了极板加工机组，但由于始极片由 0.6mm 的铜片制作，因质软平直度较难保证，尤其在大极板电解的生产过程中易出现短路，影响阴极铜的质量。

永久性不锈钢阴极法以其独特的优越性受到铜冶金行业的青睐，已在国内外得到广泛采用。不锈钢阴极法最早由澳大利亚 PTY 铜精炼有限公司的汤士维尔冶炼厂在 1978 年研制并投入大规模生产，简称为 ISA 法。随后在 1986 年加拿大鹰桥公司的奇得克里克冶炼厂开发了另一种不锈钢阴极电解技术，并称为 KIDD 法。此外芬兰 Outokumpu 公司开发的 OK 不锈钢阴极法在 2004 年也投入了工业化生产。这三种工艺开发的背景都是为了寻求平直、垂直度好的阴极板，其工艺原理和技术指标基本相同，机组设备引进价格也相差不大，主要在包边形式、导电棒的结构及底部结构上有区别，且阴极板表面粗糙度稍有不同，表 3.17 列出了三种工艺异同点。

表 3.17 三种不锈钢阴极工艺异同

项目	ISA 法	KIDD 法	OK 法
阴极板	材料为 316L 不锈钢，厚度 3.25mm，表面光洁度 2B（0.45~0.6μm），阴极板的垂直度：从吊棒中心线到板底部两角为 5.5mm，阴极板底边开有 90° V 形槽，剥下两片单独铜板	材料为 316L 不锈钢，厚度 3.25mm，表面光洁度 2B（< 0.6μm），阴极板的垂直度：从吊棒中心线到板底部两角为 5.5mm，阴极底边开有 90° V 形槽，剥下两片铜板呈 W 形相连	材料为 316L 不锈钢，厚度 3.25mm，表面光洁度 2B（0.3~0.5μm），阴极板的垂直度：从吊棒中心线到板底部两角为 5.5mm，阴极板底边开有 90° V 形槽，剥下两片单独铜板
导电棒	采用 304L 不锈钢棒，截面为中空长方形（或截面为工字钢型），两端封闭；棒与阴极母板压焊，并镀上铜，镀层厚度 2.5mm，且镀层覆盖全部焊缝，并延至阴极板面	采用实心纯钢棒，铜棒部分用不锈钢套牢牢裹住，强度高；不锈钢板与铜棒用铜焊料焊接，不锈钢套与不锈钢板用不锈钢焊料焊接；不锈钢套和铜焊缝间的缝隙用无化学反应填料密封	采用实心铜芯外包全长度不锈钢（316L）外套，用专利冶金工艺接合为一体，强度高；与导电排接触区的铜裸露；板与导电棒间采用激光焊接
包边条	最初采用聚氯乙烯挤压件，寿命较短，现采用聚丙烯材料挤压件，寿命增加	采用聚丙烯材料经压铸成型并热处理，寿命较长	采用聚乙烯强度力挤压成型，包边条窄几毫米，寿命较长
阴极机组	需配套 ISA 工艺阴极洗涤剥片机组	需配套 KIDD 工艺阴极洗涤剥片机组	需配套 OK 工艺阴极洗涤剥片机组
其他	有标识代码	有标识代码	有标识代码

由于均采用不锈钢阴极取代传统工艺的始极片，其工艺技术指标有了较大改善并优于传统法。表 3.18 列出了传统法和不锈钢阴极法两工厂的设计参数和指标对比。

表 3.18 两工厂的设计参数和指标对比

项 目	单 位	指 标	
		传统法	不锈钢阴极法
生产能力	万吨/a	20	20
电解车间占地面积	m²	420.4×55	354.5×55
电解槽内尺寸	mm×mm×mm	5970×1170×1400/1600	5840×1170×1400/1600
电解槽数量	个	868	720
阳极尺寸	mm×mm	1000×960	1000×960

续表 3.18

项　目	单　位	指　标	
		传统法	不锈钢阴极法
阴极尺寸	mm×mm	1020×980	1010×1029
每槽阳极数	块	54	55
每槽阴极数	块	53	54
同极中心距	mm	105	100
电流密度	A/m²	240	280
阳极周期	d	24	21
阴极周期	d	12	7
残极率	%	18	15
槽电压	V	0.26~0.3	0.3~0.35
电流效率	%	96	96
槽时利用率	%	96	96
交流电耗	kW·h/t	370	430
蒸汽单耗	t/t	0.8	0.3
硫酸单耗	kg/t	5	5
阳极整形加工机组	台	1（国产）	1（国产）
始极片加工机组	台	1（国产）	
电铜洗涤机组	台	1（国产）	
导电棒贮备机组	台	1（国产）	
阴极洗涤剥片机组	台		1（进口）
残极机组	台	1（国产）	1（国产）
电解专用吊车	台	2（吊车本体国产，吊具引进）	2（进口）
净化过滤机	台	2（进口）	2（进口）
工程投资	万元	45144	53792

从表 3.18 可以看出，不锈钢阴极法电解精炼工艺指标主要特点有：

（1）极距小，电流密度高。因为阴极平直，不容易短路，所以不锈钢阴极可采用较小极距和较高的电流密度。

（2）阴极周期短。不锈钢阴极法一般采用较短的阴极周期，通常为 6~8 天，一般是阳极周期的 1/3。短期可以减少阴极铜长粒子的机会，有利于阴极铜质量的保证。

（3）残极率低。由于不锈钢阴极平直，电力线分布均匀，不容易短路，因此阳极溶解更均匀，不会在电解后期形成大洞或断裂掉入槽内，残极率可以降低到 12%~16%。传统法阳极板电解残极率一般在 18%~20%。

（4）蒸汽耗量低。传统法每吨阴极铜的平均蒸汽消耗量在 0.8t 左右，不锈钢阴极法平均蒸汽消耗量在 0.4t 以下。

3.7.4.2　平衡电流式绝缘板导电装置

平衡电流式绝缘板导电装置是一项成功的技术，它与国外双接触导电技术原理一样，装置能降低接触点基础电压降，解决电解过程中电解槽内电流分布不均等问题，并为提高电流密度、提高产能、改善阴极铜质量、降低电耗奠定了基础，目前国内几家冶炼厂都有生产实践。

A　结构特点及工作原理

平衡电流式绝缘板导电装置由绝缘材料和紫铜板复合而成。该装置具有既能保证同极之间处于导通状态又能将两极绝缘分开的结构特点，使同极电流、电压达到稳定平衡状态。铜电解槽上阴阳极都是一端接触两者之间的导电装置，使得阴阳极两端同时接触同极性，形成两个接触点，同时导电，每极的接触点较常规传统方法多一个。根据欧姆定律，其他条件下不变的情况下，导电截面积成倍增加，电阻值成倍减小，接触点压降减小。平衡电流式绝缘板导电装置见图 3.7。

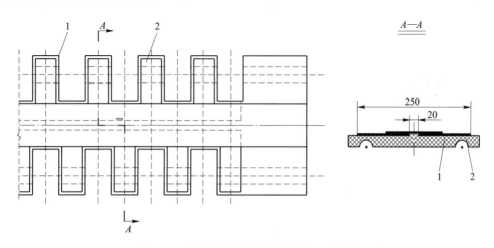

图 3.7　平衡电流式绝缘板导电装置示意图
1—绝缘板；2—导电板

B　优势

自平衡电流式绝缘板导电装置运行以来，在各冶炼厂均起到一定作用，其主要表现在以下几方面：

（1）电解槽电流分布均匀。铜电解过程中电流分布不均对阴极铜的生产有不利影响，如同一槽内生产的阴极铜厚度明显不均；阴极铜表面易长粒子，外观质量不好，合格率下降；因阴极外表长粒子，易导致短路，电流效率下降。虽然造成电流分布不均的因素是多方面的，但实践证明，接触点接触不良是主要的因素。采用平衡电流式绝缘板导电装置，使得接触性能大大改善，电流分布更均匀。表 3.19 列出了实测阴极电流值。

表 3.19　常规绝缘板与平衡电流式绝缘板比较

绝缘板形式	常规绝缘板	平衡电流式绝缘板	两者差值
材质	FRP 或其他绝缘材料	特种复合橡胶+T1	
阴极电流值 I_{max}/A	800	550	
阴极电流值 I_{max}/A	200	450	
差值 ΔI/A	600	100	

绝缘板形式	常规绝缘板	平衡电流式绝缘板	两者差值
槽电压/V	0. 342	0. 34	0. 002
	0. 343	0. 338	0. 005
	0. 341	0. 339	0. 002
	0. 344	0. 34	0. 004
	0. 343	0. 34	0. 003
	0. 342	0. 339	0. 003

（2）电解槽槽电压有适当降低。铜电解过程中槽电压是影响直流电耗的重要指标，它比电流效率的影响更为显著。一般只要操作或技术条件的控制稍有不当，槽电压会上升百分之几十甚至成倍上升。电解槽电压主要包括阳极电位、阴极电位、电解液电阻所引起的电压降、导体上电压降及槽内各接触点电压降等。因此其电压的高低受电流密度、极距、电解液成分、阳极成分、温度、接触点接触情况等众多因素所影响。据资料统计，各接触点及金属导体电压降将占槽电压 7.9% ~42%。生产实践证明，用平衡电流式绝缘板导电装置比不用该装置的槽电压降低约 0.002V 以上。

（3）电解电耗下降。由于槽电压的降低，使得电解直流电耗下降，$P = 1000V/1.185\eta$，在电流效率 η 不变的情况下，槽电压 V 的减小，电耗 P 下降。若 V 按降低 0.002V 计算，大约降低 2kW·h/t。

（4）产品质量提高。电解铜外观质量改善，产品的物理合格率可提高 10%。

（5）产量提高。在同等条件下电流密度可提高约 10%，即生产能力可提高 10%。采用平衡电流式绝缘板导电装置，不仅运行费用降低，产品质量、产量提高，也使同等规模直接投资减少，综合效益好。目前国际、国内铜电解采用双接触导电或平衡电流式绝缘板已成为趋势。

3.7.4.3　控制系统的优化

A　控制短路系统的优化

众所周知，在铜电解精炼过程中，整个阴极周期内自始至终将电解槽槽电压维持在一个最佳水平是获得高质量阴极铜、高效率和良好的电解操作性能及高经济效益的关键。电解槽内的电压变化能及时反映出电解槽中的重要现象。特别当阳极和阴极之间形成短路时，槽电压将会有重要的改变。短路降低了电流效率，造成了阴极质量的下降，增加了残极率以及槽面上劳动力的需求。因此，及时了解电解槽短路现象，就必须加强电解槽面的管理工作。多年来，也出现了许多对短路的检查方法。如国内一般都使用手拖式的短路探测器进行探查，国外很多厂家都相继使用高斯计、红外线扫描（手提式摄像机）热跟踪枪、手提式热电极探测器等。但是先进的现代工厂应安装有电压的扫描监控系统，利用计算机对槽电压的异常变化进行监控。

过去，一些铜冶炼厂常采用传统的硬接线槽电压监控系统来帮助识别短路。采用这些硬接线系统的优点是减少了人工对短路筛选的需要，使短路排除工作更有效、更及时。然而，尽管这种检测很简单，但由于数万米的硬线连接、光学电压隔离装置、校准、电压差的测量等，复杂的硬接线系统难以稳定且维修率高。特别对处在腐蚀性介质、大量磁场环境的硬接线系统是一个严峻的挑战。因此该系统一般很少使用。

目前由肯尼柯特犹他铜公司和奥托昆普技术公司开发的槽电压和槽温度监控系统已得到工业应用。它是以先进的无线传感技术为基础，具有良好的数据质量和先进的自诊断功能。它解决了硬接线系统的许多关于维修等方面的问题，而且没有腐蚀，也不需要电缆的校准和管理，单个的槽传感器可监控一个或两个槽电压和槽温度。

B 无线传感器监控系统构成及优点

电解车间无线传感器监控系统是由无线传感器、协调器设备、网间连接器设备、服务器及浏览器等组成。小型的无线传感器是通过一个简单机构安装在电解槽上的。该传感器通过短导线被连接到电解槽的母排上。被固定的温度探测器被放入槽内并连接到监控回路上。该传感器由电解槽的低电压（0.14~0.5V）供电。

槽电压和温度数据通过传感器的上传处理后，以无线的方式发送到电解槽传感器网络上，并直达服务器。这种获得专利的网络结构和协议是按无线小功率装置而设计的。它具有坚固耐用、可靠性高、数据吞吐率高等重要的特点，特别适应在复杂的工业环境中运行。

无线传感器监控系统应用在电解车间后，不仅提高产品质量和作业率，而且在提高电解车间控制水平、改善工作环境、提高安全性以及维护和管理水平方面具有许多优势。该系统对整个电解车间的生产状况进行实时查看的同时，可以将所有偏差集中处理并及时地采取纠正措施。

3.7.5 大极板电解主要经济技术指标

铜电解精炼技术条件的控制，对操作过程的正常进行、经济指标的改善和保证电铜的质量都有决定性的意义。电解液的组成、添加剂的种类和组成等，都是铜电解精炼的重要控制因素。

3.7.5.1 电解液的温度

提高电解液的温度，有利于降低电解液的黏度，使漂浮的阳极泥容易沉降，增加各种离子的扩散速度，减少电解液的电阻，从而提高电解液的导电率、降低电解槽的电压降，以减少铜电解生产的电能消耗。经实验测定，电解液在55℃时的电导率几乎为25℃时的2.5倍；在50~60℃时，温度每升高1℃，电解液的电阻约减少0.7%。

电解液的温度，有利于消除阴极附近铜离子的严重贫化现象，从而使铜在阴极上能均匀地析出，并防止杂质在阴极上放电的可能性。目前，一般保持电解液的温度为58~65℃。过高的电解液温度也会给电解生产带来不利的影响：

（1）随温度升高，添加剂明胶和硫脲的分解速度加快，使添加剂的消耗量增加。

（2）温度升高，有利于向着生成 Cu^{2+} 的方向移动，从而使电解液中的含铜浓度上升，同时也加剧了铜在电解液中的化学溶解，使电解液中的含铜浓度更进一步地提高。

（3）电解液的蒸发损失增大，会使车间的劳动条件恶化，同时增加蒸汽的消耗。表3.20列出了电解槽每单位（包括电极）面积在每小时内的水分蒸发量。

表 3. 20　不同温度时电解槽的水分蒸发量

温度/℃	空气相对湿度/%	水分蒸发量/kg·(m²·h)⁻¹							
		48.5℃	50℃	51.5℃	53.5℃	55℃	57℃	60℃	65℃
22	80	0.76	0.835	0.84	0.795	1.09	1.15	1.33	1.74
24	70	0.74	0.84	0.855	0.90	1.10	1.165	1.35	1.76
26	65	0.75	0.83	0.84	0.89	1.08	1.14	1.32	1.73

为使电解液保温、减少电解液蒸发、降低蒸汽消耗，曾有厂家研究并使用过在液面覆盖 $60\mu m$ 厚的油膜，使热损失减少 2/3，然而油膜会有一定的流失、挥发和附着于阴极铜表面而造成油膜损失等缺点。之后，又有厂家采用直径为 1.5~2.0cm 的聚苯乙烯泡沫塑料浮子覆盖于电解液面，使电解液加温的蒸汽消耗减少 1/2，约为 300~400kg/t，并降低室内温度，减少了车间的酸雾。国内某厂自 1980 年开始，在电解槽、贮液槽液面上分别覆盖一批 10mm 及 350mm 高压聚乙烯实心塑料球，使电解槽内电解液温度平均升高 1.4~2.0℃，蒸汽单耗可降低 20% 以上（为 200~300kg/t）。也有一些厂家是采用在电解槽面上覆盖耐酸涤纶布或聚丙烯布，使蒸汽单耗约为 450kg/t。各种罩布的保温效果见表 3.21。日本一些厂家由于电解槽覆盖罩布和真空蒸发罐操作方法的改进，降低了蒸汽单耗，使蒸汽单耗在 20~50kg/t。

表 3. 21　各种罩布的保温效果　　　　　　　　　　　　（℃）

罩布	进液温度	覆盖前出液温度	温度差	覆盖 8h 后的出液温度	温度差
三折式罩布	64.5	65	0.5	67.5	3.0
单槽式罩布	64.5	62	-2.5	65	0.5
整块罩布（密封）	64.5	62	-2.5	67.5	3.0
整块罩布（通风）	64.5	62	-2.5	66.5	2.0

3.7.5.2　电解液的循环

在电解过程中，电解液必须不断地循环流通，以保持电解槽内电解液温度均匀和浓度均匀。电解液循环速度的选择主要取决于循环方式、电流密度、电解槽容积、阳极成分等。

当操作电流密度高时，应采用较大的循环速度，以减少浓差极化。表 3.22 所示为电解液中阴极、阳极附近的铜离子浓度与循环速度和电流密度的关系。

表 3. 22　阳极和阴极附近铜离子浓度与循环速度、电流密度的关系

液面下深度/cm	Cu²⁺浓度/g·L⁻¹								
	电流密度 150A/m²			电流密度 250A/m²			电流密度 250A/m²		
	循环速度 6~8L/min			循环速度 6~8L/min			循环速度 11~13L/min		
	阳极附近	阴极附近	浓度差	阳极附近	阴极附近	浓度差	阳极附近	阴极附近	浓度差
2	66.8	66.5	0.3	66.4	66.4	0	66.5	66.4	0.1
20	68.6	68.0	0.6	69.0	69.0	0	68.3	67.8	0.5
50	72.0	71.2	0.8	72.4	70.4	2.0	72.5	71.7	0.8
70	75.9	75.3	0.6	76.4	74.6	1.8	77.0	76.1	0.9

从表3.22可以看出，同一槽内的不同深度，铜离子的浓度不同，其差额最大达10g/L。在同一深度的阴、阳极附近，铜离子的浓度也不同，其浓度差随电流密度增大而增大，随电解液循环速度增大而减少。因此，保持较高的循环速度有利于减小浓差极化以及降低槽电压，但是循环速度过快，又会使阳极泥不易沉降，且造成贵金属的损失增加，有时还会导致阴极质量恶化和阴极板大量长粒子。表3.23所示为阴极铜中贵金属的含量与循环速度的关系。此外，从表3.24所示的贵金属在阴极铜中按高度分布的情况也可看出，阳极泥沉降时对阴极铜污染的严重性。因此，在电解液循环过程中，在保证消除阴极附近铜离子过度贫化的基础上，应尽力保持电解液的清透明亮，防止溶液的浑浊现象。

表3.23 阴极铜中贵金属的含量与循环速度的关系

电解液的循环速度/L·min^{-1}		20	18	14	14	9
阴极铜中贵金属的含量/g·t^{-1}	Au	1.7	1.1	1.0	0.6	0.3
	Ag	24	17	14	16	9

表3.24 金、银在阴极铜中按阴极高度的分布

取样地点		Au/g·t^{-1}	Ag/g·t^{-1}
阴极挂耳下		1.4	19
低于挂耳	25cm	1.7	19
	50cm	1.7	21
	65cm	1.9	20
高于底边50cm		2.1	26
边缘凸瘤		3.8	41

循环速度大小和选择，主要决定于电流密度。电流密度越大，要求的循环速度越大。不过，在提高电解液温度的情况下，循环速度可以适当地减小。一般情况下，电流密度与循环速度的关系见表3.25。

表3.25 电流密度与循环速度的一般关系

电流密度/A·m^{-2}	284	251	205	194	188	168
循环速度/L·min^{-1}	27	22.5	20.5	18	18	15

3.7.5.3 极间距离

极间距离通常以同名电极（同为阳极或阴极）之间的距离来表示。极间距离对电解过程的技术经济指标以及电解铜的质量都有很大的影响。同极中心距与极板的尺寸和加工精度等因素有关。

缩短极间距离，可以降低电解液电阻，即降低电解槽的电压降和电解铜的直流电耗。由于极间距的缩短，可以增加电解槽内的极片数量，从而提高设备的生产效率。但是，极距的缩短，会使阳极泥在沉降过程中附着在阴极表面的可能性增加，造成贵金属损失的增加，并使阴极铜质量降低。此外，极距的缩短也会使极间的短路接触增多，引起电流效率下降。为了消除短路，必然消耗大量的劳动。因此，极距的缩短是对阴、阳极板的加工精

度和垂直悬挂度提出了更加严格的要求。

3.7.5.4　电流密度

电流密度一般是指阴极电流密度，即单位阴极板面积上通过的电流强度。工厂中采用的电流密度单位是 A/m^2。

A　电流密度与电能消耗的关系

提高电流密度会使阴、阳极电位差加大，同时电解液的电压降、接触点和导体上的电压损失增加，从而增加了槽电压和电解的直流电耗。电流密度在 $220\sim300A/m^2$ 的范围内每增加 $1A/m^2$，则槽电压大约增加 $1mV$。随电流密度增大，电解铜的电能消耗随之增加，而且在电流密度相同的情况下，电解铜的电能消耗与每个电解槽中的电极面积有关，电极面积越大，电能消耗越低。这是由于在大极板的电解槽中，电流在电极板面上分布比较均匀、电解液的热稳定性强，导电棒和挂耳的接触电压降以及母线的电阻相应减小的缘故。

B　电流密度与贵金属损失的关系以及对电解铜纯度的影响

随着电流密度的提高，阴极附近电解液中含铜浓度贫化的程度加剧。为了减小阴极附近的浓差极化，需增大电解液的循环速度，这又使电解液中阳极泥的沉降速度减小，从而增加了电解液中阳极泥的漂浮程度，而且在高电流密度下，促使阳极不均匀溶解及阴极不均匀沉积的一些因素会加强，所产阴极表面会比较粗糙。这两个因素使阳极泥机械黏附于阴极的可能性增加。此外，由于电流密度的提高，电极之间的电磁场强度也随之增加，加大了阴极对一些带正电荷的漂浮阳极泥粒子和银离子的吸引力，使漂浮阳极泥在阴极上的黏附以及银离子在阴极上放电的危险性增加，使贵金属的损失增大。同时也使电解铜中贵金属含量增加，不同物理规格的电解铜中的金银含量见表 3.26。

表 3.26　不同物理规格的电解铜中金银含量

物理规格	表面平坦	表面粗糙	表面离子多
Au 含量/g·t^{-1}	0.24	0.265	0.385
Ag 含量/g·t^{-1}	10.625	10.652	15.361

总之，在高电流密度下生产的阴极铜表面，相对比较粗糙，它不仅易黏附漂浮的阳极泥粒子，而且易于在粗糙的凸瘤粒子之间夹杂电解液，使阴极铜中的镍、铁、锌及其他杂质含量都有升高的现象。

因此，在高电流密度下，必须相应地调整添加剂的使用情况，或使用新型、更有效的添加剂，提高电解液的温度，以保证阴极铜的质量。

C　电流密度对电流效率的影响

电流密度提高后，若添加剂配比不当或其他条件控制不当，容易引起阴极表面的树枝状结晶、凸瘤、粒子等析出物，使阴、阳极之间的短路现象显著增加，从而引起电流效率的下降。反之，当电流密度过小时，二价铜离子在阴极上有放电不完全的现象，成为一价铜离子；一价铜离子又可能在阳极上被氧化为二价铜离子，导致电流效率下降。

D　电流密度与蒸汽消耗和劳动条件的关系

随着电流密度的提高，电解液温度的增加，故用来加热电解液所需的蒸汽消耗量减少。当采用周期反向电流的高电流密度电解法时,在作业率高的情况下,往往需要对电解液进行冷却处理来控制温度。

在较高的电流密度下生产电解铜,必然要采用较高的电解液温度和较大的循环速度。由于电解槽液面水分蒸发而造成车间内酸雾加重,恶化了劳动条件,因此在用高电流密度生产的车间,更应采取电解液表面的覆盖措施。其次,在高电流密度下生产时,若其他条件控制不当,会使极间短路现象增多。为了维持较高的电流密度必须注重各项技术条件的协调配合,加强电解槽的槽面管理。

3.7.5.5 铜电解精炼的电能消耗

铜电解精炼的电能消耗,是按每年生产1t电解铜所消耗的直流电进行计算,或是按总电能消耗(交流电耗)计算。电能消耗能够综合地反映出电解生产的技术水平和经济效果。

直流电能消耗包括商品电解槽、种板电解槽、脱铜槽以及线路损失等全部直流电能消耗量。可用下式来计算直流电能的单位消耗:

$$W = \frac{E_{ce} \times 100}{\eta q}$$

式中 W——直流电能的单位消耗,kW·h/t;

E_{ce}——电解槽的槽电压,即直流电通过一个电解槽时的电压降,V;

η——电流效率,%;

q——金属的电化当量,对于二价铜为1.186。

从上式可以看出,电能的单位消耗决定于电解槽的槽电压和电流效率,并随槽电压升高或电流效率降低而增多。一般工厂的电流效率都在90%~98%之间(国内工厂一般95%~98%),波动范围不大。而槽电压则由于受电流密度、电解液成分以及温度、阳极组成等因素的影响而波动范围很大,一般在0.2~0.4V之间,因而对阴极铜的电能单位消耗具有更大的影响。

A   电流效率

铜电解精炼的电流效率通常是指阴极电流效率,为阴极铜的实际产量与按照法拉第定律计算的理论产量之比,以百分数来表示。同样,若按阳极的实际溶解量与按照法拉第定律计算的理论溶解量之比,则为阳极的电流效率。由于阳极溶解时,小部分的铜以一价铜离子的形态进入溶液,因此按二价铜来计算的电流效率一般都比阴极电流效率高0.2%~1.70%,因而使电解液中的铜含量不断增长。

引起阴极电流效率降低的因素较多,如电解的副反应、阴极铜化学溶解、设备漏电以及极间短路等较多。

电解过程中的副反应,有氢离子在阴极还原析出 H_2,三价铁离子的还原等。然而在铜电解生产条件下,电解液中含铜高、含铁低,进行上述副反应的可能性都很小,因而对电流效率的影响是很小的。

阴极铜在电解液中的化学溶解速度决定于电解液的温度、酸度、电解液中氧含量以及阴极在电解液中沉浸的时间长短。因此,为减少阴极铜的复溶,电解液不宜维持过高的温度,并尽可能与空气隔绝,以减少溶液中的氧含量。此外,在提高电流密度的条件下,单位时间内阴极铜析出量增加，使阴极在电解液中的沉浸时间相对减少，有利于减少阴极铜的化学复溶。通常阴极铜的化学复溶使电流效率降低 0.25% ~ 0.75%。

设备的漏电包括电解槽和循环系统的漏电。电解槽的漏电是通过彼此邻近的电解槽间或通过电解槽的绝缘体到地面漏电。循环系统的漏电主要通过电解液循环流动至集液槽并与地面构成了电路，从而产生漏电。为了防止或减少漏电，应该加强电解槽间、溶液循环系统和对地的绝缘。电解槽之间应留有足够的间隙（一般为 20 ~ 50mm），加强电解槽与梁、柱、地间的绝缘性能，在槽体与梁间用绝缘瓷砖、橡皮或塑料隔开，采用 PVC 或其他塑料来作为溶液的输送管道，以玻璃钢或塑料作为槽子的衬里，以及在循环系统中安装断流装置措施等。此外，生产人员必须经常检查设备的绝缘和漏电情况，杜绝电解液的跑、冒、滴、漏，维持车间内的清洁和干燥，尽量减少设备的对地漏电。

阴、阳极向短路的主要原因是阳极物理规格不好，有凹凸不平或飞边毛翅，始极片弯曲、卷角现象，阴极析出粗糙、长粒子凸瘤等。对阳极和始极片的质量要求已如前所述。

加强电解槽的槽面管理工作，是提高电流密度的关键所在。先进的现代工厂安装有槽电压的扫描监控系统，利用计算机对极间短路、槽电压的异常变化甚至阳极寿命都进行监控和探测。目前，对短路或烧板（由于电极接触不良，无电流通过，引起化学溶解）检查，国内一般都使用手拖式的短路探测器来进行探查。

B　槽电压

槽电压是影响阴极铜电能消耗的重要因素，它比电流效率的影响更为显著。电流效率往往只下降百分之几，然而只要操作或技术条件的控制稍有不当，槽电压就可能会上升百分之几十甚至成倍上升。

每个电解槽的槽电压包括阳极电位、阴极电位、电解液电阻所引起的电压降、导体上的电压降以及槽内部接触点（槽间导电板与阴、阳之间的接触点，导电棒与极板间的接触点等）的电压降，有时还包括阳极表面的阳极泥电压降等。

$$E_{ce} = (\varphi_{cn} - \varphi_{ca}) + E_t + E_{con} + E_p$$

式中　E_{ce}——槽电压；

　　　φ_{cn}——阳极电位；

　　　φ_{ca}——阴极电位；

　　　E_{con}——导体上的电压降；

　　　E_t——电解液电压降；

　　　E_p——槽内各接触点电压降。

为了降低槽电压，应当采用如下措施：

（1）改善阳极质量，力求将粗铜中的杂质在火法精炼中脱除，以降低阳极电位，防止阳极泥壳的生成，同时还可以减少杂质对电解液的污染。

（2）不必要求过低的残极率，一般在 18% ~ 22% 范围内。过低的残极率会引起阳极在工作的末期，槽电压急剧升高。

（3）阴极、阳极、导电棒、导电板之间的接触点应经过清洗擦拭，以保持接触良好。

（4）电解液成分，硫酸含量宜保持在 160 ~ 210g/L，含铜浓度维持在 40 ~ 50g/L，并尽可能地降低其他杂质的含量和胶的加入量。电解液的温度应维持在 60 ~ 68℃。

（5）尽可能地维持较短的极间距离。

3.7.6　大极板电解的主要装备

3.7.6.1　电解槽

电解槽是电解车间的主体设备。电解槽为长方形的槽子，其中依次交替排列着吊挂着的阳极和阴极。电解槽内附设有供液管、排液管（斗）、出液斗的液面调节堰板等。槽体底部常设计为由一端向另一端倾斜或由两端向中央倾斜，倾斜度大约3%，最低处开设排泥孔，较高处有清槽用的放液孔。放液孔和排泥孔配有耐酸陶瓷或嵌有橡胶圈的硬铅制作的塞子，防止漏液。此外，在钢筋混凝土槽体底部还开设检漏孔，以观察内衬是否破坏。用钢筋混凝土构筑的典型电解槽结构如图3.8所示。

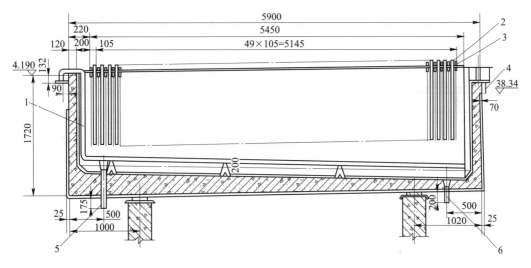

图3.8　典型的钢筋混凝土电解槽结构
1—进液管；2—阳极；3—阴极；4—出液管；5—放液管；6—放阳极泥管

电解槽的结构与安装应符合下列要求：槽与槽之间以及槽与地面之间应有良好的绝缘，槽内电解液循环流通情况良好，耐腐蚀，结构简单，造价低廉。

电解液的循环方式通常有上进下出式和下进上出式两种，如图3.9（a）和（b）所示。

图3.9（a）所示为常规进出的上进下出式循环，电解液从电解槽一端直接进入电解槽上部，并由上向下流，在电解槽的另一端设有出水袋（或出水隔板），将电解槽下部的电解液导出。在上进下出式电解槽中，电解液的流动方向与阳极泥的沉降方向相同，因此上进下出液循环有利于阳极泥的沉降，而且阴极铜含金、银量低。另外，上进下出对于温度分布比较有利，但漂浮阳极泥被出水挡板所阻，不易排出槽外，而且电解液上下层浓度差较大。在用小阳极板电解的工厂，由于电解槽尺寸较小，一般采用上进下出的循环方式。

图3.9（b）所示为下进上出式循环，电解液从电解槽一端的进水隔板内（或直接由进液管）导入电解槽的下部，在槽内由下向上流动，从电解槽另一端上部的出水袋溢流口（或直接由溢流管）溢出。在下进上出式电解槽中，溶液温度的分布不能令人满意，并且

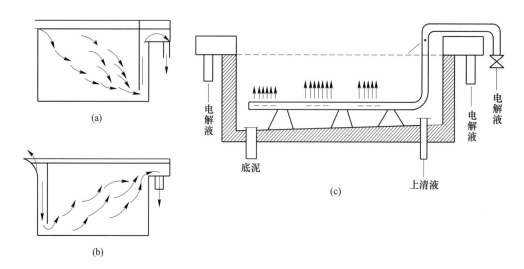

图 3.9　电解液循环方式

（a）上进下出；（b）下进上出；（c）新式下进上出

电解液的流动方向与阳极泥的沉降方向相反，不利于阳极泥的快速沉降，但可使电解液中的漂浮阳极泥尽快排出槽外，减少其在槽中的积累，故对高砷锑铜阳极特别有利。

随着电解槽的大型化、电极间距的缩小以及电流密度的提高，为维持大型电解槽内各处电解液温度和成分的均匀，一些工厂采用电解液与阴极板面平行流动的循环方式，即采用槽底中央进液、槽上两端出液的新"下进上出"循环方式（见图 3.9（c））。它是在电解槽底中央沿着槽的长度方向设一个进液管（PVC 硬管）或在槽底两侧设两个平行的进液管，通过沿管均布的小孔（孔距与同名极距相同）给液。排液漏斗安放在槽两端壁上预留的出液口上，并与槽内衬连成整体。由于给液小孔对着阴极出液，不仅有利于阴极附近离子的扩散，降低浓差极化，而且减少了对阳极泥的冲击和搅拌。此外，中间进液，两端出液，有利于电解液浓度、温度以及添加剂的均匀分布，有利于阴极质量的提高。表 3.27 为该新式下进上出与常规下进上出的对比试验结果。

表 3.27　新式下进上出与常规下进上出的对比试验结果

方式	给液量/L·min^{-1}	浓度差/g·L^{-1}	温度差/℃	槽电压/mV	电效/%
常规	20	6~7	2~3	330	95~96
新式	50	2~3	0~1	300	98

另一种大型槽的"上进下出"循环方式是在电解槽一长边的两拐角处各设一个进液口，各进一半电解液，在另一长边中央下部设一出液口。进液口来的电解液流呈对角线喷射，并由出液口将电解液引向电解槽一端排出。此方法能防止阳极泥上浮。

此外，还有渠道式电解槽，与一般电解槽所不同的是，其电解液的流动方向与阴、阳极相平行，因此具有优良的水力学条件，可以大大减小电极附近的浓差极化，并可使阳极泥很容易离开电解槽，有利于阴极铜的均匀沉积。

电解槽的槽体有多种材质，现在普遍采用钢筋混凝土槽体结构。我国一些工厂采用过辉绿岩耐酸混凝土单个捣制槽和花岗岩单个整体槽，这些槽耐酸、绝缘较好。但辉绿岩槽易渗。仅适合小型且能就地取材的工厂采用。另外，还有由 YJ 呋喃树脂液、YJ 呋喃树脂混凝土粉、石英砂、石英石等制作的拼装式呋喃树脂混凝土电解槽，这类材质机械强度高，耐腐蚀，耐热性能好，遇机械损伤而开裂时维修方便，在国内一些铜电解厂应用情况良好，但造价较高。此外，国外已经有些厂家采用了无衬里的预制聚合物混凝土电解槽（CRT 槽），它能经受长期直接浸泡在电解液中而无严重的腐蚀，大大地简化了电解槽的安装、操作和维修。

3.7.6.2 电解液循环系统设备

电解生产过程中电解液循环流通时，一是补充热量，以维持电解液具有必要的温度；二是经过过滤，滤除电解液中所含的悬浮物，以保持电解液具有生产高质量阴极铜所需的清洁度。电解液循环系统如图 3.10 所示。

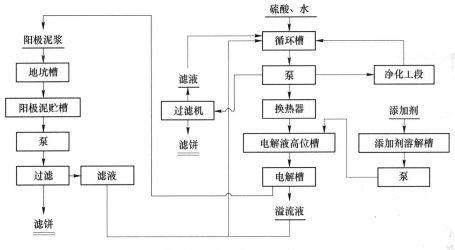

图 3.10 电解液循环系统

电解液循环系统的主要设备有循环液贮槽、高位槽、供液管道、换热器和过滤设备等。现代铜精炼厂多采用钛列管或钛板加热器，不透型石墨和铅管加热器已经被淘汰。芬兰的 Larox 净化过滤机对电解液中微米级悬浮物的过滤很有效果。

3.7.6.3 铜电解车间的电路连接

山东恒邦冶炼股份有限公司电解槽的电路连接采用复联法，即电解槽内的各电极并联装槽，而各电解槽之间的电路串联相接。每个电解槽内的全部阳极并列相连，全部阴极也并列相连，电解槽的电流强度等于通过槽内各同名电极电流的总和，而槽电压等于槽内任何一对电极之间的电压降。

图 3.11 所示为复联法的电解槽连接以及槽内电极排列示意图。这些电解槽中交替地悬挂着阳极（粗线表示）和阴极（细线表示）。

电流从阳极导电排 1 通向电解槽 I 的全部阳极，该电解槽的阴极与中间导电排 2 连接，中间导电板在相邻的两个电解槽 I 和 II 的侧壁上。同时中间导电排 2 又与电解槽 II 的阳极相连，所以导电排 2 对电解槽 I 而言为阴极，对电解槽 II 而言则为阳极。

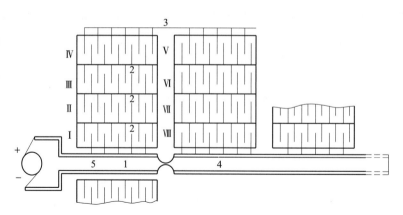

图 3.11　复联法连接示意图

1—阳极导电排；2~4—中间导电排；5—阴极导电排

　　电解槽中的每一块阳极和阴极均两面工作（电解槽两端的极板除外），即阳极的两面同时溶解，阴极的两面同时析出。

4 富氧底吹贵铅捕金工艺

4.1 富氧底吹贵铅捕金技术理论基础

关于富氧底吹贵铅捕金过程的原理尚无定论，文献报道较少。部分学者认为贱金属铅捕集贵金属是一种高温萃取过程的观点，与二硫化碳可以从含碘的水溶液中萃取碘较为相似，认为铅可以捕获贵金属是因为贵金属易溶解在铅中，像碘易溶解在二硫化碳中一样。

捕集作用的发生是由于熔融的渣相和贱金属相两者的组成结构差异很大。渣相由脉石矿物成分 SiO_2、MgO、CaO 以及熔炼中产生的 FeO 所组成，它们形成熔融的硅酸盐，是一种熔融的玻璃体。渣相靠共价键和离子键把硅、氧原子和 Ca^{2+}、Mg^{2+}、Fe^{2+} 等离子束缚在一起，键电子都是定域电子。因为贵金属的价电子或原子簇表面的悬挂键不可能与周围的定域电子发生键合，贵金属原子在熔渣中不能稳定存在。而金属相靠金属键把原子束缚在一起，原子间的电子可以自由流动，贵金属的键电子可以和周围贱金属原子的键电子发生键合，分散进入具有无序堆积结构的熔融贱金属相中，并且可降低体系自由能。因此，在粗铅熔炼过程中，贵金属原子进入粗铅而不进入熔渣。

4.1.1 贵铅捕金技术氧化熔炼热力学

4.1.1.1 氧化熔炼过程化学反应

在富氧底吹贵铅捕金熔炼过程中，炉料一般由硫化铅精矿、含金尾渣、浸出渣、返料（如烟尘）、熔剂和其他含铅物料组成。炉料在炉内要发生一系列物理化学变化，最终形成互不相溶的铅相和炉渣相（必要时还有冰铜相），并释放出反应气体进入烟气。其主要反应如下：

（1）硫酸盐、碳酸盐及高价硫化物的离解反应。浸出渣及烟尘带入的硫酸盐和精矿中的高价硫化物，以及熔剂中的碳酸盐在高温下首先发生分解反应：

$$2PbSO_4 \longrightarrow 2PbO + 2SO_2 + O_2$$
$$CaCO_3 \longrightarrow CaO + CO_2$$
$$2FeS_2 \longrightarrow 2FeS + S_2$$
$$4CuFeS_2 \longrightarrow 2Cu_2S + 4FeS + S_2$$

硫酸铅（$PbSO_4$）是白色单斜晶体，密度为 $6.34g/cm^3$，熔点为 1170℃。$PbSO_4$ 在 800℃ 开始离解，到 950℃ 以上离解速度很快。

黄铁矿（FeS_2）是立方晶系，着火温度为 402℃，很容易分解。在中性或还原性气氛中，300℃ 时开始分解，在空气中通常 565℃ 时开始分解。在 680℃ 时，离解压为 69.06kPa。

黄铜矿（$CuFeS_2$）着火温度为 375℃，在中性或还原性气氛中，加热到 550℃ 或更高温度开始离解，在 800~1000℃ 完全分解。

（2）硫化物的氧化反应。硫化铅精矿的主要成分是方铅矿（PbS），此外还有 ZnS、FeS_2、CuFeS 等。

$$2PbS + 3O_2 \longrightarrow 2PbO + 2SO_2$$
$$PbS + 2O_2 \longrightarrow PbSO_4$$
$$2ZnS + 3O_2 \longrightarrow 2ZnO + 2SO_2$$
$$Cu_2S + 2O_2 \longrightarrow 2CuO + SO_2$$

在采用氧气或富氧空气的强化熔炼条件下，高价硫化物在发生分解反应的同时，也会直接发生氧化反应。

$$2FeS_2 + 11/2O_2 \longrightarrow Fe_2O_3 + 4SO_2$$
$$3FeS_2 + 8O_2 \longrightarrow Fe_3O_4 + 6SO_2$$
$$2CuFeS_2 + 5/2O_2 \longrightarrow Cu_2S \cdot FeS + FeO + 2SO_2$$

高价硫化物分解产生的硫化亚铁也会发生氧化反应。

$$FeS + 3/2O_2 \longrightarrow FeO + SO_2$$

（3）交互反应。在不同的温度下，生成的 PbO、$PbSO_4$ 与未被氧化的 PbS 之间会发生一系列反应，还会产生很多成分复杂的碱式硫酸铅——$xPbO \cdot yPbSO_4$。

$$PbSO_4 + PbO \longrightarrow PbSO_4 \cdot PbO$$
$$PbSO_4 + 2PbO \longrightarrow PbSO_4 \cdot 2PbO$$
$$PbSO_4 + 3PbO \longrightarrow PbSO_4 \cdot 3PbO$$
$$2(PbSO_4 \cdot PbO) + 3PbS \longrightarrow 7Pb + 5SO_2$$
$$2(PbSO_4 \cdot 3PbO) + 5PbS \longrightarrow 13Pb + 7SO_2$$
$$PbS + 2PbO \longrightarrow 3Pb + SO_2$$
$$PbSO_4 + PbS \longrightarrow 2Pb + 2SO_2$$

交互反应对于熔池熔炼很重要，底吹炉产出的一次粗铅就是交互反应的产物，交互反应产生的粗铅在氧化气氛中又被氧化成氧化铅。

（4）造渣反应。炉内生成的 FeO 在有 SiO_2 存在的情况下，将按下列化学反应式生成铁橄榄石炉渣。

$$xPbO + ySiO_2 \longrightarrow xPbO \cdot ySiO_2$$
$$2FeO + SiO_2 \longrightarrow 2FeO \cdot SiO_2$$
$$xCaO + ySiO_2 \longrightarrow xCaO \cdot ySiO_2$$

4.1.2　贵铅捕金技术氧化熔炼过程动力学

4.1.2.1　PbS 氧化的动力学

硫化铅氧化的速度与温度的关系一般可用 Arrhenius 公式来确定，$k = k_0 e_0^{-E/(RT)}$。对于一定温度区间的表观活化能 $E(kJ/mol)$ 可按下式求出：

$$E = \frac{4.574T_2T_1 \lg(k_2/k_1)}{T_2 - T_1}$$

在 500℃下 PbS 被空气中的 O_2 氧化 35min 后，脱硫程度为 7%；在 700℃下 PbS 氧化到同等程度所需时间为 3min。于是 500℃下的氧化速度常数 k_1 为：

$$k_1 = \frac{1}{t_1}\ln\frac{1}{1-x} = \frac{1}{35}\ln\frac{1}{1-0.07} = 0.0021 = 2.1\times10^{-3}$$

700℃下的氧化速度常数 k_2 为：

$$k_2 = \frac{1}{t_2}\ln\frac{1}{1-x} = \frac{1}{3}\ln\frac{1}{1-0.07} = 0.0248 = 2.48\times10^{-2}$$

表观活化能为：

$$E = \frac{4.574T_2T_1\lg(k_2/k_1)}{T_2-T_1} = 77.5(\text{kJ/mol})$$

同样方法求出 800℃与 1000℃的表观活化能为 19.0kJ/mol，显然 PbS 被空气氧化在 500~700℃和 800~1000℃的两个温度间隔内，反应速度与温度的关系表现为两种反应特征，根据 $\lg k - \frac{1}{T}$ 的关系图，其转变温度约为 750℃。这也可以看做是 PbS 氧化的着火温度。

在低温条件下，化学反应的速度比扩散吸附速度小得多，尽管反应界面处的氧浓度很高，焙烧的最后产物以 $PbSO_4$ 为主。

当温度接近 PbS 的着火温度（700~750℃）时，产物中除了 $PbSO_4$ 之外，还含有碱式硫酸铅。当温度高于 PbS 的着火温度，为 750~800℃时，在 PbS 仍为固态的初期氧化阶段，氧化反应按化学吸附—解吸方式进行。

经过初期氧化阶段以后，熔炼产物中存在有碱式硫酸铅和 PbO，并可能出现液相即 $PbS-PbO\cdot PbSO_4$ 和 $PbS-(2PbO)\cdot PbSO_4$ 两种混合物的熔化，$PbS-PbO\cdot PbSO_4$ 和 $PbS-(2PbO)\cdot PbSO_4$ 两共晶物的熔点分别为 790℃和 830~850℃。

因此，在 750~800℃较高的温度下熔炼 PbS 时，当产生一定数量的氧化物之后，便会出现液相，这有利于铅精矿的熔炼。在更高的温度下熔炼时便有 PbS 挥发进入气相并在气相中氧化。

硫化铅矿开始被空气氧化就具有很大的速度，温度越高反应进行得更为迅速，在温度 1000℃时不到半小时，就可以达到完全脱硫的程度。

产生很难分解的 $PbSO_4$ 是熔炼渣中残硫高的重要原因，为此研究了硫酸铅分解反应的动力学。由 900℃升至 1000℃时 $PbSO_4$ 的分解速度很大，要在熔炼的短时间内使 $PbSO_4$ 分解完全，必须将温度提高到 1000℃以上。

当温度高于 860℃时，$PbSO_4$ 的热分解开始反应为

$$PbSO_4 \longrightarrow PbO\cdot PbSO_4 + SO_2$$

当温度高于 960℃时，$PbSO_4$ 发生分解反应，并伴随熔融现象，进一步升温 $PbSO_4$ 便在液态下分解。

硫酸铅在 950~1050℃下分解时，分解反应的表现活化能为 4556kJ/mol。在声场（199.9Pa）作用下的反应表观活化能降到 2526kJ/mol，说明分解反应是受气象扩散阻力的限制[51]。

4.1.2.2 氧化铅还原熔炼过程的动力学

氧化铅还原的机理目前还没有统一的认识。主流观点认为，可以用吸附—自动触媒催

化理论解释。即：

（1）CO 气体从主体气流扩散到气-固界面；

（2）CO 穿过界面层，扩散到 PbO 块的表面；

（3）CO 被 PbO 吸附；

（4）PbO 和 CO 发生结晶化学反应，生成 Pb 和 CO_2；

（5）反应产物 CO_2 解析向外扩散；

（6）CO_2 通过界面层扩散到主流气体中。

整个还原过程的速度取决于上述过程中最慢的环节。

吸附—自动触媒催化反应的进程可以分为 3 段：Ⅰ 段为诱导期，由于新相生成困难所以还原速度几乎为零。Ⅱ 段为加速期，新相生成后，反应以新相晶核为中心向周围扩大，反应加速进行，具有自动触媒催化的性质。Ⅲ 段称为减速期，当反应以新相晶核为中心不断扩大到与相邻反应面重合时反应面不断减小，反应也随之减速。此外，反应生成的 CO_2 气体的吸附占据了部分活泼表面，妨碍还原反应的进行，也会使反应减速。

有些学者做了一些实验，可能是实验条件的差别，得出的结论不一致。另外有学者认为，由于氧化铅的还原在高温下进行，铅的熔点低，一还原出来就溜走，不会形成液膜覆盖氧化铅的表面，外扩散速度很快不是控制步骤，吸附、解析也不是控制步骤。因此，认为 CO 还原 PbO 的控制步骤是结晶化学反应。

4.1.3 贵铅捕金技术渣型对氧化熔炼过程的影响

4.1.3.1 炉渣的熔点

炉渣的熔化温度主要与炉渣组成成分和物相有关。炉渣中各种氧化物的熔点都很高，如 FeO 1360℃、SiO_2 1710℃、CaO 2570℃、ZnO 1900℃、Al_2O_3 2050℃、Fe_2O_3 1580℃、MgO 2800℃。当碱性氧化物与酸性氧化物结合形成炉渣时，炉渣的熔点比其组成中单独的氧化物低得多。

贵铅炉渣的主要成分是 FeO、SiO_2、CaO、ZnO，其总量占炉渣质量的 55%～65%，这些组分基本上决定了炉渣的性质。

铅熔炼产物的熔点大致为：粗铅 325℃ 左右，铅冰铜 950～1000℃，黄渣 1050～1100℃。为了使铅冰铜和黄渣有一定的过热程度，炉渣的熔点不应低于黄渣的熔点。同时炉渣熔点过低，会影响硅铅酸的还原及 PbS 被 Fe 分解反应的进行。如果炉渣熔点过高，就必须增加焦炭的消耗。同时熔化速度减慢，导致生产率降低，炉内温度升高使 FeO 还原。这些都是对还原过程不利的。因此还原时炉渣熔点一般选择在 1050～1150℃。

炉渣中除了 FeO、SiO_2、CaO 外，还存在着其他组分，会改变炉渣熔点。一般情况下，炉渣中加入其他组分会在一定程度内降低熔点，三元共晶比二元共晶容易熔化，多元共晶比三元共晶易于熔化。

4.1.3.2 炉渣硅酸度

炉渣硅酸度是炉渣中酸性氧化物含氧量之和与碱性氧化物含氧量之和的比值。有色金属冶金炉渣通常都含有相当数量的二氧化硅，故硅酸度成为炉渣酸碱性的常用表示法。硅酸度等于或小于 1 的硅酸盐炉渣一般属于碱性炉渣,大于 1 的炉渣属于酸性炉渣。炉渣基本上为多种氧化物组成,这些氧化物依其性质的不同分为碱性、酸性和两性三类。

表 4.1 列举了某铅的贵铅渣品位,参照该厂的数据,以成分为 SiO_2 10%、CaO 5%、FeO 20%、ZnO 11% 的贵铅渣为例,渣中酸性氧化物为 SiO_2,碱性氧化物为 CaO、FeO,两性氧化物 ZnO 在渣中 SiO_2 含量高时可将其看成碱性氧化物,则以 1kg 炉渣计算,该炉渣的硅酸度为:

$$\frac{0.10 \times \frac{32}{60}}{0.05 \times \frac{16}{56} + 0.2 \times \frac{16}{71.8} + 0.11 \times \frac{16}{81.4}} = 0.66$$

表 4.1 某厂贵铅渣成分

名称	Cu/%	S/%	FeO/%	SiO_2/%	CaO/%	Au/g·t^{-1}	Ag/g·t^{-1}	Pb/%	ZnO/%
贵铅渣 1	1.82	0.89	20.32	9.99	4.32	16.64	848.40	41.33	11.23
贵铅渣 2	1.35	0.71	20.13	10.37	4.48	16.40	841.00	41.04	10.80
贵铅渣 3	1.51	0.72	20.05	9.87	4.29	16.74	809.00	40.94	11.04
贵铅渣 4	1.47	0.89	20.18	10.25	4.78	16.70	843.50	41.08	10.53

4.1.3.3 炉渣结构

炉渣的性质与炉渣结构紧密相关。贵铅炉渣是一种结构复杂的硅酸盐,在高出熔点不多的温度下,熔融硅酸盐与晶体硅酸盐的结构相似。晶体硅酸盐是一种复杂的晶体,硅酸盐晶体有两个特点:一是它由金属阳离子和硅氧聚合阴离子组成,研究表明,硅氧聚合阴离子的结构单元为硅氧四面体 SiO_4^{4-}。在硅氧四面体 SiO_4^{4-} 中,氧阴离子有很大的极化,Si—O 键有很大的共价键成分,从而使 SiO_4^{4-} 非常稳定。二是两个硅氧四面体之间可能有三种结合方式,即顶点连接、棱连接和面连接。其中以顶点连接最为稳定,因为以这种连接的两个相邻 SiO_4^{4-} 四面体之间的距离最远,静电斥力最小。

研究表明,在硅酸盐晶体中存在两种不同结构的氧,一种是一个连接两个硅氧四面体,称为桥氧,另一种是氧一边连接硅氧四面体,另一边连接金属阳离子,称为非桥氧。因为桥氧归一个四面体所有,硅氧四面体中桥氧越多,硅酸盐晶体中硅氧原子数之比越大,硅氧四面体的网状结构越复杂。

研究表明,将碱性氧化物加入 SiO_2 二元硅酸盐时,使硅氧四面体中 Si—Si 之间距离拉大,围绕在一个 Si 周围的 Si 原子的数量减少,硅氧四面体变得易于运动,这说明碱性氧化物破坏了硅氧四面体的网状结构。

炉渣中经常含有 Al_2O_3 等氧化物,在强碱性炉渣中 Al_2O_3 呈酸性,对氧离子吸引力比较大,容易形成铝氧聚合阴离子和硅氧聚合阴离子[52]。

4.1.3.4 炉渣黏度

黏度是熔渣的重要性质,关系到冶炼过程能否顺利进行,也关系到金属或锍能否充分地通过渣层并沉降分离,冶炼过程要求炉渣具有小而适当的黏度。流动性好的渣,其黏度相当于甘油的室温黏度（0.5Pa·s），黏度1.5~2.0Pa·s的渣，虽然比较黏稠，但还能满足冶炼要求。黏度达3.5~5.0Pa·s或更高时，则会造成冶炼难以进行，且不易从炉内放出。

熔渣的黏度与成分及温度的关系密切。组成炉渣的各种氧化物中，SiO_2对炉渣的影响最大。熔渣中SiO_2含量越高，硅氧络合阴离子的结构越复杂，离子半径越大，熔体黏度也越大，Al_2O_3、ZnO等也有类似影响。而碱性氧化物的含量增加时，硅氧络阴离子的离子半径变小，黏度将有所降低。

任何组成的炉渣，其黏度都是随着温度的升高而降低的。但是温度对碱性渣和酸性渣的影响有显著的区别。

碱性炉渣在固态时黏度很高，当受热融化时，立即转变为各种Me^{2+}和半径较小的硅氧络阴离子，黏度迅速下降，其黏度—温度曲线上有明显的转折点（该转折点温度称为熔化性温度），超过转折点温度后，曲线变得比较平缓，即温度对黏度的影响已不明显。

酸性炉渣因含SiO_2高，在温度升高时，复杂的硅氧络阴离子逐步离解为简单的硅氧络阴离子，离子半径逐步减小，因而黏度也是逐步降低的，其黏度—温度曲线上没有明显的转折点，因而酸性渣也没有明显的熔化性温度。

炉渣黏度因温度变化而引起的波动称为炉渣的热稳定性，酸性渣的热稳定性在较大的温度范围内都很好，而碱性渣在略高于熔化性温度的温度范围，热稳定性很差，在炉渣过热程度不大时，炉温向下波动，炉渣有凝固的可能，但如过热程度很高，则碱性渣的热稳定性也是很好的。

对于$CaO-FeO-SiO_2$系炉渣，CaO含量在30%以下时，对黏度的影响不大，超过30%时，黏度将随CaO含量的增加而迅速加大。当CaO含量在30%以下时，SiO_2含量在15%~30%黏度最小，超过30%，黏度迅速增大。增加FeO含量可降低黏度。该炉渣系黏度最低的组成为CaO 10%~30%，SiO_2 20%~30%，FeO 40%~60%。

运用Factsage软件计算了$PbO-FeO-CaO-SiO_2-ZnO$渣系的黏度，得知FeO/SiO_2 1.2~2.2，CaO/SiO_2 0.35~1.0，在1200~1250℃时，炉渣黏度均低于0.2Pa·s[53]。

4.1.3.5　炉渣组元

富金铅渣通常含铅40%~50%，由高于50%的硅酸铅及相对较少的氧化铅组成。液态富金铅渣中的铅以硅酸铅为主，其铅含量占总铅量的70%，其他形式的铅化合物也溶解在炉渣中。通过从崔雅茹课题组的研究结果可知，在600~1270℃范围内，当铅含量高时，富氧底吹炉中富金铅渣中各组元间可能生成的物相顺序依次为$Pb_8ZnSi_6O_{21}$ > $Pb_2ZnSi_2O_7$ > $PbZnSiO_4$ > Pb_4SiO_6 > Pb_2SiO_4 > Zn_2SiO_4·$ZnFe_2O_4$ > $PbSiO_3$，当铅含量低时，可能存在Zn_2SiO_4·$ZnFe_2O_4$等物相[54]。

4.2　富氧底吹贵铅捕金工艺的发展及技术特点

4.2.1　富氧底吹贵铅捕金工艺的开发

1983年9月，经国家科学技术委员会批准，氧气底吹炼铅课题被列入国家"六五"计划。由北京有色冶金设计研究总院、水口山矿务局牵头，北京钢铁研究总院、北京矿冶研究总院、西北矿冶研究院、中南工业大学、东北工学院、中国科学院化工冶金研究所、白银有色金属公司参与，共同组成攻关组，对氧枪结构、炉体模拟、冶炼渣型及热力学等进行了大量小型试验。在此基础上，北京有色冶金设计研究总院设计了年产3000t粗铅的半工业试验成套装置，并于1985年12月建成。至1987年11月底，共进行了10批次试验，熔炼完成895t铅精矿，产出粗铅342t。底吹熔池熔炼铅精矿试验取得重大进展，体现出熔炼强度高、能耗低、硫利用率高、环保好等许多优点，但受制于高铅渣的还原问题，氧气底吹炼铅技术被迫搁置。

1989年为解决康家湾含金黄铁矿回收金的问题，水口山矿务局进行了铅精矿与含金黄铁矿混炼试验，试验中熔炼过程顺利，但产出的高铅渣没法处理。

1997年9月，为满足国家日趋严格的环保要求，实现"烧结锅—鼓风炉炼铅工艺必须于2000年前全部淘汰"这一目标，中国恩菲继续开展研究，组织豫光金铅、温州冶炼厂、池州冶炼厂共同出资，在水口山利用原有底吹熔炼炉和1.5m² 小型鼓风炉开展底吹熔炼—鼓风炉还原炼铅工艺试验，重点在于解决鼓风炉还原富金铅渣存在鼓风炉渣含铅高的问题。试验过程中，通过适度提高鼓风炉料焦率、降低鼓风熔炼强度，实现了渣含铅量小于3%，降低至与熔炼烧结矿同一水准，该工艺最终取得成功。

4.2.2 富氧底吹贵铅捕金的工业化应用

2002年第一代技术——氧气底吹熔炼—鼓风炉还原炼铅技术实现产业化，随后，向着更低能耗、更高环保的方向迈进，形成氧气底吹熔炼—熔融侧吹还原法以及氧气底吹熔炼—熔融底吹电热还原法炼铅技术。

底吹炼铅项目单系列的规模，从过去的每年3万吨粗铅，扩大至5万吨、8万吨，如今已至25万吨；所处理物料也由单一铅精矿发展到添加蓄电池铅泥、铅银渣、锌浸出渣、高炉铅锌尘、氰化渣、金精矿；吨铅能耗由630kg标煤降至220kg标煤。

氧气底吹贵铅捕金技术能够降低能耗和焦炭使用量，有效解决了长期困扰冶炼生产的二氧化硫烟气和粉尘所带来的环保问题，目前已经在国内外得到广泛推广和应用，使我国金铅冶炼技术一举迈入国际先进水平。最值得骄傲的是，这项技术已经成功应用于国内43余个铅冶炼项目，产能达每年365万吨。

4.2.3 富氧底吹贵铅捕金的技术特点

富氧底吹贵铅捕金熔炼过程能够百分之百实现自热平衡，无需添加燃料（但在开炉初期，操作不熟练，作为安全措施，加入1%的煤粒，防止热平衡失调或产生泡沫渣喷炉），单位能耗降低明显；在吹炼工段，熔炼炉和还原炉之间采用溜槽连接，热料直接流入，消除了二氧化硫烟气低空污染，硫的捕集率将达99.8%以上，极大地改善了生产环境。冶炼过程中产生的余热全部用于余热锅炉蒸发，不仅降低了烟气温度，还能产生大量饱和蒸汽和低压蒸汽，用于发电和直接加热电解液；对污酸污水进行合理处理，进行循环利用，实现了废水零排放。

富氧底吹贵铅捕金具有以下几方面显著优势：

（1）能耗低，污染少。熔炼氧浓度高达75%~80%，所产烟气量少，烟尘率低，烟气带走的热量少；炉体全部用耐火衬构筑，除下料口和烟气出口外，没有其他水冷元件，炉体热损失率低；炉子密封好，能有效解决污染问题，环保效果突出。

（2）原料适应性强，投资省。无论精矿含铅高低、伴生金属含量高低均可处理。原料准备简单，不经干燥、混料制粒后直接入炉熔炼，流程短；烟气稳定，烟气量小，有利于降低制酸成本；运行设备少，投资省，电耗、人员和折旧费用低，所以每吨生产成本可相对降低 15% 左右。

4.3　富氧底吹贵铅捕金基本原理

4.3.1　氧化熔炼捕金基本原理

氧化熔炼目的是除去原料中的大部分硫，使硫化铅氧化成氧化铅，并产出符合还原炉还原熔炼要求的富金铅渣，同时产出含硫浓度较高的烟气，送制酸。

氧化熔炼基本原理为氧化炉氧化熔炼是熔池熔炼，经配料制粒的混合料从氧化炉顶部加入，氧气从底部吹入引起熔体搅拌，混合料中的金属硫化物发生氧化反应，生成金属氧化物和二氧化硫，并释放出大量热使氧化反应继续下去，同时形成富集金、银等贵金属的粗铅和低熔点的富金铅渣。主要的反应方程如下：

（1）氧化造渣反应：

$$2FeS + 3O_2 + SiO_2 === 2FeO \cdot SiO_2 + 2SO_2$$
$$2ZnS + 3O_2 === 2ZnO + 2SO_2$$
$$2PbS + 3O_2 + SiO_2 === 2PbO \cdot SiO_2 + 2SO_2$$
$$2PbS + 3O_2 === 2PbO + 2SO_2$$
$$2Pb + O_2 === 2PbO$$
$$PbS + 2O_2 === PbSO_4$$

（2）沉铅反应。

$$PbS + O_2 === Pb + SO_2$$
$$2PbS + 3O_2 === 2PbO + 2SO_2$$
$$PbS + 2PbO === 3Pb + SO_2$$

4.3.2　液态富金铅渣还原熔炼的基本原理

富金铅渣直接还原熔炼，基于富金铅渣中金属氧化物 MeO 在高温下与还原剂 X 作用，而将其中的金属还原出来，其基本反应，可用下式表示：

$$MeO+X === Me+XO$$

在还原炉生产中，用碳粒作为还原剂，同时在底吹炉底部通入粉煤（或天然气）及氧气提高炉温，顶部下料口断续加入石子参与造渣反应。在还原炉发生的主要反应过程包括以下几方面：

（1）碳质燃料的燃烧过程：

$$C + O_2 === CO_2$$
$$CO_2 + C === 2CO$$

（2）还原、沉淀及造渣过程：

$$2PbO + C === 2Pb + CO_2$$

$$PbO + CO \Longrightarrow Pb + CO_2$$
$$CaO + SiO_2 \Longrightarrow CaO \cdot SiO_2$$
$$2FeO + SiO_2 \Longrightarrow 2FeO \cdot SiO_2$$

4.3.3 富氧底吹炉的动力学过程

4.3.3.1 硫化铅的氧化

硫化铅精矿熔池熔炼的氧化反应、造渣反应及还原反应主要在熔池熔体气-固-液三相中完成，氧化熔炼的主要反应也可以表达如下：

$$PbS + 2O_2 \longrightarrow PbSO_4$$
$$2PbS + 3O_2 \longrightarrow 2PbO + 2SO_2$$
$$PbS + 2PbO \longrightarrow 3Pb + SO_2$$
$$3PbSO_4 + PbS \longrightarrow 4PbO + 4SO_2$$
$$PbSO_4 + PbS \longrightarrow 2Pb + 2SO_2$$
$$FeS_2 + 5/2O_2 \longrightarrow FeO + 2SO_2$$
$$3FeO + 1/2O_2 \longrightarrow Fe_3O_4$$

熔池熔炼的炉料颗粒要比闪速熔炼大得多，颗粒内部温度传递相对较慢，反应温度相对较低，大部分首先生成硫酸铅，然后通过硫酸铅分解产生氧化铅。同时，氧化铅与硫化铅、硫酸铅的交互反应产生一部分金属铅，这就是氧化熔炼产出的一次粗铅。

4.3.3.2 底吹炉内的流体运动

在熔池熔炼过程中虽然也有悬浮颗粒与周围介质的传递过程，但是与闪速熔炼不同的是，悬浮粒子是处在一个强烈搅拌的气-液两相介质中，受到液体流动、气体流动和两种流体相互作用及其动量交换的影响。熔池熔炼是通过喷枪从侧面或底部或上部向熔体内鼓入气流，气流进入熔体时，受到熔体的阻碍被分散变成小股气流和气泡，这些气泡继续受到熔体阻力，会变成更小的气泡，使熔体气化膨胀。但是气泡并不是均匀分布在熔体中使熔体整体向上膨胀，而是随着流体的运动成羽状卷流。这是因为除了气泡夹带熔体向上浮动外，更重要的是喷出口的负压与其他区域的正压形成压力差，使流体向流股界面垂直的方向流动。滞留气体在熔体表面形成的这种羽状卷流是熔池熔炼的基本条件。羽状卷流的好坏决定了熔池内炉料的熔化、氧化和造渣速度，而且直接影响炉体耐火材料的寿命和烟尘率。

4.3.3.3 熔体中液体与气体的界面面积

在喷入熔池的气体形成的羽状卷流中，滞留气体与熔体之间的界面面积是传质转热的主要参数。决定其面积的因素有单位熔体的鼓风量、气泡在熔体中的停留时间、气泡的大小及熔体温度等。

鼓风量决定熔池表面的搅动速度，也决定熔池表面的气流速度。气流速度低可以减少熔池上部空间飞溅物的数量，气流速度高将导致上部空间飞溅物及烟尘量增加。因此，鼓风量的大小不仅要进行热力学的氧气量计算，而且要考虑气流速度的动力学影响。

液体与气体之间的界面面积与气流速度、熔体温度、气泡在熔体中停留的时间及气泡的比表面积成正比，与气泡直径成反比。鼓风的气流速度越高，说明气流的动能越大，克服熔体阻力的能力越强，形成的气泡直径越小；熔体温度越高，熔体的黏度越小，越容易被气流分散；气泡在熔体的停留时间越长，熔体中的气泡数量越多。这些因素都能促使液体与气体之间的界面面积增大，有利于炉料的熔化和化学反应的进行。相反，气泡直径越大，气泡的比表面积就越小，与液体的界面面积就越小。

当然气泡在熔体中的停留时间不能过长，停留时间过长，说明熔体温度过低、黏度过大，气体不能及时排出就会形成大气泡，产生泡沫渣。

4.3.3.4　气泡在熔体中的滞留体积

气泡在熔体中的滞留体积 V 可用下式表示：

$$V = U \times \frac{T}{273} \times \frac{1}{p} \times t$$

式中　V——气泡在熔体中的滞留体积，m^3；

U——通过喷枪或风口的气流速度，m^3/s；

T——熔体温度，K；

p——气泡内平均压力补偿系数，101.3kPa；

t——直径为 d 的气泡在熔体中的停留时间，s。

气泡在熔体内的停留时间越长，会导致滞留体积增大，整个熔体表面膨胀上升，如果熔体表面形成黏度较大的泡沫渣，化学反应生成的气体和惰性气体就不能及时排出。如果滞留时间达到1min，熔体表面上涨剧烈，炉子可能冲顶，出现安全事故，遇到这种情况，必须先停风。

4.3.3.5　熔体搅动能量

鼓入气体对熔体的冲击、气泡上升及膨胀的能量，构成熔体的搅动能量，与鼓风量、鼓风压力、熔体密度及风口的浸没深度有关。

熔池熔炼依靠这种搅动能量进行传质传热，加快熔炼的反应速度，强化其熔炼过程。这种搅动并非分布于整个熔池，而是只限于熔池的搅动区域，熔体需要相分离，需要静止区域和单向流动区域。

4.3.3.6　炉料颗粒与熔体之间的传热

由于强制鼓风给予熔体强烈的搅动能量，熔池熔炼的传热过程是强制对流传热，比自然传导传热的速度要快得多。

在相对静止的熔池内，炉料加入熔池内熔体表面时，在冷料周围会形成一层硬壳，当熔体的热量传递给炉料颗粒并大于颗粒内部传出的热量时，颗粒及硬壳开始熔化。对于自然状态下被浸没颗粒及硬壳熔化所需要的时间，J. Themelis 等人提出过数学计算公式，并将计算结果绘制成曲线图。炉料颗粒从 2cm 加大到 10cm 时，完全熔化所需要时间从 160s 增加到 840s，与试验结果基本吻合。

在强制鼓风条件下，熔体形成羽状卷流，J. Themelis 等人对于喷射强制传热条件下由于熔体搅动而增加的传热值提出过计算方法。

强制传热条件下相同粒度的炉料颗粒完全融化所需要的时间仅为自然传热的 1/4，也就是在气流喷射强制传热条件下炉料颗粒的融化速度为自然状态下的 4 倍。2cm 的炉料颗粒的熔化时间为 35s，10cm 炉料颗粒的融化时间为 210s。

4.3.4 渣型选择

工业上对炉渣的要求是多方面的，选择十全十美的渣型比较困难，应原料、冶炼工艺等具体情况从技术、经济等方面进行比较选择。富金铅渣是一种非常复杂的高温熔体体系，它由 FeO、SiO_2、CaO、Al_2O_3、ZnO、MgO 等多种氧化物组成，它们相互结合而形成化合物、固溶体、共晶混合物，还含有一些硫化物、氟化物等。虽然存在各种炼铅方法及不同工厂的炉渣成分也有所不同，但基本成分在下列范围内波动：Zn 3%~20%、SiO_2 13%~30%、Fe 17%~31%、CaO 10%~25%、Pb 0.5%~5%、Cu 0.5%~1.5%，Al_2O_3 3%~7%，MgO 1%~5%等。

炉渣成分的不同对冶炼指标的影响如下：铅精矿中的硫化铁经氧化脱硫和高价氧化铁还原形成相对稳定的低价铁氧化物——氧化亚铁（FeO）进入炉渣，成为炉渣的主要组分之一。FeO 是一种碱性氧化物，熔点 1370℃，它与酸性氧化物——二氧化硅（SiO_2，熔点 1713℃）结合形成稳定的铁硅酸盐，如铁橄榄石（$2FeO \cdot SiO_2$）熔点 1205℃，因此富氧底吹贵铅捕金工艺一般都加石英石作熔剂，以补充铅精矿中 SiO_2 成分的不足。

在铁硅酸盐炉渣中，由于 FeO 含量高，炉渣密度大，对金属硫化物的溶解能力大，造成随渣带走的金属损失大。因此在工业实践中，一般不单独采用氧化亚铁硅酸盐作炉渣，而必须加入 CaO，以改善炉渣性能。所以富金铅渣的基本渣型是铁钙硅酸盐的熔合体。

CaO 熔点很高，为 1370℃，是比碱性更强的碱性氧化物，在成分接近铁橄榄石（其质量分数为 FeO 70%，SiO_2 30%）的炉渣中加入一定量的 CaO，可降低炉渣的熔点、密度和炉渣对金属（锍）的溶解能力，可得到熔化温度在 1100~1150℃适合于熔炼要求的炉渣。在 SiO_2-FeO-CaO 三元渣系中，熔点最低的炉渣成分位于 FeO 45%、CaO 20%、SiO_2 35%附近，为 1100℃左右。

黏度是影响炉渣流动性，影响炉渣与金属（锍）分离程度，并关系到冶金过程能否顺利进行的重要性质。酸性炉渣含 SiO_2 高，结构复杂的硅氧复合离子（$Si_xO_y^{2-}$）导致炉渣黏度上升。适当增加碱性氧化物有利于降低炉渣黏度。但碱性氧化物过高时可能生成各种高熔点化合物，使炉渣难熔，炉渣黏度升高。对于 SiO_2-FeO-CaO 炉渣黏度最小的组成为 CaO 10%~30%、SiO_2 20%~30%、FeO 40%~60%。这与上述最低熔点的炉渣成分范围大体一致。

采用高 CaO 渣型，其出发点是降低渣含铅，提高金属回收率。因为 CaO 是强碱性氧化物，可将硅酸铅中的 PbO 置换出来使其变得容易被碳还原；高 CaO 的炉渣可提高炉温，降低炉渣密度；提高炉渣中的 CaO 可使 Si-O 及 Fe-O-Zn 的结合能力减弱，增加锌和铁在熔渣中的活度，有利于炉渣的烟化处理；提高炉渣中的 CaO 能破坏熔渣中硅氧离子 $Si_xO_y^{2-}$，降低炉渣的黏度；CaO 可降低炉渣与金属间的界面张力，有利于铅和渣的分离。基于上述观点，又派生出高 ZnO、高 CaO 渣型和高 SiO_2、高 CaO 渣型。

富氧底吹贵铅捕金工艺使用的原料中一般都含有百分之几的锌。锌对氧的亲和力大，难被碳还原，大部分以 ZnO 状态入渣。在熔炼过程中 ZnO 含量增大会使炉渣的黏度和熔点升高，使炉渣含铅升高，严重情况下会造成炉结，迫使停炉。所以处理高锌铅精矿炉渣含锌一般控制在 20% 以内。ZnO 是两性化合物，作为碱性物进入渣中便与 SiO_2 生成难熔的硅酸盐，如 $ZnO \cdot SiO_2$、$2ZnO \cdot SiO_2$，其生成温度在 1550℃ 以上，ZnO 很难溶于这种熔体中。ZnO 作为酸性物进入硅酸铁的炉渣中，发现有 $FeO \cdot ZnO$ 存在，因此有的工厂处理含锌高的原料时，造高铁低硅低钙炉渣，因为 ZnO 在这种炉渣中的溶解度较大。Al_2O_3 也是两性氧化物，在炉渣中的作用与 ZnO 相似，因此当原料中 Al_2O_3 高时，把 Al_2O_3 当作 ZnO 看待，造低硅低钙的炉渣为好。

4.4 富氧底吹氧化熔炼贵铅捕金工艺流程

将复杂金精矿、提金尾渣、浸出渣、铅膏、铅精矿等混合铅物料配入造渣熔剂经混合制粒后，连续、均匀地加入底部配有射流氧枪的氧气底吹炉中，完成物料的干燥、熔化、氧化造渣、沉铅过程，实现渣铅分离，产出粗铅、烟气和富铅渣。产出的熔融富铅渣通过溜槽直接流入底吹熔融还原炉内进行还原熔炼，产出的高温烟气经余热回收及收尘后，烟气送硫酸车间经净化后制酸，制酸尾气脱硫排空。

4.4.1 原料准备

配矿质量及品位需要进行配料计算，将各种物料进行充分混合后，经制粒机制粒，连续加入富氧底吹熔炼炉，中间存贮时间短，以保持湿球形状，减少破损率。制粒机与加料组成联动系统。

4.4.1.1 配矿原则

（1）主金属含量不宜过低，通常要求 Pb>32%。含量过低，对整个铅冶炼工艺会出现单位物料产出的金属铅量减少，粗铅杂质增多富集金银的能力下降，从而影响贵金属分离富集回收。

（2）杂质铜含量不宜过高，通常要求 Cu<1.5%。铜过高，富金铅渣中铜含量会相应升高，在还原炉还原熔炼过程中，所产生的锍量增加，结果导致溶于锍中的主金属铅及贵金属金银损失增加，同时易冲蚀炉衬，不仅缩短耐火材料的使用寿命，也容易造成冲炮等安全事故。另外，含铜太高，也易造成粗铅和电铅中铜含量超标。

（3）含锌量不宜过高。锌的硫化物和氧化物均是高熔点、黏度大的化合物，特别是硫化锌，如果含量过高，则在熔炼时这些锌的化合物进入熔渣和铅锍，导致它们熔点升高、黏度增大、密度差变小和分离困难，甚至因饱和在铅锍和熔渣之间析出形成横膈膜，严重影响还原炉炉况，妨碍熔体分离，故锌含量一般要小于 5%。

（4）砷、锑等杂质含量也有严格要求。通常要求 As+Sb<1.2%，如果过高，则经配料熔炼后，在还原炉中形成黄渣的量会增加，而且金属铅及其富集的金银贵金属的流失量会相应增大，更严重的是会造成粗铅、阳极铅中含砷和含锑过高。此外，在电解精炼过程中，使铅溶解速度变慢，并且阳极泥难以洗刷干净。这样既影响电流效率，又影响生产效率。

（5）氧化物杂质要求。MgO、Al_2O_3 等杂质会影响还原炉渣型，故一般要求 MgO 小于

2%，Al_2O_3 小于 4%。

（6）配矿硫含量一般控制在 16%~18%。硫含量过低会造成混合矿氧化放热量不足，难以维系反应持续进行。

4.4.1.2　备料

由于氧气底吹熔炼反应速度快，为稳定操作，要求配料准确，混合料成分均匀。备料车间配料计算得出的配矿单在料场完成初配，初配完成后再翻兑三遍（第一遍采取侧翻，第二遍采取两面侧翻，第三遍采取两面交替翻兑；可实际情况改变翻兑次数和方式）并入仓。入仓搅翻料过程中，依"锥形、侧抓、异仓、清底"八字方针进行，禁止同仓翻料。同批配矿搅翻次数不得低于 3 次。翻料结束后，及时取样。如化验各项元素结果出现偏差（Pb±1.5%，S±1.5%），需重新搅翻。混合矿经过翻兑料，成分均匀后，即可开始配料生产。配好的混合料经胶带输送机运至圆盘制粒机经混合、制粒后，由胶带输送机送入熔炼炉内。

精矿、烟尘和熔剂的配料采用精度较高的胶带称量给料机，各给料先按给定的配比进行自动调节、称量，从而保证各物料量的稳定。各种称量给料机的单机精度为 0.5 级。为保证混合料成分稳定，定期取样对各物料的化学成分进行快速分析，及时检查调整各物料给料量，确保底吹熔炼炉稳定工作。

4.4.1.3　制粒

制粒是为了减少粉料进入烟气，降低烟尘率，改善操作卫生条件，因此对球粒的强度和粒径有一定要求，球料粒度 5~15mm，成球率不小于 80%，硬度要求 1m 高度自由落地不碎。制粒可采用圆盘制粒机或圆筒制粒机，目前多采用前者。制粒时仅在制粒机上喷洒少量的水，一般球料含水 8%~10%。

4.4.1.4　加料制度

正常生产时为连续加料，有时由于某些条件不稳定而引起炉温、氧料比和渣含铅等指标波动，应及时调整加料量，甚至暂时停止加料，停止加料时间不允许超过 2min，防止炉温失衡死炉。

4.4.2　氧化熔炼

矿物原料如精矿、二次物料、熔剂、烟尘和必要时加入的固体燃料均匀混合后从富氧底吹炉顶部的加料口直接加入，混合炉料落入由炉渣和液铅组成的熔池内。氧气通过用保护性气体冷却的喷枪喷入，熔体在 1050~1100℃下进行脱硫和熔炼反应，此时的氧势较高，$\lg(p_{CO_2}/p_{CO})$ 约 2.2，维持在较高水平。

4.4.2.1　重点工艺项目

（1）球料计量的目的是准确控制入炉料量，以便于给出相应的氧气量来控制炉内氧势，进而控制沉铅率和富金铅渣品位，如果球料计量不准或波动大，也将影响底吹炉的炉况稳定和技术指标。

（2）底吹炉的氧势的控制与氧料比。炉中氧气的百分含量的对数称为氧势。氧势过高则沉铅率低，渣铅高，氧势过低则沉铅率高，但渣黏且粗铅质量差，因而选择最佳的氧势是控制底吹炉生产的关键。

氧势的控制主要是通过调整氧料比，即单位球料耗氧来调节的，调整氧料比可以通过调整料量和氧气量两种方式来进行。

4.4.2.2　正常作业的判断及主要技术经济指标

当底吹炉具有下列表现时，可以认为底吹炉为正常：（1）加料口喷溅少，堵塞轻微；（2）渣流动性较好；（3）铅流动正常，浮渣少，波动良好；（4）氧枪氧气、氮气流量、压力稳定；（5）渣温稳定且在 1000~1100℃；（6）烟气温度稳定且在要求范围内。

底吹炉的主要技术经济指标有烟尘率、处理量、沉铅率及富金铅渣品位。影响烟尘率的因素有球料品位、氧料比、渣线高度、球料加料量、渣型、烟灰循环时间等。处理量就是单位时间球料入炉量，影响因素主要是烟尘率和球料发热量，余热锅炉的降温效果也直接影响它的大小。沉铅率指的是产铅量与投入球料含铅量的比例，影响沉铅率的因素主要是球料品位和氧料比。影响富金铅渣品位的因素主要是氧料比。

4.4.3　主要元素分配

李运刚以金精矿、金焙砂为原料，用 SiO_2、CaO、ZnO 以及 PbO 和还原剂焦粉配渣，通过模拟贵铅捕金工艺条件进行试验，研究在不同产铅率和产锍率的情况下，金银入铅率的变化。通过试验结果对比分析：

（1）在没有锍产生时，金（银）入铅率随熔炼产铅率的升高而升高，同时铅对金的捕集作用要比对银的捕集作用强。试验结果由图 4.1 可知，要是原料中的金入铅率达到 99.5%以上，就必须使熔炼产铅率在 9%以上，而要使原料中银的入铅率达到 99.5%以上，产铅率必须达到 12%以上。

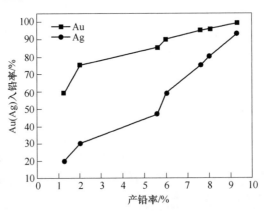

图 4.1　金（银）入铅率与熔炼产铅率关系

（2）在铅捕集金、银的过程中，原料中的铅大部分被还原成金属铅。如果还原剂的加入量不足以把原料中的铅氧化物还原完全，那么将有一部分铅进入渣中。即使还原剂足够量，也不能使渣中不含铅。这是由熔炼过程的特点所决定的。另外，当熔炼过程产出锍时，原料中的铅将有一部分以硫化铅的形式转入此相。图 4.2 是在没有锍产生时的结果。

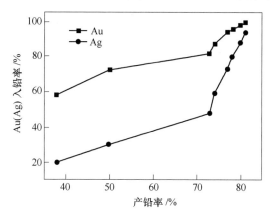

图 4.2 金（银）入铅率与产铅率关系

对各试样的分析结果表明，其渣含铅都在 2.5% ~ 3.3% 的范围内，说明熔炼过程比较稳定。从图 4.2 可以看出，产铅率越高，金（银）入铅率也就越高，只要熔炼渣含铅波动不大，熔炼产铅率越高，金银的入铅率也就越高。

（3）当产铅率保持在 12% 左右，且产锍率为零时，金入铅率几乎达到 100%，银入铅率为 99%；随着产锍率的升高，金银入铅率下降，当产锍率达到 15% 左右时，金入铅率降至 94.15%，银入铅率降至 88.5%。因此，在贵铅捕金时，锍的产生要引起金银的损失，一定要防止或减少锍的生成。

（4）试验数据（见表 4.2）表明，当熔炼过程同时产出铅和锍时，金在铅、锍中的分配随铅和锍量的多少而变化。当产铅量较少时，尽管金入铅量较少，但锍中的金量并不明显增加，大多数金进入炉渣。当产铅量比较多时，金入铅量增多，但锍中的含金量并不明显减少，此时渣中的金量减少。

表 4.2 金在铅和硫中的分配

序号	产铅率 /%	产锍率 /%	金的分配/%		金在铅、锍中的分配比/%
			铅	锍	
1	1.26	6.00	59.70	1.46	24.44
2	2.00	7.70	88.00	2.60	30.76
3	5.10	7.20	97.20	1.76	55.79
4	9.50	6.00	98.50	1.49	66.11

富氧底吹贵铅捕金实际生产过程中，入炉铅品位在 40% 以上，会有一次粗铅产生，此时的元素分布跟沉铅率密切相关，原料中的铜、铁等形成部分冰铜，夹杂在铅层与渣层之间。根据某厂提供的生产化验数据来看，入炉铅品位在 45% 左右，一次产铅率在 15% 左右，按产铅率 15% 统计各元素的分布情况如下：

（1）Cu：约 80% 进入粗铅或以冰铜形式附着在粗铅表面；

（2）Zn：烟尘中锌含量波动较小，烟尘基本返回熔炼，可以认为锌基本上进入炉渣；

（3）As：大部分进入炉渣和粗铅，约 30% ~ 35% 进入粗铅，约 55% ~ 60% 进入富金铅渣；

（4）Sb：约有 30%～40% 进入粗铅，其余入渣；

（5）Sn：工厂处理的原料含较低，大部分进入炉渣；

（6）Ag：约 56% 进入一次粗铅；

（7）Au：约 57% 进入一次粗铅。

受原料供应及市场价格影响，目前通过贵铅捕金工艺生产的企业入炉铅品位普遍低于 40%，此时一次粗铅基本不产生，Cu、As、Sb、Ag、Au 等多数元素近似 100% 熔于炉渣中进入下一工序还原时富集于还原工段产出的二次粗铅中，Zn 约有 8%～10% 进入烟灰返回熔炼。

4.5　液态富金渣还原熔炼捕金工艺

4.5.1　液态富金渣还原熔炼及其特点

液态富金渣是强氧化熔炼的产物，含硫很低（一般 S<0.5%），铁一般以四氧化三铁的形式存在，Fe_3O_4 占 80%～85%。目前采用富氧底吹炉或富氧侧吹炉，用煤作还原剂，炉内气流对熔体的搅动可增加 PbO 与 CO 之间的液-气反应的几率，硅酸铅还原变得更加容易。其还原反应主要是熔融液态富金渣中的 PbO 与煤中的 C 之间的液-固反应，以及 PbO 与 CO 之间的液-气反应。

液态富金渣直接还原发生的主要化学反应与鼓风炉还原基本相同，反应的过程可能会有所不同。在液-固反应同时，还会发生气-液反应和液-液反应。因为液态富金渣直接还原熔炼是在熔池中进行的，鼓入富氧空气使熔体产生搅动，熔融液态富金渣与还原剂 C 接触发生反应，然后释放 CO 气体，CO 在气流扩散的过程中不断与熔体接触，也会与熔体中的化合物发生还原反应。熔体的剧烈搅动，还会使熔体中发生液-液反应。

液态富金渣直接还原技术经济合理，还原速度快，反应时间短，节能效果明显，可有效地解决液态富金渣潜热浪费和转运时的粉尘飞扬等问题，提高回收率和资源利用率，降低能耗，替代鼓风炉，实现清洁生产。

4.5.2　液态富金渣还原熔炼技术比较

4.5.2.1　底吹还原技术

应用卧式底吹还原炉的典型代表企业是河南豫光金铅集团，此外，还有山东恒邦冶炼股份有限公司以及安阳岷山有色金属有限责任公司。采用底吹还原炉工艺技术的企业技术特点：

（1）河南豫光金铅集团采用"氧气+天然气+煤粒"的还原工艺。液态富金渣直接进入卧式还原炉内，从上部的加料口加入煤粒和石子，底部喷枪送入天然气和氧气，煤粒作还原剂，天然气为燃料，终渣含铅可降到 3% 左右，每吨粗铅综合能耗可降至 230kg 标煤以下，节能减排效果明显。

（2）山东恒邦冶炼有限公司采用粉煤喷吹还原工艺。氧气底吹熔炼炉产出的液态富金渣通过溜槽加入到底吹还原炉中，底吹还原炉底部喷入粉煤作为主要还原剂，并从加料口加入部分碎煤作为辅助还原剂,同时配以熔剂石灰石造渣。该工艺的粉煤喷枪较天然气喷枪寿命长。粉煤与氧气反应为气-固反应,而天然气与氧气反应为气-气反应。气-固反应的速度明显慢于气-气反应,粉煤喷出枪体的瞬间与氧气的燃烧反应为不完全燃烧,同时冷却介质(除盐水)喷出后也会与粉煤发生反应。上述反应均为吸热反应,在喷枪出口附近吸收较多的热量,减少了喷枪的烧损,使喷枪寿命达 2 个月以上。

(3)安阳岷山有色金属有限责任公司的还原炉的特点是增加了电极装置补热。

4.5.2.2 侧吹还原技术

应用侧吹炉进行热渣还原的企业以剂源市万洋冶炼集团有限公司和剂源市金利金铅集团有限公司为代表。其中,万洋冶炼的侧吹炉又具有以下特点:

(1)采用氧气底吹氧化熔炼—侧吹还原熔炼—烟化炉三炉相连,热渣直流,省去了电热前床,操作简单,配置紧凑,自动化程度高,生产稳定,环境好。

(2)采用单一的煤粒作燃料和还原剂,廉价易得,容易定量控制、还原能力强、易运输,不受天然气条件限制。

(3)采用高低炉底设计。这种设计对侧吹还原熔炼过程的稳定运行特别有益。

无论是底吹还原技术还是侧吹还原技术,具有的优势如下:

(1)流程短。均省去了铸渣工序,减少了二次污染,降低了烟尘率。

(2)综合能耗低。充分利用了热渣潜热,且熔池熔炼传热传质效率高,综合能耗大大降低,比传统的烧结焙烧—鼓风炉熔炼工艺低约 50%。

(3)自动化控制水平高。实现全系统的 DCS 集中自动控制,提升了劳动生产率,增强了系统生产的安全与可靠性。

(4)低污染。全流程采用密闭良好的熔炼设备,减少了粉尘污染,减少了无组织排放,实现了清洁化生产。

4.5.3 液态富金渣还原的元素分布

富金渣经过还原后,绝大多数的有价元素被铅富集,粗铅率约 42%,烟尘率约 8%,渣率约 50%,冶炼过程中的元素分布见表 4.3。

表 4.3 主要元素分布 （%）

金属元素	粗铅	炉渣	烟尘
铅	94.2	2.3	3.5
锌	0	75	25
铜	97.7	1.5	0.8
金	98.9	1.1	0
银	97.8	2.1	0.1
锑	88.9	6.8	4.3
铋	91	3.2	5.8

4.6　富氧底吹贵铅捕金主要设备

4.6.1　富氧底吹炉

底吹炉可分为炉体和氧枪两部分。炉体一般包括传动装置、炉壳、耐火炉衬、固定端托轮及齿圈、滑动端托轮及滚圈、进料口装置、出烟口装置、出铅口装置、出渣口装置、转角控制装置、主副油枪等部件。氧枪为带槽的多层套管结构，氧气从中间部分的槽孔通过，最外层槽孔通氮气，以冷却氧枪，保证氧枪的正常工作，使氧枪具有一定的使用寿命；喷枪头部材料选用耐高温不锈钢材料制造，加强了抗高温抗冲刷能力，且头部可以更换，当头部烧损到一定程度时，可以对头部进行更换，作为新枪使用。典型的氧气底吹炼铅炉结构见图 4.3。

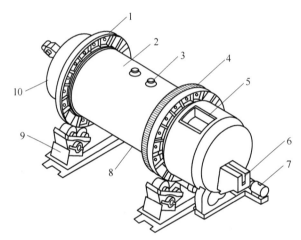

图 4.3　氧气底吹炼铅炉结构图
1—滚圈；2—炉壳；3—加料口；4—齿圈；5—出烟口；6—放铅口；
7—传动装置；8—氧枪组；9—托轮装置；10—放渣口

4.6.2　底吹还原炉

底吹熔池还原炉是由筒体、筒体端头构成的圆筒型卧式转炉。筒体上设有齿圈和滚圈，筒体靠滚圈坐在托轮上；齿圈和滚圈固定在筒体圆周上，齿圈与减速机输出端的齿轮相啮合；还原炉底部或底侧部设固定气体喷枪的喷枪法兰；筒体上部设加料口、二次燃烧口和出烟口；还原炉上设进渣口，还原炉端头下半部设有底渣口和底铅口；还原炉上半部设有烧嘴口，还原炉下半部设有出渣口、虹吸出铅口，具有能耗低、工作环境好、投资少的优点。其底部装有 6~10 支氧气喷枪，炉体直径大约为 3.5~4m，长度为 11~21m，熔池深度一般在 1000~1100mm。

4.6.3　余热锅炉

为了冷却底吹炉排出的高温烟气，在其烟气出口设置了余热锅炉，用于回收烟气中的热量，降低烟气温度。余热锅炉生产压力为 4.0MPa 的饱和蒸汽，供生产、生活蒸汽用户使用，也可驱动饱和蒸汽汽轮机组发电，实现有效节能减排。

底吹炉余热锅炉布置在底吹炉后部，余热锅炉烟气入口与底吹炉烟气出口紧密相连，烟气流通经过余热锅炉内部，可以有效降低底吹电热熔融还原炉排出的高温烟气，部分回收含金属烟尘，为后部收尘创造条件。

余热锅炉的主要辅助设备包括电动给水泵、电动循环泵、除氧器、锅筒、定期排污扩容器、清灰装置等。原水经除盐处理后，送至余热锅炉房内的除氧器，脱除水中的氧气后贮存在除氧水箱。除氧水由给水泵送入余热锅炉锅筒，在锅筒中与炉水混合后通过下降管进入热水循环泵。经热水循环泵加压后的循环水送到余热锅炉各受热面，在受热面中加热后返回锅筒。返回锅筒的汽水混合物在锅筒中进行汽水分离，分离出来的水继续循环，饱和蒸汽引出锅筒，进入厂区管网，供生产、生活蒸汽用户使用，也可驱动饱和蒸汽汽轮机组发电。

通常情况下，有色冶金炉余热锅炉的工作压力是由烟气的露点温度确定的，底吹炉烟气露点温度约150℃，但由于底吹熔炼炉余热锅炉烟气露点温度较高，考虑到蒸汽并网综合利用，故将余热锅炉工作压力提高至4.0MPa。

底吹电热熔融述原炉余热锅炉和底吹熔炼炉余热锅炉都是由上升烟道、下降烟道、辐射冷却室和对流区四部分组成，受热面为膜式壁结构。余热锅炉采用强制循环，露天布置。锅炉受热面和管束均为ϕ38mm，厚度5mm的无缝钢管。具体结构见图4.4。

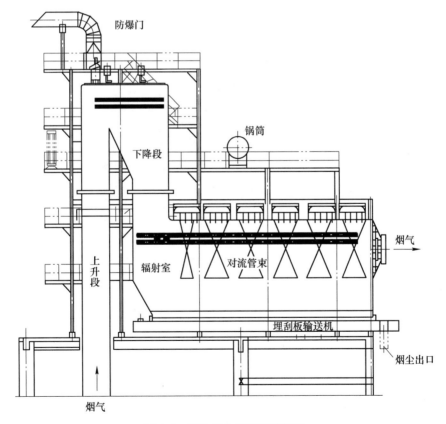

图4.4 底吹炉余热锅炉结构图

　　高温烟气从还原炉烟气出口进入余热锅炉，依次经过上升烟道、下降烟道、辐射冷却室和对流区，最终从余热锅炉出口烟道排出。烟气中的部分烟尘在余热锅炉中沉降下来，上升烟道沉降灰尘落入底吹电热熔融还原炉内，下降烟道、辐射室、对流区沉降烟尘落入余热锅炉灰斗下部的埋刮板输送机，通过埋刮板输送机将烟尘输送至炉外，返回到底吹熔炼炉。

　　由于底吹熔炼炉烟气中含有大量烟尘，余热锅炉采用了机械振打、弹簧振打、高能脉冲清灰三种清灰方式。在炉罩和上升烟道顶部布置了 4 个弹簧振打清灰点，在上升烟道、过渡段、下降烟道和辐射室布置了 24 个机械振打清灰点，在对流管束顶部布置了 22 个高能脉冲清灰点。

　　考虑到底吹还原炉排出的高温烟气具有还原性，可能在余热锅炉内部进行二次燃烧或爆炸，因此在余热锅炉上升烟道顶部设置了防爆门。

4.7　富氧底吹贵铅捕金的冶炼产物及特征

4.7.1　富金粗铅

　　底吹还原炉产出富金粗铅，粗铅成分见表 4.4。

表 4.4　某厂粗铅化学成分

项目	Pb	Au	Ag	Sb	Cu
含量	96%	42.6g/t	1873.5g/t	0.9%	0.8%

　　粗铅物理规格要求：粗铅锭为四方梯形锭，锭重 1.5~2.0t，粗铅锭表面平整，不得有大于 15mm 厚度的炉渣及冰铜、飞边、毛刺等。锭内不得有夹层、包心和其他杂物等。

4.7.2　还原炉渣

　　还原炉渣是一种非常复杂的高温熔体体系，它由 FeO、SiO_2、CaO、ZnO、Al_2O_3、MgO 等多种氧化物组成，它们相互结合而形成化合物、固溶体、共晶混合物，化学成分见表 4.5。

表 4.5　某厂还原炉渣化学成分

项目	Pb	Au	Zn	Fe	SiO_2	CaO
含量/%	1~3	0	8~15	28~35	20~25	8~10

4.7.3　氧化锌

　　底吹还原炉渣经烟化炉挥发产出的次氧化锌烟灰用布袋收尘器收集，副产品氧化锌外观为灰白色粉末，不得有破布、铁器、砖块、木块等杂物，氧化锌化学成分分级规定见表 4.6。

表 4.6 氧化锌化学成分分级规定

品级	ZnO/%	品级	ZnO/%
1	80	4	65
2	75	5	60
3	70	6	55

4.7.4 烟化弃渣

烟化弃渣是还原炉渣经烟化提锌后产生的，经过处理后，弃渣含铅降至 0.2% 左右，含锌 2%~3%。其化学成分见表 4.7。

表 4.7 烟化炉弃渣化学成分

项目	Pb	Au	Zn	Fe	SiO$_2$	CaO
含量/%	0.2	0	2~3	30~40	20~30	10~15

4.8 富氧底吹贵铅捕金主要技术经济指标

富氧底吹贵铅捕金主要技术经济指标见表 4.8。

表 4.8 主要技术经济指标

序 号	指 标	单 位	数 值
1	日处理物料量	t	600
2	炉料含铅品位	%	45~52
3	粒料含水	%	8
4	底吹炉熔料烟尘率	%	11~16
5	氧料比	m^3/t	90~110
6	喷枪压力	MPa	0.8~1.1
7	底吹炉出炉烟气 SO$_2$ 浓度	%	≥9
8	富金渣钙硅比		0.4~0.7
9	富金渣铁硅比		1.3~1.6
10	富氧底吹熔炼炉一次粗铅产出率	%	40~60
11	底吹炉煤耗	%	2
12	富金渣含 Pb	%	40~50
13	铅氧化渣含硫	%	<0.5
14	粗铅含铅	%	>97
15	富氧底吹熔炼炉有效作业率	%	>95
16	Pb 回收率	%	96.5
17	S 回收率	%	>95
18	Au 回收率	%	>98

序　号	指　标	单　位	数　值
19	Ag 回收率	%	>98
20	炉渣含 Pb	%	3
21	氧枪寿命	d	30~40
22	余热锅炉蒸汽产出量（4.0MPa）	t/t	0.5~0.8

4.9　富氧底吹贵铅捕金初步火法精炼

4.9.1　概述

还原炉生产的粗铅中一般含有 1%~4% 的杂质成分，如金、银、铜、铋、砷、铁、锡、锑、硫等，其中铜超过 0.06% 将显著地使阳极泥变硬和致密，阻碍铅的正常溶解，并且使槽电压升高而引起铜等各种杂质的溶解和沉积。因此在电解精炼之前需要对富金粗铅进行脱铜处理，将铜降至 0.06% 以下才能铸成阳极板装成电解槽。除铜通常采用熔析及硫化除铜法。

4.9.2　富金贵铅脱铜精炼的基本原理

4.9.2.1　熔析除铜

熔析除铜的基本原理是基于铜在铅液中的溶解度随着温度的下降而减少，当含铜高的铅液冷却时，铜便成固体结晶析出，由于其密度较铅小（约为 9g/cm³），因而浮至铅液表面，以铜浮渣的形式除去。温度下降时，液体合金中的含铜量相应地减少，当温度降至共晶点（326℃）时，铜在铅中的含量为 0.06%，这是熔析除铜的理论极限。

当粗铅中含砷锑较高时，由于铜对砷、锑的亲和力大，能生成难溶于铅的砷化铜和锑化铜，而与铜浮渣一道浮于铅液表面而与铅分离。实践证明，含砷、锑高的粗铅，经熔析除铜后，其含铜量可降至 0.02%~0.03%。粗铅中含砷、锑低时，用熔析除铜很难使铅液含铜降至 0.06%。这是因为：

（1）熔析作业温度通常在 340℃ 以上，铜在铅液中的溶解度大于 0.06%；

（2）含铜熔析渣的上浮取决于铅液的黏度，铅液温度降低则黏度增大，铜渣细粒不易上浮。

在熔析过程中，几乎所有的铁、硫（呈铁、铜及铅的硫化物形态）以及难熔的镍、钴、铜、铁的砷化物及锑化物都被除去；同时贵金属的一部分也进入熔析渣。

4.9.2.2　加硫除铜原理

粗铅经熔析脱铜后，一般含铜仍在 0.1% 左右，不能满足电解要求，需再进行加硫除铜。在熔融粗铅中加入元素硫时，首先形成 PbS，其反应如下：

$$Pb+S = PbS$$

由于铜对硫的亲和力大于铅对硫的亲和力，所以硫化铅中的铅被铜置换，继而发生以下反应：

$$PbS+2Cu \Longrightarrow Pb+Cu_2S$$

Cu_2S 比铅的密度小，且在作业温度下不溶于铅液，因此，形成的固体硫化渣浮在铅液面上。最后铅液中残留的铜一般为 0.001%～0.002%。

加硫除铜的硫化剂一般采用硫黄。加入量按形成 Cu_2S 时所需的硫计算，并过量20%～30%。加硫作业温度对除铜程度有重大影响，铅液温度越低，除铜进行得越完全，一般工厂都是在 330～340℃ 范围内。加完硫黄后，应迅速将铅液温度升至 450～480℃，大约搅拌40min 以后，待硫黄渣变得疏松，呈棕黑色时，表示反应到达终点，则停止搅拌进行捞渣，此种浮渣由于含铜低，只约 2%～3%，而铅高达 95%，因此返回熔析过程。加硫除铜后铅含铜可降至 0.001%～0.002%，送去下一步电解精炼。

4.9.3 富金贵铅脱铜精炼工艺

脱铜过程一般都在半球形的铸钢精炼锅中进行，精炼锅可盛放 100～200t 铅液。将锅加热的炉灶称为炉台，它由燃烧室、加热室（即锅腔）、支撑座、挡火墙和烟道组成。精炼锅使用的燃料为煤气，通过管道输送至燃烧室。每口锅都配有两个自动点火器，每隔一定时间交换点火一次，燃烧时需要鼓入空气，这些主要用于粗铅的熔化和保温。

在除铜时首先将粗铅加热至 500℃，在质量好时可以直接用捞渣机捞渣，捞完后淋水降温，可分 2～3 次淋水直至温度在 340℃ 左右，加入工业硫黄，开动搅拌机不断搅拌，使铅液中的铜与硫发生反应生成硫化铜而浮于铅液表面形成固态铜浮渣，铜浮渣可由捞渣机自动捞出。当粗铅质量不高时，特别是含铜高时，浮渣量较大，为降低渣率和渣含铅，要把铅液温度加热到 650～700℃，以提高渣温度，降低渣含铅。

捞完渣后，锅中铅液面较低而且温度较高，为了降温和增加富金液面高度可加部分残极熔化后捞二次渣。当铅液温度降至 500℃ 以下，可按前述淋水降温熔析，并加硫除铜。加完硫后逐渐升温到 450～480℃，反应 30～60min，捞出硫化渣返回下一锅，铅液脱铜合格后可铸阳极板进入下一步电解精炼。

4.9.4 主要经济技术指标

粗铅装锅温度 450～550℃，熔化、压渣、捞渣温度 600～650℃，搅拌熔析温度 300～350℃。

4.10 湿法电解精炼

4.10.1 概述

铅电解精炼的目的是在火法精炼的基础上将铅进一步提纯，得到更高纯度的工业用铅，同时回收其中伴生的金、银、铋等稀贵金属。

铅具有化学当量较大、标准电极电位较负的特性，有利于进行电解精炼。硅氟酸对铅的溶解度较大，导电率高，化学稳定性较好，而且价格低廉，适用于作为铅电解精炼的介质。

铅电解精炼是以火法精炼后的粗铅作为阳极，电解后的纯铅作为阴极，在硅氟酸和硅氟酸铅的水溶液中进行电解。利用不同元素在电解过程中的阳极溶解或阴极析出难易程度的差异而提纯金属，使粗铅中的杂质因电化学不溶解而以元素（Au、Ag）或化合物（砷、锑、铋的硫化物或氧化物）形态进入阳极泥。其产品质量高，生产过程稳定，操作条件好，尤其适用于处理含银和铋高的粗铅。与火法精炼相比，粗铅电解精炼有如下主要特点：

（1）电解过程的流程简单，经过一次电解可以得到含铅99.994%以上1号电铅，而且铅的回收率高。

（2）粗铅中的杂质进入阳极泥，从而使可回收的稀贵金属在阳极泥中得到富集，有利于资源综合回收。

（3）在电解精炼之前仍然需要进行火法精炼，导致整个精炼过程流程较长，建设投资较高。

4.10.2　电解精炼的基本理论

4.10.2.1　阳极的主要化学反应

在铅电解过程中，当直流电通过时，阳极主要发生的电化学反应为铅及部分杂质的溶解反应。铅阳极电化学溶解时各种杂质的行为主要取决于杂质的标准电极电位。阳极中各种元素的标准电极电位见表4.9。

表4.9　阳极中各种元素的标准电极电位

元素	Zn	Fe	Cd	Co	Ni	Sn	Pb
阳离子	Zn^{2+}	Fe^{2+}	Cd^{2+}	Co^{2+}	Ni^{2+}	Sn^{2+}	Pb^{2+}
标准电极电位 $E^{\ominus}/V$	-0.763	-0.440	-0.403	-0.277	-0.250	-0.136	-0.126

元素	As	As	Sb	Bi	Cu	Ag	Au
阳离子	AsO^+	$HAsO_2$	SbO^+	Bi^{3+}	Cu^{2+}	Ag^+	Au^{3+}
标准电极电位 $E^{\ominus}/V$	0.235	0.248	0.212	0.200	0.337	0.800	1.500

电化学理论，是在电解过程中标准电极电位比铅更负的元素，如 Zn、Fe、Cd、Co、Ni、Sn 等，能够与铅一起溶解于电解液，甚至比铅更优先溶解于电解液；标准电极电位比铅更正的元素，如 As、Sb、Bi、Cu、Ag、Au 等，电解时基本不溶解于电解液而留在阳极泥中。其中 Cu、Ag、Au 的标准电极电位比铅高许多，可以认为他们在电解过程完全不溶解于电解液。As、Sb、Bi 的溶解量依据电解过程中的技术条件和阳极泥的厚度而变化，电流密度的升高和阳极泥增厚，As、Sb、Bi 的溶解量增加。如果铋溶解于电解液就会在阴极析出，影响阴极铅纯度，阴极铅除铋难度很大。因此必须严格控制其技术条件，尽可能降低铋的溶解量。研究表明，铋在铅电解过程中的阳极极化过电位临界值为200mV，超过其临界值，铋的溶解量就会急剧增加。

从表4.9中还会看到，锡的标准电极电位与铅比较接近，从理论上讲，锡可以与铅溶解于电解液，但在实际生产中，锡并不完全溶解，有一部分进入阳极泥。这可能是锡与其他金属形成化合物使放电电位升高所致。

4.10.2.2　阴极的主要化学反应

从理论上讲，在铅电解过程中，能够在阴极放电的阳离子只有 Pb^{2+} 和 H^+。铅在阴极放电析出的标准电极电位为-0.126V，氢离子为零，但是在铅电解精炼条件下，氢离子和铅离子的活度接近于1，电流密度100~200A/m²，铅析出的过电位很小，而氢析出的过电

位很大, 约为 1.0V。氢在阴极上的析出电位为:

$$2H^+ + 2e \longrightarrow H_2 \qquad E_{H^+/H_2} = 0 - 1.0 = -1.0V$$

因此, 氢在阴极析出的电位比铅负得多, 在正常情况下, 氢离子不可能在阴极析出, 阴极的电化学反应只有铅离子放电析出反应。

在电解过程中, 标准电极电位比铅更负的元素如: Zn、Fe、Cd、Co、Ni 等, 与铅一起溶解于电解液形成金属阳离子。但是这些杂质元素离子的析出电位也比铅离子负得多, 基本上不可能在阴极析出。如果电解液 Sn^{2+} 浓度过高, 就会导致阴极铅含锡过高。

电解液中铅离子的析出过程也是阴极铅的结晶过程, 由于铅的交换电流密度较大, 结晶粒度容易长大。为避免在阴极表面形成沉积物使其表面变得粗糙, 影响阴极铅的质量, 或造成电流短路, 必须严格控制其技术条件和生产操作条件:

(1) 保持阳极泥不进入电解液, 避免结晶及阴极表面结瘤;

(2) 阴极板面积稍大于阳极板面积, 以免阴极边缘过于集中放电而影响结晶质量。

(3) 控制适当的技术条件, 如适当的电流密度, 维持电解液中较低的铅粒子浓度和较高酸度, 保持较低的电解液温度, 加入适当的添加剂。

4.10.3 影响阳极泥结构和性质的主要因素

在铅电解过程中, 不溶解的元素在阳极表面形成多孔的网状结构的阳极泥层。铅电解阳极泥的性质不仅取决于铅阳极中正电性的元素的种类和含量, 而且取决于不同技术条件和操作习惯。阳极泥层的网状结构保证了电解液中带电离子的迁移而使电解液导电, 这种网状结构还对阳极泥具有一定的附着性, 不容易脱落而污染电解液和阴极铅。

影响阳极泥结构和性质的主要因素有以下几个方面:

(1) 阳极泥中杂质组成及其含量。阳极泥中的铜严重影响阳极泥的物理性质, 当阳极泥中含铜超过 0.06%, 阳极泥就会变得坚硬和致密, 阻碍带电离子的迁移, 从而影响铅的正常溶解, 使槽电压升高, 引起杂质的溶解。因此, 在火法精炼过程中需要将铜含量控制在 0.06% 以下。

阳极泥中锑对阳极泥层的结构和性质也有重要影响, 锑能使阳极泥表面的附着性增强, 并改善其多孔网状结构, 避免阳极泥从表面脱落因此铅阳极必须含有一定量的锑, 粗铅含锑过低, 阳极泥容易脱落浸入电解液; 但是粗铅含锑过高, 会使阳极泥变硬, 给阳极泥洗涤带来困难。粗铅含锑量一般控制在 0.5% ~ 1.5%, 在火法精炼时进行调整。

(2) 铅阳极板的浇铸质量。为了得到多孔的网状结构的阳极泥层, 要求铅阳极板由粒度均匀的晶粒组成, 杂质位于晶粒界面。在电解过程中随着铅晶粒的溶解, 留下的杂质就会形成孔径相对均匀的网状结构。阳极板晶粒的均匀性取决于阳极板浇铸时均匀的结晶速度, 这就要求浇铸时阳极板双面具备均匀的冷却方式, 晶粒控制在 $50\mu m$ 左右。

(3) 阳极极化的过电位。在铅电解过程中, 随电解时间延长阳极泥层会逐渐增厚, 部分网状结构的孔隙出现堵塞, 造成阳极泥层中铅多酸少, 电压将增大, 导致槽电压升高, 由最初的 0.25 ~ 0.4V 升高至 0.5 ~ 0.7V, 从而导致部分正电性杂质加速溶解。而且阳极泥层增厚, 会促使阳极泥层脱落。因此对于长周期电解过程, 需要及时对阳极板进行洗涤, 控制阳极泥层的厚度。

4.10.4　电解精炼的技术发展

国外大极板铅电解工艺历经 100 多年的工业生产实践,工艺技术及装备不断改进完善,电解工艺技术及装备更加先进。采用大极板、大电解槽、长周期生产后,阳极板和始极片的制作、阴阳极自动排距、阴极板和残极板的洗涤、铅锭浇铸等均实现了大型化、机械化、自动化。

我国铅电解精炼绝大多数采用小极板、小电解槽生产,工艺技术落后、装备水平低、能耗高、劳动生产率低、劳动强度大、环境污染严重,总体技术及装备水平仅相当于 20 世纪 70 年代国际水平。近几年我国铅电解精炼技术发展迅猛,新建铅电解精炼车间大多采用大极板铅电解工艺,大大提升和改善了我国铅电解精炼的工艺及装备水平,对提升规模化生产,提高劳动生产率、降低能耗、改善环境和提高资源利用率具有十分重要意义。

2005 年以前国内铅电解工艺大多采用小极板电解,原因是国产的铅阳极浇铸机组每年只能满足单系列 8 万吨产能。超过 8 万吨产能的厂家必须选用 2 套阳极浇铸机组,相应始极片制造机组和电铅铸锭机组也需要两套,这必然使得厂房占地面积大、劳动定员多、铅锅数量多、增加了铅尘的排放点等。

2003 年,云南冶金集团云南新立有色金属有限公司在大量调研基础上,分析了我国铅电解工艺技术现状及与国际同行之间的差距。与国外铅冶炼现有水平相比,电解精炼普遍存在产业集中度低、规模小、工艺技术落后、装备水平低、能耗高、劳动生产率低、环境污染严重等问题。

统计数据显示,2002 年我国年产 5 万吨以上的铅冶炼厂仅有 8 家,合计产量仅占当年全国铅总产量的 48.06%,见表 4.10。与国外先进企业工艺技术及装备水平的比较见表 4.11。

表 4.10　2002 年中国主要炼铅厂的铅产量

企业	豫光	株冶	豫北	韶关	水口山	合计	全国
产量/t	137500	96600	78600	78600	68000	633700	1324700
占比例/%	10.38	7.29	5.93	5.93	5.13	48.06	100

表 4.11　国内外铅精炼工艺及主要技术指标比较

项　目	国　内	国　外
阳极板质量/kg	<120	300
电流效率/%	92~93	>95
直流电耗/kW·h·t^{-1}	110~130	<120
总电耗/kW·h·t^{-1}	180~220	<160
能耗(标煤)/kg·t^{-1}	>120	<70
阳极浇铸装备	以圆盘浇铸机为主	阳极立模生产线
阴、阳极装槽	阴、阳极分别装槽	阴、阳极同时整体装槽
阳极洗涤	半自动多片洗涤	全自动单片洗涤

在调研基础上,云南冶金集团总公司决定采用引进国外先进技术装备与自主开发相结

合，研究开发大极板电解工艺，大型化装备及计算机控制技术，提升工艺技术及装备水平。2001 年初，开始对铅电解精炼大型化设备、生产自动化、环保达标和铅电解精炼等关键工艺技术进行试验和开发研究。2005 年 8 月，大极板长周期铅电解精炼工艺投入运行，在国内铅电解行业中，首家自主研发了长周期铅电解工艺，研究开发了阴阳极整体出装槽专用自动旋转吊具、残极自动清洗机组、铜钢复合阴极导电棒、导电棒自动拨棒机组和超长型钢结构骨架内衬 LLDPE 电解槽等装置和设备；消化吸收了国内首次从日本引进的大极板立模铅阳极铸造生产线，大型阴极板生产线与 DM 机组，并实现大型高精度、长寿命阳极浇铸立模的国产化；采用全自动大型铅锭浇铸、堆垛、打包机组以及 150t 大型熔铅锅。经过 3 年多的实践表明，大极板、长周期铅电解精炼工艺顺畅，研发和引进的设备运行正常，各项技术经济指标达到或超过国内先进水平；控制了大气污染和实现达标排放。实现了铅电解精炼设备大型化、自动化、连续化、清洁生产，并大幅度提高了铅电解系统的集约化程度。对推动铅冶炼产业升级，提升铅冶炼的总体装备水平，促进我国铅生产技术进步，解决铅生产中的环境污染问题，发挥了很好的作用。

大极板不仅意味着装备大型化、单系列产能提高，同时电解的各项经济指标也大大改善。采用大极板电解也成为铅电解行业《铅电解清洁生产》中一类企业的指标。

4.10.5　大极板电解技术

大极板、长周期铅电解工艺的主要生产过程有以下几个工序：

（1）阳极浇铸。经过火法精炼泵入保持炉的铅液，经铅阳极立模浇铸生产线进行铅液定量浇铸成阳极板。浇铸生产线由 DCS 系统控制，阳极生产过程实现全自动化。生产的阳极挂耳小，厚薄均匀，厚度误差为±0.2mm，无飞边毛刺。浇铸好的阳极板经联动的阳极移动机连续运送至阴阳极自动排距机排距。

（2）阴极（始极片）制作。来自电解槽的阴极铅装入 150t 熔铅锅熔化后，由 DM 机组连续浇铸成厚度为 0.8mm±0.1mm、长约 400m 的铅卷，送全自动阴极板制造生产线。

铅卷装到阴极生产线的反绕机上，将铅卷端头导入阴极板制造机。经定长裁切、卷边、叠合，端头卷边、装（导电）棒、端头叠合、楔子穿孔等加工工序后，移动至倾斜输送机。阴极片转移至横向输送机，经压力机压纹、矫正，点焊机焊合上端叠合部分，再经矫正机进行弯曲矫正后，用自动移载机输送到自动排距机。

（3）自动排距。来自阳极浇铸生产线的阳极及阴极生产线的阴极，用自动移载机输送至自动排距机。在自动排距机上，阴、阳极按同极距 110mm 及每组 38 片阳极、39 片阴极的分组，完成自动排距，然后用专用自动回转吊具经行车吊送至电解槽。

（4）电解精炼。完成组合排距的阴、阳极用专用吊具装入电解槽，以硅氟酸铅（Pb-SiF$_6$）和游离硅氟酸（H$_2$SiF$_6$）组成的混合溶液为电解液，并通入直流电进行电解精炼。控制电流密度为 140A/m^2，电解液循环量 36~45L/min，温度 40℃±20℃，添加自主研究开发的新型复合添加剂，阴、阳极周期同为 7 天。出槽时用行车将阳极残极和阴极分别吊出电解槽，残极吊至残极洗涤机逐片进行残极洗刷，再返回熔铅锅，与粗铅一起续锅熔化，洗刷下来的阳极泥送阳极板过滤。阴极铅经洗涤除去残留电解液，吊运至导电棒抽棒机抽出导电铜棒，导电铜棒送光棒机刷洗，阴极片用收拢机收拢后送 150t 铅锅熔化再精炼，其中小部分送始极片制造。

（5）阴极铅精炼除杂。阴极铅经熔化，搅拌氧化进一步氧化脱除砷、锑、锡等杂质进行再精炼后，用铅泵送电铅铸锭堆垛联动线进行铸锭、堆垛、打捆，最后入库。产出的氧化渣另行处理。

4.10.6 大极板电解主要经济技术指标

某公司铅电解主要技术经济指标见表 4.12。

表 4.12 大极板、长周期铅电解精炼主要技术经济指标

序号	设计指标		单位	数量	备　　注
一	1 号电铅生产规模		t/a	100000	
二	全年生产天数	铅电解精炼系统	d	330	
		铜浮渣处理系统	d	150	
三	产品及副产品	电 铅	t/a	100000	质量标准：GB469—1993
		铜浮渣率	%	≤6	
		阳极泥量	t/a	1200	
		阳极泥含银	%	5~10	
		阳极泥含金	g/t	31.5	
		阳极泥含铅	%	~15	
		阳极泥水分	%	<35	
四	冶炼回收率	铅回收率	%	98.50	粗铅至电铅（含铜浮渣处理）
		银回收率	%	99.00	粗铅至电铅（含铜浮渣处理）
		金回收率	%	99.00	粗铅至电铅（含铜浮渣处理）
		铜回收率	%	82.00	粗铅至电铅（含铜浮渣处理）
五	主要技术指标	电铅一级品率	%	100	
		电铅质量	%	≥99.994	
		阴极电流效率	%	95.0	
		电流密度	A/m²	180~220	
		槽电压	V	0.4~0.6	
		残极率	%	41.68	
		阳极泥率	%	1.26	
		直流电单耗	kW·h/t	110~120	
		铸锭渣率	%	≤1.5	
		铸锭渣含铅	%	82~88	
六	主要材料消耗	粗铅	t/a	103652.30	
		硫黄	t/a	83.67	工业三级
		纯碱	t/a	342.42	工业纯
		铁屑	t/a	214.01	含 Fe≥95%
		焦粉	t/a	85.61	固定碳≥75%
		骨胶	t/a	50	一级品
		木质磺酸盐	t/a	50	含木质素≥50%
		硅氟酸	t/a	400	H_2SiF_6≥360g/L，游离 F^-<3g/L
七	主要能源消耗	煤气消耗	m³/t	300	
		水 耗	t/t	0.2	
		蒸汽消耗	m³/t	0.41	

4.10.7 大极板电解的主要设备

4.10.7.1 阳极立模浇铸机组

大极板电解阳极板的制造采用阳极立模浇铸机组。机组的功能为铅液的定量，浇铸—脱模—压平—排距。阳极立模浇铸机组采用对辊压平，耳部可以矫正，所以立模浇铸出阳极板，板更平整。由于阳极立模浇铸机组两台浇铸机对应一台齐排输送机，所以年生产能力仅能满足 10 万吨电解铅的产能。另外，阳极板生产过程中可实现全程 DCS 控制，减少人工成本。

4.10.7.2 阴极片制造机组

大极板电解的始极片制造采用的是 DM 机和阴极制造机组。机组的功能为滚筒制片—定尺剪断—平整压合—定型压纹—排距。大极板电解的阴极片制造分两步：先用 DM 机制成铅卷，再在阴极生产线上制造阴极。DM 机组为单独的铅薄板制造，使其与阴极制造机组分为两个独立的设备，好处是可以实现阴阳极自动排板、阴阳极同时出装。这利于设备配置及吊车的操作。

4.10.7.3 阴阳极自动排距机组

大极板电解采用阴阳极自动排距机组，使铸造的阳极和阴极在此机组上按 110mm 的同极间距排列。可实现阴阳极同时出装槽，吊车工作效率提高一倍。机组主要由阳极板接收输送机、阳极移载机、阴极移载机、阴极装入机、自动排距输送机、阳极肩部矫正机、阴阳极定位机、液压系统、控制盘、操作盘（含 PLC 控制程序）、配管及阀门等组成。

4.10.7.4 残极洗涤和阴极洗涤抽棒机组

大极板电解配套的残极洗涤机组，采用单片自动化洗涤，残留物少，洗净率高，且具有收拢功能，省去了不少人工劳动。机组主要由残极接收输送机、分板机、刮泥机、洗涤机、喷淋设备、残极输出输送机、洗液循环系统、电液控制系统及 PLC 控制系统组成。

阴极洗涤抽棒机能实现洗涤、抽棒、堆垛的机械化、自动化，机械抽棒，显著减轻劳动强度并提高了工作效率。阴极铅用吊车吊放在自动拔棒机接收机输送链上，自动完成喷淋洗涤，步进输送、分板输送、机械手抽棒、步进输出、堆垛全过程。抽出的铜棒集中送铜棒洗涤研磨机清洁后返阴极制造机；阴极片自动堆码成垛由析出铅运输线接收并送至电铅锅铸造成铅锭[55]。

5 含金铜阳极泥精炼工艺

5.1 概述

铜电解过程产出的铜阳极泥已经成为提取金的重要原料，金的来源一方面为硫化铜精矿所含的金，一方面为复杂金精矿与低品位铜精矿进行混合配矿采用"造锍捕金"技术得到。

世界各国铜阳极泥的冶金，基本都是以火法发展而来。国外的发展都在现有工艺的基础上，优化改造设备，实现设备大型化、自动化、环保化。国内则经历了由火法工艺到湿法工艺的转化，从只回收金银到阳极泥原料综合回收。铜阳极泥的性质和所含元素研究选择适当的工艺，综合回收铜、硒、碲、铅、铋、锑、镍、砷及铂族金属，使得铜阳极泥的处理成为一个复杂而庞大的单独生产系统。

近年来，对铜阳极泥的处理有了较大的发展，新技术、新工艺不断涌现，并在工业生产中得到成功应用。铜阳极泥处理技术的发展趋势是：采用先进的工艺技术和高效装备，简化生产工序，加速过程进行，缩短贵金属的占压周期，提高金属回收率和资源综合利用率等。

5.2 铜阳极泥组成和性质

铜阳极泥的颜色呈灰黑色，杂铜阳极泥呈浅灰色，粒度通常为 $0.147 \sim 0.074$mm（100~200 目），含水 20%~30%，阳极泥密度约为 1.25g/cm^3，干阳极泥密度为 1.8g/cm^3，堆积密度为 $1.45 \sim 1.5$g/cm^3。

5.2.1 铜阳极泥的物相组成

铜阳极泥的物相组成比较复杂，各种金属存在的形式多种多样。铜主要以 Cu、Cu_2S、Cu_2Se、Cu_2Te 形式存在；银主要为 Ag、Ag_2Se、Ag_2Te 及 AgCl 形式存在；金以游离状态存在，也有与碲结合的金。

铜阳极泥的物相组成对阳极泥中贵金属的回收利用至关重要，阳极泥中硒和碲等元素的存在形态决定了阳极泥处理方法的不同。阳极泥中硒的存在对银的影响较大，电解过程中溶解的银能与 Cu_2S 形成 AgCu 硒化物并富集。阳极泥中 Cu、Ag、Se、Pb 及 As 也以氧化态的形式存在，$CuSO_4 \cdot 5H_2O$、$CuSeO_3 \cdot 2H_2O$、砷酸铜及硫酸铜-银等物相均存在于阳极泥中，硒化物的内核中还可以监测到硫酸铅等物相，分析指出其可能主要是阳极内含物中 Cu-Pb、Cu-Pb-As 或 Cu-Pb-As-Sb-Bi 氧化物的硫酸化所致。阳极泥中的碲主要形成碲化铅、碲化银等，极少量存在于含碲硒化物的内核物中。阳极泥中的金主要以细颗粒附于硒化物、五水硫酸铜或 CuAgSe 上[56]。铂族金属一般均以金属或合金状态存在。一般铜阳极泥的物相组成见表 5.1。

表 5.1 铜阳极泥中各种金属的赋存状态

元　素	赋　存　状　态
金	Au、$AuAg$、$AuTe_2$
银	Ag、Ag_2Se、Ag_2Te、$CuAgSe$、$AgCl$、$(AgAu)Te_2$
铂族	Pt、Pd、Rh、Ir
铜	Cu、$CuSO_4$、Cu_2S、Cu_2Se、Cu_2Te、$CuAgSe$、Cu_2Cl
硒	Ag_2Se、Cu_2Se、$CuAgSe$
碲	Ag_2Te、Cu_2Te、$(Ag、Au)Te$、Te
砷	As_2O_3、$BiAsO_4$、$SbAsO_4$
锑	Sb_2O_3、$SbAsO_4$
铋	Bi_2O_3、$BiAsO_4$
铅	$PbSO_4$、$PbSb_2O_6$
锡	$Sn(OH)_2SO_4$、SnO_2
镍	NiO
铁	Fe_2O_3
锌	ZnO
硅	SiO_2

铜阳极泥相当稳定，在室温下氧化不明显。在没有空气的情况下不与稀硫酸和盐酸作用，但能与硝酸发生强烈反应；在有空气存在时，可缓慢溶解于硫酸和盐酸，并能直接与硝酸发生强烈反应。

在空气中加热阳极泥时，其中一些成分即被氧化而形成氧化物，如亚硒酸盐和亚碲酸盐，同时也形成一些 SeO_2、TeO_2 而挥发。

将阳极泥与浓硫酸共热时，则发生氧化及硫酸化反应，铜、银及其他贱金属形成相应的硫酸盐，金则不变化，硒、碲氧化成氧化物及硫酸盐，硒的硫酸盐随温度的提高可进一步分解成 SeO_2 而挥发。

5.2.2 铜阳极泥的化学组成

铜阳极泥是由铜阳极在电解精炼过程中不溶于电解液的各种物质所组成，其成分主要取决于铜阳极的成分、铸造质量和电解的技术条件，其产率一般为 0.2%～2.0%。来源于铜精矿冶炼的阳极泥，一般含有较多 Cu、Se、Ag、Pb、Te 及少量 Sb、Bi、As 的脉石矿物，所含铂族金属较少；复杂金精矿造锍捕金产出的阳极泥，含 Au、Ag、Sb、Pb 较高，Cu、Se、Te 及铂族金属较少。表 5.2 为铜阳极泥化学组成实例。

表 5.2　铜阳极泥化学组成实例　　　　　　　　　　　　　　（%）

阳极泥类别	工厂	Au	Ag	Cu	Pb	Se	Te	Bi
硫化铜矿电铜阳极泥	1	0.5~3.5	15~30	15~20	7~20	2~5	0.3~1.5	1.0
	2	0.4	5~11	22~28	6~12	4~10	6~10	3~5
	3	0.8~1.2	15~28	8	5	1~1.5	0.5	0.5
	4	2~3	8~18	15~19	7~12	0.6~0.9	0.22	0.13
	5	0.5~1.5	6~10	20~30	10~15	6~10	2~4	1~1.5
复杂金精矿铜阳极泥	6	0.50	28.0	4.5	11.0	2.0	1.2	2.0

阳极泥类别	工厂	As	Sb	Ni	Sn	S	Pt	Pd
硫化铜矿电铜阳极泥	1	3.0	2.0					
	2	4~7	4~6					
	3	1	5		1~4			
	4	1~1.5	2.4					
	5	3~5	1~2					
复杂金精矿铜阳极泥	6	0.50	28.0	4.5	11.0	2.0	1.2	2.0

从表 5.2 可知，与硫化铜矿电铜阳极泥相比，铜镍硫化铜矿电铜阳极泥含铜、镍高，金、银较少；而杂铜阳极泥则含锡较高，金银也较少；复杂金精矿造锍捕金产出的阳极泥含金、银、锑较高，铜较少。

5.3　铜阳极泥冶金技术发展

目前国内外主要冶炼厂处理铜阳极泥的现行生产流程基本相似，一般由下列工序组成：（1）除铜和硒；（2）还原熔炼产出贵铅合金；（3）贵铅氧化精炼为金银合金，即银阳极板；（4）银电解；（5）银阳极泥预处理后进行金精炼。铂族金属大都是从金精炼母液中进行富集回收[57]。

铜阳极泥冶金提取金银，大致经历了一个由火法工艺为主到以湿法工艺为主和以火法—湿法联合工艺为主的发展过程。20 世纪 60 年代以前，各工厂几乎都采用火法工艺，回收金属限于银和金。冶金方法主要采用直接入炉熔炼工艺，熔炼主要加入苏打、硝石、萤石、石英等在反射炉中进行氧化熔炼的直接熔炼方法，或加入熔剂、粉煤、废铅等进行还原熔炼，产出贵铅，再对贵铅进行灰吹（氧化），产出银和金。但火法处理铜阳极泥的生产过程冗长复杂，所用设备多，厂房占用面积较大；中间产品返料量大，原材料消耗多，贵金属直接回收率低，劳动强度大，工作条件恶劣，环境污染日趋严重，存在工艺过程间断难以实现机械化、自动化操作等缺点。

20 世纪 60 至 80 年代开始，湿法冶金处理阳极泥的研究迅速发展，湿法工艺可以采用管道化运输物料，易于实现机械化和连续作业，更可在回收金和银的同时回收铜、硒、碲、铅、铋、锑、镍、砷及铂族金属，使得处理阳极泥的整个过程成为一个复杂而庞大的生产系统。

目前，国内外阳极泥处理工艺主要有三大类：一是全湿法工艺流程，以美国 Outfort 公司为代表流程为铜阳极泥—加压浸出铜、碲—氯化浸出硒、金—碱浸分铅—氨浸分银—金银电解；二是以湿法为主，火法、湿法相结合的（半）湿法工艺流程，为国内部分厂家所采用。主干流程为铜阳极泥—硫酸化焙烧蒸硒—稀酸分铜—氯化分金—亚钠分银—金银电解；三是以火法为主，湿法、火法相结合的流程，以奥图泰（Outotec）公司为代表，主干流程为铜阳极泥—加压浸出铜、碲—火法熔炼、吹炼—银电解—银阳极泥处理金。

为了进一步提高火法处理的技术水平和经济效益，国外多向大型化集中处理的方向发展。例如，美国年产铜200万吨时，有30家铜厂，而阳极泥处理仅5家；日本的日立、佐贺关两个冶炼厂也将阳极泥合并在日立厂处理。

5.4 铜阳极泥冶金工艺

5.4.1 传统处理工艺

处理铜阳极泥的传统流程是硫酸化焙烧蒸硒—稀硫酸浸出脱铜—还原熔炼—氧化精炼—金银电解精炼—铂钯回收。铜阳极泥处理的传统工艺流程如图 5.1 所示。

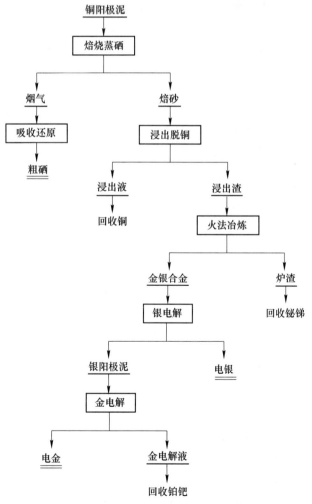

图 5.1 铜阳极泥处理的传统工艺流程图

铜阳极泥单独处理的传统方法分如下主要步骤：（1）硫酸化焙烧、蒸硒，（2）酸浸脱铜，（3）贵铅炉还原熔炼，（4）分银炉氧化精炼，（5）银电解精炼，（6）金电解精炼，（7）铂钯的提取，（8）粗硒精炼，（9）碲的提取。

该流程是多年以来处理铜阳极泥的常规方法，至 20 世纪 80 年代国内许多工厂还在广泛使用。该流程虽工艺成熟、易于操作控制、对物料适应性强，但生产周期长、贵金属直收率低，工艺过程间断，劳动强度大，难于实现机械化和自动化操作，烟害环保问题不易解决。

近年来主要是在设备及具体工艺条件方面有重大改进和革新：如硫酸化焙烧，由马弗炉改为回转窑；贵铅炉，由反射炉改为转炉、电炉、倾转炉等；贵铅精炼，由反射炉改为转炉或倾转式反射炉；贵铅精炼，由压缩空气吹炼改为氧气吹炼，时间由空气吹炼的 72h，缩短为 24h；废气处理系统，用布袋过滤器、动力波洗涤塔代替旧的喷淋塔等。通过严格过程控制，采用先进设备，提高机械化、自动化程度，可以保证较高的金银回收率。

5.4.1.1　硫酸化焙烧

A　工艺原理

铜阳极泥之所以要首先焙烧除硒，是鉴于火法熔炼阳极泥时，由于硒的存在一方面会导致金属与炉渣两相间形成一层含银很高的硒冰铜，另一方面回收硒冰铜中的银需要延长吹风氧化时间，从而延长生产周期。若不延长吹风氧化时间，就会增加贵金属在炉渣与硒冰铜中的返料，降低直收率。另一方面，硒会分散于炉渣、冰铜和贵铅中，给硒的回收带来困难。因此，凡从铜阳极泥中回收硒的工厂，多采用预先除硒的方法。

铜阳极泥硫酸化焙烧的主要目的是把硒氧化为 SeO_2 使之挥发，进入吸收塔被水吸收溶解转变为 H_2SeO_3，然后被炉气中的 SO_2 还原而生成单质硒粉；铜及铜的化合物转化为可溶性的 $CuSO_4$，硫酸化焙烧渣进行水（或稀硫酸）浸出脱铜。脱铜渣进入金银冶炼系统，浸铜液用铜板置换银，粗银粉送金银系统，硫酸铜液回收铜。

焙烧过程中，SeO_2 的升华温度为 315℃，温度越高，硒的挥发速度越快。但为了不使 TeO_2 一起挥发，也不使易溶于水的 $CuSO_4$ 分解成难溶的 CuO（分解温度为 650℃），故硫酸盐化焙烧温度通常控制在 450~650℃ 之间。

阳极泥与浓硫酸混合后置于马弗炉或回转窑内焙烧，主要发生下列一些反应（反应式中的 Se、Te 仅表示阳极泥中存在的物质，并不是呈单质状态的硒碲）：

$$Cu + 2H_2SO_4 \longrightarrow CuSO_4 + 2H_2O + SO_2 \uparrow$$
$$Cu_2S + 6H_2SO_4 \longrightarrow 2CuSO_4 + 6H_2O + 5SO_2 \uparrow$$
$$2Ag + 2H_2SO_4 \longrightarrow Ag_2SO_4 + 2H_2O + SO_2 \uparrow$$
$$Se + 2H_2SO_4 \longrightarrow 2H_2O + 2SO_2 \uparrow + SeO_2 \uparrow$$
$$Te + 2H_2SO_4 \longrightarrow TeO_2 + 2H_2O + 2SO_2 \uparrow$$
$$PbO + H_2SO_4 \longrightarrow PbSO_4 + H_2O$$
$$PbS + H_2SO_4 \longrightarrow PbSO_4 + H_2S \uparrow$$

阳极泥中的硒，主要以硒化物（Cu_2Se、Ag_2Se）存在，碲以碲化物（Ag_2Te）存在。这些硒化物比较稳定，在焙烧的温度下不易分解成单质硒，当硒化物与硫酸接触时，在低温（220~300℃）时，反应式为：

$$Ag_2Se+3H_2SO_4 \longrightarrow Ag_2SO_4+SeSO_3+3H_2O+SO_2 \uparrow$$

$$Cu_2Se+5H_2SO_4 \longrightarrow 2CuSO_4+SeSO_3+5H_2O+2SO_2 \uparrow$$

在高温（550~680℃）时，$SeSO_3$分解：

$$SeSO_3+H_2SO_4 \longrightarrow H_2O+2SO_2 \uparrow +SeO_2 \uparrow$$

碲化物反应为：

$$Ag_2Te + 3H_2SO_4 \longrightarrow Ag_2SO_4 + TeSO_3 + 3H_2O + SO_2 \uparrow$$

但在高温下 $TeSO_3$ 不分解，Ag_2SeO_3 分解：

$$TeSO_3 + H_2SO_4 \longrightarrow TeO_2 + H_2O + 2SO_2 \uparrow$$

$$Ag_2SeO_3 + CuSO_4 \longrightarrow Ag_2SO_4 + CuO + SeO_2 \uparrow$$

经焙烧升华的 SeO_2 与烟气一并导入吸收塔（或气体洗涤器或湿式电收尘器），SeO_2 即溶于水而生成亚硒酸：

$$SeO_2 + H_2O \longrightarrow H_2SeO_3$$

阳极泥与硫酸反应时生成的大量 SO_2 借助水的作用，使吸收塔中的亚硒酸还原生成单质硒沉淀：

$$H_2SeO_3 + 2SO_2 + H_2O \longrightarrow 2H_2SO_4 + Se \downarrow$$

生成的单质硒，因含有大量杂质，俗称粗硒。粗硒用热水洗涤至洗液呈中性后，烘干送提纯工序产纯硒。

B　主要设备

a　回转窑

国内使用的圆筒形回转窑长 10~14m，直径 1.0~1.4m。窑身用 20 号锅炉钢板焊成，窑身钢板筒体的使用寿命一般约为 1.5 年。生产实践，窑体越长，阳极泥在窑内停留的时间就越长，硫酸盐化效果也越好。

回转窑窑体的倾斜度为 1.6%，由 2~3 对托轮支承，电动机通过链轮传动，转速为 1.13r/min。回转窑为外加热式，窑身置于燃烧室内，用电或天然气分段加热，窑身各段分设 4~6 个测温点。

为防止炉料结块和产生黏壁现象，窑内设置随窑身转动而滚动的滚齿或螺旋，随着窑体的转动借重力滚动起振打作用。

窑头（见图 5.2）和窑尾（见图 5.3）两端密封，用螺旋给料器从窑头连续进料。炉料在窑内的停留时间约 3~4h。焙烧后，进入窑尾的料由螺旋排料器排出，以保证窑尾密封。

b　吸收塔

焙烧炉气由真空泵导入吸收塔。吸收塔为含锑 7% 的铅锑合金所铸成（见图 5.4）。随着非金属材料的广泛应用，钢衬聚四氟乙烯的吸收塔已经在部分厂家应用。窑体两侧各设一列，每列 4 只串联收硒，两列交替使用。

5.4.1.2　铜银浸出

A　工艺原理

焙烧后的铜阳极泥——焙砂，大部分铜、镍等贱金属和部分银在焙烧中转化为可溶性

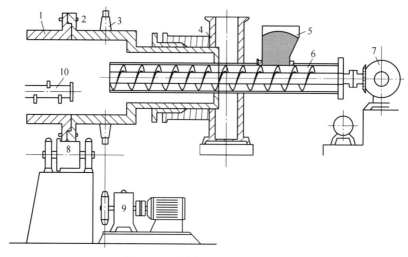

图 5.2　回转窑窑头及加料系统

1—窑体；2—窑头；3—链轮；4—支承架；5—料斗；6—螺旋给料器；
7—伞形齿轮及电机；8—托轮；9—减速机；10—振打架

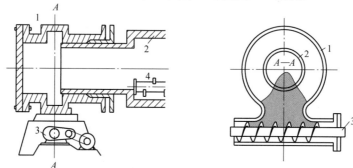

图 5.3　回转窑窑尾及排料系统

1—窑尾；2—窑体；3—螺旋排料器；4—振打架

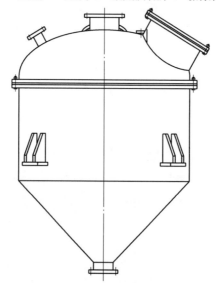

图 5.4　铸铅吸收塔

的硫酸铜、硫酸镍和硫酸银，也存在少量的氧化铜、氧化镍等。用水即可浸出，但为提高浸出率，在浸出液中加入少量硫酸。若阳极泥中含碲，则有部分碲被浸出进入浸出液。

$$CuO + H_2SO_4 \longrightarrow CuSO_4 + H_2O$$

$$NiO + H_2SO_4 \longrightarrow NiSO_4 + H_2O$$

对以 Ag_2SO_4 形态进入溶液的银通常是提供足够的氯离子，让它生成 $AgCl$ 而沉入渣中分离出来；或让它留在液相，待下步在浸出液处理时用铜置换得银粉。化学反应为：

$$Ag_2SO_4 + 2NaCl \longrightarrow 2AgCl\downarrow + Na_2SO_4$$

$$Ag_2SO_4 + Cu \longrightarrow 2Ag\downarrow + CuSO_4$$

置换后的硫酸铜溶液多用以生产胆矾，粗银粉送分银炉处理。浸出渣经热水充分洗涤后送贵铅炉还原熔炼。

B 主要设备

浸出釜的材质选择主要为两种，一种是碳钢外壳，内衬铅板和耐酸砖，这种类型曾经在工业上广泛应用，其特点是：运行可靠，只需定期检查、定期维修，保温性能好、升温和降温必须严格按一定要求，否则耐酸砖易损坏，故不能随意开釜和停釜，启动时间较长。另一种是近年广泛使用的钢钛复合材料和双向不锈钢材料，是新发展的釜体材料，其特点是：耐高温耐腐蚀，耐磨性能好、开停釜方便、釜的保温状态好。

由于钛的密度轻、强度高、无磁性、较易加工成型，钛及钛合金对多数酸、碱、盐溶液具有优良的耐蚀性，在腐蚀性介质中，如氯离子存在时，其耐蚀性更明显高于钢（含不锈钢），又如在海水中其耐蚀性几乎可与铂媲美。因此，在湿法浸出过程中，对设备要求的特殊性决定了钛及其合金作为湿法反应釜内衬、管道、阀门、搅拌桨、搅拌轴、换热器、过流部件，都具有优良的物理、化学特性。

浸出釜规格参数为 $\phi3200mm \times 4380mm$，几何容积为 $31m^3$；釜体材料为钢钛复合板或双向不锈钢；椭圆球底、球盖，带搅拌；反应釜内壁设挡流板。反应釜外形如图 5.5 所示。

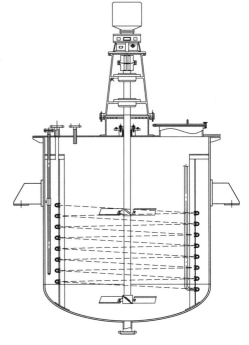

图 5.5 反应釜外形图

5.4.1.3 还原熔炼

A 工艺原理

经脱铜、硒后的浸出渣，其杂质主要以氧化物或氧化物的盐类存在。还原熔炼的目的是使这些杂质进入渣中或挥发进入烟尘而除去，使铅的化合物还原为金属铅。铅是贵金属的良好捕集剂，熔炼过程中贵金属溶解在铅液中形成贵金属与铅的合金，即贵铅[58]。

铜阳极泥经提硒脱铜后的浸出渣配以石灰、苏打、萤石、铁屑作熔剂，煤粉或焦粉作还原剂，均匀混合后加入炉内。

炉料入炉后，逐渐升温，除去水分，氧化物（As、Sb、Pb 等）相继挥发而进入炉气，炉料开始熔化，并发生造渣反应：

$$Na_2CO_3 \longrightarrow Na_2O + CO_2$$
$$Na_2O + As_2O_5 \longrightarrow Na_2O \cdot As_2O_5$$
$$Na_2O + Sb_2O_5 \longrightarrow Na_2O \cdot Sb_2O_5$$
$$Na_2O + SiO_2 \longrightarrow Na_2O \cdot SiO_2$$
$$PbO + SiO_2 \longrightarrow PbO \cdot SiO_2$$
$$CaO + SiO_2 \longrightarrow CaO \cdot SiO_2$$

同时，也发生还原和分解反应：

$$2PbO + C \longrightarrow 2Pb + CO_2 \uparrow$$
$$PbO + Fe \longrightarrow Pb + FeO$$
$$PbS + Fe \longrightarrow Pb + FeS$$
$$Ag_2S + Fe \longrightarrow 2Ag + FeS$$
$$2Ag_2SeO_3 \longrightarrow 4Ag + 2SeO_2 \uparrow + O_2 \uparrow$$
$$2Ag_2SO_4 + 2Na_2CO_3 \longrightarrow 4Ag + 2Na_2SO_4 + 2CO_2 \uparrow + O_2 \uparrow$$
$$Ag_2SO_4 + C \longrightarrow 2Ag + CO_2 \uparrow + SO_2 \uparrow$$
$$Ag_2TeO_3 + 3C \longrightarrow 2Ag + Te + 3CO \uparrow$$

铜阳极泥中的金、银被还原出来的金属铅熔体捕集，形成贵铅，其反应可用下式表示：

$$Pb + Ag + Au \longrightarrow Pb(Ag + Au)$$

贵铅熔体与炉渣互不溶解，密度差又大，故炉渣浮在熔池表面，贵铅沉于熔池下层。为了提高贵铅中金银的品位，把炉渣放出，继续往贵铅熔体中鼓入空气，使其中的 As、Sb、Cu、Bi 等杂质氧化，As、Sb 形成低价氧化物时，挥发进入炉气：

$$4As + 3O_2 \longrightarrow 2As_2O_3 \uparrow$$
$$4Sb + 3O_2 \longrightarrow 2Sb_2O_3 \uparrow$$

如进一步氧化形成高价氧化物：

$$2Sb_2O_3 + 2O_2 \longrightarrow 2Sb_2O_5$$

也可与碱性氧化物造渣：

$$Na_2O + Sb_2O_5 \longrightarrow Na_2O \cdot Sb_2O_5$$

贵铅产出率为 30%～40%。初期形成的炉渣，流动性好，称为稀渣，产出率 25%～35%。渣含 Au<0.01%，Ag<0.2%，Pb15%～45%，须送往铅冶炼系统回收 Pb。烟气经布袋收尘后放空，所得的烟尘作提取 As、Sb 原料。

B　主要设备

铜阳极泥脱铜浸出渣的熔炼，曾广泛使用小型反射炉或平炉。现今，国内外广泛使用转炉或电炉。浸出渣加入还原剂和熔剂，经还原熔炼，产出含金、银总量 30%～40% 的贵金属与铅的合金（俗称贵铅）。故熔炼作业的冶金炉俗称贵铅炉。

某厂所用的 ϕ2800mm×4200mm 圆筒形卧式转炉，炉壳由厚 20mm 锅炉钢板卷焊而成。自炉壳向炉心衬以 10mm 石棉板一层、耐火砖半（横）层和镁砖一层。转炉炉体（见图 5.6）由固定在底座上的两对托轮（夹角 60°）支撑。

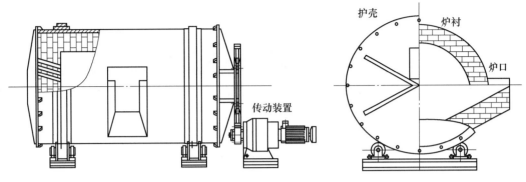

图 5.6　圆筒形卧式转炉外形图

电动机通过减速机传动。炉口在向下 35°（出料）和向上 10°（加料）范围内回转。加料口 400mm×400mm，设在炉顶兼作烟气出口。出料口（炉口）宽 400mm×高 300mm，在炉体正前方。加热由一只天然气燃烧枪供给。烟气经加料口进入烟道、表冷器，再通过布袋收尘器、碱吸收排入大气。

5.4.1.4　氧化精炼

A　工艺原理

还原熔炼所得贵铅含金银一般为 35%~60%，余为铅、铜、砷、锑等杂质。氧化精炼在转炉中于 900~1200℃的温度下，鼓入空气和加入熔剂、氧化剂等，使绝大部分杂质氧化成不溶于金银的氧化物，进入烟尘和形成炉渣除去，得到含金银 98%以上的合金，直接浇铸为银电解用阳极板。

在贵铅氧化精炼过程中，贵铅中各种金属的氧化顺序为：锑、砷、铅、铋、硒、碲、铜、银。贵铅中一般含铅较多，也易氧化，所以氧化精炼时，实际上主要以 PbO 充当氧的传递剂，把锑、砷氧化：

$$2Pb + O_2 \longrightarrow 2PbO$$
$$2Sb + 3PbO \longrightarrow Sb_2O_3 + 3Pb$$
$$2As + 3PbO \longrightarrow As_2O_3 + 3Pb$$

这些砷、锑的低价氧化物和部分 PbO 易于挥发而进入烟气，经布袋收尘后所得烟尘返回熔炼处理。As_2O_3、Sb_2O_3 也可进一步氧化成高价氧化物（As_2O_5、Sb_2O_5）并与碱性氧化物（PbO、Na_2O 等）造渣，或直接形成亚砷（或锑）酸铅：

$$3PbO + Sb_2O_3 \longrightarrow 3PbO \cdot Sb_2O_3$$
$$2As + 6PbO \longrightarrow 3PbO \cdot As_2O_3 + 3Pb$$
$$2Sb + 6PbO \longrightarrow 3PbO \cdot Sb_2O_3 + 3Pb$$

亚砷（锑）酸铅与过量空气接触时，也可形成砷（锑）酸铅：

$$3PbO \cdot As_2O_3 + O_2 \longrightarrow 3PbO \cdot As_2O_5$$

由于 As_2O_5 的离解压比 Sb_2O_5 低，因此多数以砷酸盐形态进入炉渣，而锑则多数挥发进入炉气。当砷、锑氧化基本完成后（不冒白烟），改为表面吹风继续进行氧化精炼，可以把铅全部氧化除去。铜、铋、硒、碲等是较难氧化的金属，即难以用 PbO 氧化。但当砷、锑、铅都氧化除去后，再继续进行氧化精炼，铋就发生氧化：

$$4Bi + 3O_2 \longrightarrow 2Bi_2O_3$$

生成含部分铜、银、砷、锑等杂质的铋渣，经沉淀熔炼以降低含银量后，即作为回收铋的原料。当炉内合金 Au+Ag 含量达到 80% 以上时，即加入占贵铅量 5% 的 Na_2CO_3 和 1%~3% 的 KNO_3，用人工强烈搅拌，使铜、硒、碲彻底氧化，通常称为"清合金"。即通过加硝石产生原子态的氧来氧化铜等难氧化杂质的过程。

$$2KNO_3 \longrightarrow K_2O + [O] + 2NO_2 \uparrow$$

$$2Cu + [O] \longrightarrow Cu_2O$$

$$Me_2Te + 4[O] \longrightarrow 2MeO + TeO_2$$

$$Me_2Se + 4[O] \longrightarrow 2MeO + SeO_2$$

TeO_2 与加入的 Na_2CO_3，形成亚碲酸钠，即形成所谓苏打渣（碲渣），用作回收碲的原料，其反应为：

$$TeO_2 + Na_2CO_3 \longrightarrow Na_2TeO_3 + CO_2$$

最后当 Au+Ag 含量达到 97% 以上即浇铸成阳极板银电解精炼。

B　主要设备

贵铅氧化精炼炉一般称为分银炉，采用和贵铅炉外形相同的转炉。某厂所用的 $\phi2200mm \times 3200mm$ 圆筒形卧式转炉，炉壳系由厚 15mm 锅炉钢板卷焊而成。设在炉顶的加料口兼作吹炼口，在侧部开烟气出口。烟气经专用烟道、表冷器再通过布袋收尘器、碱吸收排入大气。

5.4.1.5　银电解精炼

银电解精炼是为了产出合格的电解银，通过电解，可使银阳极板中的贱金属杂质、金及铂族金属分离。在银电解精炼过程中，得到品位在 99.99% 以上的纯银，使金及铂族元素富集在阳极泥中，便于进一步回收[59]。

A　银电解精炼的理论基础

银电解精炼是以金银合金作阳极，以银板、不锈钢板或钛板作阴极，硝酸及硝酸银的水溶液作电解液，在电解槽中通直流电进行电解。电解时在硝酸银电解液中装入银合金（或称粗银）阳极和纯银板或不溶于硝酸的其他材料的阴极。通入电流后，阳极的银和贱金属杂质溶解，而在阴极析出纯银。电解过程可以视为是在 Ag（阴极）| $AgNO_3$，HNO_3，H_2O，杂质 | Ag，杂质（阳极）的电化学系统中进行的。

电解过程中，阴极上的反应是银的析出过程：

$$Ag^+ + e \longrightarrow Ag$$

同时，阴极上也可能发生消耗电能和硝酸的反应：

$$2H^+ + 2e \longrightarrow H_2$$

$$2NO_3^- + 10H^+ + 8e \longrightarrow N_2O + 5H_2O$$

$$NO_3^- + 4H^+ + 3e \longrightarrow 2H_2O + NO \uparrow$$

$$NO_3^- + 2H^+ + e \longrightarrow H_2O + NO_2 \uparrow$$

$$NO_3^- + 3H^+ + 2e \longrightarrow HNO_2 + H_2O$$

由于发生这些反应，而常需往溶液中补加硝酸；但在电能消耗方面，由于阳极中铜等组分的溶解，阴极上只析出银而使电能消耗得到补偿。

在阳极上，发生银和贱金属杂质氧化溶解反应。银不单氧化成一价银离子，当电流密度小时还可能有部分氧化成半价银离子。而半价银离子又可自行分解生成一价银离子，并分离出一个金属银原子进入阳极泥中，影响电银产量。

$$Ag - e \longrightarrow Ag^+$$
$$2Ag - e \longrightarrow 2Ag^{0.5+}$$
$$2Ag^{0.5+} \longrightarrow Ag^+ + Ag \downarrow$$

但由于阳极板含有其他金属杂质，所以阳极上除金属银的氧化外，铜等贱金属同时也被氧化而进入溶液。银、铜等金属在阳极上的氧化，是通过以下一系列的反应来完成的：

$$2Ag + [O] \longrightarrow Ag_2O$$
$$Ag_2O + 2HNO_3 \longrightarrow 2AgNO_3 + H_2O$$
$$2NO_2 + H_2O \longrightarrow HNO_3 + HNO_2$$
$$HNO_2 + [O] \longrightarrow HNO_3$$
$$MeO + 2HNO_3 \longrightarrow Me(NO_3)_2 + H_2O$$

反应中所生成的二氧化氮除生成硝酸和亚硝酸外，还有一部分在过程中挥发损失掉。

阳极上各种元素的行为，与它们的电极电位和在电解质中的浓度以及是否会水解有关。

金、银合金阳极中，由于金的原子能取代合金中若干个银原子，并保持原来银的晶格，因此金能以任何比例与银形成组分分布均匀、结合紧密的合金。又由于金在银电解时是不溶解的，因此当合金中金的原子多到一定程度时，就会包裹银原子而起到掩蔽（不溶解）银的作用。故合金中的含金量不应过高。

电解精炼时比银更正电性的金属如金与铂族元素不发生电化学溶解而留于阳极泥中。其含量很高时，会滞留于阳极表面，而阻碍阳极银的溶解，甚至引起阳极的钝化，使银的电极电位升高，影响电解的正常进行。

但实际上，有一部分铂、钯进入电解液中。部分钯进入电解液，是由于钯在阳极被氧化为 $PdO_2 \cdot nH_2O$，新生成的这种氧化物易溶于 HNO_3。铂也有相似行为。特别是当采用较高的硝酸浓度、过高的电解液温度和大的电流密度时，钯和铂进入溶液的量便会增多。由于钯的电位（0.82V）与银（0.8V）相近，当钯在溶液中的浓度增大，会与银一起于阴极析出。

比银负电性的金属如铜、铋、铅、砷、硒等随银一起溶解而进入溶液，砷、锑的含量很少，不会对电解造成影响，铅、铋则在电溶解过程中发生水解，分别以氧化铅（PbO）与碱式铋盐状态沉淀于阳极泥中。以 Ag_2Se、$CuSe$、Ag_2Te、$CuTe$ 状态存在的硒、碲化合物难溶于硝酸，也留于阳极泥中。但当阳极中存有金属硒时，在弱酸性电解质中，可与银一道溶解并于阴极析出。但在高酸度（保持在 1.5%左右）溶液中，阳极中的硒不进入溶液。

铜在阳极中的含量通常是最多的，常达 2%或更多。在电解过程中，铜呈硝酸铜进入溶液，使电解液颜色变蓝。由于铜的电位比银低一半以上，且在硝酸银溶液中铜能于阴极析出的浓度又高，故在正常电解的情况下，铜于阴极析出的可能性不大。但当出现浓差极

化，或因电解液搅拌循环不良，银离子剧烈下沉，造成电解液中银、铜含量之比超过 2：1
时，铜会在阴极的上部析出。且铜离子在溶液中运动到阴极的过程中，Cu^{2+} 可能被还原为
Cu^+，Cu^+ 又有可能在阳极被氧化成 Cu^{2+}，白白消耗电能。特别是当电解含铜高的阳极时，
由于阴极只析出银，而阳极每溶解 1g 铜，阴极便相应析出 3.4g 银，这就很容易造成电解
液中银离子浓度的急速下降，这时阴极就有析出铜的危险，故电解含铜高的阳极时，应经
常抽出部分含铜多的电解液，而补入部分浓度高的硝酸银液。

B　阴极结晶特点

电解银与电解铜不同，由于从硝酸银中析出银的各个晶体具有很大的生长速度，所
以，析出于阴极是粗糙、疏松的晶粒，有时成为松软的结晶性粉末，有时为大的树枝状结
晶体，易于剥离，也会自然脱落。为避免发生短路，在阴极面上，装有刮银粉棒，做缓慢
的平行往复运动，随时将银晶体刮落，集于槽底。同时为避免阳极泥污染银粉，阳极上都
有收集阳极泥的双层布袋。

C　电解液的组成、净化和制备

a　银电解液的组成

银电解液，由 $AgNO_3$、HNO_3 的水溶液组成。电解液含 Ag 80~120g/L、HNO_3 3~8g/L、
Cu<40g/L、Pb<3g/L。

游离硝酸可以提高电解液的导电性，但在含量高时，它会引起一系列的不良影响：含
硝酸过高时，会促使阴极析出银的化学溶解，会放出二氧化氮，恶化劳动条件，电解液中
硝酸浓度越高，使 H^+ 离子浓度增大，从而增加了 H^+ 离子的放电机会。电解液中过分的增
加硝酸含量，将降低电流效率，引起电能消耗大。为防止上述现象发生，又使电解液导电
性良好，因而有些工厂往电解液中加入适量的 KNO_3、$NaNO_3$。生产实践，电解液中游离
的硝酸的含量不应低于 2g/L。

电解液中银离子浓度的高低，视电流密度及阳极品位而定。电流密度大，银离子浓度
宜高，以保证阴极区应有的银离子浓度；阳极品位低，即杂质多，银离子浓度宜高些，以
压抑杂质离子在阴极析出，反之亦然。

b　银电解液的净化处理

在银电解的精炼过程中，贱金属溶入电解液，使电解液逐渐被污染。实践证明，阳极
品位和电解液纯度对获得的阴极析出银意义重大，电解液不纯，阳极品位低，将得不到纯
银，因此必须定期将电解液进行净化处理。处理电解液废液和洗液的方法很多，有结晶净
化法、水解除铋法、食盐沉淀法、硫酸净化法等，具体介绍如下：

（1）结晶净化法。硝酸盐在水中溶解度的不同可以对其进行浓缩结晶，浓缩后的电解
液冷却可结晶出硝酸银，而绝大部分杂质则留在未结晶的液体中形成含杂质量高的母液，
结晶用水溶解后可返回电解。母液可返回再结晶，至母液中杂质含量过高不能再结晶时用
食盐水生成氯化银沉淀。此法适用于含杂质较少的电解废液，其成本低，净化效果明显。

（2）水解除铋法。当电解液中的铋含量增高时，可向电解液中加入水、5% 的氢氧化
钠溶液或 1：1 的氨水调节溶液，使电解液 pH 值为 3~4，此时铋大量水解为淡黄色沉淀
物，过滤后浓缩滤液，就可返回电解使用。沉淀物用酸溶解加入食盐水生成氯化银沉淀再
处理。

（3）食盐沉淀法。向废电解液和洗液中加入食盐水，使银呈氯化银沉淀。经加热后，氯化银凝集成粗粒或块状，便于过滤回收。残液中的铜加铁屑置换，但铜的回收率通常不高。

（4）硫酸净化法。过去曾采用硫酸净化法处理被铅、铋、锑污染的电解液。往银电解液中加入硫酸（按含铅量计算，不要有过剩），经搅拌后静置，铅便呈硫酸铅沉淀，铋水解生成碱式盐沉淀，锑水解生成氢氧化物浮于液面。将其过滤，溶液便可返回电解。

（5）铜置换法。电解废液和车间的各种洗液置于槽中，挂入铜残极，用蒸汽直接加热至 80℃ 左右进行置换，银即被还原成粒状沉淀。置换作业一直进行到用氯离子检验时不生成 AgCl 为止。产出含银在 80% 以上的粗银粉，再熔炼为阳极板。置换后的废液放入中和槽，在热态下加入 Na_2CO_3，搅拌中和至 pH 值为 7~8，产出碱式碳酸铜送铜冶炼，残液弃去。

（6）氯化银回收—铁置换法。电解废液回收氯化银的过程可使绝大部分杂质留于溶液中，然后洗涤氯化银后，在有少量盐酸存在的条件下用铁粉还原氯化银，得到黑色的银粉。用磁铁除铁后再用盐酸浸泡，洗涤烘干，可得到 99.6% 以上的银粉。

（7）加热分解法。此法是依据铜、银的硝酸盐分解温度的差异很大而制定的。硝酸铜在 170℃ 时开始分解，200℃ 时剧烈分解，250℃ 时分解完全。而硝酸银在 440℃ 时才开始分解。利用这两种盐的热分解温度的差异，将废电解液和洗液置于不锈钢罐中，加热浓缩结晶至糊状并冒气泡后，在 220~250℃ 下恒温，使硝酸铜分解成氧化铜（电解液含有钯时，它也随之分解）。当渣完全变黑和不再放出 NO_2 的黄烟时，分解过程即结束，产出的渣，加适量水于 100℃ 浸出使 $AgNO_3$ 结晶溶解。浸出进行两次，第一次得到含银 300~400g/L 的浸出液，第二次得到含银 150g/L 左右的浸出液，均返回电解液用。浸出渣约含铜 60%、银 1%~10%、钯 0.2%，进一步处理分离钯和银。

（8）不溶阳极电解回收法。电解废液中银含量高时可采用金箔或者钛片作为阳极，以钛片作为阴极电解，电解过程中阳极放出氧气，阴极析出银粉，电解液中酸度增高，需向电解液中加入碳酸钠溶液或者氢氧化钠溶液降低酸度。初期可得到 99.99% 的银粉，中后期也可得到 99.8% 以上的银粉。当溶液中银的浓度降低为 20g/L 时用食盐沉淀其中的银离子，然后再处理氯化银。

（9）活性炭或树脂从电解液中吸附铂、钯。云南铜业股份有限公司通过对银电解过程铂、钯分散规律的考察证明，电解银时阳极板中约有 40%~50% 的铂、钯进入电解液，并不断积累。为提高铂、钯回收率，在回收银之前，用硝酸处理过的活性炭选择性吸附银电解液的铂、钯，使之与银分离。然后用 1∶1 的 HNO_3 解吸，经分离提纯铂、钯直收率分别可达 92%、97%。

金川集团有限公司贵金属冶炼厂采用合成树脂从复杂银电解液中一步高效高选择性分离钯，银、铜等金属沉淀率极低，分离钯后的溶液中钯含量可降低至 0.001~0.1g/L，并且不破坏溶液的性质，可以直接返回银电解槽循环使用，提高了电解液净化除钯的效率，钯直收率可达 95%。

（10）丁基黄药从电解废液中沉淀铂、钯。目前从存在大量银的溶液中提取少量钯、铂的方法较少。加拿大国际镍公司采用活性炭吸附可以有效地提取银电解液中的钯，但银的吸附率和钯的直收率未见报道，经研究发现活性炭若不经浓硝酸煮沸氧化，铂和钯的吸附率低，而且银有部分被吸附，经过部分铜厂实验证明，钯的直收率最终只有 70% 左右，劳动条件也较差。所以提出了用丁基黄药作沉淀剂，从银电解液中提取铂和钯是个非常有效的方法。该法对含铂、钯及只含钯不含铂的两种电解液均适用，选择性很高，沉淀率可达铂 99%、钯 99.9%。银的共沉率不超过 2%。黄原酸钯的浓度积 $K_{sp}^{\ominus} = 3 \times 10^{-43}$，黄原酸银的浓度积 $K_{sp}^{\ominus} = 8.5 \times 10^{-19}$，在钯、银同时存在的弱酸性硝酸溶液中，如果按生成黄原酸钯化学计算量加丁基黄药，则钯优先快速地沉淀，银仍留在溶液中：

$$Pd(NO_3)_2 + 2C_4H_9OCSSNa \rightleftharpoons 2NaNO_3 + (C_4H_9OCSS)_2Pd \downarrow$$

黄药是一种较强的配合剂，往大量银存在的溶液中加入丁基黄药，丁基黄药也能与银发生作用，由于生成的丁基黄原酸银可与硝酸钯发生交换反应，所以钯依然能定量沉淀，银还是留在溶液中：

$$Pd(NO_3)_2 + 2C_4H_9OCSSAg \rightleftharpoons (C_4H_9OCSS)_2Pd \downarrow + 2AgNO_3$$

而分散在银电解液中铂的形态，至今未见专门报道，有关文献推论，可能为二价铂的亚硝基配合物 $Ag_2Pt(NO_2)_4$。

现在广泛应用于生产的为定期置换法，即定期将部分电解液抽出，补充新电解液，抽出的电解液进行置换或化学沉淀银，回收的银可以直接银电解造液或铸阳极板。

c　硝酸银电解液的制备

电解时，阳极上银和铜以及其他贱金属被溶解，在阴极上析出银，较负电性的杂质留于溶液中，因此，电解液中银逐渐减少，必须加新液进行补充。

电解时用的硝酸银溶液的制备很简单，净银粉、硝酸按一定比例加入溶解即得，取其质量比为：银粉∶硝酸 = 1∶1，银在溶解过程中放出大量的氮氧化物气体，其反应式为：

$$Ag + 2HNO_3 \rightleftharpoons AgNO_3 + H_2O + NO_2 \uparrow$$

反应放出的 NO_2 气体为剧毒气体，对人体的侵害性极为强烈，故应加以处理或回收。一般处理方法有吸收法，还原法，催化转化法和吸附法等。制造硝酸银的原理虽简单，但各厂的操作过程也有所区别，有些工厂在加硝酸前，在反应容器中先加入与银粉同质量的水，以加速银的溶解，溶解过程完全靠自发进行，而有些工厂在加完硝酸和水后，待反应逐渐缓慢时，用不锈钢管插入缸内，直接通蒸汽加热并搅拌以加速溶解，银粉完全溶解后，继续通蒸汽除过量的硝酸。

国内外的一些工厂，也有用含银较低的银粉或用粗银合金板及各种不纯的原料制备电解液的。日本电解液含银较低，为 40 ~ 50g/L。采用高电流密度电解的工厂为 120 ~ 150g/L，同时严格控制电解液中的杂质浓度。

造液时有 NO_x 气体放出，故多采用密闭设备，尾气接碱液吸收系统。我国某厂以氧化、催化还原处理 NO_x 尾气，效果很好，吸收后尾气含 NO_x（标态）小于 $20mg/m^3$。

诺兰达技术中心开发出用硝酸和过氧化氢溶解银粉，以抑制 NO_x 的产生，反应式为：

$$2Ag + 2HNO_3 + H_2O_2 \longrightarrow 2AgNO_3 + 2H_2O$$

$$Ag + 2HNO_3 \longrightarrow AgNO_3 + NO_2 \uparrow + H_2O$$

$$3Ag + 4HNO_3 \longrightarrow 3AgNO_3 + NO \uparrow + 2H_2O$$

前一个反应为放热反应，后两个反应为吸热反应，所以要冷却溶液。实验结果表明过氧化氢的使用温度范围为：-3 ~ 25℃。

稀硝酸制备是在备有不锈钢搅拌机和冷却线圈的 150L 聚乙烯槽中进行的，过氧化氢加入的过剩系数确定为 30%。实践应用硝酸银的生产和质量均达到或超过设计要求。正常生产操作过程中，反应器排放气体中的氧化氮（NO_x）含量在 0.0002%~0.0005% 的范围内，从没有达到过 0.01%。

d 银电解精炼槽、阳极和阴极

银电解槽由于其极板的摆放方式不同而分为直立式电极电解和卧式电解。与直立式电解槽相比，卧式电解槽在生产规模相同时，占地面积大，电耗高，电解液要求有较高的银离子浓度，造成投资费用高，所有这些原因，促使直立式电解槽被广泛应用。

直立式电解槽槽中一般放有 7 片阴极，6 片阳极，阳极用银钩挂在导电棒上或直接浇铸带耳的阳极板装于两层布袋中。阴极用吊耳挂于紫铜棒上，在阴极上，有用曲轴连杆机械驱动的刮刀，作缓慢之平行往复运动，以刮落阴极银，银粉则沉落于槽底或输送带上。

现在国内广泛应用改进的直立式电解槽：多槽组合下部连通整体槽改为单槽；银粉带式输送机出槽改为单槽锥底斜管流放出槽，采用单槽单管溶液循环。单槽尺寸为 895mm×960mm×620mm。

其特点是：银粉出槽采用锥底斜管流放出槽比带式机出槽设施简单、操作方便，槽体的整体性结构强度、寿命、运输、安装、检修、更换单槽比组合式整体槽容易，单槽单管溶液循环比多槽下部连通的溶液循环均匀、易控。另外，可以实现自动化操作。

电解槽的结构一般用硬塑料槽或 PP 槽。电解液循环形式为下进上出，使用不锈钢泵抽送液体。

电解槽以串联组合。电解时，阴极电银生长迅速，除被刮刀搅拌碰断外，出槽时还需用塑料刮刀把阴极上的电银结晶刮干净，由于阳极不断溶解而缩小，且两极间距逐渐增大，电流密度也逐渐增高，引起槽电压脉动上升。当槽电压逐渐升高至 3.5V 时，说明阳极基本溶解完毕，此时应予出槽。取出的电解银置于滤槽中用热水洗至无色烘干送铸锭。隔膜袋内的残极洗净烘干后返回阳极浇铸。银阳极泥氯化提金。

D 银电解主要技术指标

银的电解条件、设备及操作，各工厂大同小异，但也有的差别较大。某厂采用如下的电解工艺：电流密度 500A/m^2，槽电压 1.5~3.5V，电解液温度 35~50℃。电解液含 Ag 120~150g/L、HNO_3 2~5g/L、Cu<10g/L。电解液循环速度 8~10L/min，刮刀搅拌速度往复 20~22 次/min。阴极为 450mm×400mm，厚 3mm 的不锈钢板。阳极板 Au+Ag 含量在 97% 以上，其中金不大于 6%。电解银粉含银 99.99%。

5.4.2 选冶联合工艺

选冶联合工艺是国外首先采用的新工艺。芬兰的奥托昆普公司最早研究铜阳极泥的浮选。我国有关工厂于 1976 年正式应用于工业生产，该工艺的特点是：铜阳极泥首先采用湿法冶金的方法分离铜、硒、碲，再用浮选法初步分离贵、贱金属。富集比可以达到 3 倍以上；浮选所得含银 40%~50% 的精矿经分银炉熔炼，铸成金银合金板进行电解，得到电银；从银电解阳极泥中提取金、铂、钯。但除了铅、锡含量较高，贵金属品位较低的杂铜阳极泥时，贵金属富集比达 10~20。浮选所得的尾矿可进一步提取铅、锡等金属。

我国先后在云南铜业股份有限公司和天津市电解铜厂应用于生产。该工艺在减少公害，简化流程方面显示出优越性。然而该工艺在未采用金属铜还原之前却存在着浮选尾矿贵金属品位高，回收率低的棘手问题。该工艺的优点有：

（1）阳极泥处理设备能力大幅度增加。原料中含有 35% 的铅，经过浮选处理基本上进入尾矿，选出的精矿为原阳极泥量的一半左右，使炉子生产能力大幅度提高。

（2）回收铅。浮选尾矿可送至铅冶炼厂回收铅，而且尾矿中含有的微量金、银、硒、碲等有价金属仍可在铅冶炼中进一步得以富集和回收。

（3）工艺过程得到改善。阳极泥经浮选处理后产出的精矿，由于含铅和其他杂质较少，熔炼过程中一般不必添加熔剂和还原剂，且粗银的品位较高，使工艺过程得到较大的改善。

（4）烟灰和氧化铅量减少。采用浮选处理之后，大部分铅进入尾矿。在焙烧和熔炼过程中，烟尘的生成量大大减少，铅害问题基本得到解决。选出的精矿可直接在转炉中熔炼，先回收硒、碲，最后熔炼成银阳极送银电解。选冶联合流程最主要的缺点是尾矿含金、银较高。目前，世界上采用选冶联合流程处理铜阳极泥的国家有芬兰、日本、美国、俄罗斯、加拿大等。

大阪精炼厂为了简化流程提高金属回收率，进行浮选铜阳极泥的试验研究。浮选可除去铅，进入精矿的金、银、硒的实收率为铜阳极泥的 85%～95%。但除铅还不够理想。通过改变磨矿方法，调整磨矿粒度。后来又把脱铜和磨矿合并为一个工序，以提高脱铜速度。其工艺流程如图 5.7 所示。

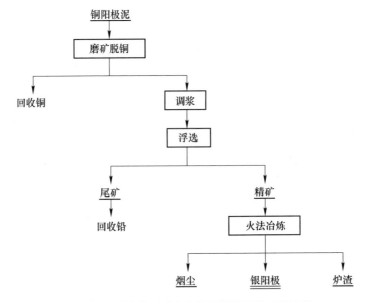

图 5.7　大阪精炼厂浮选法处理铜阳极泥工艺流程

浮选法处理铜阳极泥工艺流程简单，脱铜磨矿合并后可缩短处理流程。浮选时金、银、硒、碲、铂、钯进入精矿而得到富集，浮选精矿在同一个炉子内，连续进行氧化焙烧、熔炼和分银三个工序，且熔炼时不加入熔剂和还原剂，产生的烟尘和氧化铅副产品也很少。

采用选矿富集，与传统火法工艺比较，不仅提高了银的直收率，而且显著降低生产成本，减少火法生产的固定投资和维修费用。两种方法的技术经济对比见表 5.3。

表 5.3 浮选富集法与传统火法工艺比较

项 目	选矿富集法	传统火法工艺
银直收率	选矿直收率 94% 熔炼直收率 93.6% 总直收率：94%×93.6%=88%	贵铅炉、分银炉的总直收率约 84%
熔炼设备与生产能力	一台 0.3m² 熔炼炉， 日产约 250kg 阳极	一台 1.7m² 贵铅炉 一台 0.6m² 分银炉 生产 6t 阳极约需一个月， 平均日产 200kg
主要原材料消耗	重油 3t，苏打 0.5t，少量浮选药剂	重油 7t，苏打 1.2t，硝石 0.27t
劳动条件	由于 90%铅经选矿脱除，冶炼炉 时缩短不致影响工人身体健康	全部铅均由分银炉灰吹除去，火法 作业周期长，铅烟尘量大，铅污染大

5.4.2.1 预处理

来自铜电解车间的阳极泥含铜 10%~12%、含水约 30%，经湿式过筛并浆化分级，颗粒铜返回铜熔炼车间，细泥在一定温度下借助于压缩空气在常温、常压、低酸的条件下进行预脱铜。铜溶解率达 90%以上，经压滤得到含铜低于 3%的滤饼。滤液含铜不低于 40g/L，含硫酸不高于 50g/L，滤液返回铜电解车间生产硫酸铜。

预脱铜的滤饼调浆后在反应釜中用二氧化锰、食盐与硫酸进行脱硒、碲和脱残存的铜，以少量氯酸钠调整作业终点，为不使贵金属分散，再加入少量黄铜屑和活性炭粉使转入液相的贵金属沉淀，经过滤后从其滤液中回收硒、碲和铜，除铜硒稀渣经洗涤浆化后送浮选工段进行选矿。

浸出脱硒、碲，脱硒率>80%，脱碲率>50%，浸出渣中含硒 0.5%~1%、铜<2%。浸出渣率 70%~85%，浸出液中含金 0.0003~0.0055g/L。浸出液用铁屑或亚硫酸钠还原析出硒、碲，尾液含硒、碲均低于 0.1g/L，尾液用铁屑置换铜后送废水处理。

5.4.2.2 浮选

向脱铜硒渣中加硫酸和水调成浓度为 30%的矿浆，其中含酸 30g/L 左右。进行机械搅拌"擦洗"，并同时加入铸铁屑（按还原氯化银的理论量计算），使氯化银转变成金属银。2h 后用水稀释矿浆到 10%~12%，含酸 10g/L 左右，往此矿浆中加入六偏磷酸钠 3.5kg/t 脱渣以抑制脉石与铅。临选前按每吨脱铜硒渣加入丁基铵黑药 0.5kg，丁基黄药 0.5kg 等捕收剂，另需加入少量松醇油。经"一粗二精五扫"的选矿作业，所得精矿经板框压滤机过滤后含水 25%~30%、金 0.1%~0.3%、银 40%~50%、铅 4%~8%。尾矿含金低于 200g/t，含银低于 0.6%，返回铜熔炼处理。

5.4.3 硫酸化焙烧—湿法浸出工艺

我国中、小冶炼厂为改善操作环境，消除污染，提高金、银直收率，增加经济效益的要求，结合实际对铜阳极泥的处理做了大量研究工作，并取得很大成就。其主要方法有硫酸化焙烧蒸硒—湿法处理工艺等几种[60]。

硫酸化焙烧蒸硒—湿法处理工艺是我国发明并首先用于生产的湿法流程，其主要特点是：

（1）焙砂酸浸脱铜，浸出液提银；

（2）脱铜渣用碱浸分铅、碲，分步沉淀铅、碲，碲渣回收碲；

（3）碱浸渣用氯酸钠分金，二氧化硫还原得到粗金粉，锌粉置换金还原后液得到铂钯精矿；

（4）分金渣用亚硫酸钠（或氨浸）分银，甲醛（或水合肼）还原银。原料含砷、碲、铅、锑的不同，而采取先分铅碲或直接分银；有的采用先分银后分金。

此工艺解决了火法工艺中铅污染严重的问题，相对火法工艺金银直收率高、生产周期短。但是废水量较大，银质量不易合格。工艺流程如图 5.8 所示。

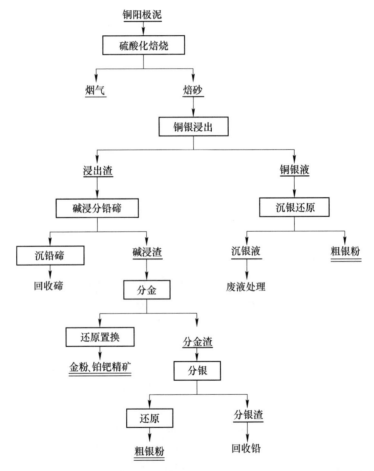

图 5.8　硫酸化焙烧蒸硒—湿法处理工艺流程

5.4.3.1　硫酸化焙烧蒸硒

由于硫酸化焙烧除硒时能使铜氧化，为下步浸出脱铜打基础，因此又可把焙烧除硒作业看成阳极泥脱铜的预先处理阶段。

硫酸盐化焙烧的主要目的，是为了使硒、碲、铜等转化为 SeO_2、TeO_2 和 $CuSO_4$，并使沸点低的 SeO_2 优先挥发成粗硒予以回收。然后再进行焙烧渣的浸出除铜和用氢氧化钠浸出碲。

5.4.3.2　焙砂浸出和溶液处理

在不同的湿法流程中，由于原料不同、提取金属的先后顺序不同或下道工序对原料的要求有差别等，因此，所采用的工艺技术条件也不尽相同。例如，有的工厂采用高酸浸出，有的工厂则采用低酸浸出。高酸浸出的酸度一般为 3mol/L，低酸浸出的酸度一般为 0.5~1mol/L。在不同的湿法流程中，硫酸浸出的具体目的也因原料不同而有所差别。例如，处理含银高的铜阳极泥以分铜、银为主，最大限度使铜和银转入液相，在处理分铜银溶液时，用阴极铜置换溶液中的银而获得银粉，或采用食盐沉淀—铁粉置换得到银粉；含银相对较低的铜阳极泥，以分铜为主，不要求完成银的物相转化，而是让银留在渣中，但对进入液相的银要全部沉到渣中。

含银高的铜阳极泥有较多的银进入溶液，加入 NaCl 并加热，可使 Ag^+ 反应生成白色 AgCl 沉淀，固液分离洗净 AgCl，然后加铁粉或水合肼与其反应，叮得银粉，反应如下：

$$2NaCl + Ag_2SO_4 \longrightarrow 2AgCl \downarrow + Na_2SO_4$$
$$2AgCl + Fe \longrightarrow 2Ag + FeCl_2$$

5.4.3.3　分碲

分碲是为了从分铜渣中尽量脱除碲、铅、砷等杂质，为下道工序的分金作业准备杂质少而金银富集比高的原料，并为提取碲、铅等有价元素创造有利条件。

处理含碲比较高的铜阳极泥，尽管分铜时碲的浸出率高达 50% 左右，但含铜银高的阳极泥，分铜浸出率较高，渣量少，没有浸出的碲相对来说就富集了，碲含量仍然较高。用这种分铜渣直接分金，金的产品质量和回收率都很差。而用去除碲的浸出渣分金，则金的产品质量和回收率都较好。分碲是分金前不可缺少的原料准备作业。

A　碱浸分铅碲

采用氢氧化钠溶液浸出分铜渣，使碲、铅和砷分别以亚碲酸钠、铅酸钠和亚砷酸钠的形态进入液相，是提取碲、铅等有价元素的有效方法。反应如下：

$$TeO_2 + 2NaOH \longrightarrow Na_2TeO_3 + H_2O$$
$$3Te + 6NaOH \longrightarrow Na_2TeO_3 + 2Na_2Te + 3H_2O$$
$$PbSO_4 + 4NaOH \longrightarrow Na_2PbO_2 + Na_2SO_4 + 2H_2O$$
$$As_2S_3 + 6NaOH \longrightarrow Na_3AsO_3 + Na_3AsS_3 + 3H_2O$$
$$As_2O_3 + 6NaOH \longrightarrow 2Na_3AsO_3 + 3H_2O$$

分碲过程使金银在渣中进一步富集。硫酸浸出分铜时生成的氯化银在碱浸分碲时转化成氧化银。反应如下：

$$2AgCl + 2NaOH \longrightarrow Ag_2O + 2NaCl + H_2O$$

一次中和法沉碲：用硫酸中和碱性浸碲液，使铅和碲呈硫酸铅和二氧化碲固态沉淀，产出中和铅碲渣与中和处理后液。其反应方程式如下：

$$Na_2TeO_3 + H_2SO_4 \longrightarrow TeO_2 \downarrow + Na_2SO_4 + H_2O$$

$$Na_2PbO_2 + H_2SO_4 \longrightarrow PbO\downarrow + Na_2SO_4 + H_2O$$
$$Na_2PbO_2 + 2H_2SO_4 \longrightarrow PbSO_4\downarrow + Na_2SO_4 + 2H_2O$$

分步沉淀法沉碲：先用硫化钠脱除碱性浸碲液中的铅，产生硫化铅精矿，再用硫酸中和沉淀，产出二氧化碲与中和处理后液。除铅温度为 $80\sim90℃$，硫化钠（Na_2S）加入量为理论量的 1.2 倍，沉碲中和剂为硫酸（H_2SO_4，93%），中和终点 PH 值为 $6\sim6.5$。其反应方程式如下：

$$Na_2PbO_2 + Na_2S + 2H_2O \longrightarrow PbS\downarrow + 4NaOH$$
$$Na_2TeO_3 + H_2SO_4 \longrightarrow TeO_2\downarrow + Na_2SO_4 + H_2O$$

B　盐酸浸碲

用盐酸浸出分铜渣，由于碲、锑、铋元素都可以和 Cl^- 反应，所以在盐酸浸出过程中 HCl 均能与 Na_2TeO_3、TeO_2、Bi_2TeO_5 和 Sb_2TeO_5 发生化学反应而将其溶解进入溶液。反应如下：

$$Na_2TeO_3 + 6HCl \longrightarrow Na_2TeCl_6 + 3H_2O$$
$$TeO_2 + 4HCl \longrightarrow TeCl_4 + 2H_2O$$
$$Bi_2TeO_5 + 10HCl \longrightarrow 2BiCl_3 + TeCl_4 + 5H_2O$$
$$Sb_2TeO_5 + 10HCl \longrightarrow 2SbCl_3 + TeCl_4 + 5H_2O$$

但是阳极泥在焙烧过程中碲部分会转化为+6 价碲，盐酸浸出时，+6 价碲可使溶液中的 Cl^- 氧化为氯气，造成阳极泥中金溶解，造成碲和金分离困难。

往 $TeCl_4$ 溶液中通 SO_2 沉淀碲：

$$TeCl_4 + 2SO_2 + 4H_2O \longrightarrow Te + 2H_2SO_4 + 4HCl$$

5.4.3.4　分金—金还原

A　氯化分金

在硫酸介质中加氯酸钠浸出浸碲渣，使渣中的金、铂和钯进行氯化溶解生成四氯金酸、四氯铂酸和四氯钯酸转入溶液，实现贵贱金属的分离，同时在浸出过程中加入氯化钠使浸碲渣中银的形态由氧化银转化为氯化银，为下道工序分银创造条件。

各企业采用的工艺路线有所不同，有的采用先分金后分银，而有的采用先分银后分金。采用先分金后分银工艺，是由于银在分铜过程中由硫酸银转化为氯化银进入浸铜渣，经碱浸分碲后，浸铜渣中的氯化银又全部被氧化为氧化银，银的物相形态发生了变化，用亚硫酸钠分银，银的赋存状态必须为氯化银形态才能进行。只有先分金，使氧化银在分金条件下再次被氯化成氯化银，才能满足下步分银时其物相形态的要求。

在氯化分金时使用氯酸钠试剂是因为氯酸钠在硫酸溶液中分解出新生态的活性氧，使金氧化而进入溶液，氯酸钠浸出法较之通氯氧化法具有浸出时间短，氯利用率高的特点。由于氯酸钠的价格高，因此用来处理含有大量重金属杂质的物料时不经济，而且由于浸出液的成分复杂，直接影响还原沉淀金的纯度，因此氯酸钠的使用应是在阳极泥预先除去铜、镍、铅、锡、碲后，浸出渣的产出量小于阳极泥质量的 40% 以后，再用氯酸钠浸出渣中的金，则具有一定的优越性。

用氯酸盐做氧化剂：　　　$2Au + ClO_3^- + 6H^+ + 7Cl^- \longrightarrow 2AuCl_4^- + 3H_2O$

用氯气做氧化剂： $2Au + 3Cl_2 + 2Cl^- \longrightarrow 2AuCl_4^-$

氯化分金浸出液初始酸度为 1~2mol/L，NaCl 浓度视所用酸不同而不同，当用 HCl 时 NaCl 浓度为 30~40g/L，当用 H_2SO_4 时为 60~80g/L。采用 H_2SO_4 是为了抑制 $PbCl_2$ 生成，以提高金粉品位，其次硫酸挥发性比盐酸小，可改善操作环境，减缓介质对设备的腐蚀。当原料中含易水解的杂质（如 Sb、Bi、Sn 等）较多时，分金酸度取高限。固液比为 1 : (3~6)。分金温度控制在 80~90℃，在此温度下 $NaClO_3$ 进行氧化反应：

$$2Au + ClO_3^- + 6H^+ + 7Cl^- \longrightarrow 2AuCl_4^- + 3H_2O$$

$$E = 0.456 - 0.591pH + 0.0098\lg\frac{a_{Cl^-}^7 a_{ClO_3^-}}{a_{AuCl_4^-}^2}$$

显然，溶液中 pH 值越小，$a_{ClO_3^-}$、a_{Cl^-} 越大，越有利于金的溶解。图 5.9 所示为 Au-Cl$^-$-H_2O 系-pH 图（25℃）。

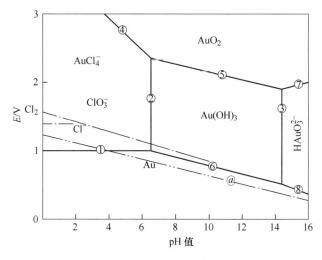

图 5.9　Au-Cl-H_2O 系 E-pH 图

从图 5.9 中可以看出，$AuCl_4^-$ 只有在 pH<3 的水溶液中热力学才是稳定的；在 pH>6.5 的溶液中，$AuCl_4^-$ 容易水解成胶体 $Au(OH)_3$；在 pH>14.4 时则转变成 $HAuO_3^{2-}$。$Au(OH)_3$ 和 $HAuO_3^{2-}$ 在水溶液中都是不稳定的。

贵金属精矿中的铂、钯比金更容易被氯酸钠氧化溶解，反应式为：

$$3Pd + ClO_3^- + 6H^+ + 11Cl^- \longrightarrow 3PdCl_4^{2-} + 3H_2O$$

$$E = 0.828 - 0.591pH + 0.0098\lg\frac{a_{Cl^-}^{11} a_{ClO_3^-}}{a_{PdCl_4^{2-}}^3}$$

$PdCl_4^{2-}$ 还可以进一步氧化为 $PdCl_6^{2-}$，反应式为：

$$3PdCl_4^{2-} + ClO_3^- + 6H^+ + 5Cl^- \longrightarrow 3PdCl_6^{2-} + 3H_2O$$

$$E = 0.163 - 0.591pH + 0.0098\lg\frac{a_{PdCl_4^{2-}}^3 a_{ClO_3^-} a_{Cl^-}^5}{a_{PdCl_6^{2-}}^3}$$

同理：

$$3Pt + ClO_3^- + 6H^+ + 11Cl^- \longrightarrow 3PtCl_4^{2-} + 3H_2O$$

$$E = 0.721 - 0.591\text{pH} + 0.0098\lg\frac{a_{\text{Cl}^-}^{11} \cdot a_{\text{ClO}_3^-}}{a_{\text{PtCl}_4^{2-}}^3}$$

$$3\text{PtCl}_4^{2-} + \text{ClO}_3^- + 6\text{H}^+ + 5\text{Cl}^- \longrightarrow 3\text{PtCl}_6^{2-} + 3\text{H}_2\text{O}$$

$$E = 0.163 - 0.591\text{pH} + 0.0098\lg\frac{a_{\text{PtCl}_4^{2-}}^3 \cdot a_{\text{ClO}_3^-} \cdot a_{\text{Cl}^-}^5}{a_{\text{PtCl}_6^{2-}}^3}$$

在 pH=1.29 的水溶液中，铂的氯络合离子也容易转变成氢氧化物。

综上所述，为了保证金、铂、钯的溶解，同时防止水解产生金、铂、钯的氢氧化物，溶液 pH 值应保证小于 3，而溶液的酸度越大以及溶液中的 $a_{\text{ClO}_3^-}$、a_{Cl^-} 越大，越有利于金、铂、钯的溶解，浸出时通常在 1 当量酸度（1mol/L H$^+$）以上，并加入适当氯酸钠和氯化钠来作业。

氧化银在分金条件下再次被氯化转成氯化银，以满足下步分银对其物相形态的要求。反应如下：

$$\text{Ag}_2\text{O} + 2\text{NaCl} + \text{H}_2\text{SO}_4 \longrightarrow \text{Na}_2\text{SO}_4 + \text{H}_2\text{O} + 2\text{AgCl}\downarrow$$

B　还原金

溶出后进行液固分离，贵金属浸出液通入 SO$_2$ 气体、加入亚硫酸钠或草酸还原金。浸金液中的金以四氯金酸的形态存在，在常温下往浸金液中加入亚硫酸钠试剂，在酸性介质中亚硫酸钠与酸反应生成二氧化硫气体，二氧化硫将四氯金酸还原成金属态的金而得到粗金粉。反应终点用二氯化锡检测至无黑色为止，亚硫酸钠的加入速度要适中，过快则终点不明显，其主要反应方程式如下：

$$\text{Na}_2\text{SO}_3 + \text{H}_2\text{SO}_4 \longrightarrow \text{SO}_2\uparrow + \text{Na}_2\text{SO}_4 + \text{H}_2\text{O}$$

$$2\text{HAuCl}_4 + 3\text{SO}_2 + 6\text{H}_2\text{O} \longrightarrow 2\text{Au}\downarrow + 3\text{H}_2\text{SO}_4 + 8\text{HCl}$$

用 SO$_2$ 还原 AuCl$_4^-$ 的反应为：

$$2\text{AuCl}_4^- + 3\text{SO}_2 + 6\text{H}_2\text{O} \longrightarrow 2\text{Au}\downarrow + 3\text{HSO}_4^- + 9\text{H}^+ + 8\text{Cl}^-$$

$$E^{\ominus} = 0.873 - 0.591\text{pH} + 0.0098\lg\frac{a_{\text{AuCl}_4^-}^3 \cdot a_{\text{SO}_2}^3}{a_{\text{HSO}_4^-}^3 \cdot a_{\text{Cl}^-}^8}$$

可以看出，溶液的 pH 值、$a_{\text{AuCl}_4^-}$、a_{SO_2} 越大，溶液中 $a_{\text{HSO}_4^-}$、a_{Cl^-} 越小，越有利于金的还原，为了防止重金属杂质离子还原得到品位高的金粉，往往在酸度比较大的情况下还原，溶液酸度在 1 当量（1mol/L H$^+$）以上。

此还原法的缺点是还原后期，由于溶液中金离子浓度的降低易生成细粒金，甚至出现胶状金，造成过滤困难，纯度不够。另外须注意钯铂在还原金的过程中价态要发生变化。在金被还原时溶液中四价态铂被还原成二价。

$$2\text{H}_2\text{PtCl}_6 + 3\text{SO}_2 + 3\text{H}_2\text{O} \longrightarrow 2\text{H}_2\text{PtCl}_4 + 3\text{SO}_3 + 4\text{HCl}$$

草酸还原时草酸加入水中，在 pH<1.27 时以 H$_2$C$_2$O$_4$ 存在，pH 值为 1.27~4.27 时为 HC$_2$O$_4^-$；pH>4.27 时则为 C$_2$O$_4^{2-}$，草酸还原时，其氧化产物在不同 pH 的溶液中也不相同。在 pH<6.38 时草酸被氧化成 H$_2$CO$_3$；pH 为 6.38~10.25 时产物为 HCO$_3^-$；在 pH>10.25 时则为 CO$_3^{2-}$。草酸还原时的反应为：

pH<1.27 时：

$$2AuCl_4^- + 3H_2C_2O_4 + 6H_2O \longrightarrow 2Au + 6H_2CO_3 + 6H^+ + 8Cl^-$$

$$E = 1.372 + 0.591pH + 0.0098lg\frac{a_{AuCl_4^-}^2 a_{H_2C_2O_4}^3}{a_{H_2CO_3}^6 a_{Cl^-}^8}$$

pH 值为 1.27~4.27 时：

$$2AuCl_4^- + 3HC_2O_4^- + 6H_2O \longrightarrow 2Au + 6H_2CO_3 + 3H^+ + 8Cl^-$$

$$E = 1.409 + 0.591pH + 0.0098lg\frac{a_{AuCl_4^-}^2 a_{HC_2O_4^-}^3}{a_{H_2CO_3}^6 a_{Cl^-}^8}$$

草酸还原能力随溶液的 pH 值、$a_{HC_2O_4^-}$ 的增加和 a_{Cl^-} 及草酸氧化产物的活度减小而增强。故生产上通常用 NaOH 溶液缓慢中和氯化液至 pH 值为 1~2，并加温至沸腾，再加草酸还原 4~6h。在热态下过滤金粉。

SO_2 还原法金的还原率较低。草酸比 SO_2 还原所得金粉纯度高些（达 99.9%），但费用高。

用 SO_2 或草酸还原金的时候，铂、钯通常不被 SO_2 或草酸还原，溶液中铂、钯可用锌粉置换成铂、钯精矿，反应如下：

$$2Zn + PtCl_4 \longrightarrow Pt + 2ZnCl_2$$
$$2Zn + PtCl_6^{2-} \longrightarrow Pt \downarrow + 6Cl^- + 2Zn^{2+}$$
$$2Zn + PdCl_4 \longrightarrow Pd + 2ZnCl_2$$
$$2Zn + PdCl_6^{2-} \longrightarrow Pd \downarrow + 6Cl^- + 2Zn^{2+}$$

当处理含 Au 低的阳极泥时，氯化分金液中 Au 浓度也往往很低，直接还原的 Au 粉很细，难以收集。在这种情况下最好用萃取法富集 Au，然后从有机萃取剂中还原 Au。

C　分金液中银、铅、铜在草酸还原中的行为

在氯化物溶液中，Ag^+、Pb^{2+}、Cu^{2+} 能与 Cl^- 形成配合物，同时 Ag^+、Pb^{2+} 还可与 Cl^- 形成 AgCl、$PbCl_2$ 沉淀，当有硫酸存在时，Pb^{2+} 还与 SO_4^{2-} 形成 $PbSO_4$ 沉淀。在溶液中 Ag^+、Pb^{2+}、Cu^{2+} 离子与 Cl^- 离子生成配合物的反应为：

$$Ag^+ + Cl^- \longrightarrow AgCl \downarrow$$
$$Cu^{2+} + 2Cl^- \longrightarrow CuCl_2$$
$$Pb^{2+} + 2Cl^- \longrightarrow PbCl_2 \downarrow$$

（1）银离子及各级配合物的分布：在分金的条件下（Cl^- 浓度为 1mol/L），溶液中的银主要以 AgCl 的形式存在，而游离的银离子的浓度则很低。分金液中银的含量约为 1~4mg/L。

（2）铜离子及其配合物的分布：分金液中的 Cu^{2+} 不会与溶液有关的阴离子形成沉淀，分金液中的铜主要是以 $CuCl^-$ 的形式存在，游离铜离子的浓度仅占 5.26%。

（3）铅离子及其配合物的分布：分金液中 Pb^{2+} 的行为较 Ag^+ 和 Cu^{2+} 的复杂，这是因为一方面 Pb^{2+} 能与 Cl^- 形成配合物，另一方面还能与 Cl^- 形成 $PbCl_2$ 沉淀，与 SO_4^{2-} 形成 $PbSO_4$ 沉淀。因为 $PbSO_4$ 的溶解度要比 $PbCl_2$ 的小得多，所以溶液中铅离子的浓度应由 $PbSO_4$ 的溶解度决定。

D　草酸还原金过程中杂质元素的行为及其走向

不同酸度下草酸及其离子的分布：$H_2C_2O_4$、$HC_2O_4^-$、$C_2O_4^{2-}$ 在草酸的总浓度中所占的比

例，在 pH<3 时，溶液中主要以 $H_2C_2O_4$ 和 $HC_2O_4^-$ 的形式存在；而在 pH>3 以后，则主要以 $HC_2O_4^-$ 和 $C_2O_4^{2-}$ 的形态存在。

氯化液中在有草酸存在的情况下，$C_2O_4^{2-}$ 可能会与杂质离子 Ag^+、Cu^{2+} 和 Pb^{2+} 生成 $Ag_2C_2O_4$、CuC_2O_4 和 PbC_2O_4 沉淀。

对 Ag^+ 而言，其 $c_{Ag^+}^2 \cdot c_{C_2O_4^{2-}}$ 浓度积远远小于 $Ag_2C_2O_4$ 的浓度值，这一结果说明，在草酸还原金的条件下银不会以草酸银的形式进入金粉。

分金液中 Cu^{2+} 浓度为 5g/L 时，在分金液的体系中，草酸铜的沉淀在很低的 pH 值下即可生成。

草酸铅沉淀的生成不仅取决于 pH 值，而且也取决于溶液中草酸的总浓度，当还原用的草酸量少时，在 pH>4 时才会生成草酸铅沉淀；而在草酸用量多时，则在 pH>3.2 时就会生成草酸铅的沉淀。实际上随着溶液 pH 值的升高，铅首先是生成硫酸铅沉淀，在 pH 值达 3~4 以上时才会生成草酸铅沉淀。

草酸铅的沉淀与溶液中草酸浓度和 pH 值有关。可视原料特点，选择合适 pH 值和草酸用量，减少草酸铅沉淀的生成。

在 $Au-Cl-H_2O$ 体系的 $AuCl_4^-$ 沉淀的 pH 值在 8 以上，因此在草酸沉金前，可适当提高 pH 值，让部分杂质水解预先除去。

所以，草酸沉金时，金粉中的杂质主要是由于草酸盐沉淀造成非还原所致，加强和改善粗金粉的洗涤可以提高金粉的质量。草酸沉金过程中，草酸铜在低 pH 值，草酸用量低时即可生成。因此控制分金液中铜的含量，对提高金粉的质量是有好处的。

5.4.3.5　分银

分银的原料来源于分金渣中的银，其基本上都已转化成 AgCl，故凡能溶解 AgCl 的药剂都可以作为浸出剂。根据使用的浸出剂的不同及后面还原方法的不同，国内目前工业应用的有氨浸分银—水合肼还原、亚硫酸钠分银—甲醛还原两种方法。

A　氨浸分银—水合肼还原

氨浸分银的基本原理是氨（NH_3）与银离子（Ag^+）能形成稳定 $Ag(NH_3)_2^+$ 络离子进入溶液：

$$AgCl + 2NH_3 \longrightarrow Ag(NH_3)_2^+ + Cl^- \qquad \Delta G^\ominus = -14.54kJ$$

根据 $AgCl \rightarrow Ag^+ + Cl^-$ 的 $K_{sp} = 1.8 \times 10^{-10}$ 和 $Ag^+ + 2NH_3 \rightleftharpoons Ag(NH_3)_2^+$ 的络合平衡常数 $\beta_2 = 10^{5.3}$ 计算，在工业条件下主要是形成 $Ag(NH_3)_2^+$。

AgCl 在氨水中的溶解度 $c_{Ag_T^+}$ 与 pH 值的关系如图 5.10 所示。AgCl 在氨水中的溶解度 $c_{Ag_T^+}$ 与 c_{Cl^-} 的关系如图 5.11 所示。

从图 5.10 中可以看出，在一定条件下，只有 pH>7.7 时，AgCl 才能转化为 $Ag(NH_3)_2^+$ 溶液，pH>13.5 时，$Ag(NH_3)_2^+$ 将转变为 Ag_2O 沉淀，因此分银终了时的 pH 值不应过高。

从图 5.11 中可以看出，在 pH=11 时，AgCl 在氨水中的溶解度随着 Cl^- 的升高而降低，因此必须控制 Cl^- 的浓度。

氨浸分银过程中 Cu^{2+}、Ni^{2+}、Pb^{2+} 等贱金属的影响，Cu^{2+} 和 Ni^{2+} 等可能与 NH_3 形成络离

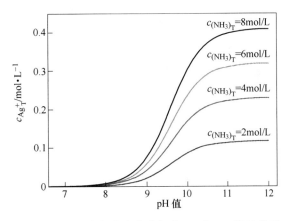

图 5.10 AgCl 在氨水中的溶解度 $c_{Ag_T^+}$ 与 pH 值的关系

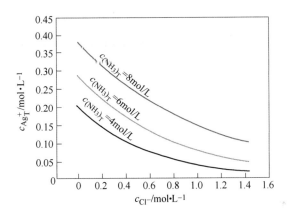

图 5.11 pH=11 时，AgCl 在氨水中的溶解度 $c_{Ag_T^+}$ 与 c_{Cl^-} 的关系

子，进入溶液。消除的方法应在浸银前尽量把铜除干净，如果杂质太多，所得氨浸液可在存在 Cl⁻ 的条件下加酸处理，使银重新沉淀出来。

$$Ag(NH_3)_2^+ + Cl^- + 2H^+ \longrightarrow AgCl\downarrow + 2NH_4^+$$

氨浸分银过程往往还同时进行铅的碳酸盐转化，由于 PbCO₃ 的浓度积（25℃时 K_{sp} = 7.4×10⁻¹⁴）远小于 PbCl₂（K_{sp} = 1.6×10⁻⁵）及 PbSO₄（K_{sp} = 1.6×10⁻⁸）。因此用 NH₄HCO₃ 或 Na₂CO₃ 将 PbSO₄、PbCl₂ 转化为更难溶的 PbCO₃，反应式为：

$$PbSO_4 + NH_4HCO_3 + NH_4OH \longrightarrow PbCO_3 + (NH_4)_2SO_4 + H_2O$$

还原剂为水合肼（联氨），分子式为 N₂H₄，联氨在碱性溶液中可被氧化成 N₂：

$$N_2H_4 + 4OH^- \xrightarrow{-4e} N_2 + 4N_2O \quad E^{\ominus} = -1.16V$$

银氨络离子的还原电位为：

$$Ag(NH_3)_2^+ + e \longrightarrow Ag + 2NH_3 \quad E^{\ominus} = 0.373V$$

联氨还原银氨络离子的反应为：

$$4Ag(NH_3)_2^+ + N_2H_4 + 4OH^- \longrightarrow 4Ag + N_2 + 4H_2O + 8NH_3$$

可以用水合肼直接还原 AgCl，其还原反应为：

$$4AgCl + N_2H_4 + 4OH^- \longrightarrow 4Ag + N_2 + 4H_2O + 4Cl^-$$

水合肼用量为理论量的 2 倍，银还原率达到 99% 以上。

氨浸法的主要优点：工艺成熟，浸出和还原效果好，产出的银粉质量高。主要缺点：浸出过程使用 NH_3，气味大。

B 亚硫酸钠分银—甲醛还原

又简称亚钠浸出—甲醛还原法，原理和氨浸银-联氨还原相同，用亚硫酸钠代替氨作浸银的试剂，用甲醛代替水合肼作还原剂。

亚硫酸钠浸出氯化银是由于银能与亚硫酸根生成 $Ag(SO_3)_2^{3+}$ 络合离子而进入溶液，反应式为：

$$AgCl + 2SO_3^{2-} \longrightarrow Ag(SO_3)_2^{3-} + Cl^- \qquad \Delta G_{298}^{\ominus} = -21.45kJ$$

从图 5.12 中看出，AgCl 只有在 pH>5 时才能转变为 $Ag(SO_3)_2^{3-}$ 络合离子，增大溶液中 SO_3^{2-} 浓度和减少 Cl^- 浓度将有利于 AgCl 的浸出。$Ag(SO_3)_2^{3-}$ 转变成 Ag_2O 的 pH 值很大，因此浸出过程中不会生成 Ag_2O 沉淀。

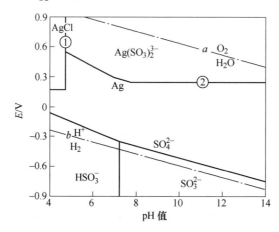

图 5.12 $AgCl$-SO_3^{2-}-H_2O 系 E-pH 图

($a_{Ag^+} = 0.25mol/L$，$a_{Cl^-} = 0.5\ mol/L$，$a_{SO_3^{2-}} = 1mol/L$，$p_{O_2} = p_{H_2} = 1 \times 10^5 Pa$)

由于 SO_3^{2-} 只能在 pH>7.2 时稳定，pH<7.2 时生成 HSO_3^-，pH<1.9 时生成 H_2SO_3，因此用 Na_2SO_3 浸出 AgCl 时溶液 pH 值应大于 7.2，在 pH=8 左右作业是合适的。

亚硫酸钠浸出液可用甲醛（HCOH）、水合联氨（$N_2H_4 \cdot H_2O$）或连二亚硫酸钠（$Na_2S_2O_4$）还原并使亚硫酸钠再生。工业上常用甲醛，因它较其他两种便宜。

甲醛（HCOH）在 pH<6.38 时，将被氧化成 H_2CO_3，在 pH 值为 6.38~10.25 时氧化成 HCO_3^-。甲醛氧化时要产生大量 H^+ 使溶液酸度上升，反应式有：

$$H_2CO_3 + 4H^+ + 4e \longrightarrow HCOH + 2H_2O \qquad E^{\ominus} = -0.05V$$

$$HCO_3^- + 5H^+ + 4e \longrightarrow HCOH + 2H_2O \qquad E^{\ominus} = -0.044V$$

$$CO_3^{2-} + 6H^+ + 4e \longrightarrow HCOH + 2H_2O \qquad E^{\ominus} = -0.197V$$

在碱性溶液还原时：

$$HCO_3^- + 3H_2O + 4e \longrightarrow HCOH + 5OH^- \qquad E^{\ominus} = -0.989V$$

$$CO_3^{2-} + 4H_2O + 4e \longrightarrow HCOH + 6OH^- \qquad E^{\ominus} = -1.043V$$

溶液的 pH 值越大，甲醛的还原能力越强，通常在室温及 pH>10.55 下作业，其反应式为：

$$4Ag(SO_3)_2^{3-} + HCOH + 6OH^- \longrightarrow 4Ag + 8SO_3^{2-} + 4H_2O + CO_3^{2-}$$

甲醛还原过程要有 OH^- 的存在，同时 pH 越大则甲醛的还原能力越大，甲醛用量为理论用量的 1.3 倍，即甲醛与银的质量比为 1:2.5，还原结束时，通入 SO_2 使 pH 值恢复到 8~9。过滤银粉后母液返回分银。随着循环次数增加，母液中 Cl^- 浓度增加，故使分银效果逐渐变差。当银浸出率达不到预期指标时，将母液进行还原后弃去。表 5.4 所示为亚硫酸钠返回次数与 $c_{Ag_T^+}$ 和 $c_{Cl_R^-}$ 的关系。

表 5.4 亚硫酸钠返回次数与 $c_{Ag_T^+}$ 和 $c_{Cl_R^-}$ 的关系

次数	$c_{Ag_T^+}$	$c_{Cl_R^-}$	次数	$c_{Ag_T^+}$	$c_{Cl_R^-}$
1	0.278	0.278	13	0.250	3.583
2	0.278	0.556	14	0.226	3.809
3	0.278	0.834	15	0.205	4.014
4	0.278	1.112	16	0.183	4.197
5	0.278	1.390	17	0.165	4.362
6	0.278	1.668	18	0.148	4.510
7	0.278	1.946	19	0.132	4.642
8	0.278	2.224	20	0.119	4.761
9	0.278	2.502	21	0.108	4.869
10	0.278	2.780	22	0.095	4.964
11	0.278	3.058	23	0.083	5.047
12	0.275	3.333			

亚硫酸钠浸出—甲醛还原的优点如下：

(1) 母液可以循环使用，相对其他的方法，成本相对较低；

(2) 浸出液受杂质污染程度较小，主要是 SO_3^{2-} 不易与其他杂质金属离子（如 Cu^{2+}）形成络合物；

(3) 作业环境好（没有难闻的气体）；

(4) 银的回收率高。

亚硫酸钠浸出—甲醛还原工艺缺点为：亚硫酸钠易被空气中的氧气氧化，形成 Na_2SO_4，亚硫酸钠受温度影响较大，在水中的溶解度低，达到饱和时易形成结晶析出，妨碍过程的进行。

5.4.3.6 工业实践

A 硫酸化焙烧蒸硒

某厂采用如下工艺：将铜阳极泥（含水 15%~25%）送入不锈钢混料槽，按固液比 1:(1.2~1.4)，配加浓硫酸，机械搅拌成糊状，用水车式加料机均匀地送入回转窑内进行硫酸化焙烧。回转窑用天然气间接加热，采用高温焙烧，进料端与出料端保持温度

600~650℃，硒挥发率较高，可达95%以上。窑内保持负压，进料端为300~500Pa，物料在窑内停留4h左右，焙砂（蒸硒渣）定时放出，渣含硒小于0.3%。含SeO_2和SO_2的气体经进料端的出气管进入吸收塔。吸收塔分两组，每组4个串联，两组交换使用。被SO_2还原成粉状元素硒，过滤经水洗干燥得95%左右的粗硒。塔液和洗液用二氧化硫或硫脲还原后含硒低于0.05g/L，弃之。ϕ1.2m×12m回转窑日处理阳极泥（湿泥）3.5t左右。

B　酸浸分铜、银

焙砂用水浸出或稀硫酸浸出脱铜。浸出时固液比为1∶（3~4），温度为85~95℃，机械搅拌3~4h，$CuSO_4$、Ag_2SO_4和部分硫酸碲溶于水中，脱铜渣经热水洗涤至pH值为2~3过滤，送下一工序。溶液输送到置换罐，加温至85℃，用铜片将Ag、Te（硫酸银、硫酸碲）置换，至溶液加入盐酸不显白色沉淀为止；或用食盐沉淀银，铁粉置换，经洗涤过滤，粗银粉送金银冶炼系统，硫酸铜溶液回收铜。浸出渣含铜小于1.5%。

C　碱浸分铅碲

分铜渣用10%的氢氧化钠浸出，浸出时固液比为1∶（5~6），温度为80~85℃，机械搅拌2~3h，使铅、碲和砷分别以铅酸钠、亚碲酸钠和亚砷酸钠的形态进入液相，分碲渣经水洗过滤，送分金工序。溶液输送到沉淀釜，加93%硫酸中和沉淀，沉淀终点pH值为5.4~5.8。碲、铅沉淀率分别为97.8%、99.8%。

D　氯化分金

分铅碲渣用在硫酸介质中氯化浸出，硫酸浓度为75~100g/L，氯化钠60g/L，氯酸钠∶金＝（8~10）∶1，浸出时固液比为1∶（4~7），温度为80~90℃，机械搅拌4~5h，实现对金、铂、钯氯化进入溶液，氧化银转化为氯化银。分金渣经水洗过滤，送分银工序。金浸出率99.43%，分金渣含金小于60g/t。

分金液输送到还原釜，通二氧化硫还原或加亚硫酸钠还原，还原终点用二氯化锡检验无黑色沉淀。

金还原后液用锌粉置换，在常温下，置换时间大于6h，得到铂钯精矿。置换终点溶液二氯化锡和乙酸乙酯检验无色。

E　亚钠分银

分金渣用亚硫酸钠溶液浸出分银，亚硫酸钠浓度为250g/L，浸出时固液比为1∶（6~7），温度为30~40℃，溶液pH值为8~8.5，机械搅拌3~4h，过滤洗涤分银渣，分银渣含银0.7%。

分银液输送至银还原槽，采用甲醛还原，使银成金属状态。还原氢氧化钠浓度为30g/L，温度为30~40℃，甲醛∶银＝1∶3，还原时间2h。还原后粗银粉热水洗涤、烘干送电解精炼。

还原后液通二氧化硫，将pH＝14调节至7~8，返回用于分银，循环复用5~7次。最末次银被彻底还原后，废液处理。粗银粉洗水与分银渣洗水合并将银彻底还原后排放。

5.4.4　加压浸出—火法熔炼工艺

加压湿法冶金是一项过程强化的湿法冶金新技术，其应用领域日益扩大，尤其是酸性介质中加压浸出技术的发展更为迅速[61]。

　　由于在加压状态下，反应过程可以在高于常压状态液体沸点的温度下进行，因此，浸出过程的动力学条件有利于金属的溶出。在需要氧气参与的反应过程中，由于气相的压力高于大气压力，提高了溶液中氧气的溶解量，推动了液相中氧化过程进行的速度，从而使浸出过程得到强化。

　　由于国外的技术垄断，我国加压湿法冶金技术的发展相对滞后。20世纪90年代，国内第一次实现了高冰镍加压酸浸的工业应用，推动了该项技术的发展；难处理金矿的加压预处理也开始在一定规模范围内实现工业应用。对于铜阳极泥的加压浸出处理，国外研究的相对较早。国外厂家以瑞典波立登隆斯卡尔冶炼厂、奥托昆普的波利工厂、加拿大诺兰达铜精炼厂、波兰贵金属精炼厂为主要生产厂家。

　　自2002年以后，中国铜冶炼厂开始谈判引进加压浸出—卡尔多炉熔炼工艺，目前在国内祥光铜业、铜陵有色、金川集团、紫金铜业、白银有色等工厂已经应用。

　　随着我国综合国力的增强，相关学科的快速发展必将加快加压浸出技术在重有色金属提取方面的发展，应用的领域会更加广阔，在21世纪加压浸出工艺将使湿法冶金进入一个崭新的时代。

5.4.4.1　浸出原理

　　浸出过程的速度对冶金过程有很大的意义。提高浸出速度，则在一定的浸出时间内能保证得到更高的浸出率，或在保证一定的浸出率的情况下，能缩短浸出时间，提高设备生产能力或减少浸出剂的用量。因此研究浸出过程的强化为当前湿法冶金的重要课题之一。

　　为强化浸出过程，其主要途径之一就是找出过程的控制步骤，针对其控制步骤，采取适当的措施。例如，当过程属于化学反应控制时，就适当提高温度和浸出剂的浓度，减少矿粒的粒度；如属于外扩散控制，则除减小粒度外，还应加强搅拌。

　　影响浸出速度的主要因素有：物料的粒度、过程的温度、矿浆的搅拌速度和溶剂的浓度。浸出是液-固之间的多相反应过程，在其他条件相同的情况下，浸出速度与液-固接触面积成正比，因此，浸出过程的速度随着物料的粒度减小而增大。

5.4.4.2　加压氧浸

　　氧气具有较正的电极电位，因此不论在酸性、中性或碱性溶液中，氧都是较强的氧化剂。氧容易与其他物质发生化学反应而生产氧化物，但是在常温下反应却相当慢。

　　氧在水溶液中的溶解度很小，且随温度的升高而降低（氧气在水中的溶解度见表5.5和图5.13），这使得单靠溶解在溶液中的少量氧来氧化物质还不够，由于氧在溶液中的溶解度随压力的增大而增大，因此人们利用加压的方式同时增大溶液中氧的含量和体系温度来提高溶液的氧化性，发明了加压浸出法，并获得了成功。

表5.5　在0.1MPa压力下氧气在水中的溶解度（换算为标准状态）

温度/℃	1体积水中O_2的体积数	100mL水中O_2的质量/g
0	0.04890	0.006948
5	0.04286	0.006074
10	0.03802	0.005370

温度/℃	1体积水中O_2的体积数	100mL水中O_2的质量/g
14	0.03486	0.004908
20	0.03102	0.004339
25	0.02813	0.003932
30	0.02608	0.003588
35	0.02440	0.003315
40	0.02306	0.003081
50	0.02090	0.002657
60	0.01946	0.002274
70	0.01833	0.001857
80	0.01761	0.001381
90	0.01723	0.000787
100	0.01700	0.000140

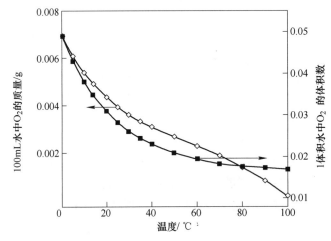

图5.13　氧气在水中的溶解度随温度变化曲线图

　　根据亨利定律可以绘出氧气在水中的溶解度随压力变化的趋势，氧气在水中的溶解度随压力的变化曲线图如图5.14所示。

　　氧气在水中的溶解度随温度的升高而降低，又随着压力增加而增大。因此，在为了提高浸出率的氧压浸出方法中既利用了增加氧压力使溶液中氧气的溶解量增大，从而提高溶液的氧化性，又利用高压条件下溶液沸点高的特性提高浸出液的温度，从而增加反应速度。因此，虽然增压可以增加溶液中氧含量，但同时高温也会使溶液中的含氧量减少，形成了一个矛盾。

　　氧对于矿物的氧化是在液相中进行的，溶解在液相中的氧和气相中的氧按照亨利定律保持一定的平衡关系，即气相中的氧分压越大，在液相中所溶解的氧量也就越多。室温下，每升水所能溶解的氧量仅为几毫克，并且随着温度的升高和酸、碱、盐等电解质的加入，氧的溶解度还会进一步下降，可以认为，在浓度较大而温度又接近沸点的硫酸溶液

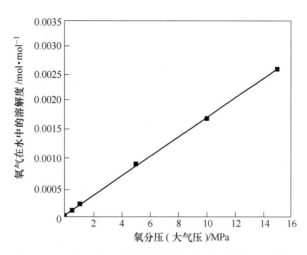

图 5.14 氧气在水中的溶解度随压力变化曲线图 (25℃)

中，氧的溶解度是微不足道的。因此，实际上起主要作用的还是通过提高体系的温度来强化反应过程的进行。

A 铜阳极泥预浸

铜阳极泥预浸过程是常压浸出的过程，在常压浸出条件下，铜阳极泥中的大部分单质铜以及可溶性 Ni、Cu 的硫酸盐和碱式盐以及部分以氧化物形式存在的 Ni、Cu，在硫酸和氧气或空气的作用下溶解进入溶液，而 Au、Ag、Se 等则基本不参与反应，仍留在渣中，从而实现 Ni、Cu 与 Au、Ag、Se 等其他元素的浸出分离，主要反应方程式如下：

$$Cu + H_2SO_4 + O_2 \longrightarrow CuSO_4 + H_2O$$

$$Cu_2(OH)_2SO_4 + H_2SO_4 \longrightarrow 2CuSO_4 + 2H_2O$$

$$NiO + H_2SO_4 \longrightarrow NiSO_4 + H_2O$$

B 铜阳极泥加压氧浸

铜阳极泥的加压浸出是在密闭的反应容器内进行，与常压情况下的浸出相比，加压可使反应温度提高到溶液的沸点以上，使反应气体介质（如氧气、压缩空气等）在浸出过程中具有较高的分压，让反应能在更有效的条件下进行，使浸出过程得到强化。其次，在加压条件下反应温度允许升高，对反应的热力学和动力学都有利。

铜阳极泥的主要成分为 Ni、Cu、Ag、Se、Te、Au 等。在高温高压和氧化性气氛下，大量的 Cu、Te 发生氧化反应，以硫酸盐的形式进入溶液，而 Ag、Se 由于氧化还原电位相对较高，只有少量发生氧化反应，大部分仍留在浸出渣中。因此，可以实现 Cu、Te 与 Ag、Se、Au 等贵金属之间的浸出分离，进一步富集 Au、Ag、Se，为金银合金吹炼炉制备高质量的金银合金创造条件。发生的主要化学反应如下：

$$Cu + H_2SO_4 + 1/2O_2 \longrightarrow CuSO_4 + H_2O$$

$$Cu_2Te + 2H_2SO_4 + 2O_2 \longrightarrow 2CuSO_4 + H_2TeO_3 + H_2O$$

$$Ag_2Se + H_2SO_4 + \frac{3}{2}O_2 \longrightarrow Ag_2SO_4 + H_2SeO_3$$

$$Cu_2Se + 2H_2SO_4 + O_2 \longrightarrow 2CuSO_4 + Se + 2H_2O$$

$$Se + O_2 + H_2O \longrightarrow H_2SeO_3$$
$$NiSiO_3 + H_2SO_4 \longrightarrow NiSO_4 + H_2SiO_3$$
$$NiO + H_2SO_4 \longrightarrow NiSO_4 + H_2O$$

在对铜阳极泥进行高压酸浸时，在加压状态下，反应过程可以在高于常压状态液体沸点的温度下进行，浸出过程的动力学条件有利于金属的溶出；在需要氧气参与的反应过程中，由于气相的压力高于大气压力，提高了溶液中氧气的溶解量，推动了液相中氧化过程进行的速度；从而使浸出过程得到强化。

C　浸出渣浆化洗涤

铜阳极泥加压浸出渣是合金吹炼的原料，要求比较严格（渣中 Ni、Cu 含量越低越好，因为火法除 Ni、Cu 较困难）。通过加压浸出得到的浸出渣还附有一定量的贱金属和残留酸，必须通过浆化洗涤，使浸出渣黏附的贱金属和残留酸溶解于水中，直到洗水中不含 Ni、Cu 并且 pH 值为 6~7 为止。

D　铜阳极泥加压浸出液回收处理

铜阳极泥经过加压浸出后产出加压浸出液，大部分 Ni、Cu 进入到浸出液中，还有一部分的 Ag、Se、Te 也被浸出进入到浸出液中，因此具有一定的回收价值。

当电极电位较低的物质与电极电位较高的物质同时存在于溶液中时，电位较低的物质就会把电位较高的物质从溶液中置换出来，而其自身则进入溶液中。对于反应已进行到何种程度可以根据溶液的电位来判断，当电位在 0.5h 内基本不变时，则可认为反应进行完全。

这个原理，用电位较低的活性铜粉、亚硫酸钠或 SO_2 从加压液中置换出电位较高的 Ag、Se 和 Te。

主要的反应方程式：

$$Cu + 2Ag^+ \longrightarrow Cu^{2+} + 2Ag \downarrow$$
$$Cl^- + 2Ag^+ \longrightarrow AgCl \downarrow$$
$$2Cu + H_2SeO_3 + 2H_2SO_4 \longrightarrow 2CuSO_4 + 3H_2O + Se \downarrow$$
$$2Na_2SO_3 + H_2SeO_3 \longrightarrow 2Na_2SO_4 + H_2O + Se \downarrow$$
$$2SO_2 + H_2SeO_3 + H_2O \longrightarrow 2H_2SO_4 + Se \downarrow$$
$$4Cu + HTeO_2^+ + 2H_2SO_4 \longrightarrow Cu_2Te \downarrow + 2CuSO_4 + 2H_2O + H^+$$

5.4.4.3　卡尔多炉熔炼

国内外大型铜阳极泥处理厂基本采用火法流程，如加拿大诺兰达公司采用可在纵向轴方向倾斜到水平位置的转炉；瑞典奥图泰公司采用卡尔多炉，使阳极泥焙烧和熔炼在同一炉体中完成；国内也有采用底吹转炉进行熔炼。而卡尔多炉熔炼工艺已被国内大型铜冶炼厂广泛采用。

1956 年瑞典的卡尔林（B. Kalling）教授与该国的 Domnarvet 铜厂共同开发了这种炉型，用于处理高磷、高硫的生铁和废钢生产合格钢，故取名 kaldo 以纪念。随着在不同冶金领域的应用和改进，通称该炉型为顶吹旋转式转炉即 TBRC（英语缩写）。

1959 年，加拿大国际镍公司开始用它进行炼镍试验，1965 年建立了 10t 规模的工业装置,为羰基镍精炼镍工艺的中间工厂提供原料。羰基镍精炼厂70年投产后,建立了更大型的顶吹旋转炉。1976年瑞典用它处理含铅锌的烟尘。20世纪90年代初波立登公司又将它用于炼铅,90年代中后期将它进一步开发用于处理铜、铅阳极泥。

卡尔多炉是一个既可前后倾动,又可绕炉子中心轴线旋转的冶炼炉,因吹炼时炉子至于倾斜位置,所以又称斜吹氧气回转转炉。在吹炼时炉子还在继续转动,冶炼时熔体中不存在死角,每一部分都处于充分搅拌之中,因此冶炼的动力学条件是其他炉型所不能比拟的。

卡尔多炉具有以下特点:

(1)炉体旋转和氧气(空气)流股对炉内熔体的冲击作用,促进了炉内气、固、液三相的良好接触和混合,具有良好的传热和传质动力学条件,炉内化学反应快,生产效率高。

(2)使用工业纯氧以及同时运用氧油枪,可获得较高的冶炼温度,炉子的温度可以控制在宽广的范围内(800~1700℃),并且炉温容易控制,化料速度。

(3)工艺要求,可控制炉内的氧化—还原气氛。通过改变吹炼氧气浓度(21%~99.6%)可获得不同的氧势,以除去熔炼产品中的杂质,通过加入还原剂或用喷枪喷入还原剂并旋转炉子,可使炉内保持还原性气氛,并使一些有价元素从渣中还原进入熔炼产物。

(4)采用倒渣或扒渣,使合金吹炼炉对炉渣的物理特性(如形态、流动性、黏度等)没有要求,因此,在冶炼过程中,可以单纯地从降低渣含主金属出发,将渣含主金属降到很低的程度,提高冶炼直收率。

(5)炉子内燃烧完全,废气量小,炉体体积小,因而热损失小,热效率高。

(6)因为炉体体积小,拆卸容易,更换方便,一般又都设有备用炉体,所以炉子检修时用吊车更换一个经过烘烤的备用炉体即可。虽然炉子的传动系统较为复杂,且又需在高温下工作的机电装置,但系统仍可保持较高的作业率。

我国于20世纪60年代引进此炉型用于炼钢作业中,主要是因为处理高磷生铁时需有很好的脱磷条件,70年代将合金吹炼炉用于高镍硫冶炼成粗镍,现又用于吹炼自热炉产出的粗铜。

A 卡尔多炉阳极泥冶金基本原理

卡尔多炉冶炼基本原理就是在一个炉内连续完成贵铅熔炼和氧化精炼直接产出金银合金。

a 熔炼贵铅

经过浸出后的铜阳极泥,其杂质主要以氧化物和盐类存在。通过熔炼,有的杂质进入炉渣,有的挥发进入烟尘。阳极泥中的铅化合物在熔炼过程中被加入的焦粉还原成金属铅。铅熔体是金银的良好捕集剂,在熔池中与金银形成贵铅,即Pb-Au-Ag合金。

熔炼过程中的化学反应包括炉料在炉内随着温度升高水分被除去;部分易挥发的氧化物随着挥发而进入炉气;炉料开始熔化,并发生铅还原和造渣反应;部分砷、锑、铅氧化物进入炉渣。

阳极泥中的金、银与还原出来的铅熔体形成贵铅,沉于炉底。

熔炼初期主要反应:

$$2MeSe + 3O_2 \longrightarrow 2MeSeO_3 \qquad (<500℃)$$

$$MeSe + O_2 \longrightarrow Me + SeO_2\uparrow \qquad (>500℃)$$

温度高于 800℃，浸出渣中的 Se 将全部挥发：

$$SeO_2 + H_2O \longrightarrow H_2SeO_3（文丘里湿法收尘）$$

固液分离液及文丘里湿法烟尘返熔炼，亚硒酸过滤二氧化硫还原得到粗硒。

熔炼过程中主要反应：

$$PbSO_4 \longrightarrow PbO + SO_3$$

$$2PbO + C \longrightarrow 2Pb + CO_2$$

还原出的铅及外加的铅捕集物料中的 Au、Ag 成为贵铅，浸出渣中的铋及残留铜也将进入贵铅。

$$Na_2CO_3 \longrightarrow Na_2O + CO_2\uparrow$$

$$Na_2O + SiO_2 \longrightarrow Na_2O \cdot SiO_2$$

$$Na_2O + Sb_2O_5 \longrightarrow Na_2O \cdot Sb_2O_5$$

$$CaO + SiO_2 \longrightarrow CaO \cdot SiO_2$$

熔炼过程中，造渣元素及锑的氧化物等与加入的苏打发生上述造渣反应。部分氧化铅也以下列反应进入渣中：

$$Sb_2O_5 + 3PbO \longrightarrow 3PbO \cdot Sb_2O_5$$

生成的银及少量碲、铜、硒均进入贵铅。如果阳极泥中有较多的硫化物，则在熔炼过程中会形成冰铜，冰铜中熔有贵金属，且处于炉渣和贵铅之间，妨碍新形成的贵铅下沉，导致贵金属的分散和损失。

b　氧化精炼

贵铅的氧化精炼是为了把贵铅中的杂质氧化造渣除去，使之得到含金银杂质 95% 以上的金银合金。各种元素的氧化顺序为：Sb、As、Pb、Cu、Te、Se、Ag，当熔炼温度升至 1200℃，As、Sb 的低价氧化物蒸气压较高，吹炼过程中这类元素挥发后随烟气一起进入收尘系统。Pb 部分氧化，部分挥发。Bi 氧化后形成 Bi_2O_3，其熔点较低（710℃），在熔炼温度下能与 PbO 组成熔点低、流动性好的稀渣，即氧化前期渣，继续吹炼则 Cu、Te、Se 被氧化成 CuO_2、TeO_2、SeO_2，TeO_2、SeO_2 易挥发，需加入苏打使 Se、Te 形成硒酸钠和碲酸钠，即苏打渣，以回收渣中的 Se、Te。

贵铅中还可能含有硒和碲的金属化合物，它们除小部分在氧化气氛中可自行氧化外，大部分则依靠加入强氧化剂（硝石 $NaNO_3$）所分解的活性氧才能氧化。为便于用浸出法回收碲，造渣渣是在强烈搅拌下向熔池中加入贵铅质量 1%~3% 硝石和 3%~5% 碳酸钠的混合氧化剂，使碲和硒氧化并生成碲（硒）酸钠进入渣中：

$$2NaNO_3 \longrightarrow Na_2O + 2NO_2 + [O]$$

$$MeTe + 3[O] \longrightarrow MeO + TeO_2$$

$$MeSe + 3[O] \longrightarrow MeO + SeO_2$$

而 TeO_2、SeO_2 与加入的碳酸钠发生如下反应：

$$TeO_2 + Na_2CO_3 \longrightarrow Na_2TeO_3 + CO_2\uparrow$$

$$SeO_2 + Na_2CO_3 \longrightarrow Na_2SeO_3 + CO_2\uparrow$$

少量 Cu 也将氧化:

$$2Cu + [O] \longrightarrow Cu_2O$$

至此贵铅中的杂质元素都基本被除去,从而能满足银电解精炼的银金合金指标要求。

B 烟气处理基本原理

烟气处理和硒回收系统处理卡尔多炉产生的烟气。卡尔多炉为间断操作,包括加料期、还原期、氧化造渣期、灰吹期等。各个操作期所产生的烟气量不同,烟气波动大、温度高、含尘高、二氧化硒含量高的特点。因此,需要一套适应性强的烟气处理和硒回收系统。

一般采用绝热蒸发冷却、文丘里洗涤除尘工艺处理卡尔多炉的烟气。

卡尔多炉产生的烟气经喷雾冷却器,降温进入文丘里洗涤器,烟气中的 SeO_2、Pb、PbO 蒸气冷凝,SeO_2 溶于水,烟尘绝大部分被洗涤除去,进入循环洗涤液。尾气经电除雾、SO_2 洗涤器外排。

二氧化硒溶解于水生成亚硒酸,具有强氧化性,与 SO_2 反应生成硒。其主要反应方程式如下:

$$SeO_2 + H_2O \longrightarrow H_2SeO_3$$

洗涤循环液过滤后,通入 SO_2 气体还原反应,压滤后得到粗硒:

$$H_2SeO_3 + 2SO_2 + H_2O \longrightarrow Se + 2H_2SO_4$$

5.4.4.4 主要设备

加压浸出—火法熔炼主要设备有加压浸出釜、卡尔多炉及湿法收尘设备。

A 加压釜

加压浸出设备有多种类型,如加压的帕丘卡槽、压力塔、压力球罐、压力锅、立式压力釜、管式压力釜及卧式压力釜。在重有色金属加压湿法冶金中运用最普遍的是卧式压力釜。从 20 世纪 50 年代第一个加压湿法冶金工厂投产以来,几乎所有的工业生产都采用了卧式压力釜连续生产,但是铜阳极泥因为量普遍较小,基本都采用立式加压釜间断生产。

铜阳极泥的浸出压力釜需要同时满足加压、高温、高酸、高氧浓度、精矿机械磨损的要求,并要同时保证搅拌轴密封、液面控制、热平衡、酸平衡和运行安全。因此对压力釜的设计和制作水平要求很高。

加压釜材质选择目前主要采用钢钛复合材料,这是近年来新发展的釜体材料,其特点是:耐高温耐腐蚀,耐磨性能好、开停釜方便、釜的保温状态不好,其存在的最大隐患是由于釜内钛使用量太多,如操作不当,发生燃烧的几率和危害将增大。

加压浸出釜具体参数为尺寸:$\phi 3200mm \times 4380mm$;几何容积:$31m^3$;釜体材料:钢钛复合板或双相不锈钢;操作压力:0.8MPa;操作温度:160~170℃;椭圆球底,球盖,带搅拌;槽内壁设挡流板。

B 卡尔多炉

卡尔多炉主要结构有:炉体、旋转机构、倾动机构、配有氧枪、活动烟罩、水冷系统及排烟设施等。其结构如图 5.15 所示。

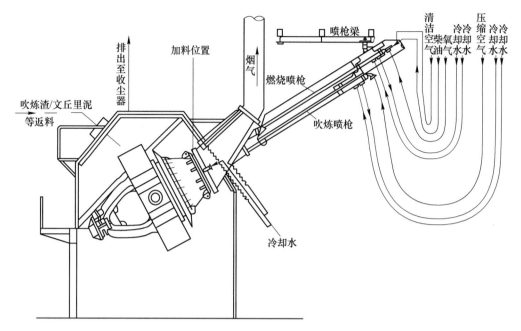

图 5.15　卡尔多炉结构示意图

a　炉体

卡尔多炉是一个中间呈圆柱形，两端为截圆锥形的筒式炉体，整个炉体支撑在炉腹部的钢框架上，炉壳为 40mm 钢板，它可以通过由固定在钢框架上的液压发动机驱动进行旋转，也可由炉台上的液压马达横轴作 360°倾动。炉内砌筑铬镁转，炉壳采用焊接结构，为便于检修，采用可卸炉底和炉帽。氧枪和油枪固定在烟罩上，由液压油缸驱动，吹炼时将氧枪以一定的角度伸入炉内所需位置，通过氧枪向炉内吹入氧气，进行物料的熔化、造渣、吹炼。

b　旋转机构

炉体采用 1 台液压发动机驱动，它的主要作用是驱动炉体高速旋转。调速范围为零到额定转速。转炉吹炼时炉转速为 1~25r/min 可调，正常操作时，炉体与水平角呈 28°角时才能启动炉体旋转指令，其他角度不能旋转。

c　倾动机构

采用一台液压发动机，它的主要作用是根据工艺的需求上下倾动炉体，倾动角度为360°，倾转速度为 0.8~1r/min。

5.4.5　工业实践

5.4.5.1　瑞典隆斯卡尔冶炼厂铜阳极泥处理[62]

波立登隆斯卡尔冶炼厂的贵金属是从铜电解阳极泥中提取的，阳极泥处理的工艺流程如图 5.16 所示。其阳极泥的组成比较稳定，阳极泥组成质量分数为：Au 0.65%、Ag 21.4%、Pd 0.16%、Te 1.6%、Se 3.3%、Cu 9.5%、Ni 5.8%、As 0.9%、Sb 2.6%、Bi 0.5%、Pb 7.8%。

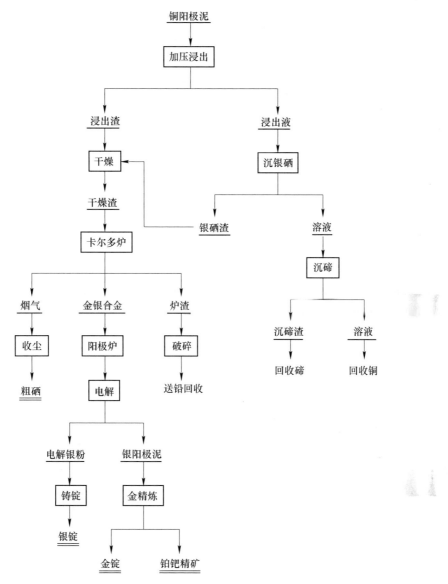

图 5.16 隆斯卡尔冶炼厂铜阳极泥处理工艺流程

A 阳极泥的预处理

来自该厂的阳极泥含水约 11%，首先进入洗涤槽，在常温常压下加水洗涤。洗液返回到铜电解，固体渣浆化后泵入加压釜进行加压硫酸浸出。加压浸出釜为立式釜，容积为 15m³，间断操作，富氧浓度 94%，温度为 165℃，压力为 0.86MPa，浸出时间为 8h，碲、镍及少量银、铜、硒被浸出。经过压滤，溶液进入硒化银沉淀池，冷却过滤后得硒化银渣，返卡尔多炉。二次过滤后液再加铜粉沉淀后得 Cu_2Te 泥，余液返铜电解系统。加压浸出渣进电热干燥箱进行干燥。干燥箱为圆形，内有钢支架，上面放有多层托盘，进出料均由叉车进行，烘干时间为 12h。干燥后的阳极泥要求含水小于 3%，加压釜、干燥箱均配置在厂房的最高层，干燥后的阳极泥用叉车倒入料仓。

B　卡尔多炉吹炼

加压浸出干燥后的阳极泥、碳酸钠、石英石储存在各自的料仓，经配料混合后进入备料仓，再经加料管给卡尔多炉装料。另外，该厂还经常向卡尔多炉内加入回收的金币、银币、含贵金属的电子元件等杂料。卡尔多炉的具体技术参数如下：阳极泥处理量 2500～3000t/a，工作容积 0.8m³，产金银合金量 200～250t/a，年工作天数 320 天，每周期循环时间 16.2h，吨阳极泥消耗燃油（柴油）0.12t，消耗氧气 340m³，消耗焦炭粉 10.6kg，燃油器喷枪需要最大油流速 1.9L/min，吹炼空气量 700m³/h，吹炼空气效率 25%，熔炼后的熔体质量 1560kg。吹炼前金属熔体的组成质量分数为：Ag 44.7%，Au 1.8%，Cu 3.1%，Pb 13.2%，As 0.2%，Sb 2.2%，Ni 0.1%，Se 21.1%，Te 11.8%。

卡尔多炉装有 1 个燃烧喷枪和 1 个吹炼喷枪。燃烧喷枪熔化炉料，熔炼后期加入焦炭粉还原炉渣中的银，控制炉渣含银小于 0.4%。最后，吹炼枪将空气和氧气吹到炉内金属熔体表面，于是硒、铅和铜被氧化。二氧化硒蒸发被捕集在文丘里收尘器内，铅和铜形成渣送至熔炼转炉。经过精炼，金银合金中杂质含量很低。金银合金倒入钢包，铸成银电解阳极板。再将卡尔多炉的烟气进行处理，卡尔多炉烟气量为 3500～4000m³/h，烟气成分在各个阶段是变化的，每一周期烟气的成分如下：O_2 15%～20%，CO_2 0～5%，SO_2 0～3%，H_2O 1%～5%；SeO_2 0～20g/m³，PbO 0～30g/m³，其余为 N_2。烟气经文丘里收尘器收尘，文丘里排出的气体再经湿式电收尘器和洗涤塔洗涤后排空。排放烟气中含尘量低于 5mg/m³，满足欧洲环保标准。洗涤塔的废水排至污水处理站。文丘里收尘器收集下来的粉尘进入沉淀池，底流进行压滤，滤渣返卡尔多炉，滤液通入二氧化硫进行一次还原沉淀硒，经过滤得到不小于 99.5% 的粗硒，再经精炼得不小于 99.9% 的标准硒粒。一次沉硒后液再经二氧化硫沉硒，二次过滤渣返回卡尔多炉，滤液送至污水处理站。

C　银电解

银电解采用 600mm×800mm 高效电解槽，每组 4 台共 3 组，最大产量可达 500t/a。阳极尺寸为 380mm×420mm，阴极尺寸为 400mm×450mm，材料为不锈钢，同极距 100～120mm，电流密度为 1200A/m²。银粒从槽底自动排出。含有少量电解液的银粉落入带筛网的不锈钢槽内，银粉在筛上，电解液再返回到高位槽。阳极泥的成分质量分数为：Au 15.4%、Ag 32.5%、Cu 5%～30%、Pb<0.1%、Se<0.1%、Te<0.1%、Sb<0.1%。银粉的成分质量分数为：Ag>99.99%、Cu<0.003%、Pb<0.001%、Se<0.0005%、Te<0.0005%、Sb<0.001%。电解液要求 Cu^{2+} 小于 30g/L，Ag^+ 为 100～150g/L，超过这个指标用铜粉进行置换，置换渣返卡尔多炉。纯度为 99.995% 的银粉经熔炼铸成银锭或银粒。

D　金的湿法精炼

银电解得到的阳极泥水洗后加入容积 1.5m³ 盐酸浸洗釜（搪瓷釜），盐酸浓度为 1～2mol/L，温度为 60～70℃，机械搅拌。铜等贱金属溶解，金银留在渣中，浸洗时间一般 2～3h，用吸滤盘进行分离。吸滤盘尺寸约 1500mm×2000mm，用玻璃钢制造，一釜放一盘。滤渣加入 1500L 水溶液氯化釜，液固比（7～10）：1，酸度为 1～2mol/L 的 HCl，温度为 60～70℃。氯气作氧化剂，氧化还原电位大于 1V，氯气的加入终点以尾气玻璃瓶中有气泡连续冒出为准。水溶液氯化使金变成氯金酸，银变为氯化银渣，吸滤盘进行金银分离。磁力泵将溶液送至 1500L 还原釜，加入 $NaHSO_3$ 溶液，控制 pH 值，控制还原电位，温度为 60~70℃，机械搅拌。还原金的多少视溶液杂质含量高低和金品位而定。隆斯卡尔冶炼厂还原金品位大于 99.99%，一般一次还原 95% 左右的金属量，液固分离用吸滤盘进行。得到的金粉烘干后称重放入坩埚内，一个坩埚铸一块国际标准锭。铸锭为自动连续定量浇铸，外观看上去没有手工浇铸的美观。

溶液进行二次还原，吸滤后得到 99.75% 的粗金粉返回到水溶液氯化金。二次还原后液沉淀铂钯。废液经铁粉置换后送污水处理站。真空系统由水环式真空泵和缓冲槽组成，缓冲槽由玻璃钢制造，形状类似小搪瓷反应釜，体积约 0.5m³。吸滤盘的滤布为波立登专有滤布，不跑浑，不需再生洗涤，每次用塑料铲铲出滤渣后可继续使用，大约 3 个月换一次滤布。波立登隆斯卡尔冶炼厂贵金属厂从阳极泥到成品银的直收率 90%~95%，总回收率 95.5%；金的直收率 98.5%~99.0%，总回收率 99.8%。从阳极泥到产出金银合金，贵金属的回收率分别为：Au 99.9%、Ag 99.8%、Pd 80%、Pt 80%、Se 97%~98%、Te 90%。

5.4.5.2 加拿大诺兰达铜冶炼厂阳极泥处理

CCR 贵金属精炼厂有较大铜电解阳极泥的处理能力。该厂不仅能处理阳极泥、金属锭和金银合金，而且能处理其他含贵金属的原料。该精炼厂年生产能力银为 1000t，金、钯和铂总计 60t。其工艺流程如图 5.17 所示[63]。

A 铜、碲浸出

加压氧浸可使绝大部分铜、碲浸出，而银、硒仍留在渣中。离心过滤阳极泥，滤饼用水和 93% 硫酸在搅拌槽中调浆，然后泵至高压釜内。高压釜装有中心挡板和 19W 电动机驱动的六片叶轮透平搅拌器。物料加热到 125℃，通入氧气压力为 275kPa，每批物料总浸出时间为 2~3h。浸出泥浆送板框压滤机过滤，并用温水洗涤。浸出渣率为 70%，其中含铜 0.3%~0.5%、碲 0.5%~0.9%。

浸出液中的碲用金属铜屑沉淀为 Cu_2Te，再用 NaOH 通空气浸出（生产可溶性 Na_2Te），加硫酸调 pH 值至 5.7，沉出 TeO_2；用 NaOH 溶液再次溶解，形成碲的电解液。

B 顶吹炉熔炼

顶吹转炉[64]工作容量 13m³，物料干燥、制粒、熔化、熔炼、扒渣、吹氧、造苏打渣，浇铸阳极。此法烟气系统负荷大，将氧化较多的银，且此部分银在炉渣浮选回路中不易回收，另外还有较多的铅进入烟气，增加了铅循环的负荷。

C 金银合金熔炼渣浮选

从熔炼炉中扒出的渣含有大量的冰铜和金属，通常返回铜熔炼，可提高杂质排除程度，但将增加金银的损失和结存。加拿大铜精炼厂安装了一个小浮选车间，可以回收炉渣中的金、银，每日约产出 80~90t 的渣浮选尾矿。

D 银电解

金银合金阳极在垂直式电解槽中电解。电解槽排列成 12 组，每组串联 5 个槽，分组供电（1000A，22V）。沉积在钛阴极上的银粉用机械刮刀连续剥离，收集在阴极下悬挂的篮子里，24h 后提起、卸出、冲洗、干燥，然后在感应炉中熔炼，铸成 31.1kg 的银条，成分（质量分数）为：Ag 99.99%、Se 0.0001%、Au 0.0011%、Cu 0.0041%、Pb 0.0003%。银阳极泥（金渣或称黑金粉）保留在银阳极的涤纶布袋中。

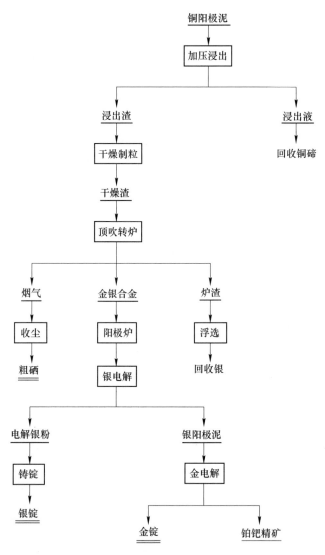

图 5.17　诺兰达铜精炼厂阳极泥处理工艺流程

E　金精炼

金渣每 3 天排放一次，成分（质量分数）为：Au 39% ~ 62%、Ag 24% ~ 50%、Cu 2% ~ 5%、Pb 3.5% ~ 5.6%、Pd 0.6% ~ 2%。经清洗除去可溶性硝酸盐，再用浓硫酸在一个加热的铸铁罐内浸煮，把银降到合格的水平。金粉经过过滤、洗涤，直到滤液不再含银，在感应炉中熔炼，然后铸成阳极进行金电解。

铂、钯和金一起从阳极上溶解下来，积累在电解液中，当 Pd 超过 70 ~ 80g/L 时将在阴极沉积并污染金，故需经常进行净化电解液。

F　铂、钯的回收

金电解废液用 2 倍水稀释，并用碱性溶液中和到 pH 值为 5 ~ 6。在 90 ~ 100℃ 温度下，往溶液中加草酸，溶液用蒸汽加热，并和沉淀金操作交替进行，直到反应停止，然后倾析；倾析液中和到 pH 值为 6，再次沉淀残余的金。沉金滤液加热到 80℃ 左右，加入甲酸钠并搅拌，铂、钯易于沉淀，经洗涤、过滤、干燥得铂钯精矿，一般成分（质量分数）为：Pd 80%~85%、Pt 5%~12%、Au 0.02%~0.2%、Ag 0.5%~0.8%，其他铂族金属为0.001%~0.005%。

5.4.5.3 美国肯尼科特冶炼厂阳极泥处理

肯尼科特全湿法工艺为力拓集团美国肯尼科特冶炼厂阳极泥处理工艺[65]，于1995年投资新建，总投资约5000万美元。目前每年处理3000多吨阳极泥（含Au 0.5%，Ag 5%左右），年生产黄金15t、白银120t。

肯尼科特全湿法工艺流程主要包括：高压脱铜碲、氯化分金硒、除铅分银。

A 高压脱铜碲

高压脱铜采用铜电解液并补入部分硫酸作为浸出液，氧压控制在0.35MPa，温度控制在110~150℃，脱铜泥含Cu可降到0.5%。在此过程中，80%~90%的Te进入脱铜液中，脱铜液采用铜加工废料或碎片进行置换除碲，产出Cu_2Te。除碲后液含Te低于10mg/L。Cu_2Te可作为产品出售，也可作为提碲原料。

B 氯化分金硒

脱铜泥加入盐酸调浆，并加入双氧水作为氧化剂，使Au和Se氧化进入液相，反应通常需要2~6h，反应终点采用氧化还原电位判断法。

氯化分金后，Au和Se分别以$HAuCl_4$和H_2SeO_3形态存在于氯化溶液中。此时采用萃取剂DBC（二丁基卡必醇）进行二级逆流萃取，Au在有机相和水相的分配比达到1000~3000，99.9%的Au进入有机相，Se留在水相中，澄清分离后，二级萃余液含Au< 1~5mg/L，水相送去提硒，负载有机相中Au富集到35~50g/L后，经1~1.5mol的盐酸反洗，加热至75~80℃，用草酸还原即可得到金黄色海绵金，海绵金经酸洗、水洗、烘干、熔铸成锭，品位99.99%。还原后的有机相继续使用。

经萃取后的氯化液通入SO_2还原，控制温度高于85℃，并充分搅拌，得到产品粗硒。

C 除铅分银

氯化过程中，Ag和$PbSO_4$被转化成AgCl和$PbCl_2$进入氯化渣。将氯化渣加入Na_2CO_3溶液中搅拌除氯，因为AgCl的浓度积比$AgCO_3$小得多，所以Na_2CO_3优先与$PbCl_2$及其他不溶氯化物反应，而不与AgCl反应，$PbCl_2$转化为浓度积更小的$PbCO_3$。除氯需要较大的液固比，Na_2CO_3浓度不低于0.1mol/L。

除氯渣采用浓度为10%~20%的稀硝酸浸出，不溶性的$PbCO_3$被转化成可溶性的$Pb(NO_3)_2$，AgCl不发生反应留于渣相中，向浸出液中加入H_2SO_4，生成完全不溶的$PbSO_4$，$PbSO_4$可作为产品直接外售。

AgCl渣采用氨水溶液浸出，整个过程不超过1h便可完成，浸出液含Ag 50~70g/L，浸出液分两步进行，第一步，氨水浸出液直接加热或通入蒸汽，氨蒸发除去，Ag以AgCl形式沉淀，此过程至少有90%~95%的氨被轻易除去；第二步，待蒸发完成时，加入硫酸，将溶液中残余的Ag离子沉淀。

热分解得到的银沉淀分三步还原，第一步，将AgCl滤饼用去离子水浆化并加热到

100℃；第二步，加入 NaOH 将 AgCl 转化成 AgOH，AgOH 在高温下脱水转化成 AgO；第三步加入葡萄糖或其他还原糖将 AgO 还原成单质 Ag。

该工艺具有工艺流程简单、生产周期短，贵金属流程占用少的优点，Au 和 Ag 的冶炼周期仅需要 94h，阳极泥中的 Au、Ag、Se、Te、Pb 的回收率分别为 99%、99%、96%、75%、50%，该流程自动化程度高，人员配置少，仅需 30 人。

5.5　铜阳极泥有价元素综合回收

5.5.1　硒回收

硒是一种半导体元素，也是广泛分布在地壳中的稀有元素。在地壳中含量极少，通常伴生在铜、铅等金属硫化矿中，在电解铜、铅等金属过程中，形成的阳极泥是提取元素硒的重要原料，如电解精炼的铜阳极泥平均含硒 10%，有些可高达 40%，其他可能来源包括硫酸厂的泥浆以及硫酸厂和铅锌铜镍冶炼厂的静电集尘器中的烟道灰、硒化锌废料、含硒水溶液含硒矿物与工业废料。

粗硒由于杂质较多，对加工产品的质量有影响，所以不能直接应用在工业上。需要进一步将硒纯化除去杂质。其提纯方法可分两类：蒸馏法[66]和化学法[67]。

5.5.1.1　氧气氧化法

化学法提纯又分为硝酸氧化法和氧气氧化法。因为环境及操作的影响，现一般用氧气氧化法。氧气氧化法具有氧化炉结构简单，操作方便，劳动强度低，而且生产周期短、成本低、硒直收率高等优点。工艺流程如图 5.18 所示。

氧气氧化法原理是利用硒的氧化物与杂质氧化物的蒸气压力不同，因而它们的挥发性不同而实现硒与大多数杂质的分离。粗硒在氧化罐中熔化，与氧气反应氧化，并以 SeO_2 的形式挥发出来，最后在冷凝罐中凝结成 SeO_2 晶体，而粗硒中的大部分杂质则生成难挥发的氧化物等残留在渣中。

氧化炉有连续生产和半连续生产两种装置。半连续生产视粗硒品位的高低一般 3~6 天停炉，出二氧化硒和清理蒸馏渣。在硒氧化过程中氧气既是氧化剂又是 SeO_2 的载运物。其主要反应方程式为：

$$Se + O_2 \longrightarrow SeO_2$$

生产精硒用产出的二氧化硒在纯水中溶解成亚硒酸溶液，也可以直接在氧化炉内用水吸收产生的 SeO_2，亚硒酸溶液用氨水或氨气中和水解，硫化铵沉淀净化亚硒酸溶液。再用二氧化硫还原，获得 99.99% 的硒粉。

$$H_2SeO_3 + 2SO_2 + H_2O \longrightarrow Se\downarrow + 2H_2SO_4$$

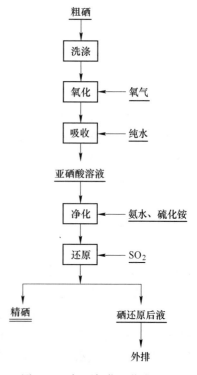

图 5.18　粗硒氧化工艺流程图

5.5.1.2 真空蒸馏法

硒是一种易挥发的元素,熔点为 221℃,沸点为 685℃。真空蒸馏提取及提纯硒是利用粗硒中各种杂质与硒的蒸气压不同,在低于大气压的条件下进行金属分离和富集的一种方法。

硒蒸气压随着温度的升高迅速增大,在温度为 250℃时其值才有 4.72Pa,可是到了 350℃时其值变为 160.46Pa,是 250℃时的 30 倍左右。硒这种易挥发的性质,可以将硒和其他杂质分离。

粗硒真空蒸馏在炉内气压约为 40Pa 的条件下,在 350℃的温度下蒸馏,硒的纯度由原来的 95%上升到 99%[68]。

真空蒸馏能够很好地除去硒中铜、铅和铁的元素,真空蒸馏不适合除去硒料中砷、碲元素。

粗硒经过真空蒸馏能够达到提纯的目的,其纯度的高低取决粗硒中的 Te 和 As 的含量。

5.5.2 碲回收

铜阳极泥为碲的主要来源之一,其含碲量为 1%~10%,碲在铜阳极泥中的存在形态为 Ag_2Te、$CuTe$、$(Au,Ag)Te_2$ 及元素碲等。从铜阳极泥中提取碲的方法有硫酸化焙烧法、加压氧化酸浸法和苏打熔炼法,不同的工艺主要是针对从铜阳极泥中综合回收金、银、铜、硒、碲等的不同方法而研究制定[69]。

5.5.2.1 硫酸化焙烧法

硫酸化焙烧主要目的是使碲或碲化物转化成为碲的氧化物,然后浸出得到含碲溶液。含硒、碲及贵金属的阳极泥配以一定量的浓硫酸,投入回转窑,在 500℃左右焙烧,90%以上的硒挥发,经吸收、还原得到单体硒。碲的化合物或元素碲与硫酸作用发生主要化学反应如下:

$$Te + 2H_2SO_4 \longrightarrow TeO_2 + 2SO_2 + 2H_2O$$
$$Cu_2Te + 2H_2SO_4 + 2O_2 \longrightarrow 2CuSO_4 + TeO_2 + 2H_2O$$
$$Cu_2Se + 2H_2SO_4 + 2O_2 \longrightarrow 2CuSO_4 + SeO_2 + 2H_2O$$
$$Ag_2Te + 2H_2SO_4 + 2O_2 \longrightarrow 2AgSO_4 + TeO_2 + 2H_2O$$

硫酸化焙烧产出的焙砂经水浸脱铜所得渣在一定的温度下碱浸分碲,使碲进入溶液:

$$TeO_2 + 2NaOH \longrightarrow Na_2TeO_3 + H_2O$$
$$3Te + 6NaOH \longrightarrow Na_2TeO_3 + 2Na_2Te + 3H_2O$$
$$PbSO_4 + 4NaOH \longrightarrow Na_2PbO_2 + Na_2SO_4 + 2H_2O$$
$$2AgCl + 2NaOH \longrightarrow Ag_2O + 2NaCl + H_2O$$
$$As_2S_3 + 6NaOH \longrightarrow Na_3AsO_3 + Na_3AsS_3 + 3H_2O$$
$$As_2O_3 + 6NaOH \longrightarrow 2Na_3AsO_3 + 3H_2O$$

分碲渣用于下一步回收金银,分碲液硫酸中和形成渣用于下一步提取碲。

硫酸化焙烧法提取硒与碲的典型工艺流程如图 5.19 所示。该工艺是我国自主开发的铜阳极泥处理工艺。硫酸化焙烧—碱浸法的优点：（1）硒回收率高，在90%以上；（2）阳极泥处理能力大；（3）适宜于综合回收处理含贵金属及铜、镍、铅、铋、碲量多的阳极泥。缺点是：（1）工艺复杂，流程长，碲易分散，回收率低（碲回收率在70%左右）；（2）试剂消耗量大，成本高；（3）碲产品质量不稳定。

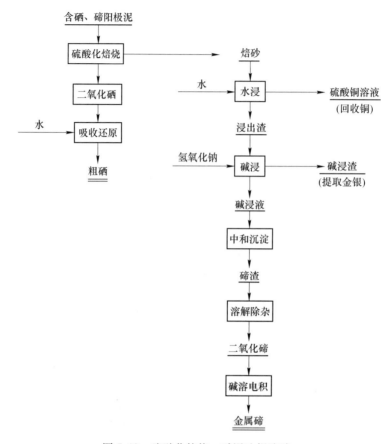

图5.19　硫酸化焙烧—碱浸法提取碲

在湿法处理铜阳极泥工艺中，铜阳极泥经预处理脱铜之后，采用亚硫酸钠或氨水浸银得到分银液，氯酸钠浸金得到分金液，分金液用亚硫酸钠或草酸还原得到金粉和沉金后液，从沉金后液中回收碲也已应用与生产[70]。

采用 Cl^- 催化 SO_2 还原沉金后液，在 Cl^- 浓度为 1.1mol/L，体系中硫酸浓度为 167g/L，反应温度为85℃，反应时间3h条件下，硒的直收率为99.05%，碲的直收率为99.80%，金铂钯直收率均为100%。

5.5.2.2　加压氧化酸浸法

加压氧化酸浸法首先用硫酸预先脱除可溶性铜，除铜后铜阳极泥再在酸性介质中，在高温高压和氧化性气氛下，大量的 Cu、Te 发生氧化反应，以硫酸盐的形式进入溶液，而 Ag、Se 由于氧化还原电位相对较高，只有少量发生氧化反应，大部分仍留在浸出渣中。因此，可以实现 Cu、Te 与 Ag、Se、Au 等贵金属之间的浸出分离，碲发生的主要化学反应如下：

$$2Te + 4H_2SO_4 + O_2 \longrightarrow 2H_2TeO_4 \downarrow + 2H_2O + 4SO_2$$
$$2Ag_2Te + 4H_2SO_4 + O_2 \longrightarrow 4Ag + 2H_2TeO_4 \downarrow + 2H_2O + 4SO_2$$
$$2Au_2Te + 4H_2SO_4 + O_2 \longrightarrow 4Au + 2H_2TeO_4 \downarrow + 2H_2O + 4SO_2$$
$$Cu_2Te + 2O_2 + 2H_2SO_4 \longrightarrow 2CuSO_4 + H_2TeO_3 + H_2O$$
$$H_2TeO_3 + 1/2O_2 \longrightarrow H_2TeO_4$$

氧化酸浸铜阳极泥时，碲被氧化为 Te（Ⅳ）、Te（Ⅵ）。酸性浸出时，碲与铜同时进入到浸出液。为了回收浸出液中的碲，采用铜进行置换，得到化学组分为 $Cu_{2-x}Te$ 的化合物——碲化铜，铜置换法回收碲化学原理可用化学反应方程式表示如下：

$$TeO_2 + 2H_2SO_4 + 4Cu \longrightarrow Cu_2Te + 2CuSO_4 + 2H_2O$$
$$H_2TeO_4 + 3H_2SO_4 + 5Cu \longrightarrow Cu_2Te + 3CuSO_4 + 4H_2O$$

铜置换法回收碲具有明显的优点：（1）适应的硫酸浓度范围宽，为 100~1200g/L；（2）碲的价态不影响碲的回收，且回收率高；（3）固体产物中杂质元素种类少；（4）操作环境好，基本上无废气产生。由于操作简单、环境友好、回收率高，该方法已经被广泛应用。

生成的碲化铜易附着在铜表面，阻碍铜与溶液中碲的接触，反应减慢甚至停止。为降低铜的消耗，通常采用比表面积高的电解铜粉作为还原剂。采用该法回收碲，理论上每吨碲铜粉用量为 2~3t。固体产物为铜粉和碲化铜的混合物，其中碲含量不超过50%。分离碲和铜时，通常采用氢氧化钠浸出。反应过程中，碲的氧化程度难以控制，一部分碲转化为 TeO_4^{2-}，并迅速与 Cu^{2+} 和 Na^+ 结合生成碲酸盐沉淀，致使铜碲分离困难。

5.5.2.3 苏打熔炼法

铜阳极泥先经硫酸化焙烧脱硒、水浸除铜或加压浸出渣，再火法熔炼，在氧化精炼的后期加入苏打，使碲富集于苏打渣中进行回收。苏打熔炼法反应原理如下：

$$2Te + 2Na_2CO_3 + 3O_2 \longrightarrow 2Na_2TeO_4 + 2CO_2$$
$$AgTe + Na_2CO_3 + O_2 \longrightarrow Ag + Na_2TeO_3 + CO_2$$
$$AuTe_2 + 2Na_2CO_3 + 2O_2 \longrightarrow Au + 2Na_2TeO_3 + 2CO_2$$
$$Cu_2Te + Na_2CO_3 + 2O_2 \longrightarrow 2CuO + Na_2TeO_3 + CO_2$$
$$TeO_2 + Na_2CO_3 \longrightarrow Na_2TeO_3 + CO_2$$

苏打渣是一种呈碱性的复杂化合物，质硬易碎，外表呈灰白色，具有较强的吸水性。碲主要呈可溶于水的亚碲酸钠形态存在，约占碲总量的85%~95%，其余为不溶于水的碲酸钠和重金属的亚硫酸盐。

苏打渣破碎后送湿式球磨机磨碎，湿式磨矿除了粉碎物料以外，同时也起浸出作用。球磨后矿浆送搅拌槽继续浸出，产出的浸出液中含有铅、铜、二氧化硅等杂质，在制取二氧化碲前必须进行净化。净化作业是向浸出液中加入硫化钠和氯化钙，使铜、铅、二氧化硅分别生成硫化铜、硫化铅和硅酸钙沉淀。净化溶液主要反应方程式如下：

$$Na_2PbO_2 + Na_2S + 2H_2O \longrightarrow PbS \downarrow + 4NaOH$$

净化后液用硫酸中和得出二氧化碲，其反应方程式如下：

$$Na_2TeO_3 + H_2SO_4 \longrightarrow TeO_2 \downarrow + Na_2SO_4 + H_2O$$

碱溶电积得到板状碲片，水洗至无碱后，进行干燥、铸锭。

$$TeO_2 + 2NaOH \longrightarrow Na_2TeO_3 + H_2O$$
$$Na_2TeO_3 + H_2O \longrightarrow Te\downarrow + 2NaOH + O_2$$

用苏打熔炼法提取碲的工艺流程图如图 5.20 所示。

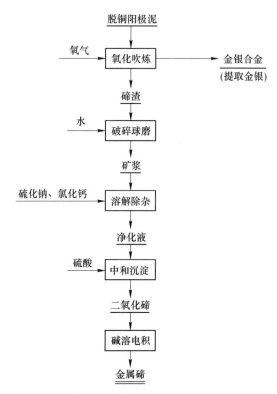

图 5.20　苏打熔炼法提取碲工艺流程

从铜阳极泥中回收碲有多种方法，但目前认为加压氧化酸浸法更有优势。它不仅实现了对碲的脱除，还解决了其他方法中碲走向分散、回收率不高等问题。用加压氧化酸浸工艺处理铜阳极泥，控制一定的条件，可达到较高的脱铜率和一定的碲浸出率。阳极泥中的有价金属走向较为集中，Au、Ag、Se 等稀贵金属元素基本上集中于脱铜碲渣中，并有较大程度的富集。碲和铜集中在同一道工序中进行脱除，可以大幅度简化加压浸出工艺，降低工艺能耗，降低作业成本。

5.5.3　铂钯回收

铂钯精矿按照工艺不同来源于硫酸化焙烧—分金—金还原后液置换所得，或火法冶炼—银电解—金精炼溶液置换所得。铂钯精矿都是在生产金的过程中产出，所以铂钯精矿中含有较高的金，处理时要先分离金再进行铂钯提取。

硫酸化焙烧工艺生产铂钯精矿处理主要工艺为盐酸预浸—氯化溶解—金还原—铂钯沉淀—铂钯分离精炼。工艺流程如图 5.21 所示。

阳极泥的处理以回收金银为主要目标，其中铂、钯的回收因其含量较少，没有单独设立工序回收，因此造成铂、钯的分散损失，针对铜阳极泥含量高的铂、钯还需要进一步研究合适的处理工艺。

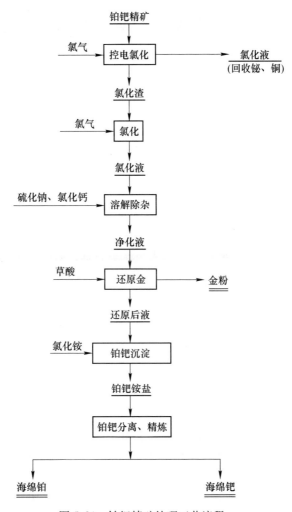

图 5.21　铂钯精矿处理工艺流程

6 含金铅阳极泥精炼工艺

6.1 概述

铅阳极泥是粗铅电解精炼的产物，含有大量的锑、铅、铋、砷、银以及金、铜等，从铅阳极泥中提取金、银以及其他有价元素的过程，是冶金副产物提金、银的组成部分。粗铅电解过程产出的铅阳极泥已经成为提取金、银的重要原料之一[71]。

铅阳极泥基本处理方式有三种：（1）火法工艺，（2）全湿法工艺，（3）湿法—火法联合工艺。从阳极泥中回收金银及其他有价金属，国内外基本上都采用传统的火冶流程。在我国，兼有铜和铅冶炼的大型工厂，铅阳极泥与脱硒、脱铜后的铜阳极泥混合处理；单一铅冶炼厂则单独处理。

6.2 铅阳极泥的组成和性质

6.2.1 铅阳极泥的物相组成

铅阳极泥是在铅电解精炼过程中产出的一种副产品。铅精矿、金银冶炼过程中产生的尾渣中含有金、银、铋、锑等有价元素，利用粗铅作为良好的捕集剂，一般以固体状态进入粗铅阳极板中。

电解粗铅时，粗铅阳极板中所含的金、银和铋几乎全部进入阳极泥中，而砷、锑、铜等则部分或大部分进入阳极泥中。由于各地铅矿的成分不同以及搭配处理不同的原料，电解铅时约产出占粗铅质量 1.5%~9% 的铅阳极泥。这些铅阳极泥大部分黏附于阳极板表面，小部分因为搅动或生产操作的影响，从阳极上脱落下来沉淀于电解槽中。在处理铅阳极泥之前，必须经过沉淀、过滤、洗涤、脱水。铅阳极泥通常呈灰黑色，粒度为 0.075~0.15mm，含水 20%~30%。

在铅阳极泥中，各种成分的存在状态一般如下：银 98% 以锑银矿、二铜锑矿等形态存在铅阳极泥余相中；锑以氧化锑、锑酸根的形式存在，呈氧化物（Sb_2O_3）存在的锑分布率为 64.3%，在锑酸相中锑仅为 9.37%；铜相分布数据显示，在二铜锑矿等铅阳极泥残余相和 $CuF_2 \cdot 2H_2O$ 中的铜分布率分别为 55.11% 和 30.1%；在锑酸盐相中的铅、铋分布率分别为 64.12% 和 63.54%，在呈现锑氧化物的物相中铅、铋的分布分别为 28.92% 和 31.95%；金以单质存在，分布极细。铅阳极泥中主要成分的物相赋存见表 6.1。

表 6.1 铅阳极泥中主要成分的物相赋存状态

元素	赋 存 状 态
金	Au
银	Ag、Ag_3Sb、α-（AgSb）、AgCl

元素	赋 存 状 态
铜	Cu、$CuSO_4$、Cu_2S、Cu_2Sb、Cu_3（$Sb \cdot As$）、$CuF_2 \cdot 2H_2O$
硒	Ag_2Se 、Cu_2Se、$CuAgSe$
锑	Sb、Sb_2O_3 及锑酸盐、Ag_3Sb
铋	Bi_2O_3、$PbBiO_4$、锑酸盐和方铅矿中
铅	$PbSO_4$、PbS、Pb
锡	Sn、SnO_2
砷	As、As_2O_3、$Cu_{9.5}As_4$
硅	SiO_2、Al_2SiO_3（OH）$_4$

6.2.2 铅阳极泥的化学组成

铅阳极泥是由阳极中不溶于电解液的成分所组成。铅阳极泥的成分取决于铅阳极的品位以及金含量和银含量。铅阳极泥中通常含有铅、铜、锑、铋以及少量的砷、硫、碳、氟、硅、金等元素。表6.2所列为国内外一些工厂的铅阳极泥化学成分。

表6.2　国内外一些工厂铅阳极泥的主要成分　　　　　　　　（%）

元素	日本新居滨	日本细仓	秘鲁奥罗亚	加拿大特莱尔	中国1厂	中国2厂	中国3厂
Au	0.2~0.4	0.021	0.01	0.016	0.05	0.005	0.07
Ag	0.1~0.15	12.82	9.5	11.5	12.15	3~5	3.2
Se			0.07		0.015		0.001
Te			0.74		0.30	0.1	0.42
Bi	10~20		20.6	2.1	9.32	4~6	4.51
Cu	4~6	10.05	1.6	1.8		1~1.5	0.37
Pb	5~10	8.25	15.6	19.7	14.79	15~19	18.75
As			4.6	10.6	7~9	25~35	15.61
Sb	25~35	43.26	33.0	38.1	26.30	20~30	45.95

铅阳板泥的成分因各地含铅矿石及冶炼工艺不同而有较大的差异，综合考虑从铅阳极泥中主要回收金、银及需特别认真对待的元素砷，将铅阳极泥大致分为3种类型：

（1）低金高砷型。国内外最典型的铅阳极泥，多来源于单一的硫化铅矿。大致成分为：Au 0.005%~0.05%、Ag 10%~15%、As 10%~35%、Cu 1%~9%、Sb 20%~40%、Bi 2%~10%、Pb 10%~20%、微量 Se 和 Te。

（2）低金低砷型。多产自铅锌混合硫化矿，此类铅阳极泥的成分一般为：Au 0.002%、Ag 14%~16%、As 0.5%、Cu 5%~7%、Sb、Bi、Pb 与低金高砷型相近。

（3）高金低砷型。产自含金的铅锌混合矿，其一般成分为 Au 0.2%~0.8%、Ag 7%~12%、As 0.8%~5%、Cu、Bi、Sb、Pb 与低金高砷型相近。

低砷铅阳极泥的处理工艺已经越来越成熟，而对高砷铅阳极泥的处理却仍然存在很大的困难，由于砷是一种剧毒物质，且容易分散于整个冶炼流程中，不管是对作业环境还是其他有价金属的回收都会带来很多不利的影响，因此，冶炼过程中，砷害问题是当前亟待解决的问题[72]。

6.3　铅阳极泥处理传统工艺

6.3.1　工艺流程

　　铅阳极泥的传统处理工艺是火法熔炼—电解法。铅阳极泥经火法还原熔炼得到贵铅，再经氧化精炼，产出金银合金板送至银电解。银阳极泥经适当处理后，铸阳极进行金电解。工艺流程如图 6.1 所示。

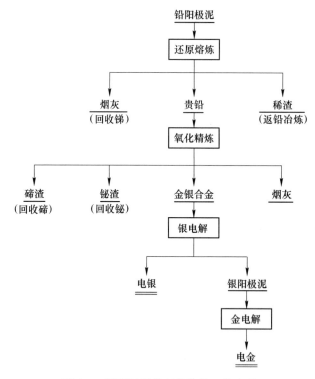

图 6.1　铅阳极泥处理的传统工艺流程

6.3.2　工艺原理

6.3.2.1　贵铅炉熔炼

　　铅阳极泥预先堆存 2~3 天，阳极泥中贱金属单质和金属间的化合物与空气中的氧接触，在电解质的作用下发生自然氧化，使其中的 Sb、Bi、Pb、Cu、As 等金属部分氧化成氧化物，贵金属 Au、Ag 等性质稳定，不被氧化，呈单质状态存在。

$$2Pb + O_2 \longrightarrow 2PbO$$
$$4Sb + 3O_2 \longrightarrow 2Sb_2O_3$$
$$4Bi + 3O_2 \longrightarrow 2Bi_2O_3$$

$$4As+3O_2 \longrightarrow 2As_2O_3$$

$$2Cu+O_2 \longrightarrow 2CuO$$

这些氧化物，有酸性的、碱性的和两性的。熔炼时，它们相互作用或分别与加入的熔剂作用，生成炉渣，浮在金属表面。分散于阳极泥中的金银微粒，熔化并相互结合生成金银离子，因为具有较大的密度，而能通过炉渣沉积在底部。

阳极泥所含有的氧化铅和氧化铋等，大部分能被加入的焦炭粉还原成金属，铅是金和银的良好捕集剂，在沉淀的过程中，可以把黏挂在炉渣中金银粒子吸收并携带下来。

在熔化造渣阶段之初，温度逐渐升高，阳极泥被煅烧，放出大量水分，并有一部分杂质发生氧化，一部分砷和锑被烟化掉。随后炉料逐渐被融化，并伴随发生了造渣过程以及还原和分离过程。造渣反应是由阳极泥中各种氧化物相互作用或与加入的熔剂和助熔剂的作用所组成，其化学反应式如下：

$$Na_2CO_3 \longrightarrow Na_2O+CO\uparrow$$

$$Na_2O+Sb_2O_3 \longrightarrow Na_2O \cdot Sb_2O_3$$

$$Na_2O+As_2O_3 \longrightarrow Na_2O \cdot As_2O_3$$

$$Na_2O+SiO_2 \longrightarrow Na_2O \cdot SiO_2$$

$$CaO+SiO_2 \longrightarrow CaO \cdot SiO_2$$

还原反应是借助碳和铁屑等还原剂的作用所产生：

$$2PbO+C \longrightarrow 2Pb+CO_2\uparrow$$

$$PbO+Fe \longrightarrow Pb+FeO$$

同时会发生砷、锑的氧化，在温度 $700 \sim 900$℃的条件下，砷是以 As_2O_3 状态挥发，锑则是一部分生成 Sb_2O_3 挥发，另一部分生成 Sb_2O_4 浮在熔体表面。

$$Sb_2O_5+C \longrightarrow Sb_2O_3\uparrow +CO_2\uparrow$$

$$As_2O_5+C \longrightarrow As_2O_3\uparrow +CO_2\uparrow$$

此时，Cu、Pb、Bi 由于很难被氧化而富集在贵铅中。

还原反应和造渣结束后，使炉内转为微氧化气氛，这时主要是砷、锑的氧化。砷生成 As_2O_3 挥发是从炉温700℃开始的，此时部分锑也生成 Sb_2O_3 挥发，部分锑呈 Sb_2O_4 浮于熔池表面。当炉温超过900℃后，残留的绝大部分砷、锑都生成不易挥发的五氧化物进入渣中。重金属中除少量铅被氧化挥发外，其余的铅、铜、镍、铋等均进入贵铅中。

6.3.2.2 分银炉氧化精炼

在分银炉氧化熔炼过程中，贵铅中的各种杂质大致按锌、铁、锑、砷、铅、铋、碲、铜的顺序氧化除去[73]。

开始，炉料中的砷、锑大部分生成挥发性的三氧化物呈烟气逸出，部分生成不易挥发的五氧化物：

$$4As + 3O_2 \longrightarrow 2As_2O_3$$

$$4Sb + 3O_2 \longrightarrow 2Sb_2O_3$$

$$4As + 5O_2 \longrightarrow 2As_2O_5$$

$$4Sb + 5O_2 \longrightarrow 2Sb_2O_5$$

这时，虽然有部分铅开始氧化，但生成的氧化铅除极少数挥发外，大部分又被砷、锑、铁、锡等杂质还原成金属铅：

$$2As + 3PbO \longrightarrow As_2O_3 + 3Pb$$

$$2Sb + 3PbO \longrightarrow Sb_2O_3 + 3Pb$$

$$Fe + PbO \longrightarrow FeO + Pb$$

$$Sn + 2PbO \longrightarrow SnO_2 + 2Pb$$

另一部分氧化铅，则与砷、锑反应生成亚砷酸铅和亚锑酸铅：

$$2As+6PbO \longrightarrow 3PbO \cdot As_2O_3 +3Pb$$

$$2Sb+6PbO \longrightarrow 3PbO \cdot Sb_2O_3 +3Pb$$

亚砷酸铅与过量的空气作用，部分氧化以砷酸铅形式进入渣中：

$$3PbO \cdot As_2O_3+O_2 \longrightarrow 3PbO \cdot As_2O_5$$

亚锑酸铅与炉料中的锑作用，生成挥发性的三氧化锑，并还原铅：

$$3PbO \cdot Sb_2O_3+2Sb \longrightarrow 2Sb_2O_3 \uparrow +3Pb$$

来不及挥发的部分三氧化锑，又被氧化成五氧化锑，并与氧化铅作用生成锑酸铅进入渣中：

$$Sb_2O_3+2PbO \longrightarrow Sb_2O_5+2Pb$$

$$Sb_2O_5+3Pb \longrightarrow 3PbO \cdot Sb_2O_5$$

随着砷、锑的挥发和造渣。炉料中的锌、铁氧化物，在氧化铅的作用下，也与砷、锑反应生成亚砷酸盐、亚锑酸盐并氧化成砷酸盐和锑酸盐进入渣中而被除去。当锌、铁、砷、锑大部分挥发和造渣除去后，即开始铅的大量氧化过程：

$$2Pb + O_2 \longrightarrow 2PbO$$

除去大部分铅后，铜开始氧化时，与氧化铅发生以下可逆反应。随着反应的进行，铅逐渐被氧化除去：

$$Cu_2O + Pb \rightleftharpoons PbO + 2Cu$$

铋在大量氧气通入时开始氧化生成三氧化铋：

$$4Bi + 3O_2 \longrightarrow 2Bi_2O_3$$

三氧化铋的沸点很高（1980℃），不易挥发。由于氧化铅的存在，因此大部分三氧化铋与氧化铅形成低熔点、流动性好的呈亮黄色的稀渣。

贵铅中的碲和硒均为化合物，它们除少部分在氧化氛围中可自行氧化外，大部分则依靠加入纯碱，使碲和硒氧化并生成亚碲（硒）酸钠进入渣中：

$$AgTe+Na_2CO_3+O_2 \longrightarrow Ag+Na_2TeO_3+CO_2$$

$$AuTe_2+2Na_2CO_3+2O_2 \longrightarrow Au+2Na_2TeO_3+2CO_2$$

$$Cu_2Te+Na_2CO_3+2O_2 \longrightarrow 2CuO+Na_2TeO_3+CO_2$$

$$TeO_2+Na_2CO_3 \longrightarrow Na_2TeO_3+CO_2$$

$$MeSe+3[O] \longrightarrow MeO+SeO_2$$

$$SeO_2+Na_2CO_3 \longrightarrow Na_2SeO_3+CO_2 \uparrow$$

铜经过进一步氧化并大量造渣后，开始清合金。所谓"清合金"，是指炉料中的某些贱金属杂质，特别是铜等高电位金属，不能单靠吹风氧化使之造渣或挥发除去，而必须向熔融合金中加入强氧化剂使之氧化除去。清合金通常使用强氧化剂硝石，可分解放出活性氧来氧化合金中残余的铜、铋等并使之进入渣中而得以除去：

$$2NaNO_3 \longrightarrow Na_2O + 2NO_2 + [O]$$

$$2Bi + 3[O] \longrightarrow Bi_2O_3$$

$$Te + 2[O] \longrightarrow TeO_2$$

由于强烈地氧化作用，此时部分银实际上也被氧化成氧化银。但熔池中尚含有其他金属杂质，生成的氧化银很不稳定，很快就被铜、铋等还原成金属银，并相应生成铜、铋等氧化物：

$$2Ag + 1/2O_2 \longrightarrow Ag_2O$$

$$Ag_2O + 2Cu \longrightarrow Cu_2O + 2Ag$$

$$3Ag_2O + 2Bi \longrightarrow Bi_2O_3 + 6Ag$$

6.3.3 技术操作

6.3.3.1 配料

将铅阳极泥配料后进转炉进行还原熔炼。配入的熔剂一般为碎焦屑（或粉煤）、石灰石、碳酸钠和铁屑。按铅阳极泥的量配入1%~2%碳酸钠，粉煤小于3%。

6.3.3.2 还原熔炼

炉料在1100~1200℃熔化后，沉淀2h放出稀渣，之后逐渐降温至800℃左右扒出干渣（干渣返回下一炉作配料）后出炉。获得的贵铅送分银炉熔炼。含铅的烟尘和稀渣，送铅系统配料，或从烟尘中制取砷酸钠；稀渣经还原熔炼后送精炼锑。

6.3.3.4 氧化精炼

A 氧化挥发

贵铅在转炉内进行熔炼，保持炉温在900~950℃，架设风管吹风氧化。每炉氧化精炼时间通常为24~32h。在插风管前，先去掉炉内浮渣，徐徐将风管插到液面以上100~150mm处，以保持铅液波动且贵铅不溅出炉外为准。插吹过程中，每小时必须检查风管使用情况，如有风管漏风，过高吹不动等现象，应及时处理。插吹时，铅液温度不宜过高，保持铅液为暗红色。插吹终了时（没有白烟），开始升温清炉，把所有的壁挂杂物烧化，烧下的渣和杂物必须清出炉外，保持炉内干净。

B 造铋渣

表面吹风氧化风管的高度和风量都要适当，一般离液面50~100mm，使熔融的金属面产生波纹状最好。要勤于观察炉况，及时放出氧化渣，保持吹风管能吹开炉渣有碗口大小 ϕ150mm，铅液暴露，且控制好炉温在1000~1100℃。放渣时，用高温水泥先糊好炉口，炉口要求平、宽、无裂缝，无渗漏，无杂物，徐徐转动炉体至适当位置放渣，防止渣中夹带贵铅。

C 造碎渣

氧化造渣过程中，常取合金试样，观察断面，品位达85%时，适当提高炉内温度，使炉壁黏附的渣及杂物熔化，放净渣。停止加热。根据合金量的多少，可分二次、三次造渣，按比例加入混合均匀比例为4:1的碳酸钠与硝酸钾，开始升温熔化，用耙子充分搅拌液体，2h 后放出碲渣。

D　清合金

合金品位 Au+Ag 约为 95% 时，试样表面有银光出现，断面结晶较粗，有紫红色出现。此时开始升温至 1100~1200℃进行清合金。清合金时，用于吹氧的不锈钢管插入熔池里的深度（使合金翻滚），流速适当，避免合金溅出炉外，直到合金达到标准。若用硝酸钾清合金，应停气停风，将炉体转到适当位置开始加入硝酸钾及少量纯碱，少量多次，勤搅拌，清合金一次放一次渣，再架风管空吹，反复进行，直到合金达到标准。硝酸钾和纯碱比例为（4~3）∶1，一般实际生产中清合金的时间一般为 4~8h。

清合金作业一直进行到从熔池底部取出的金属样表面光滑平整呈纯的银白色，样面中间有一条细而均匀的冷凝小沟，金属样折 90°很难打断，打断后断面呈青色时（鸭蛋壳颜色）为止。此合金中含金、银总量在 97% 以上，含 Cu 小于 1%。

分银炉熔炼产出的金银合金阳极板，送电解精炼银后再从阳极泥中回收金。

6.3.4　铅阳极泥传统工艺特点

在火法过程中，各元素的分布大体如下[74]：

（1）金：从铅阳极泥到银电解阳极泥直收率约为 97%，稀渣中约 0.5%，氧化渣中约 0.5%，损失约 0.5%~1%。即冶炼回收率为 98.5%~99%，至成品直收率为 85%~88%。

（2）银：从铅极泥至合金板直收率为 88%~92%，稀渣约 0.5%，氧化渣约 2%~4%，烟尘 2%~5%，损失约 0.5%~1%。即冶炼回收率为 98.5%~99%，至成品直收率为 85%~88%。

（3）金银以外的杂质元素，从铅阳极泥到贵铅及分银熔炼中的分布率见表 6.3。

表 6.3　主要杂质元素分布率　　　　　　　　　　　　　　　（%）

元素	稀渣	氧化渣	苏打渣	烟尘	损失
铜	3~5	88~90			2~4
锑	10~15	2~4		80~85	1~2
铋	0.5~1	85~90	1~2	8~10	1~2
铅	30~35	32~38		30~35	1~2
砷	15~20	1~2		75~80	2~4
碲		9~13	75~85	3~5	3~5

火法处理工艺尽管有处理量大，对物料的适应性强，生产设备、工艺成熟等优点，但中间产物多，并存在以下不足：

（1）银直收率只有 85%~90%，除电解积压的周转物料外还有大量银积压在氧化渣及烟尘中难以回收。

（2）综合回收比较复杂：铜、锑、铋、铅、砷分散在氧化渣、稀渣、烟尘等物料中，且各元素在这些中间产物中的共存，相对富集率最多 80%~90%，从而使得综合回收复杂化，特别是烟尘中的砷、锑分离困难，需要耗费大量的试剂，易造成环境污染。

6.4　铅阳极泥冶金技术的发展

近年来，为了提高贵金属的回收率，改善操作环境，消除污染。例如，国内有铅厂针对阳极泥品位低、处理量小的特点，将原有的阳极泥二段熔炼改为三段熔炼工艺（即阳极泥还原熔炼—低品位贵铅初级氧化吹炼—高品位深度氧化精炼），提高了熔炼的生产能力，实现了熔炼过程的连续化，解决了贵铅大量积压的问题，使流程更通畅，为大规模处理低品位阳极泥回收有价金属提供了较好的方法[75]。

近年国内部分铅厂进行了铅阳极泥湿法或湿—火法结合处理的研究、开发及生产转化，由于产金银粉纯度偏低，还需进一步电解精炼，产出的各种渣仍是银含量高的半成品，且工序设备多、防腐及维护费用高、原料适应性差，废气、废水与含砷废渣仍存在对环境的污染等问题，并没有在生产中推广应用。已经采用湿法工艺的工厂有的又转为传统火法工艺。

传统火法工艺具有对原料适应性强、处理能力大、设备简单等特点，且随着设备及操作条件的不断改进，已日趋完善和成熟，金银回收率也达到了比较高的水平，因此适用铅阳极泥的处理[76]。近年来，重点在强化和完善火法工艺条件、减少环境污染、提高金银直收率、改进设备及加强综合回收等方面进行了深入研究[77]。

湿法—火法联合工艺在高砷铅阳极泥处理上得到发展，高砷铅阳极泥湿法预脱砷，脱砷后阳极泥进行火法处理，已经在国内部分铅厂应用。该联合工艺具有环境污染小、综合回收效益好等优点。随着新型火法设备的开发、环保设备的应用，铅阳极泥处理基本以火法为主，而湿、火法联合工艺研究和产业化并重仍然是今后铅阳极泥处理工艺的发展方向。

6.4.1 氧气底吹转炉处理铅阳极泥

6.4.1.1 氧气底吹转炉原理[78]

氧气底吹转炉（简称 BBOC）是澳大利亚集团所属不列颠精炼金属公司开发的一种处理含贵金属物料的吹炼炉，其由炉体、喷枪、烟罩、支架和倾动装置等组成。该炉顶边部装有一烧嘴，以天然气、柴油等作为燃料，供熔化物料使用。结构形式如图6.2所示。

通过氧枪从熔体底部将氧气喷入熔体。氧枪为采用氮气保护的可消耗喷枪，由不锈钢管制成，穿过炉底耐火材料插入炉膛，使用时保持喷枪头部高出耐火材料。喷枪设有液压自动顶进装置，吹炼时当喷枪头部分消耗，喷枪会自动顶入，每次移动距离为5~10mm，在枪内装有一个电热偶，用于测定喷枪的消耗情况，热电偶测得温度，液压自动顶进装置决定是否需要顶进喷枪。炉顶烟罩固定在炉口上，密封效果良好。

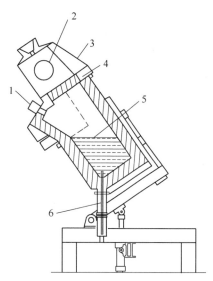

图 6.2 氧气底吹转炉结构示意图
1—烧嘴；2—烟气出口；3—环保烟罩；
4—耐火材料顶盖；5—渣层；6—喷枪装置

氧气底吹转炉技术已向美国、印度、南非、日本、韩国等多家公司转让，用于处理银锌壳、铜阳极泥或铅阳极泥等物料。由于从炉底向熔池喷吹氧气，可大大提高反应速度，提高氧气的利用率和热效率，对不同的原料有很好的适应性。可产出含 Au+Ag≥99% 的产品。氧气底吹转炉技术比传统灰吹法有以下优点：（1）反应速度高 1 倍，反应容器大大缩小，减少了贵金属的积压，缩短了冶炼周期；（2）工艺强化、过程自热，节省大量燃料，用量仅为传统灰吹法的 20%；（3）由于从炉底供氧，渣层厚度不影响氧的传递，改善了金属和渣的分离，提高了贵金属回收率，避免了由于渣层厚而影响工艺过程控制；（4）采用浸没式喷吹氧气的方法，使氧气利用率接近 100%；（5）由于强化熔炼，烟量很少，加之烟罩密封效果好，大大改善了卫生条件，减少了烟气处理设备及电力的消耗；（6）产品可直接铸成阳极板，不用通过中间包和保温炉。

6.4.1.2　氧气底吹转炉的应用[79]

河南豫光金铅氧气底吹熔炼炉为卧式转炉，其规格为 $\phi2500mm×4600mm$，炉体采用 20mm 厚锅炉钢板卷制，内衬耐火砖。外形结构类似贵铅炉。炉底设氧枪座，转炉一侧的档头设渣口，其相对高度为 460mm，用来放渣及观察炉况；另一侧挡头设虹吸口，用来放铅，其相对高度为 200mm，呈倾斜布置。炉顶在靠出铅口方向设出烟口，其上部对准收尘集气罩。整台转炉绕轴线转动。转炉采用天然气作为燃料，压缩空气由鼓风机供给。氧气底吹熔炼炉结构如图 6.3 所示。

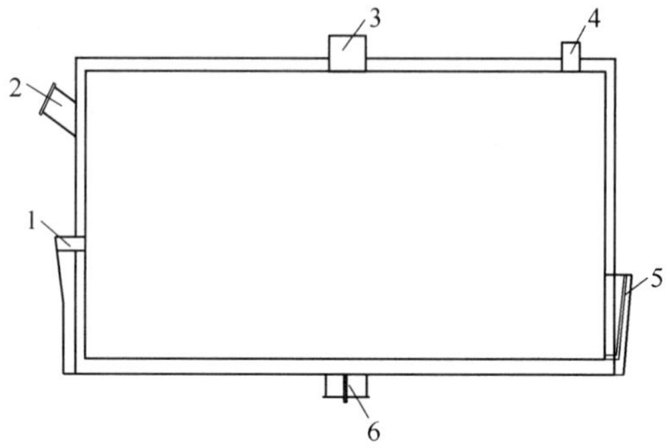

图 6.3　氧气底吹熔炼炉结构

1—溢流出渣口；2—燃烧器；3—连续进料口；
4—出烟口；5—虹吸出铅口；6—底吹枪座

采用虹吸放铅方式，使贵铅通过溜槽进入富氧底吹精炼炉。放渣溜槽采用两级布置，一级流到 2 楼平台，然后由另一溜槽转至渣锅。

设备由高到低，梯次排列，依次是核子秤、氧气底吹熔炼炉、氧气底吹精炼炉和阳极板铸片机，物料靠重力由溜槽传输，安全可靠，省时省力。实践表明，富氧底吹熔炼与传统工艺相比，具有以下优点：

（1）富氧底吹熔炼阳极泥处理能力大，相对于传统工艺来说，同种规格的熔炼炉窑，处理量提升 1 倍以上，设备利用率大大提高。

（2）贵铅产率低，品位高，利于精炼工序指标改善。

（3）一次烟灰产率大，有利于锑、砷的富集回收。另外，因为一次烟灰中金银含量低，所以一次渣中金银含量高，可有效提高金银的直收率。

（4）不会产出黏渣，减少了返料。

（5）可直接处理新鲜的阳极泥，生产周期缩短，减少了中间占用。

6.4.2　三段熔炼法处理低品位铅阳极泥

6.4.2.1　三段熔炼法处理铅阳极泥的原理

国内某铅冶炼厂处理含锑高的铅阳极泥中，针对两段法存在的问题，改为在熔炼炉和精炼炉之间增设吹炼炉。在吹炼炉中将低品位贵铅集中吹炼成高品位贵铅，其实就是锑的吹炼氧化挥发过程，吹炼锑后贵铅再转入精炼炉中进行深度氧化精炼，即将金银熔炼的全过程分为阳极泥的还原熔炼、低品位贵铅初级氧化吹炼和高品位贵铅深度氧化精炼三个阶段，故称其为三段熔炼法。该方法可增加铅阳极的处理量，缩短了生产周期。

6.4.2.2 三段熔炼法处理铅阳极泥的应用

国内某铅厂铅阳极泥含锑、砷均比较高，其组成（质量分数）：Au 300g/t、Ag 2.5% ~ 3.7%、Bi 15% ~ 20%、Pb 12.1% ~ 14.6%、As 14.2% ~ 16.7%、Sb 40% ~ 50%、CuO 0.33% ~ 0.38%。采用传统火法工艺，作业时间长，生产成本高，锑进入熔炼渣或烟灰，分散严重。

采用三段熔炼法处理铅阳极泥流程为铅阳极泥转炉还原熔炼产贵铅、贵铅转炉氧化吹炼产高锑氧粉、分银炉氧化精炼浇铸阳极板、银电解；铋渣经转炉还原熔炼、铋锅精炼产铋锭产品。工艺流程如图 6.4 所示。

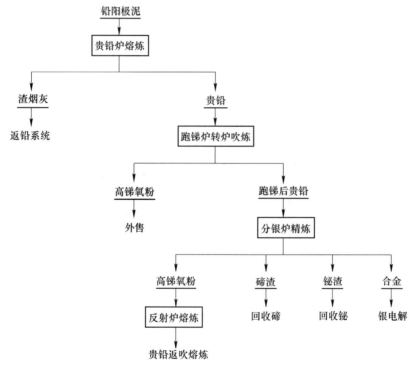

图 6.4　三段法处理阳极泥工艺

还原熔炼配入 8% ~ 15% 焦粒进行还原，将大部分锑、砷还原进入贵铅中，熔炼渣含锑小于 10%，送铅系统回收。

阳极泥熔化后倒出前期渣，贵铅送入吹锑炉，架设风管吹风氧化。保持铅液为暗红色，控制温度 650 ~ 700℃氧化吹炼锑，吹锑周期约 48h，插吹至无白烟冒出，即代表锑吹炼结束。吹炼烟气经冷却、布袋收尘得到含砷粗锑氧粉，所产高锑氧粉成分：Sb 70.8%、Bi 0.58%、Pb 0.88%、As 13.22%、Ag 26g/t，进行精炼产锑锭或三氧化二锑。脱锑后贵铅进入分银炉氧化精炼造渣，最终使 Au+Ag≥97%。

增设氧化吹炼炉工序不仅缩短了分银炉氧化生产周期，使锑元素得到了有效回收，实现了砷元素的开路，降低了分银炉高银烟灰的产率，有效提高了银直收率。

三段法与两段法相比，熔炼炉与精炼炉能力分别提高了 140% 和 46%，金银的综合生产能力提高 50% 以上，铋和锑的富集回收率分别提高 8% 和 7%，处理成本约 3000 元/吨，金银总收率均为 98.5% 左右。

6.4.3　高铋高铅铅阳极泥的火法精炼

山东沂蒙冶炼厂铅阳极泥的铋、银含量均比较高，其组成（质量分数）：Au 0.01% ~ 0.03%、Ag 8.2% ~ 13.7%、Bi 23.6% ~ 47.2%、Pb 3.1% ~ 12.4%、As + Sb 26% ~ 34%、CuO 0.23% ~ 1.48%。经熔炼所产贵铅成分为（质量分数，平均值）：Au 0.02%、Ag 24.01%、Bi 56.05%、Pb 9.22%、Cu 1.79%、Te 0.14%。贵铅含铋太高给火法精炼和电解精炼带来一系列问题，如火法精炼炉时过长，吨合金需用时 136h，柴油单耗 5 ~ 6t；而产出的银合金板含铋仍大于允许值的 4.2 倍；电解液贫化快，需频繁补充新液；银粉质量差，银品位仅 99.8%；黑金粉量大，其中含银高达 50% ~ 70%，增加了回收金的难度。

为了降低粗银合金含铋量，在改进后的操作中，前期炉温控制在 850 ~ 900℃ 进行氧化造铅渣，当熔池中合金熔体表面出现一层薄薄的油状稀渣时，表明造铅渣阶段即将结束。再分步稍微降低或提高温度，吹风氧化造第一次铋渣和第二次铋渣。当炉内铋渣量很少，合金含银品位已达 85% 以上时，即可升温至 1000 ~ 1100℃ 时造碲渣。当合金含银达 97% 以上时，将炉温升至 1200℃，加入少量硝酸钾进行精炼。待粗银合金中 Au + Ag 含量大于 98% 时，将炉温降低至 1000 ~ 1100℃，出炉浇铸合金板。

工艺改进后平均炉时较过去缩短了近 9h，银精炼直收率平均提高 2.63%，每吨合金柴油单耗平均降低 333kg；粗银合金板中铋含量降至 0.3% 以下，电解银粉质量好。电解直收率提高了 1.86%；贵铅中铋的 90% ~ 97% 富集于氧化铋渣中，有利于铋的回收。

6.4.4　富氧侧吹炉处理铅阳极泥工艺

6.4.4.1　铅阳极泥富氧侧吹炉工艺原理

侧吹炉的基本构成建立在瓦纽科夫炉基础之上。瓦纽科夫炉有以下特点：（1）侧吹，富氧空气通过设置在炉身第一层铜水套上两侧的风口鼓入炉内渣层；（2）熔池熔炼，物料（精矿、熔剂等）从加料口直接加入到强烈搅拌的熔体中；（3）铜水套的应用，瓦纽科夫炉炉身是由铜水套相围而成；（4）风口，风口是由带有堵塞杆、铸铜带水冷风嘴头构成[80]。侧吹炉结构如图 6.5 所示。

富氧侧吹熔炼是以多通道侧吹喷枪以亚声速向熔池内喷入富氧空气和燃料（天然气、发生炉煤气）以激烈搅动熔体和直接燃烧向熔体补热为特征。

侧吹炉工艺物料适应性强，特别适用于不发热物料的处理。当炉料加入熔炼区后，随熔体的搅动快速分布于熔体之中，与周围熔体快速传热、传质，完成炉料的加热、分解、熔化等过程。同时，侧吹喷枪喷入燃料为物料提供热源。因此，侧吹炉系统为一个近似理想的热技术系统构成。

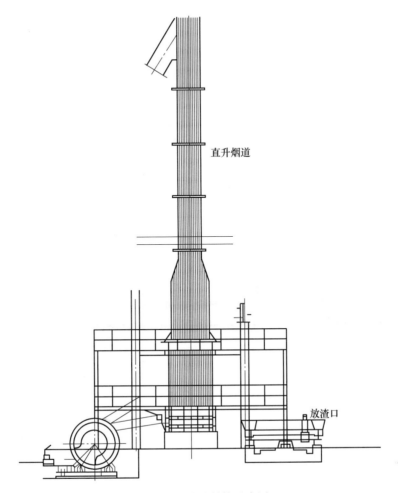

图 6.5 侧吹炉结构示意图

6.4.4.2 侧吹炉结构

侧吹炉采用圆形炉型结构，由炉缸、炉身、炉顶构成；炉缸外围钢板，内衬耐火材料，在炉缸的一端开有上渣口和下渣口，炉缸最底部设有底排放口；炉身侧墙由铜水套内衬耐火砖构成，铜水套采用循环水水冷保护。炉体两侧熔池区设置有多通道富氧空气与燃料侧吹喷枪，炉顶出烟口直接与锅炉膜式壁连接，炉顶设有一个加料口，在炉子另一侧设有虹吸口。

6.4.4.3 侧吹炉技术特点

侧吹炉通过喷枪直接向熔体内部补热。燃料直接在熔体内燃烧，放出热量全部被熔体吸收，加热速度快，热量利用率高，可以快速有效地调节熔池温度。通过燃料和氧气相对量的调节，有效控制参与冶炼反应氧气的氧势，熔池内部氧化和还原氛围可控，杜绝泡沫渣、喷炉等不利炉况的发生。熔池温度易于控制，保持连续稳定的恒温作业，操作简单安全。

6.4.4.4　铅阳极泥富氧侧吹炉应用

铅阳极泥侧吹炉采取冷料直接加入的方式将配好的铅阳极泥连续投入炉中，炉内通过富氧侧吹提供热量，原辅料充分熔化还原，金属富集至炉底从虹吸道连续放出，上层渣层经沉淀从渣口放出。

上料系统采用抓斗行车配料，物料经计量皮带直接送入炉内，减少了人与物料接触的机会，大大降低了劳动强度，改善了工作环境。烟灰收尘系统采用全密封方式输送，烟尘最后制成颗粒进入粗锑工序。整个系统采用 DCS 全方位参数监控，自动化程度高，过程控制精确[81]。

阳极泥侧吹炉具有检修费用低、工艺指标好、环保效果好、自动化程度高、劳动强度小等特点。另外侧吹炉喷枪外层采用气体保护，有效解决了易损部位的寿命问题。

6.4.5　真空蒸馏处理铅阳极泥工艺

6.4.5.1　真空蒸馏技术原理

真空冶金是在系统压力小于大气压到超高真空范围内进行的金属和合金的熔炼加工与处理，及对这些金属和合金的性质和应用的研究；真空冶金自克罗尔 1935 年提出并应用于铅中分离锌起，已在锌、镉、铜、铅、锑、砷、镁、钛等金属冶炼与精炼中有大量研究；合金的真空蒸馏法分离是真空冶金在金属生产和提纯中的典型应用。作为一个物理过程的真空蒸馏过程中很少产生废水、废气、废渣，对环境的负面影响较小；而且在真空条件下的气体压力小，能促进金属化合物的分解、熔融金属脱气以及金属的气化和蒸发，在相同温度条件下，金属的蒸发速率也比常压时大大增加；同时，由于真空条件下气体稀薄，能避免金属的氧化，且真空系统较为密闭，基本上能与大气隔开，系统内外物质流动易于掌控；除此之外，氧化物或金属在真空条件下形成气体后分子小并且比较分散，多原子分子有分解为较少原子组成的趋势，可以在真空条件下获得极细的金属粉末、很薄的金属以及合金薄膜等。

在特定的温度条件下，不同的金属具有不同的饱和蒸气压 p^*，真空蒸馏技术就是利用不同金属的饱和蒸气压的差异来实现金属的分离和提纯[82]。对于 A-B 二元系来说，真空蒸馏的判据即分离系数 $\beta_{\text{A-B}}$ 可由下列公式计算：

$$\beta_{\text{A-B}} = \frac{\gamma_{\text{A}}}{\gamma_{\text{B}}} \cdot \frac{p_{\text{A}}}{p_{\text{B}}}$$

式中　γ_{A}，γ_{B}——分别表示 A、B 元素的活度系数。

分离系数 $\beta_{\text{A-B}}$ 存在以下 3 种情况：

（1）$\beta_{\text{A-B}} > 1$，则组分 A 在气相中的含量大于在液相中的含量，即组分 A 较多的集中在气相中，蒸馏该种合金可以将 A、B 分开；

（2）$\beta_{\text{A-B}} = 1$，则气相中的各组分的含量和液相中完全相同，这种合金不能用蒸馏分开；

（3）$\beta_{\text{A-B}} < 1$，则组分 A 在气相中的含量小于在液相中的含量，即组分 A 较多的集中在液相中，蒸馏该种合金也可以将 A、B 分开。

可见，只要 β_{A-B} 不等于 1 都有可能用蒸馏的方法将合金中的组分分开，且 β_{A-B} 离 1 越远蒸馏时分离效果越好。

阳极泥经还原熔炼得到的贵铅具有以下特点：成分复杂，含有铅、砷、铋、铜、锑、金、银、铂等金属，组元以金属态、合金态物相为主，因此传统的分离工艺主要靠火法吹炼，将低熔点、易氧化物质进行高温吹炼、逐次将金属进行分离，该方法的缺点是火法冶炼工艺成本相对较高。贵铅属于还原态的金属混合物，可以通过真空蒸馏对上述金属混合物、合金等进行金属态分离，从而可以简化银、铋冶炼的工艺，缩短低熔点金属逐次分离的氧化吹炼时间，节约能源，缩短工艺流程，减少大量氧化渣物料、烟尘的产生，降低生产成本，提高效率。

6.4.5.2 贵铅的真空蒸馏应用

贵铅真空蒸馏的工艺参数见表 6.4。贵铅蒸馏产物中各金属组元的含量以及金属组元在蒸馏产物中的分配见表 6.5。

表 6.4 真空蒸馏工艺参数

真空度/Pa	温度/℃	保温时间/h	投料量/kg
<20	800~1000	3~4	45~55

表 6.5 贵铅及其真空蒸馏产物中各金属组元的含量

元素	贵铅	残留物 A		挥发物 B		A/(A+B)/%
	含量/%	含量/%	质量/kg	含量/%	质量/kg	
Pb	38.39	0.21	0.018426	49.72	21.1427	0.09
Ag	7.23	45.31	3.983407	0.219	0.00093	99.98
Bi	7.77	0.0001	8.79×10^{-6}	10.07	4.28212	约为 0
Cu	2.12	13.24	1.163988	0.016	0.0068	99.42
Sb	32.38	33.6	2.953928	35.02	14.8918	16.55

从表 6.5 中可以得到以下结论：

（1）蒸馏 99% 以上的铅、铋进入挥发物中，残留物中的铅铋含量相当低；

（2）经过真空蒸馏 99% 以上的银、铜留在残留物中，挥发物中的银铜含量相当低；

（3）经过真空蒸馏有 85% 锑进入挥发物中；

（4）残留物中银的品位高达 45%。

因此，经过真空蒸馏分离，残留物的数量和组元都得到极大地简化和降低，残留物只有银、铜、锑 3 种金属，银品位从 7.23% 提高到 45.31%，极大地优化了下一步吹炼分离条件[83]。

6.5 湿法工艺

近年来，湿法处理铅阳极泥有了较大改进，在国内铅厂得到较多应用。但其流程存在若干问题：（1）湿法流程产出的金粉和银粉纯度偏低，一般仍要进行电解精炼，才能成为最终产品；（2）产出的锑渣、铋渣、铅渣等仍以一种金属为主且含有其他金属的初级混合产品，且含银较高，难以在湿法流程中形成终端产品；（3）需要使用大量的、多品种的化工原料；（4）工序多，中间液量大，金银渣和有价金属的化合物渣品种多；（5）设备多，防腐要求高，维修、更换费用高；（6）仍然存在对环境污染的问题，废水多，含砷废渣需堆存；（7）金、银直收率指标比预期低；（8）对原料的适应性差，如对铅阳极泥中金银品位要求较高，硒、碲回收时仍然要借助炉窑设施；（9）规模化生产投资大。

一般认为，对于金银含量高，铅阳极泥数量较少的企业最好采用湿法工艺，其主要优点是缩短了金银生产周期和中间占用。湿法工艺技术的基本目标是一步酸浸使金银得到富集，大多数重有色金属进入浸出液从浸出液的水解渣中分别回收锑、铋、铜等有价金属，从浸出渣中回收铅，砷进入废液的中和渣可以从湿法流程直接得到金银产品，消除大气污染。

含金低的阳极泥，从氯化分金液中还原得到的金粉熔铸后一般达不到99.9%以上，实际生产中可利用萃取法生产2号金和1号金，也可采取离子交换等方法生产99.99%以上的黄金；氨浸法提取的银粉熔铸后品位一般在97~99%之间，亚硫酸钠分银提取的银粉品位在97~99%之间，熔铸后品位也能达到97%以上，可以直接出售或进一步加工。

6.5.1 浸出—氯化—还原法

铅阳极泥湿法工艺的基本流程是浸出—氯化—还原。工艺流程如图6.6所示。

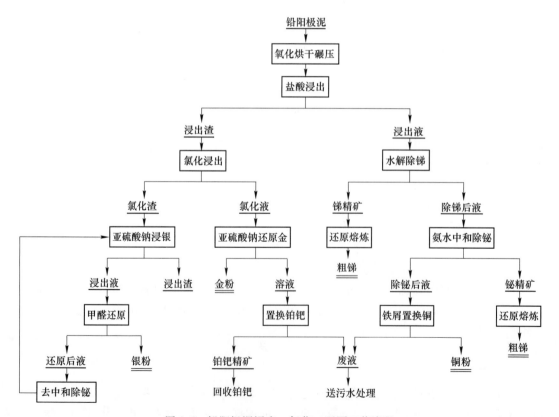

图6.6 铅阳极泥浸出—氯化—还原工艺流程

首先，铅阳极泥堆存 7~10 天，泼洒酸促使其自然氧化，然后用盐酸浸出，脱除其中的贱金属，使锑、铋、铜、砷等全部或大部分进入溶液，大部分铅沉淀到浸出渣中，然后浸出渣投入氯化釜氯化分金，金进入氯化液，银进入氯化渣，氯化液还原得到粗金粉，氯化渣用亚硫酸钠或氨水浸出，使银进入分银液中，分银液还原得到银粉。采用分步水解沉淀法，从脱除贱金属的浸出液中回收锑、铋等中间产物。金粉和银粉经熔铸得到金锭和银锭，锑、铋等中间产物经处理达到最终锑、铋产品，实现综合回收利用的目的。

6.5.1.1　阳极泥预氧化

铅阳极泥的杂质元素 Sb、Bi、Pb、Cu、As 一般为金属、金属间化合物及固熔体形态，由于阳极泥中金属颗粒极细，具有巨大的表面活化能；金属间化合物或固溶体构成以金银为阴极、贱金属为阳极的微电池，在 O_2、CO_2、H_2SiF_6 和 H_2O 的作用下进行自氧化。

$$2Pb+O_2 \longrightarrow 2PbO$$
$$4Sb+3O_2 \longrightarrow 2Sb_2O_3$$
$$4Bi+3O_2 \longrightarrow 2Bi_2O_3$$
$$4As+3O_2 \longrightarrow 2As_2O_3$$
$$2Cu+O_2 \longrightarrow 2CuO$$

在实际生产中，在室温小于 10℃ 下，阳极泥堆放自然氧化可升温达 70℃ 以上，有烟雾升腾，自然氧化 10 天以上的阳极泥含水 5%~10%，密度为 4.8~5.0t/m^3。用盐酸浸出时，锑由不被浸出变得容易浸出。

湿铅阳极泥直接浸出时，由于铜、锑、铋、铅等元素呈金属状态，酸浸时氧化发热值较大，需采取冷却措施，否则浸出液自行升温至 80℃ 以上，造成部分金银进入溶液而损失。银的分散可能达到 2%~5% 或更高，且进入溶液的银回收较难。温度高对设备的防腐要求也高。浸出过程中氧化贱金属消耗的氯气量增加，浸出时间加长，所以一般采用自然干燥氧化，或焙烧氧化后干料浸出。以盐酸作浸出剂，是将阳极泥中的锑及其他杂质元素氯化进入溶液，使铅、银留于渣中。

喷洒一定量的盐酸，然后让阳极泥自然氧化 6~10 天。氧化到期的阳极泥，其中仍然含有 15%~20% 左右的水分，需要进入烘干 24h，进一步氧化，烘干水分，其浸出效果更好。烘干温度控制在 200~300℃。

6.5.1.2　氯盐浸出

氯盐浸出的目的是将铅阳极泥中的 Sb、Bi、Cu 和部分铅以可溶性氯化物转入溶液，而金、银等贵金属保留在浸出渣中。

将氧化烘干后的阳极泥，投入到盐酸-氯化钠水溶液中，其中的贱金属氧化物与酸生成盐进入到溶液中，金、银等贵金属几乎全部富集在渣中，从而达到分离贵贱金属的目的。

$$CuO+2HCl \longrightarrow CuCl_2+H_2O$$
$$Sb_2O_3+6HCl \longrightarrow 2SbCl_3+3H_2O$$
$$As_2O_3+6HCl \longrightarrow 2AsCl_3+3H_2O$$
$$Bi_2O_3+6HCl \longrightarrow 2BiCl_3+3H_2O$$

$$PbO + 2HCl \longrightarrow PbCl_2 \downarrow + H_2O$$

将预处理后的阳极泥，投入反应釜中，先浆化0.5h，然后用盐酸-氯化钠进行浸出，控制液固比为6∶1，总［Cl^-］＝5mol/L搅拌浸出。浸出过程中用蒸汽进行加热至60~70℃后，搅拌反应3h后，进行压滤，得到浸出渣和浸出液。浸出渣的产率为阳极泥的35%~45%，金银品位达到阳极泥中的2~3倍，其中Sb<4%、Bi<0.5%，浸出沉铅液控制Au<5mg/L、Ag<300mg/L。

在浸出时，当溶液中Cl^-浓度和温度均较高时，银以$AgCl_2^-$、$AgCl_3^{2-}$等配合物形式进入溶液。为了减少银的浸出率，浸出时应当控制适当的Cl^-浓度，并将浸出矿浆冷却至室温再过滤，通常滤液中银的含量约为100mg/L。

盐酸浸出液加水稀释，铋、锑水解为氯氧锑、氯氧铋沉淀，银以AgCl沉淀。锑、银沉淀率大于99%，其他金属如铜留在溶液中，分别精炼。

$$SbCl_3 + H_2O \longrightarrow SbOCl \downarrow + 2HCl$$
$$Ag_2O + 2HCl \longrightarrow 2AgCl \downarrow + H_2O$$
$$3CuCl_2 + 2H_2O \longrightarrow Cu_3(OCl)_2 + 4HCl$$
$$BiCl_3 + H_2O \longrightarrow BiOCl \downarrow + 2HCl$$

6.5.1.3　氯化分金及还原

湿法处理阳极泥提金，所用的方法基本都是氯化法，在氯化物体系中，在有氧化剂存在的情况下，金与Cl^-形成$AuCl_4^-$而进入溶液，使用的氧化剂有：氯气、氯酸钾（钠）、次氯酸盐等。氯化浸出液多采用二氧化硫或草酸还原，也有采用溶剂萃取法提金。该方法是基于氯酸的碱金属盐在酸性溶液中能分解释放出活性氯使金氧化而进入溶液中，银氯化成氯化银进入渣中。为了防止浸出渣中的铅进入溶液而影响金品位，故采用H_2SO_4-NaCl体系，引入硫酸根离子，排除Pb^{2+}进入溶液而影响金粉品位。反应式为：

$$2Au + ClO_3^- + 6H^+ + 7Cl^- \longrightarrow 2AuCl_4^- + 3H_2O$$
$$Ag^+ + Cl^- \longrightarrow AgCl \downarrow$$

生产中先配入适量的H_2SO_4和NaCl，控制硫酸浓度为40~50g/L；Cl^-浓度为45~60g/L；$NaClO_3$用量一般是浸出渣的3.5%~4.5%，开启搅拌进行升温；然后浸出渣投入到反应釜中，升温80~90℃时开始计时，反应3h，检查终点。若渣变白，则到终点。此时降温到40℃左右，开始压渣。此时得到的滤液清亮，呈淡黄色。分金渣中含金100g/t以下。

氯化分金液中金是以离子状态存在的，利用亚硫酸钠作还原剂选择性地还原金。在室温条件下分批加入亚硫酸钠搅拌还原1h。即可过滤得到粗金粉。金粉用稀盐酸浸泡洗涤后，用热水洗3~4遍，洗水pH>2，此时可得到品位40%~50%的粗金粉。滤液用$SnCl_2$检验不会发黑，说明还原彻底，否则继续还原。控制还原后液体含金小于3mg/L，送废水处理工序。

6.5.1.4　亚硫酸钠分银及还原

在一定条件下，亚硫酸钠能溶解氯化银，生成银的络合物进入溶液，从而达到银与其他杂质分离的目的。

$$AgCl + 2SO_3^{2-} \longrightarrow Ag(SO_3)_2^{3-} + Cl^-$$

由于亚硫酸根只能存在碱性溶液中，因此分银前必须要求液相 pH>7.2。氯化渣中含一定水分，其中的酸会消耗亚硫酸钠和碳酸钠，影响分银的效果，另外，在碱性介质中硫酸铅可转化为溶解度较小的碳酸铅，从而减少湿法银粉中铅杂质含量。

$$H_2SO_4 + Na_2CO_3 \longrightarrow Na_2SO_4 + H_2O + CO_2\uparrow$$
$$PbSO_4 + Na_2CO_3 \longrightarrow PbCO_3\downarrow + Na_2SO_4$$

生产实践中，将氯化渣投入反应釜中，加水搅拌 30min，直至无结块，缓慢投入纯碱至 pH 值为 7~8，搅拌 2h，压滤得到转化渣。

在反应釜中配置分银液，控制 230~280g/L 的亚硫酸钠浓度，分银液 pH 值为 8~9，开启搅拌，投入转化渣。升温至 35~45℃，反应 3h 后，压滤。得到含银 20~25g/L 的分银液，送银还原工序。分银渣含银小于 1.5%，渣率一般为 40%~50%，送火法回收其中的金银。

银的络合物在甲醛作还原剂的条件下，被还原成银单质，而亚硫酸钠在通入二氧化硫后可再生重新利用。

$$2Ag(SO_3)_2^{3-} + HCHO + 20H^- \longrightarrow 2Ag\downarrow + 4SO_3^{2-} + HCOOH + H_2O$$

将分银液打入还原釜中，控制温度为 40~50℃，用氢氧化钠调 pH>14 后开始加入甲醛，还原 1h，控制还原后液含银 1~2g/L，压滤后得到银粉。经稀硫酸洗涤，水洗至中性，该银粉烘干即为粗银粉，送转炉熔炼成银阳极板。洗银粉后液经深度还原，送至铂钯置换。

银还原后液母液补加部分亚硫酸钠后循环使用。随着循环次数的增加，溶液中的 Cl^- 浓度和其他杂质会增加，分银效果变差。当银的浸出效果达不到要求时，将母液深度还原后排放。生产实践证明，母液循环次数在 10 次左右。

6.5.2 控电位氯化浸出—熔炼提金银工艺

铅阳极泥经控制电位氯化浸出锑、铋、铜后，用碱转化得富银渣，熔炼成金银合金板进行银电解和金电解，生产银和金。工艺流程如图 6.7 所示。

6.5.2.1 控电位氯化浸出

控电位氯化技术原理是利用不同金属在同一介质体系或同一金属在不同介质体系中氧化还原电位的差异来进行分离，在氯化过程中，各种金属的氧化还原电位是不同的，标准电极电位可知，铅阳极泥中金、银的电位较高，不容易被氧化进入溶液，而铜等贱金属的电位较低，在有氯气（或氯酸钠）等氧化剂存在的情况下易被氧化进入溶液。采用控制电位氯化技术，将杂质和金银分离。同时从浸出液中分别回收铜、铋、锑等有价金属。反应如下：

Sb：
$$2Sb + 3Cl_2 + 6H_2O \longrightarrow 2H_3SbO_3 + 6HCl$$
$$Sb_2O_3 + 6HCl \longrightarrow 2SbCl_3 + 3H_2O$$

As：
$$2As + 3Cl_2 + 6H_2O \longrightarrow 2H_3AsO_3 + 6HCl$$
$$As_2O_3 + 6HCl \longrightarrow 2AsCl_3 + 3H_2O$$
$$AsCl_3 + Cl_2 \longrightarrow AsCl_5$$

Bi：
$$2Bi + 3Cl_2 \longrightarrow 2BiCl_3$$
$$Bi_2O_3 + 6HCl \longrightarrow 2BiCl_3 + 3H_2O$$

Pb：
$$Pb + Cl_2 \longrightarrow PbCl_2 \downarrow$$

Cu：
$$Cu + Cl_2 \longrightarrow CuCl_2$$
$$CuO + 2HCl \longrightarrow CuCl_2 + H_2O$$

Ag：
$$2Ag + Cl_2 \longrightarrow 2AgCl \downarrow$$

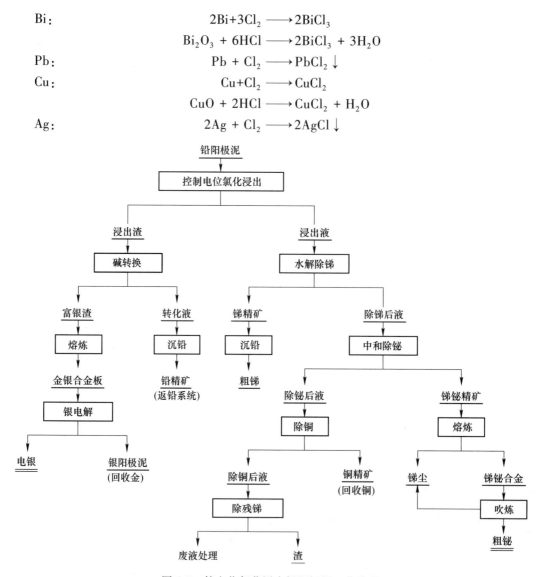

图 6.7　控电位氯化浸出铅阳极泥工艺流程

可以看出，经过控电位氯化后，电位较负的杂质金属如 Sb、As、Bi、Cu 都以氯化物的形态进入溶液，而贵金属则留在渣中，从而实现了贵金属和杂质金属分离并被富集的目的。

氯化浸出过程须严格控制溶液中的总氯离子浓度和氧化剂的加入量。氯盐配比不当将引起金、银大量进入溶液。铅的溶解取决于氯化钠的浓度、反应温度、酸度。当氯化钠的浓度达到 300g/L 时，铅的浸出率可达到 99%。因此合理地调整技术条件可以控制铅的去向。

加酸量约为理论量的 130%。可使铜、铋、锑的浸出率在 98% 以上。反应终点酸度控制在 1.5~2.5mol/L，可使银的损失小于 0.5%。

在盐酸浓度为 4~5mol/L，液固比为 4.5∶1，温度为 55℃ 条件下，加入氧化剂氯酸钠或氯气，氧化剂加入时必须控制氧化还原电位在 400~450mV，稳定电位时间 3h，保证贱金属的浸出。

6.5.2.2 碱浸—碱转化

碱浸的目的是将浸出渣中的氯化银转化为氧化银，以利于下一步熔炼作业，故碱浸也称之为碱转化。碱浸时还能脱除酸浸渣中的铅，使银进一步得到富集，故碱浸渣也称为富银渣。

将所得的浸出渣中加入一定量的碳酸钠进行转化，将难溶于酸的氯化铅转化碳酸铅，以便在下步中进行酸溶解，从而实现与银分离：

$$PbCl_2 + Na_2CO_3 \longrightarrow PbCO_3 + 2NaCl$$

为了避免氯化银在下步熔炼中挥发损失，在加入碳酸钠的同时适量加入还原剂（甲醛），使渣中的氯化银转化为金属银：

$$2AgCl + HCHO + 2OH^- \longrightarrow 2Ag\downarrow + 2Cl^- + HCOOH + H_2O$$

对于含碲较高的物料，酸浸时碲浸出了 80%~86%，碱浸时可使碲再浸出 5%~10%，使碲的浸出率达到 90% 左右，以免碲对提取金银产生干扰，碱浓度在 20%，液固比为 2：1，温度为 80~90℃，反应时间 3h。产出黑色富银渣，含银 40%~50%，含铅 8%~15%，渣举约为阳极泥投入量的 30%。碱转化液沉铅。

6.5.2.3 浸出液综合回收

酸浸出液综合回收包括水解得氯氧锑，再还原熔炼得粗锑。沉锑后液中和水解得氯氧铋，再还原熔炼得粗铋。沉铋后液用硫代硫酸钠除铜及除残锑，或者用铁置换铜。置换后液进行废水处理后排放。碱浸液用二氧化硫还原碲、铅。

A 锑水解—还原熔炼

水解的目的是使锑与其他金属从溶液中分离，按理论锑的水解可以在酸度较高的条件下进行，只要水解液中的氯离子浓度降低到一定限度，即使是较高的酸度，锑的水解也是彻底的，而其他金属，如铜、铋等则不水解。溶液中银也同锑一同沉淀，被富集到锑的氯氧化物中 SbOCl。因此浸出液用水稀释，$SbCl_3$ 水解，反应为：

$$SbCl_3 + H_2O \longrightarrow SbOCl\downarrow + 2HCl$$

银以 AgCl 形式沉淀。锑、银沉淀率大于 99%，Cu、Bi 仍留在溶液中。浸出液用水稀释 4 倍至 H^+ 约为 20g/L，用蒸汽直接加热至 50~60℃，反应时间 2h，滤渣用水洗涤至无色。水解后液含 Sb 0.8~1.8g/L。

产出氯氧锑成分为：Sb 67%~70%，Bi 1%~1.5%。氯氧锑经烘干后还原熔炼，其配料比为：氯氧锑：氢氧化钠：苏打：煤 = 1000：6：14：8。还原温度为 900~1000℃，熔炼时间为 1h。所产粗锑成分如下：Sb 92%、Pb 3%~4%、Bi 2%、Ag 约为 2%。锑熔炼回收率 92%。

B 铋水解—还原熔炼

将氯氧锑过滤后，往溶液中加入碳酸钠中和，溶液中的三氯化铋呈氯氧铋沉淀分离。

$$BiCl_3 + Na_2CO_3 \longrightarrow BiOCl\downarrow + 2NaCl + CO_2\uparrow$$

反应温度为 50~60℃，机械搅拌，用废氨水和粉状 Na_2CO_3 中和至 pH 值为 2.5~3.0 反应时间 4h。当 pH>3.0 时，可通二氧化硫调回 pH 值到 2.5~3.0，加碳酸钠时产生大量泡沫，所以不宜加得过猛，以免冒槽。滤渣用水洗涤至溶液无色为止。铋的水解率一般均可达100%，直收率平均在90%以上，干氯氧铋在黏土（或石墨）坩埚中还原熔炼。

炉料配比如下：干铋渣:氢氧化钠:苏打:煤=100:6:12:(6~9)。熔炼时间1h。放渣后立即吹风氧化除锑，反应温度为900~1000℃，铋熔炼回收率95%。

粗铋成分：Bi 60%左右，Sb 27%左右。

C　硫代硫酸钠除铜

将沉铅后液配制的亚硫酸钠溶液加入除铋后液，并加入粒度为0.147mm的硫黄粉（硫黄粉的加入量与铅阳极泥中铜的比例为0.5:1；质量比），控制pH值为3，反应温度为50~60℃，采用蒸汽直接加热，反应时间为4h。在50~60℃的情况下，亚硫酸钠溶液和硫黄粉生成硫代硫酸钠，然后与Cu^{2+}反应生成硫化亚铜沉淀。

反应过程中用碳酸钠和二氧化硫调节溶液pH值，pH值低于3时加碳酸钠，pH值高时通二氧化硫。若溶液含铜较低，可用铁屑置换铜，常温下加入铁屑，搅拌数分钟即可，置换率在90%以上。置换后液含铜可降至小于0.1g/L，海绵铜粉含铜50%~60%。

D　除残锑

向除铜后液通蒸汽加热至50~60℃，加碳酸钠调pH值为6~7，继续加石灰粉使pH值为9~10，反应时间为3h。若溶液中铜离子高可通氯气，控制氧化还原电位在1000mV，使铜沉淀。

E　沉碲

含碲0.5%~2%的铅阳极泥，如不除碲将影响电银质量。其方法是：在氯化浸出时适当提高浸出酸度（一般盐酸浓度在5mol/L以上）即可使96%的碲浸出来，并在水解除锑前增设沉碲工序。

沉碲是在常温下，溶液调为中性，反应时间不少于6h。通入二氧化硫，通入的时间越长碲的析出率越高。沉碲后溶液经过滤进行水解除锑。

F　沉铅

除去碱转化液中的铅，并将沉铅后液配成亚硫酸钠溶液，以备除铜用。在常温下，向碱转化液中通二氧化硫使溶液至中性，反应时间为2h。沉铅作业铅回收率30%。产出的铅渣含铅18.7%，送铅冶炼车间处理。

配制亚硫酸钠溶液是在过滤后的沉铅液中加固体氢氧化钠，并通二氧化硫使pH=9，亚硫酸钠的浓度是根据铅阳极泥中铜的含量而定的，一般为20%。

6.5.2.4　富银渣还原熔炼

碱转化得到的富银渣主要成分是铅、银和少量的锑、铋，含银50%左右，采用火法熔炼，将铅除去，得到含银98%以上的粗银，浇铸成银阳极板，电解得电银。

富银渣熔炼与传统的分银炉熔炼相似且富银渣含杂质比贵铅低，所以熔炼时间短，加料批量少。设备选用中频电炉或传统用的分银炉均可。

6.5.3　氯盐浸出—硅氟酸脱铅—熔铸合金—金银电解工艺

针对铅阳极泥成分，金含量低，而锑、铋、铜、铅杂质含量相对高，提出氯盐浸出—

转化—硅氟酸脱铅—脱铅渣直接熔铸金银合金—金银电解，达到有效回收贵金属金银及综合利用回收铜、铅、锑、铋等有价金属的目的，同时实现了无烟害提金、银工艺。

6.5.3.1 氯盐浸出

液固比为（4~5）∶1，HCl 浓度为 2.5mol/L，Cl^- 浓度为 5mol/L（食盐加入量为阳极泥的 30%~40%）；金属浸出率 Cu、Sb、Bi≥98%，Ag 1%，Au 基本不会浸出。

浸出液成分为：Au<0.001g/L、Ag 0.15g/L、Cu 9.56g/L、Sb 32.47g/L、Bi 24.92g/L。浸出渣成分为：Au 841g/t、Ag 31.52%、Cu 0.46%、Sb 0.041%、Bi 0.013%。

6.5.3.2 转化还原

铅阳极泥经过氯盐浸出后，Ag、Pb 基本上以 AgCl、$PbCl_2$ 存在，$PbCl_2$ 与 $PbSO_4$ 类似，在一般介质中难溶，于是把 $PbCl_2$ 转化成 $PbCO_3$。

$$PbCl_2 + Na_2CO_3 \longrightarrow 2NaCl + PbCO_3$$

转化条件是：碱铅比为 1.2∶1，液固比为 7∶1，温度为 80℃，时间 3h。

6.5.3.3 硅氟酸浸出

硅氟酸（硝酸、醋酸均能与 $PbCO_3$ 反应）浸出转化渣，目的是让 $PbCO_3$ 形态进入溶解而与 Au、Ag 分离。

使用硅氟酸是考虑转化渣中含有大量 AgCl，为避免银的损失以及硅氟酸的再生，故选择硅氟酸浸出脱铅，其反应为：

$$PbCO_3 + H_2SiF_6 \longrightarrow PbSiF_6 + H_2O + CO_2 \uparrow$$

$$PbSiF_6 + H_2SO_4 \longrightarrow H_2SiF_6 + PbSO_4 \downarrow$$

硅氟酸浸出条件为：液固比为（4~5）∶1，温度为 30℃，硅氟酸浓度大于 12%，硅氟酸浸出脱铅率可达 98% 以上。渣含铅小于 1%。脱铅渣可直接熔铸合金进行金银电解回收。

6.5.4 氯化浸出—萃取处理铅阳极泥

某厂的铅阳极泥成分为：Pb 10%~15%、Sn 15%~20%、Bi 3%~5%、As 15%~20%、Sb 15%~25%、Ag 1%~1.5%、Au 5~30g/t。含锡较高，制定了液氯浸出—萃取法处理流程，如图 6.8 所示。

浸出加入 5.5mol/L 盐酸，蒸汽间接加热至 40~50℃，在机械搅拌下逐渐加入铅阳极泥（液固比为 4∶1），0.5h 加完后开始通氯气浸出。由于浸出放出热量，矿浆温度升到 80~90℃。因此，须严格控制开始液温，以免引起矿浆沸腾外溢。浸出过程中，As、Sb、Sn、Bi、Pb、Ag 等均转变为相应的砷酸和氯化物。生成的氯化铅大部分留在渣中，少部分进入溶液。冷却时，大部氯化铅结晶析出，冷却结晶后溶液铅含量可降到 1~2g/L。

通氯气浸出 1~2h，直至渣呈现灰白色，沉降快，上清液呈深褐色且不浑浊时，停止通氯。然后加入 2.5% 的生阳极泥，搅拌 1h 以除去过量游离氯并将进入溶液的贵金属还原沉淀析出。此时五价锑也被还原为三价，以防止高价锑在下步萃取时破坏有机相。浸出矿浆经澄清，上清液送贮液槽进行萃取分离。先用 P350 萃取锡，再用 N235 萃取锑，萃取余

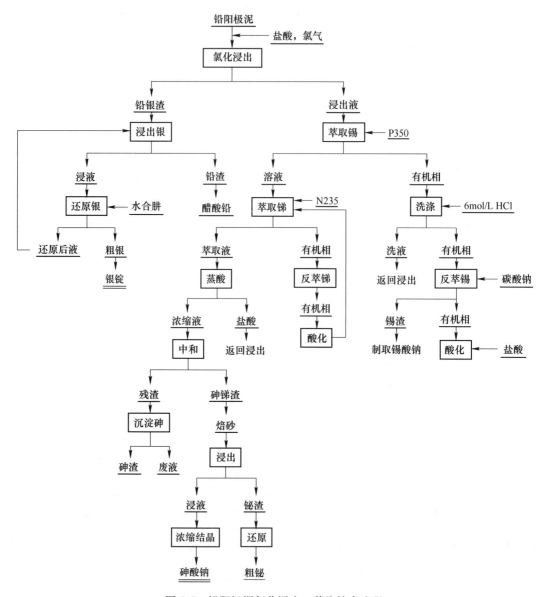

图 6.8　铅阳极泥氯化浸出—萃取综合流程

液蒸发后加苛性钠中和回收砷、铋。产出的中间产品分别送去提纯。

液氯化法浸出渣中主要含氯化铅和氯化银，用氯化铵浸银进行银铅分离：

$$AgCl + 2NH_4Cl \longrightarrow Ag(NH_3)_2Cl + 2HCl$$

浸出时往氨浸液中通入氨气，维持溶液 pH=9 或控制游离氨 35g/L 左右。固液分离后，用水合肼还原氨浸液中的银。银泥洗涤、烘干和铸锭。还原沉银后液返回用于浸出渣的二次浸出，二次浸出液用于液氯浸渣的一次浸出。

液氯浸渣经二次氨浸银后，再用食盐浸铅。食盐浸液用水稀释后加碳酸钠中和以回收碳酸铅。沉淀物用醋酸溶解，再制成结晶的醋酸铅。食盐浸铅渣中还含有少量的金、银及有色金属，再用其他方法予以回收。

6.5.5 碱性加压氧化浸出—火法熔炼法

某厂的铅阳极泥成分为：Pb 8%～12%、Bi 12%～15%、As 14%～18%、Sb 21%～26%、Ag 1%～1.5%、Au 0.5～1g/t。通过试验，确定了碱性加压氧化浸出—火法处理流程，如图6.9所示。

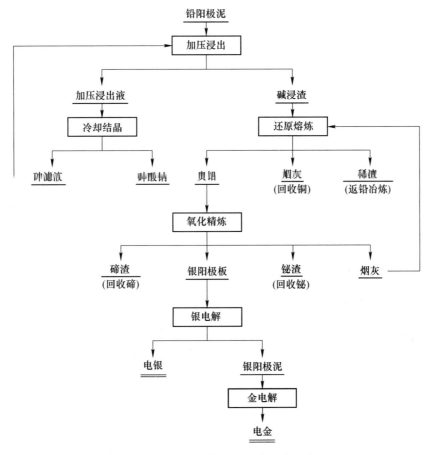

图6.9 碱性加压氧化浸出—火法处理流程

研究砷在碱性氧化浸出过程中的行为，需要 As-H_2O 系的 E-pH 图进行研究，图6.10所示是温度为25℃下的 As-H_2O 系的 E-pH 图。

由 As-H_2O 系的 E-pH 图可以看出，在水的稳定区内，通过控制体系的不同电位与pH值，可以得到含砷的不同物质，当pH值约大于12.5后，砷在水中主要以 AsO_4^{3-} 的形式存在。所以，在强碱性氢氧化钠体系中氧化浸出铅阳极泥，砷会以砷酸钠形态溶解于溶液中。

铅阳极泥的碱性加压氧化浸出过程中主要是为了达到砷的高效浸出，其过程中可能发生的主要化学反应如下：

$$As_2O_3 + 6NaOH + O_2 \longrightarrow 2Na_3AsO_4 + 3H_2O$$

$$As_2O_3 + 6NaOH \longrightarrow 2Na_3AsO_3 + 3H_2O$$

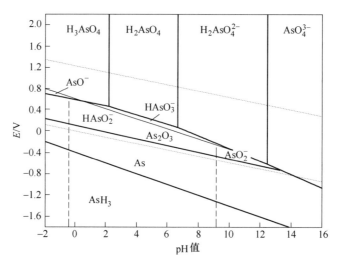

图 6.10　As-H$_2$O 系的 E-pH 图

$$2Me_3(AsO_3)_x + 6xNaOH + xO_2 \longrightarrow 2xNa_3AsO_4 + 3xH_2O + 3Me_2O_x \downarrow$$
$$2Me_3(AsO_3)_x + 6xNaOH \longrightarrow 2xNa_3AsO_4 + 3xH_2O + 3Me_2O_x \downarrow$$

在氢氧化钠浓度为 2.0mol/L、反应时间为 2h、液固比为 5∶1、温度为 150℃、氧分压为 0.6MPa 条件下，碱性浸出过程渣率为 100%，砷的浸出率达到 98.0% 以上，铅的浸出率只有 4.0% 左右，有效地实现了砷与其他有价金属的分离。锑主要转化为 NaSb(OH)$_6$ 的物相，而铋主要以 Bi$_2$O$_3$ 的形式存在。碱性加压氧化浸出过程能够实现铅阳极泥中砷的高效浸出，从而实现了砷与其他金属有效分离的目的[84]。

6.6　铅阳极泥有价元素综合回收

6.6.1　锑回收

锑是铅阳极泥中提取金银的杂质元素，但是也是有价金属且化合物具有广泛的使用价值。从铅阳极泥中提取锑铅阳极泥处理工艺的不同，被分离出来的锑存在形式为锑氧化物形态或氯化物形态，分别对应为锑渣、锑烟灰和湿法产出的氯氧锑，其开发利用主要为制作锑白、精锑、铅锑合金等。

6.6.1.1　锑白的质量要求

锑白的质量标准，各国按不同用途对化学成分和物理性能如白度、粒度、密度、吸油量、着色力等都有不同规定，我国现行的三氧化二锑标准见表 6.6。如三氧化二锑的吸油量、消色力、遮盖力等方面，国家标准不做强制要求。

6.6.1.2　直接法生产锑白

在铅阳极泥中的锑进入金银冶炼后主要有两种去向，较集中的是与砷一同进入烟尘中，还有部分进入渣中。在阳极泥氧化造渣过程中，绝大部分锑氧化为 Sb$_2$O$_3$ 与砷一同挥发进入烟尘中，剩余的锑大部分生成不熔的五氧化锑进入渣中。留在贵铅中的锑在分银炉

表 6.6 我国三氧化二锑标准

牌 号			Sb₂O₃ 99.80	Sb₂O₃ 99.50	Sb₂O₃ 99.00
化学成分/%		Sb₂O₃	≥99.80	≥99.50	≥99.00
	杂质	As₂O₃	≤0.05	≤0.06	≤0.12
		PbO	≤0.08	≤0.10	≤0.20
		Fe₂O₃	≤0.005	≤0.006	
		CuO	≤0.002	≤0.002	
		Se	≤0.004	≤0.005	
物理性能	白度/%		≥93	≥93	≥91
	平均粒度/μm		0.3~0.9	0.3~0.9	
			0.9~1.6	0.9~1.6	
			1.6~2.5	1.6~2.5	

氧化精炼过程中，仍有大部分生成挥发性的三氧化锑呈烟气逸出，少量锑与氧化铅反应以锑酸铅的形式进入渣中[85]。一次烟灰与一次渣中的锑占据阳极泥中的绝大部分。将烟尘及锑渣用还原熔炼得到粗合金，再将粗合金加工成精锑，将精锑出售或再用精锑生产锑白。我国铅冶炼厂铅阳极泥回收锑一般直接生产锑白，其工艺是烟尘和锑渣还原熔炼—精炼锅除杂—锑白炉氧化生产锑白。锑渣和锑烟灰中生产锑白工艺流程如图 6.11 所示。

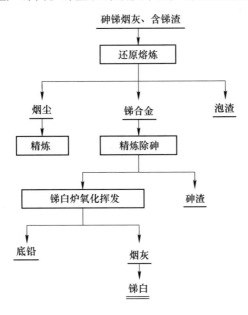

图 6.11 锑渣和锑烟灰生产锑白工艺流程

6.6.1.3 湿法生产锑白

湿法流程中一般得到氯氧锑，氯氧锑可用火法工艺途径制取合金或生产精锑及锑白。用湿法工艺处理氯氧锑，则可在最佳浸出条件下，经过氨解中和制成高附加值的锑产品——三氧化二锑。工艺流程如图 6.12 所示。

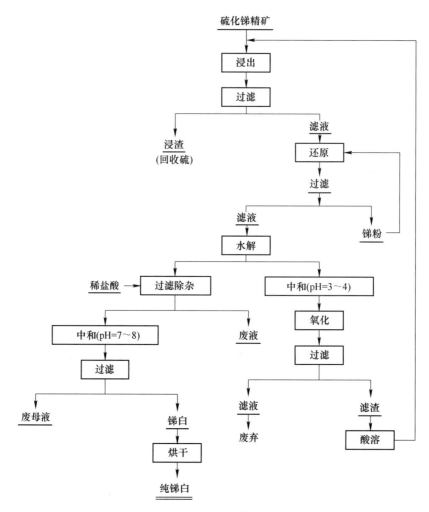

图 6.12　湿法浸出生产锑白工艺流程

　　该工艺一般分两步进行。第一步将锑以三氯化锑溶解进入溶液，然后加水冲稀水解得到氯氧锑，即 $SbCl_3$ 转化为 $SbOCl$、$Sb_4O_5Cl_2$，过滤得到氯氧锑滤饼；第二步用氨水中和滤饼（终点 pH 值为 7~8）除 Cl^-，即氯氧锑转化为三氧化锑，过滤干燥即得到产品锑白。

　　锑白这种湿法生产工艺的重要性是随着锑矿的氯化冶金工艺的开发和应用而体现出来的，与锑矿的火法处理工艺相比，锑矿的氯化冶金工艺具有以下优点：

　　（1）原料适应性强，它可处理各种低品位、复杂多金属锑矿以及冶炼烟尘等二次资源。

　　（2）环境污染少，尤其是不存在火法工艺中严重的二氧化硫大气污染。

　　（3）可以综合回收多种有用共生金属资源。

　　因此，该工艺能很好地适应环境保护和资源利用的需要，并且经人们的不懈努力，已经成功地投入工业生产。

6.6.2 铋回收

铋的冶炼必须经历粗炼和精炼两个阶段。粗炼是将含铋物料通过火法或湿法的初步预处理，产出中间产物粗铋；粗铋进一步精炼，产出精铋。常见的工艺有两种，一种是火法冶炼工艺，另一种是先湿法后火法冶炼工艺。

6.6.2.1 铅阳极泥回收铋的传统工艺

铅阳极泥中铋在还原熔炼中进入贵铅，贵铅在分银炉氧化熔炼过程中，其杂质按锑、砷、铅、铋、铜、硒、碲的顺序氧化除去，当砷、锑、铅都被氧化除去后，再继续进行氧化精炼，铋就会发生氧化，反应如下：

$$4Bi + 3O_2 \longrightarrow 2Bi_2O_3$$

氧化铋的熔点较低（710℃），沸点较高（1890℃）。在熔化温度下，氧化铋能与PbO组成低熔点的流动性好的氧化渣。生产中控制氧化温度在1000℃左右，能将贵铅中80%的铋富集在氧化渣中，成为生产铋的原料，其化学成分见表6.7。

表 6.7 氧化渣成分 （%）

批号	Bi	Pb	Cu	Ag	Au	Sb	Te	As
1	29.89	23.82	14.08	1.54	0.006	9.69	0.55	1.96
2	57.35	10.63	11.95	1.87	0.004	2.97	0.22	1.15

铅阳极泥回收铋的传统工艺流程如图6.13所示。

A 还原熔炼

氧化渣中占主要成分的是铋、铜、铅及银、砷、锑等元素，转炉熔炼氧化渣的过程实质上是一个还原熔炼的过程。在高温熔炼条件下，氧化渣中的铅、砷、锑一部分呈金属氧化物如PbO、As_2O_3、Sb_2O_3等形态挥发进入烟尘，另一部分砷、锑则与加入的熔剂Na_2CO_3作用生成砷酸钠、锑酸钠，形成密度小，流动性好的炉渣浮在最上面，占主要成分的铋、铜及部分铅的氧化物则被加入的还原剂粉煤所还原，组成密度大的铋合金而沉淀于炉底。同时被还原的部分铜、铅因与硫的亲和力大，而与加入的熔剂黄铁矿中的硫作用生成Cu_2S和PbS形成冰铜而存在于炉渣和铋合金之间。其主要化学反应如下：

$$2Bi_2O_3 + 3C \longrightarrow 4Bi + 3CO_2 \uparrow$$
$$2PbO + C \longrightarrow 2Pb + CO_2 \uparrow$$
$$2Cu_2O + C \longrightarrow 4Cu + CO_2 \uparrow$$
$$Na_2CO_3 \longrightarrow Na_2O + CO_2 \uparrow$$
$$PbO \cdot As_2O_3 + Na_2O \longrightarrow Na_2O \cdot As_2O_3 + PbO$$
$$PbO \cdot Sb_2O_3 + Na_2O \longrightarrow Na_2O \cdot Sb_2O_3 + PbO$$
$$2FeS_2 \longrightarrow 2FeS + S_2$$
$$3FeS_2 + 2Cu + 2Pb \longrightarrow Cu_2S \cdot 2PbS \cdot 3FeS$$

夹杂在氧化渣中的银在熔炼高温下熔化并团聚成小颗粒，一部分被还原出来的铋、铜、铅组成合金的沉降过程中携带下去，进入合金之中。Ag-Pb系相图分析，银铅在熔融状态时可以互熔并且有相当大的溶解度；在一定的温度下，可组成固溶体和共晶。铅是金银的良好捕收剂，Pb-Ag系相图如图6.14所示。

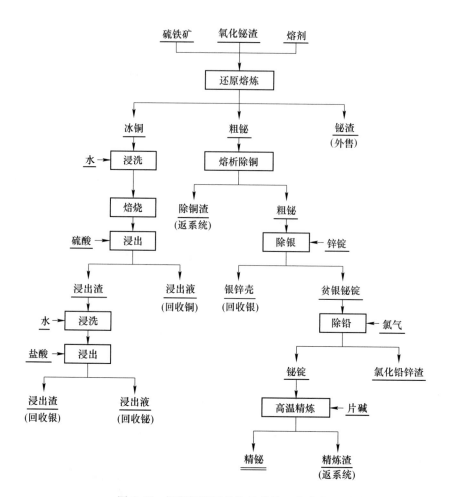

图 6.13　铅阳极泥回收铋的传统工艺流程

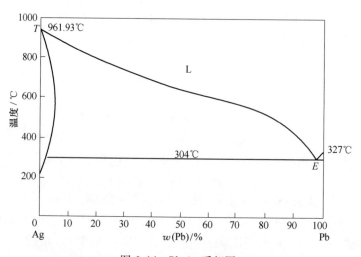

图 6.14　Pb-Ag 系相图

从图 6.14 中可知，$TAgE$ 曲线是合金熔体中 Ag 开始结晶的温度系随着含铅量的增加而降低的变化曲线。同样 $TPbE$ 曲线是合金熔体中 Pb 开始结晶的温度，随含 Pb 量的增加而降低的变化曲线。E 点是 Ag、Pb 的共晶点，即在 304℃时，银与铅能组成含银 2.5% 的共晶。另一部分金银则进入冰铜，一种方式是冰铜的机械夹带，另一种方式是互溶组成熔融合金。氧化渣中银在熔炼中由于与硫的亲和力大，完全可能与硫作用生成硫化银熔解于冰铜中。冰铜之所以能有效地捕集贵金属，其主要原因如下：（1）Cu_2S 和 FeS 都很容易溶解金；（2）Cu 很容易与 Au 和 Ag 互溶成合金，而 Fe 也是 Au 的强溶解剂；（3）Cu_2S 和 Ag_2S 能形成固熔体，FeS 在液态时能溶解 Ag_2S，因此对冰铜来说，Cu_2S 是贵金属的主要捕集剂。CuS 和 Ag_2S 在固态和液态时均能互溶，并随着冰铜量的增加，银的溶解也随之增大。因此粗铋中含银、铜、铅比较高。氧化渣经火法粗炼后得到含铋为 80% ~ 90% 的粗铋[86]。

B 粗铋精炼

a 熔析除铜

粗铋中的铜以金属铜的砷化物、锑化物、碲化物形态存在，由 Cu-Bi 系相图（见图 6.15）可知，铜与铋在固态时不互溶，其共晶点温度为 270℃，此时铋中含铜 0.5%（原子），这是冷却凝析除铜的理论极限。生产实践中，熔析除铜后铋液含铜小于 0.5%。因为铜与铋液中砷或锑互溶，生成化合物和固溶体，如（Cu_3As）、Cu_3As、Cu_3Sb 等化合物，这些化合物共晶与固溶体不溶于铋液，而呈浮渣形态分离。生产中采用凝析法，粗铋装锅后升温捞出熔化渣后，降温捞铜浮渣，铜大部分进入氧化渣，小部分进入银锌渣中。对于含铜高于 5% 的粗铋，一般不采用多次熔析除铜的方法，而是采用加硫除铜的方法。为了有效除铜，一般采用先熔析后加硫的联合法。

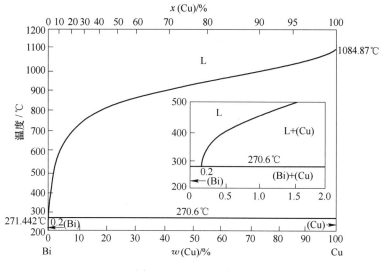

图 6.15 Cu-Bi 系相图

b 氧化除砷锑

粗铋中的砷、锑以元素或金属间化合物状态存在，由于砷、锑的氧化物与铋和氧化物的自由熔相差很大，向铋液中鼓入压缩空气时，砷、锑优先氧化：

$$As + 3O_2 \longrightarrow 2As_2O_3$$
$$4Sb + 3O_2 \longrightarrow 2Sb_2O_3$$

在铋熔化后，升温至 680~750℃，鼓入压缩空气，使 As、Sb 挥发，作业时间根据粗铋中 Sb、As 含量而定，一般为 4~12h，至白烟稀薄，铋液面出现氧化铅渣时，则是为除 Sb、As 的终点。在操作过程中，如渣覆盖液面，可酌情捞出，以免影响气体挥发逸出。渣稀时，可加入固体碱或谷壳、木屑，使渣变干，便于捞渣。

c　碱性精炼除碲

碱性精炼除碲[87]，可以看作是一种改良的哈里斯法，即以鼓入压缩空气为氧化剂，以 NaOH 为吸收剂。加入 NaOH 可以减少铋以 Bi_2O_3 形式损失，同时 NaOH 与碲的氧化物的反应比 Bi_2O_3 与碲的氧化物反应更为强烈，使碲在可以优先于 Bi_2O_3 氧化已被压缩空气氧化的碲，反应为：

$$Te + O_2 \longrightarrow TeO_2$$
$$TeO_2 + 2NaOH \longrightarrow Na_2TeO_3 + H_2O$$

对尚未被压缩空气氧化的碲，其反应为：

$$3Te + 6NaOH \longrightarrow 2Na_2Te + Na_2TeO_3 + 3H_2O$$

由于 NaOH 熔点为 318℃，碲的熔点为 452℃，TeO_2 熔点为 733℃，碱性精炼温度控制在 500~520℃，加入料重 1.5%~2% 的固体碱，控制精炼时间在 6~10h，在压缩空气搅动下浮渣不再变干，则为除碲终点。

d　加锌除银

银与铋在液态下互溶，生成有限的固溶体，在 262℃ 时形成 Ag-Bi 共晶，共晶点含 Bi 95.3%（原子）或含 Bi 97.5%（质量）和含 Ag 2.5%（质量）。所以，尽管铋与银的熔点相差甚大，但用熔析法不能有效地分离铋中的银。除银采用加锌沉淀法，用锌使铋与银分离的过程，是工业上广泛应用的除银法。锌对金和银的亲和势较大，能相互结合形成稳定、熔点高、密度比铋小的锌金和锌银化合物，并以固体银锌壳的形态浮于液铋表面与铋分离。除银作业的关键在于控制好作业的温度及加锌次数和数量。在实际操作中，大都采用"逆流"操作法，即分批加入所需的锌，将含银较贫的银锌壳返回到高银液铋中。第一次加锌的温度保持在 500℃ 左右，液铋冷却至 450~480℃ 除去银锌壳；第二次和第三次加锌分别控制 450℃ 和 420~680℃，除去银锌壳则分别为 330~340℃ 和 330℃。其反应为：

$$Zn + 2\alpha\text{-Ag} \Longleftrightarrow ZnAg_2$$

e　氯化精炼

氯化精炼是由氯化除锌与氧化除铅两部分组成，当向熔融铋液中通往氯气时，首先锌被氯化，生成白色氧化锌渣，当大部分锌氯化入渣后，捞去氯化锌渣，继续通氯脱铅，产出深灰色的氯化铅渣。氯化精炼主要受动力学条件支配，为了加快氯化速度，必须增大氯气与铋液中 Zn 与 Pb 的接触面，并使生成的氯化锌与氯化铅迅速与铋液分离：

$$Zn + Cl_2 \longrightarrow ZnCl_2$$
$$Pb + Cl_2 \longrightarrow PbCl_2$$

为了加快氯化除铅的速度和提高氯气的利用率，操作温度一般控制在 350~400℃，通氯气除铅，通氯时间一般控制在 8~10h，通氯过程中不断搅拌，铋液面渣达到一定量时，停氯气，升温至 500℃ 以上捞渣。生产中取样，当试样表面发黑，不冒金属小珠，试样断面呈贯通致密的垂直条纹状结晶，金属光泽，无灰色斑点时为除铅终点。

　　f　最终精炼

　　氯化精炼为可逆的置换反应，为了除去残留的比铋更易氧化的痕迹元素，如氯、锌、锑、碲、铁、铅等，必须进行最终精炼。最终精炼在实践中又分为高温法与低温法。高温法是将铋量的1%~2%碱加入铋液，通入压缩空气，在680~720℃下高温精炼，以除去铋液中残留的锌、铅、氯，高温精炼时间一般控制在12h左右。取样分析铅与银，至铅低于0.001%、银小于0.004%为合格。低温法是将精炼温度控制在550℃，其他操作与技术条件与高温法类似，实践证明，采用低温法不影响质量，并可降低燃料消耗，延长精炼锅使用寿命。

6.6.2.2　铅阳极泥回收铋的联合工艺

　　铅阳极泥回收铋的联合工艺采用湿法浸出工艺处理铋渣。铋渣经破碎、球磨处理后，加入适量的盐酸与氧化剂，与之发生反应，生成各种金属氯化物。金属氯化物因在盐酸溶液中的溶解度不同，通过压滤可实现金属的初步分离。$BiCl_3$、$CuCl_2$主要存在溶液中，而铅、银主要以$PbCl_2$、$AgCl$沉淀的形式进入铅银渣中，锑以$SbCl_3$形式进入溶液后，在酸度较高时，即水解成$SbOCl$进入铅银渣中。其主要反应方程式如下：

$$Bi_2O_3 + 6HCl \longrightarrow 2BiCl_3 + 3H_2O$$

$$CuO + 2HCl \longrightarrow CuCl_2 + H_2O$$

$$PbO + 2HCl \longrightarrow PbCl_2\downarrow + H_2O$$

$$Ag_2O + 2HCl \longrightarrow 2AgCl\downarrow + H_2O$$

$$SbCl_3 + H_2O \longrightarrow SbOCl\downarrow + 2HCl$$

　　$BiCl_3$、$CuCl_2$在溶液中发生水解反应的起始、终点pH值不同，即$BiCl_3$的水解终点的pH值为2.5，$CuCl_2$的水解终点pH值为7.5。控制溶液的pH值，可实现铋、铜分离，依次回收铋和铜。在一定温度下，向含有$BiCl_3$、$CuCl_2$的溶液中加入NaOH，溶液中的$BiCl_3$、$CuCl_2$随着pH值的升高，依次发生水解反应并生成沉淀进入渣中，分别得到氯氧铋与氯氧铜，其主要化学反应方程式如下：

$$BiCl_3 + H_2O \longrightarrow BiOCl\downarrow + 2HCl$$

$$3CuCl_2 + 2H_2O \longrightarrow Cu_3(OCl)_2\downarrow + 4HCl$$

$$HCl + NaOH \longrightarrow NaCl + H_2O$$

　　铋中和渣中的铋主要以BiOCl形式存在，若直接投入反射炉冶炼，由于氯氧铋在冶炼温度下会分解为Bi_2O_3和$BiCl_3$，而$BiCl_3$挥发性大，部分$BiCl_3$进入烟气，从而导致铋直收率低。而且BiOCl熔炼时，对收尘设备腐蚀性大，影响设备使用寿命。因此，采用热浓碱脱除BiOCl中的Cl^-使BiOCl转型为Bi_2O_3，获得的Bi_2O_3作为铋熔炼生产的原料。其化学反应方式如下：

$$2BiOCl + 2NaOH \longrightarrow Bi_2O_3 + 2NaCl + H_2O$$

　　经过湿法工艺处理后，铋渣中铋与其他有价金属分离，分别产出氧化铋渣、氯氧铜渣、铅银渣。铋渣经过湿法浸出工艺后，铋金属富集在氧化铋渣中，铋回收率高，达到

98%以上，实现了铋与其他金属的有效分离。氧化铋投入转炉还原熔炼成粗铋。粗铋经过除铜得到除铜粗铋；加入锌锭产出贫银铋锭和银锌渣；贫银铋锭经氯化除铅锌，高温精炼后得到精铋；铅、金、银主要富集在铅银渣中，返银冶炼系统回收，铜富集在氯氧铜渣中，氯氧铜渣外售。沉铜后的滤液与 BiOCl 热浓碱转化后液用盐酸中和，得到中和液。中和液加热，进行蒸发浓缩结晶，得到工业盐，蒸发后液返回铋渣浸出工序中，废水循环使用。铋渣湿法处理工艺流程如图 6.16 所示。

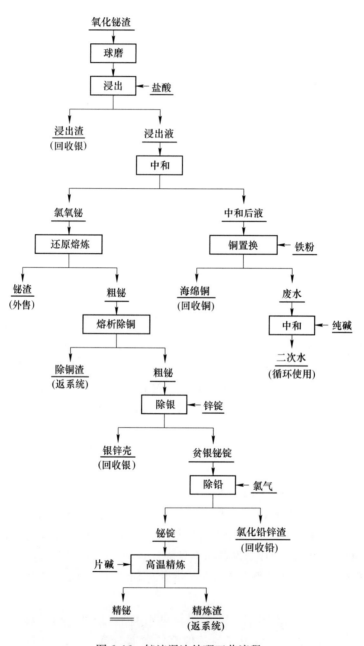

图 6.16　铋渣湿法处理工艺流程

6.6.2.3 铋的电解工艺

铅阳极泥还原熔炼—氧化吹炼产氧化渣经火法粗炼后得到含铋为 60%~80% 的粗铋。采用 $Bi_2(SiF_6)_3$、H_2SiF_6 或 $BiCl_3$、$HCl\text{-}NaCl$ 电解液体系将粗铋阳极进行电解提铋。以硅氟酸电解液体系为例对铋电解进行介绍。

A 工艺原理

铋电解用的电解液是由 $Bi_2(SiF_6O)_3$ 和 H_2SiF_6 组成的水溶液，粗铋为阳极，阴极为钛板或铜板，在直流电的作用下，铋自阳极溶解进入溶液，并在阴极析出。粗铋电解的电化学体系如下所示：

$$Bi(阴极) \mid Bi_2(SiF_6)_3 + H_2SiF_6 \mid Bi \;(阳极)$$

在阳极，发生的主要反应为：

$$Bi - 3e \longrightarrow Bi^{3+} \qquad E^{\ominus} = 0.2V$$
$$H_2O - 2e \longrightarrow 2H^+ + 0.5O_2 \qquad E^{\ominus} = 0.2V$$
$$SiF_6^{2-} - 2e \longrightarrow SiF_6 \qquad E^{\ominus} = 0.48V$$

在阴极，发生的主要反应为：

$$Bi^{3+} + 3e \longrightarrow Bi$$
$$2H^+ + 2e \longrightarrow H_2$$

用氟硅酸系统进行铋电解精炼，铋阳极溶解进入溶液而在阴极析出，比铋更负电性的杂质铅、锌、锡等在阳极溶解后进入溶液而不在阴极析出，比铋更正电性的杂质铜、金、银等不溶解进入阳极泥，砷、锑一般以氧化物的形态进入阳极泥中，同样存在铅较容易在阴极析出的现象，但在氟硅酸系统电解液中铅可以简单地以 $PbSO_4$ 沉淀形式除去，从而使铅在电解液中保持较低的浓度而不在阴极析出[88]。

B 电解提铋工艺流程

粗铋电解的工艺流程如图 6.17 所示。

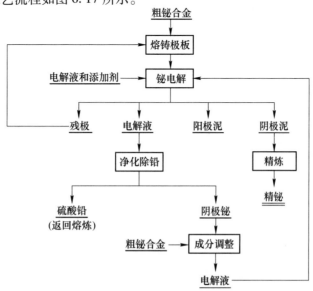

图 6.17 铋电解精炼工艺流程

（1）造液。氟硅酸造液，氟硅酸∶水＝7∶3，搅匀后加入定量工业氧化铋溶解造液，溶液含铋 40g/L，电解液中总氟硅酸浓度 250g/L。

（2）电解。同极距为 100mm，阴极电流密度为 $60A/m^2$，电解液温度为 25~27℃，电解液循环方式为上进下出。

（3）熔铸。将阴极铋置于刚玉坩埚在 300℃ 熔化后，加入适量硫黄，手工搅拌，捞去浮渣，然后加入硝酸钾和适量氢氧化钠，升温到 650℃，保温 1h 后将温度降到 550℃，搅拌 10min 后，铸锭，得到产品铋锭。熔铸工段铋的直收率为 85.3%。

6.6.2.4　铋精炼真空蒸馏除银工艺

国内某企业近年来针对铋冶炼传统工艺中的弊端，淘汰了湿法预处理工序，采用不造冰铜的除铜新方法，用真空蒸馏技术除银代替加锌除银法，不仅环保而且加工成本大幅下降。铋冶炼新工艺流程如图 6.18 所示[89]。

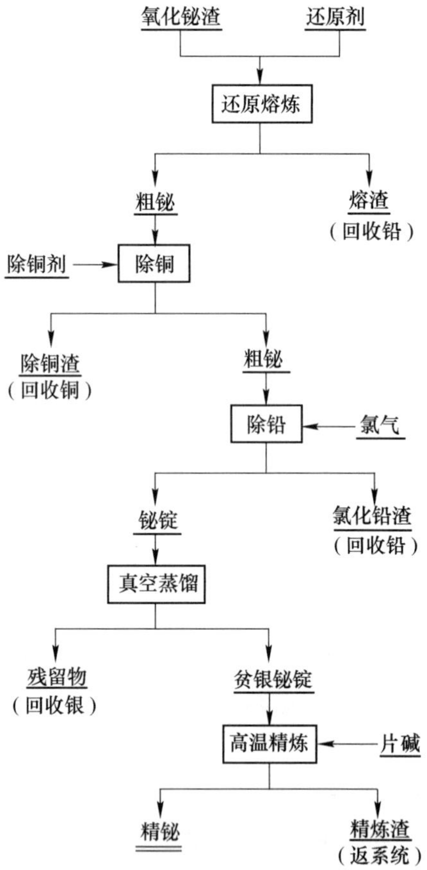

（1）粗铋熔炼预除铅。氧化铋渣中一般含铅在 10%~20%，氧化铋渣还原熔炼的过程中，根据铅铋的氧化自由焓的差异，预脱除铅，粗铋含铅降至 5% 以下，减轻后期精炼氯气脱铅的压力，缩短铋的冶炼周期。

（2）除铜。粗铋加入特制的锅内熔化，加入脱铜剂强制搅拌除铜，将粗铋中的铜降至 1% 以下，除铜渣中的铜富集在 45% 以上，含铋在 5% 以下，除铜渣经还原熔炼、吹炼即得到品位 90% 以上的粗铜，提高了铜的回收价值。

图 6.18　铋精炼真空蒸馏工艺流程

（3）真空蒸馏除银。真空蒸馏除银是利用银、铋两种金属沸点（银 2162℃、铋 1560℃）的差异进行。沸点较低的金属先从合金溶液中气化出来，冷凝后得到提纯，该过程是物理反应，不需要添加溶剂，采用电力加热；在真空状态下，金属的沸点大大降低，控制合理的温度，铋、铅等金属在 800~900℃ 时优先从合金溶液中挥发出来，银铜等金属残留在合金液中，实现金属间的有效分离，并将银富集至 50% 左右，可直接吹炼粗银，提高银的直收率，精铋中含银降至 5g/t 以下，提高了银的回收率。

7 金精炼工艺

7.1 概述

金精炼系统包括许多工艺过程。金的分离以及提纯方法，通常有火法、化学法和电解法。随着近代科学技术的发展而产生的电解法，一度曾取代了火法和化学法[90]。随着科学技术的发展及金回收原料的多样化，化学法又重新被各黄金生产企业采用。

火法（通常指坩埚熔炼法）分离和提纯金适用于砂金、汞膏、含金钢棉、氰化金泥、粗金，成本较低，设备相对简单，但劳动强度大、环境差、生产效率低、原材料耗量大、产品纯度不高，在古代曾被广泛采用。电解精炼法产品纯度高、成本低、设备简单、操作安全清洁、无有害气体，并可附带回收铂族金属，但生产周期长、直收率低。化学精炼法生产周期短、直收率高，适于小规模生产，不受原料量的限制。溶剂萃取法的特点是可处理低品位物料，操作条件好、直收率高，规模灵活[91]。

金精炼工艺选择应考虑的因素很多，但主要考虑以下几个方面[92]：

（1）原料组成、形状或形式、可变性。如果原料的特性不变，在较宽的金、银含量范围内几种工艺均可考虑。如果要求工艺适用性强，通常是将氯化法和电解法联合使用。

（2）生产费用。劳动力、消耗品、设备折旧及各种运营费用。

（3）投资费用。厂房、设备及其他固定资产投资。

（4）环境因素。工艺对环境影响程度，所需废气吸收净化、废液处理、副产品处理的投资及运营费用。

（5）批次完整性、质量控制、存量控制。主要考虑对各批产品质量稳定性、生产过程中物料积存数量及积压资金多少的影响。

（6）其他因素。如现有设备和公司特性。

7.2 金精炼原料性质和组成

金精炼原料性质和组成包括以下几方面：

（1）氰化金泥。含金矿石和浮选金精矿氰化提取工艺中，用锌粉或锌丝从含金的贵液中置换得到一种近似黑色的泥状沉淀物称之为氰化金泥，各化学成分含量范围分别为：Au 10%~50%、Ag 1%~5%、Zn 10%~50%、Pb 5%~30%、Cu 2%~15%、SiO_2 2%~20%、Fe 0.4%~3%、有机物 1%~10%、水分 25%~40%。

（2）重砂。重砂也称为毛金，是用重选法富集金银的产物。重砂中金颗粒比较大，经过人工淘洗后，含金可达 50% 以上，重砂中除了含金之外，主要含有黄铁矿、钛铁矿、锆英石、石英等。

（3）汞膏。汞膏也称为汞齐，是混汞法提金过程中得到的一种金与汞的合金。送去炼金前的汞膏已脱除多余的汞。汞膏主要含有金和汞外,有时还夹有一些矿砂。汞膏含金一般为 30%~40%,汞膏经蒸馏处理即得到海绵金,含金 60%~80%,有的高达 90%,并含银、汞、铜、铁等金属和二氧化硅。

(4)载金炭灰。对于含有溶解金的低品位废液矿浆,含有可溶性金的废渣及采用氰化物作抑制剂的含金多金属分离的浮选矿浆中,因含金品位低,用活性炭经济上不合理,可用煤焦炭吸附金,之后焚烧而得到的炭灰称为载金炭灰。

(5)阴极电积金。主要是在堆浸炭吸附法、炭浆法、树脂矿浆法提金过程中从解吸贵液电积的阴极产物,含有铜、锌等杂质。一般经电积产出的载金钢棉中,金与钢棉的质量比为(1.3~9.3):1,有的甚至高达 20:1。

(6)硫酸烧渣金泥。硫酸烧渣金泥是化工厂的含金硫酸烧渣经再磨焙烧氰化后,用锌置换得到的产物,由于烧渣的金品位低(0.4~10g/t),浸出率低而导致其金泥品位低。

(7)硫脲金泥。硫脲金泥是用硫脲铁浸法从金精矿中提取得到的。其特点是金泥量大,含铁、铜、铅等杂质多,并夹杂着矿泥,金品位很低,难于直接造渣熔炼。

(8)阳极泥。阳极泥是在电解精炼过程中不溶于电解液的各种物质,其成分取决于电解物料的成分。阳极泥按成分可分为铜阳极泥、铅阳极泥、锑阳极泥、锌阳极泥等。

(9)其他含金废旧物料。包括电镀液、电子元件废料和铸造金银废液等。

7.3　金精炼方法

7.3.1　金的火法精炼

金具有很高的化学稳定性,同时具有很强的抗氧化能力。在高温下,金不能被氧化,而且也不易被氯气氯化,其他贱金属在高温下既可被氧气氧化,又可被氯气氯化,因此,火法精炼金通常采用氧化精炼法和氯化精炼法。应用火法精炼工艺处理冶炼厂的氰化金泥、粗金或回收的粗金时,粗金含量通常可达到 95% 以上,若控制好生产条件,还能够生产出 99.6% 的精金。目前在国内许多中、小矿山普遍采用氧化精炼法精炼产出 98% 的合质金,而某些大型冶炼厂则采用氯化法生产 99.9% 的纯金。

7.3.1.1　火法氧化精炼法

A　火法氧化精炼金的基本原理

火法氧化法精炼金是将含金原料与熔剂(氧化剂和造渣剂)混合,置于火法炼金炉中,在 1200~1350℃加入氧化剂进行熔炼,得到纯度较高的金银合金。氧化除杂的顺序为:锌、铁、锡、砷、铅、铜。其中铜最难氧化,因此氧化杂质铜时,必需使用强氧化剂,如硝酸钠或硝酸钾等。银不被空气或氧化剂所氧化,如果金中含有银,则需用其他精炼法处理,才能除去金中的银[93,94]。

B　火法氧化精炼金的常用熔剂

火法氧化炼金法常用熔剂有两类,一类是氧化熔剂,另一类是造渣熔剂。常用的氧化熔剂有硝石、二氧化锰,其作用是使炉料中的贱金属(铜、铅、锌、铁等)氧化生成氧化物以便造渣。常用的造渣熔剂有硼砂、石英、碳酸钠等,其作用是与贱金属的氧化物反应生成炉渣。杂质在炼金炉中参与的氧化反应,一般视氧化剂的不同,主要有以下两类:

（1）主要以空气或氧气为原料，配以其他可燃剂，调节空气或氧气和可燃剂的比例，采用小型的顶吹回转炉或反射炉进行的氧化反应，生产的金纯度可以达到95%以上。

$$2Me + O_2 \longrightarrow 2MeO$$

（2）主要以硝石为氧化剂，在坩埚炉或转炉内熔化金泥后，加入二氧化硅等造渣剂参与的氧化和造渣反应。通常精炼后金的纯度达到98%，产生的渣中含有大约2%~3%的金。由于炉渣密度只有2~3g/cm³，比金、银的密度低得多，因此冶炼过程中的炉渣将会浮在熔融金的表面上层被排除。

$$3Me + 2NaNO_3 \longrightarrow 3MeO + Na_2O + 2NO \uparrow （氧化反应）$$

$$mMeO + nSiO_2 \longrightarrow mMeO \cdot nSiO_2 （造渣反应）$$

C 氧化炼金法的设备及其生产工艺

a 坩埚炉炼金

坩埚炉炼金法多用于小型矿山，适用于砂金、汞膏和含金钢棉的熔炼，也可用熔炼氰化金泥。坩埚炉炼金是在坩埚炉中进行的，过程如下：

（1）升温烘烤缓慢升高炉温，烘烤坩埚。

（2）加入炉料继续加热，刋高炉温至800℃时，从炉中取出坩埚，并小心地在坩埚中加入已搅拌好的炉料，在炉料上部覆盖少量硼砂；当坩埚内的炉料熔化后，停油停风，加入用纸包好的部分炉料，继续加热。

（3）熔炼加足炉料，并加入熔炼金属量4%~6%的硝石，然后进入全面熔炼阶段。通常一个20号坩埚一次可以熔炼10~15kg金泥，熔化需要1.5h，熔化完后，停油停风，用专用钳将坩埚从炉中取出，并迅速将熔体倒入蹲罐（一种倒圆形铸铁罐）内分层冷却，冷凝后倒出，用小锤打击将渣与金银合金分离。

（4）铸锭熔炼完毕后，将所有的金块集中进行铸锭。

b 转炉（顶吹回转炉）炼金

转炉多见于中型以上矿山，适用于氰化金泥的氧化熔炼。转炉和常规的燃烧气炉或坩埚炉相比，其优点是金的回收率高，工艺过程中积压的金量较少，作业时间缩短，因此生产成本低。转炉炼金是在转炉内进行的，过程如下：

（1）升温。先用木柴加温12~18h，使炉温升至800℃左右，接着用油或煤气温4~8h，使炉温达到1200℃左右。

（2）投料。停火停风，把炉口侧向一边，小心地一次性加入配好的炉料。加料要快，加完后在炉料表面上撒一层硼砂。

（3）熔化。加料后使炉温在尽快短的时间内升至最高，让炉料迅速熔化。

（4）倒渣。当熔体不再翻腾后0.5h即可倒渣。倒渣分两次，第一次渣占总渣量的80%，第二次要慢，以免将金的熔体倒出。

（5）铸锭。清渣后将金液倒入铸模内，铸成金锭。

（6）停炉。停油停风，并用耐火材料或黄泥封住燃烧口和炉口，以降低炉温，保护炉衬。

c 可控硅中频感应炼金炉炼金

可控硅中频感应炼金炉在国内最早是由吉林省冶金研究所生产的专用电炉，由KGP-S型1500Hz可控硅中频电源装置及GWLJ型中频感应炼金炉两部分组成。目前国内中频感应炉技术发展迅速，中频感应炉种类繁多。可控硅中频感应炼金炉多见于有色冶炼厂，主要用于金泥、合质金和成品金的熔铸。可控硅中频感应炼金炉炼金过程如下：

（1）预热。炉体熔炼前，开通电源，将炉体预热 5~10min，并开启炉体循环冷却水。

（2）升温。坩埚缓慢升高炉温，烘烤坩埚 5~10min。

（3）投料。将配好的炉料加入烘好的坩埚中，并在炉料上部覆盖少量硼砂，当坩埚内的炉料熔化后；停止供电，再加入部分炉料，继续加热。炉料可分多次加入，直至加满坩埚为止。

（4）熔化。加料后，提高中频感应炉的阳极电流和槽路电压，使炉料尽快熔化。

（5）精炼。炉料熔化后，用导管将空气或工业氧气通入熔融金属液体中，或加入适量硝石，保温熔炼 10~15min，并加入适量硼砂，使贱金属与氧气或硝石充分发生氧化反应，氧化为金属氧化物，与加入的熔剂进行造渣，浮在熔融金表面。

（6）倒渣。当熔体不再翻腾后 0.5h 即可倒渣。倒渣时采用人工抱钳将坩埚抬起，抱钳用电动葫芦控制，人工掌握坩埚倾角，将渣倒出。倒渣分两次，第一次渣占总渣量的 80%；第二次要慢，以免将金的熔体倒出。

（7）铸锭。清渣后将金液倒入铸模内，铸成金锭。

（8）停炉。熔炼结束后，停止给炉体供电，但需要给炉体降温，因此，待循环水温降至 30℃后，停止循环水的供应。另外在转炉的基础上，由南非公司进行改进后生产的卡尔多炉较转炉而言，其生产效率高，生产成本低，而且具有更快的精炼速度和较低的金损失。工艺流程的其余部分与常规的转炉工艺相同。

7.3.1.2　氯化精炼法

氯化法的原理是基于各种元素氧化还原电势的差异，贱金属和银比金更容易被氯气所氯化，生成氯化物而与金分离。其实质是用氯气吹炼熔融的粗金，贱金属与银发生氯化反应生成氯化物，而金由于电势最正，其生成氯化物的自由焓变量为正值，难以生成氯化物。从而选择性地把杂质氯化除去，使金得到提纯[95,96]。氯化精炼在高温下进行，氯气与金属杂质发生如下化学反应：

$$2Fe + 3Cl_2 \longrightarrow 2FeCl_3$$

$$Zn + Cl_2 \longrightarrow ZnCl_2$$

$$Pb + Cl_2 \longrightarrow PbCl_2$$

$$2Cu + Cl_2 \longrightarrow 2CuCl$$

$$2Ag + Cl_2 \longrightarrow 2AgCl$$

在 1150℃的高温下，生成的氯化物（$FeCl_3$、$ZnCl_2$、$PbCl_2$）易气化而被除去，$CuCl$、$AgCl$ 以熔体状态进入浮渣与金分离，使金得到精炼。氯化精炼工艺流程如图 7.1 所示。

该工艺对合质金的成分适应范围较宽，但其氯化过程的条件控制（氯气用量、时间、温度、通气速度）难以准确把握，黄金纯度难以稳定达标，一般为 95%~99%；其次氯化过程有约 8%的金进入 $AgCl$ 浮渣及烟尘中；另有少量的金挥发，造成金的损失。该工艺作业周期较短，处理速度快，工人劳动强度较低，投资和生产成本较低，但作业环境较差，氯化具有毒性，环保要求高。

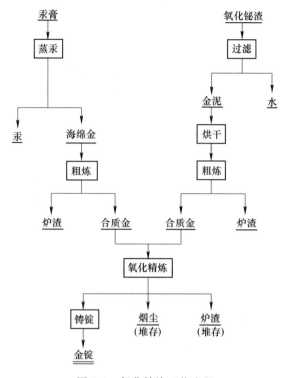

图 7.1　氯化精炼工艺流程

7.3.2　金的化学法精炼

金的化学法精炼[97]主要有王水分金法、硫酸浸煮法、硝酸分银法、草酸还原法、电势控制法、自动催化还原精炼法、氯氨净化法、波立登金精炼工艺、萃取法等。

7.3.2.1　王水分金法[98]

王水分金法是目前国内金精炼工艺中常用的浸金方法。王水的溶解能力很强，可以溶解盐酸和硝酸单独存在时所不能溶解的任何物质。配制王水应在耐热玻璃和耐热瓷缸中进行，在工业操作中通常在耐腐蚀的钛反应釜中进行。配制时先倾入盐酸，在搅拌条件下再加入硝酸，该反应为放热反应，反应激烈，易于迸溅，应注意安全。王水之所以具有强氧化性是由于硝酸氧化盐酸而生成游离氯和氯化亚硝酰：

$$HNO_3 + 3HCl \longrightarrow NOCl + Cl_2 + 2H_2O$$

氯化亚硝酰是反应的中间产物，它又分解为氯气和一氧化氮：

$$2NOCl \longrightarrow 2NO + Cl_2$$

产生的新生态的氯气具有极强的氧化能力，比单独用盐酸和硝酸具有更强的氧化能力，使金属形成单一氯化物或氯络离子而进入溶液：

$$Au + HNO_3 + 4HCl \longrightarrow HAuCl_4 + NO\uparrow + 2H_2O$$

用王水溶液浸金时，应按照 $HCl:HNO_3:H_2O=3:5:1$ 的比例在钛反应釜中配制成稀王水溶液，按固液比1∶4将预处理后的含金渣用钛铲缓慢地倒入到反应釜中，加热至浸出液的温度为 80~90℃，在搅拌的条件下，浸出 2h。溶解完后进行静置、过滤，再浓缩赶硝，然后用硫酸亚铁、亚硫酸钠、二氧化硫或草酸进行还原，得到海绵金。海绵金经洗涤、烘干、铸锭，可产出 99.9% 或更高成色的纯净黄金。产出的 AgCl 可用铁屑或锌粉置换回收银，还原金后液，用锌粉置换产出铂、钯精矿，集中送分离提纯铂族金属。

对于中小规模（每批一般可达到 3~4kg）的精炼厂趋向于采用王水法。但王水溶解时，银形成 AgCl 沉淀将可能阻碍金完全溶解，原料含银量需限制最高为 10%。因此，硝酸溶银和分金法成为有吸引力的中、小规模精炼技术。先通过加入适量的铜或银后进行熔化，以使精炼物料中的含金量稀释到 25% 左右，并制粒以产生很大的表面积，硝酸溶解除去银、贱金属和形成合金的一些钯，留下纯金颗粒。金纯度可达 99.9%，也可进行第三次分离操作将金纯度提高到 99.99%。硝酸溶解液加 NaOH 中和后用金属铜片置换回收银、钯。

7.3.2.2　氯酸钠浸取法[99]

氯酸钠是强氧化剂，与盐酸作用放出氯气，因而盐酸和氯酸钾的混合液可以代替王水，其反应式如下：

$$2Au + 2NaClO_3 + 8HCl \longrightarrow 2Na[AuCl_4] + Cl_2 \uparrow + O_2 \uparrow + 4H_2O$$

氯酸钠浸金的原理，氯酸钠浸取法是基于在盐酸介质中，氯化钠存在时，利用氯酸钠分解产生的氯气，将 Au 由 Au(0) 氧化成 Au(Ⅲ)，使之生成可溶性的氯金酸络离子，从而达到溶金的目的。

在氯酸钠溶金时，金泥中的铜也被氯化，生成的 $CuCl_2$ 化合物而进入溶液，而银则生成氯化银白色沉淀留在残渣中。

氯酸钠浸金的条件为：$NaClO_3$ 用量为金泥量的 8.5%，NaCl 的用量为金泥量的 10%，盐酸的浓度为 1mol/L，浸出温度为 80~90℃，液固比为 4:1，浸出时间为 3~5h。

操作时首先在反应釜中配置好 10%HCl 浸出液，然后将预处理过的金泥缓慢地加入反应釜中。再加入 $NaClO_3$ 和 NaCl，封闭反应釜进行加热，搅拌浸出。在该条件下，金的浸出率为 96.4%。

硫酸介质中，在氯化钠的存在时，采用氯酸钠液可浸出金泥中金。操作时可将经预处理过的金泥加入已制备好的硫酸溶液中，然后加入一定量的 $NaClO_3$ 和 NaCl，封闭条件下进行加热，搅拌浸出。其反应式如下：

$$2Au + 3Cl_2 + 2H^+ + 2Cl^- \longrightarrow 2HAuCl_4$$

Cl_2 为氯酸钠分解产生的活性氯，氯离子由加入的 NaCl 提供。金泥中的铜以硫酸铜形式进入溶液，也有部分生成 $CuCl_2$ 被浸出。而银则以氯化银沉淀形式留在残渣中。

在硫酸介质中，采用氯酸钠浸金条件：$NaClO_3$ 用量为金泥量的 15%~20%，NaCl 用量为金泥量的 10%。硫酸的浓度为 250g/L，浸出温度为 90℃，浸出时间为 4~6h，液固比为 4:1。金的浸出率达 95% 以上，残渣中的 Au 80g/t、Cu 0.23%、Ag 7.5%。

7.3.2.3　硝酸（或盐酸）—氯化钠—高锰酸钾浸取法

硝酸（或盐酸）—氯化钠—高锰酸钾浸取法[100]是基于硝酸（或盐酸）介质中，在氯化钠存在下，利用强氧化剂高锰酸钾将溶液中的 Cl^- 氧化成新生态的氯，达到溶金的目的。

在该体系中硝酸除提供质子外，还起到氧化剂的作用。一方面可将金泥中的 S、C 氧化成 SO_2、CO_2，使金暴露；另一方面还可将溶液中的 Cl^- 氧化，使之产生新生态的氯。

氯化钠的主要作用是为溶解金、银提供足够的氯离子。一部分氯离子被高锰酸钾氧化成新生态的氯，另一部分则与金、银生成络阴离子 $AuCl_4^-$ 和 $AuCl_2^-$。

高锰酸钾是一种强氧化剂，在酸性介质中它能够将 Cl^- 氧化成新生态的氯，新生态的氯可氧化 Au、Ag，以 $AuCl_4^-$、$AuCl_2^-$ 络阴离子进入溶液。

硝酸—氯化钠—高锰酸钾浸金的化学反应式如下：

$$2KMnO_4 + 16H^+ + 16Cl^- \longrightarrow 2KCl + 5Cl_2 \uparrow + 8H_2O + 2MnCl_2$$

浸取条件：硝酸浓度为 30%，高锰酸钾加入量为金泥量的 1%，氯化钠加入量为金泥量的 10%，浸出的液固比为 4∶1，浸出温度为 60~70℃，浸出时间为 4~6h。在该条件下进行搅拌浸出，金的浸出率可达 98% 以上。

硝酸—氯化钠—高锰酸钾浸取体系比王水具有更强的溶金能力，在室温下浸取 8~10h，其金、银的浸取率可达 98% 以上。

7.3.2.4 水溶液氯化法[101]

水溶液氯化法，1848 年问世，并用于从矿石中提取金。该法是基于氯气在水溶液中的强氧化剂，在盐酸介质中浸取金，其反应式：

$$Cl_2 + H_2O \longrightarrow HCl + HClO$$

$$HClO \longrightarrow H^+ + ClO^-$$

Cl_2 和 HClO 都是强氧化剂，其氧化电位：

$$Cl_2(l) + 2e \longrightarrow 2Cl^- \qquad E^\ominus = +1.358V$$

$$2HClO + 2H^+ + 2e \longrightarrow Cl_2 + 2H_2O \qquad E^\ominus = +1.64V$$

50℃ 以上时，氯气溶解生成强氧化剂 ClO_3^-：

$$3Cl_2 + 3H_2O \longrightarrow ClO_3^- + 5Cl^- + 6H^+$$

ClO_3^- 具有强氧化性，其氧化电位：

$$2ClO^- + 4H^+ + 2e \longrightarrow Cl_2 + 2H_2O \qquad E^\ominus = +1.47V$$

金溶于氯化物的水溶液生成 Au（Ⅰ）和 Au（Ⅲ）的氯化络合物，其氧化电位用下式表示：

$$AuCl_4^- + 3e \longrightarrow Au + 4Cl^- \qquad E^\ominus = +0.994V$$

Au（Ⅲ）的络合物比 Au（Ⅰ）的络合物更稳定。

金溶于氯化物的水溶液分两步进行。第一步是在金表面形成中间产物 Au（Ⅰ）的氯化物：

$$2Au + 4Cl^- \longrightarrow 2AuCl_2^- + 2e$$

第二步是将形成的中间产物 $AuCl_2^-$ 进一步氧化成 Au（Ⅲ），形成 $AuCl_4^-$ 进入溶液：

$$AuCl_2^- + 2Cl^- \longrightarrow AuCl_4^- + 2e$$

水溶液氯化法总反应：

$$Au + Cl_2 + H_2O \longrightarrow HAuCl_4$$

银被氯气氧化生成 AgCl 沉淀，所以水溶液氯化溶解金的过程也是金银分离的过程。

影响金氯化反应的因素主要有：

（1）溶液成分。溶液酸度高有利于提高氯化效率，适量加入硝酸能加快氯化速度，加入适量硫酸对杂质特别是铅、铁、镍的溶解可起一定的抑制作用；溶液中有 NaCl 存在也可提高氯化效率，但 NaCl 会明显增加 AgCl 的溶解，因此如有金银分离目的则不宜加入 NaCl，同时 NaCl 会降低氯气的溶解度，从而使氯化速度减慢。溶液酸度一般控制在 1~3mol/L HCl 范围内。

（2）温度。氯化过程是放热反应，开始 1~2h 即可使溶液温度升到 50~60℃，故开始通氯气时的温度不宜过高，适当提高氯化过程的温度会加快氯化反应，但随着温度的提高氯气的溶解度会下降。氯化过程以控制在 80℃ 左右为宜。

（3）液固比。一般液固比（4~5）∶1 为宜，溶液量太少会影响氯化效率，太多则使设备容量增大，且能耗增大。

（4）时间。氯化时间的长短主要取决于反应速度的快慢，因此除与上述各因素有关外，加强搅拌、改善通氯方法，使气、固、液三相充分混合改善扩散条件，则可大大加快氯化速度、缩短氯化时间。一般在 4~6h 之内，反应基本完成。水溶液氯化操作视处理量的大小，可在搪瓷釜内进行，也可在三口烧瓶中进行。除设备密闭外，反应尾气需以 10%~20%NaOH 溶液吸收处理，以免有害气体逸出，污染环境。水溶液氯化也可用氯酸钠代替氯气，其反应是：

$$2Au + 2NaClO_3 + 8HCl \longrightarrow 2NaAuCl_4 + Cl_2 \uparrow + O_2 \uparrow + 4H_2O$$

此方法已用于国内铜阳极泥及氰化金泥的湿法处理。

7.3.2.5　草酸还原法[102]

草酸还原精炼的原料一般为粗金或富集阶段得到的粗金粉，含金品位 80% 左右即可。先将粗金粉溶解使金转入溶液，由于草酸选择性好、速度快，将含金溶液调整酸度后以草酸作还原剂还原得到纯海绵金，经酸洗处理后即可铸成金锭，品位可达 99.9% 以上。其反应为：

$$2HAuCl_2 + 3H_2C_2O_4 \longrightarrow 2Au \downarrow + 8HCl + 6CO_2 \uparrow$$

影响还原反应的因素主要有：

（1）酸度。从草酸还原含金溶液的反应式可知，反应过程将产生酸，为使金反应完全需加碱中和，以维持 pH 值为 1~1.5。

（2）温度。常温下草酸还原即可进行，加热时反应速度加快。但因反应过程放出大量 CO_2 气体，易使金液外溢，一般维持 70~80℃。

草酸还原操作是将王水溶解液或水溶液氯化液加热至 70℃ 左右，用 20%NaOH 溶液调 pH 值为 1~1.5，一次加入理论量 1.5 倍的固体草酸，反应开始激烈进行。当反应平稳时，再加入适量 NaOH 溶液，反应复又加快，直至加入 NaOH 溶液无明显反应时，再补加适量草酸，使金反应完全。过程中始终控制溶液 pH 值约为 1.5，反应完全后静置一定时间。经过滤得到的海绵金以 1∶1 硝酸及去离子水煮洗，以除去金粉表面的草酸及贱金属杂质，烘干后即可铸锭，品位大于 99.9%。

还原母液用锌粉置换，回收残存的金。置换渣以盐酸水溶液浸煮，除去过量的锌粉，返回水溶液氯化。

7.3.2.6　SO_2还原法

用 SO_2 还原的反应为：

$$2AuCl_4^- + 3SO_2 + 6H_2O \longrightarrow 2Au\downarrow + 3HSO_4^- + 9H^+ + 8Cl$$

从反应式可见，pH 值降低有利于还原，但 pH 值降低，SO_4^{2-} 易与重金属离子反应生成硫酸盐，如硫酸铅，对金粉的纯度不利。因此，往往是在较高的酸度下进行，通常进行两段还原。例如，先在 1mol/L 的酸度下通 SO_2 还原，可以得到 99.99% 的金粉；然后将 pH 值调高，继续用 SO_2 还原，但此时得到的金粉质量较差，这种质量较差的金粉再返回氯化。

7.3.2.7　H_2O_2还原法

过氧化氢（俗称双氧水）是一种具有氧化性和还原性的物质，同时还能发生歧化分解反应。在金的浸出中，在较高的酸度下，双氧水可以有效地氧化金。而在一定的 pH 值（2~3）下，双氧水又能将溶液中的 $AuCl_4^-$ 还原成金粉[103]。作为还原剂时，其半电池反应为：

$$O_2 + 2H^+ + 2e \quad \rightarrow H_2O \qquad E^\ominus_{O_2/H_2O} = 0.682V$$

$$E = 0.682 + 0.02955\lg\frac{c_{O_2}c_{H^+}^2}{c_{H_2O_2}}$$

当 pH 值升高时，半电池反应的电势下降，即双氧水作为还原剂的能力上升。而 $AuCl_4^-$ 还原为金的半电池反应与 pH 值无关，所以控制一定的 pH 值为 2~4，可以用双氧水从分金液中还原出金，与金反应如下：

$$2AuCl_4^- + 3H_2O_2 \longrightarrow 2Au\downarrow + 3O_2\uparrow + 8Cl^- + 6H^+$$

金的氯化液成分为：Au 2.38g/L、Cu 3.748g/L、Fe 0.16g/L、Pb 0.0647g/L、Sb 0.0453g/L、Bi 0.7948g/L、Ag 3.3mg/L、Cl^- 0.9mol/L、H_2SO_4 0.4mol/L。在沉金槽中，用蒸汽直接加热至 45℃，用烧碱将溶液的 pH 值调节至 3.54，温度 50℃，加入过氧化氢，并保温 3h，停止搅拌，澄清，上清液抽至储槽，底流抽滤，金粉用热水洗涤至中性，金粉置入煮洗槽中用 1:1 HCl 洗涤两次，过滤，并在滤布上洗涤至中性，得到 99.99% 金粉。还原后液金浓度为 2.6mg/L，金直收率 99.89%。还原后液和酸洗后液混合，用作氯化渣的洗水，然后返至氯化工序。

同传统还原—电解法相比，过氧化氢还原法有以下优点：（1）金氯化液用过氧化氢还原，金粉经酸洗、水洗、浇铸可获得 99.99% 的金成品，省去了金粉氨水洗涤和电解工序，从而缩短了金的生产周期，降低了金的精炼费用；（2）还原、洗涤温度低，减少能耗；（3）还原过程中没有害气体产生，酸洗水和部分还原后液可返回使用，无废水排放，有利于环境保护；（4）综合成本比其他方法低。由于双氧水还原过程中不引入其他阴离子，不会引起体系中其他重金属离子的副反应，因此产出的金粉纯度比用草酸和二氧化硫还原的都要高一些。

用二氧化硫、草酸、双氧水还原金的时候，铂、钯通常不被还原，溶液中铂、钯可用锌粉置换成铂钯精矿，待积累到一定数量后集中处理。

用湿法处理含金低的阳极泥时，氯化分金液中金浓度往往很低，直接还原得到的金粉极为细小，难以收集。对于这种溶液应先进行富集（如溶剂萃取、离子交换），再进行提取。

7.3.2.8　电解造液—控制电势还原法

用 85%~99.5% 粗金作阳极板，用纯金或钛板作阴极，用稀盐酸作电解液进行电解，电解槽为陶瓷或塑料槽，阴极用素烧陶瓷坩埚作隔膜。上述电解槽中电解液稀盐酸为 $HCl : H_2O = 1.8 : 1$，坩埚中电解液稀盐酸为 $HCl : H_2O = 1.2 : 1$。坩埚内液面高于电解槽液面 10mm。通入脉动电流，阳极粗金溶解，金以 Au(Ⅲ) 进入阳极电解液中，由于受到坩埚隔膜的阻碍，Au(Ⅲ) 不能进入阴极电解液，而 H^+、Cl^- 可以自由通过。这样阴极上无金析出而只放出氢气，Au(Ⅲ) 便在阳极液中集聚起来，最后可制得含金 300g/L 的溶液。该溶液经过滤使金溶液净化，在反应釜中控制溶液温度，用氢氧化钠调整溶液的 pH 值为 1，再用还原剂还原。还原剂是化学计量比 1.2 倍的草酸或 1.1 倍的 Na_2SO_3 或反应温度为 55~60℃。还原过程中通过取样测定溶液中的金离子浓度或测定溶液的氧化还原电势选择性还原金，金溶液中杂质含量高低，控制金的还原率，一般控制在 70%~99% 之间。停止还原反应后，在过滤器中过滤还原出来的金粉，用水仔细洗涤，得到 99.99% 金粉。

该方法的优点：（1）与电解提纯工艺相比，粗金品位范围放宽，对原料的适应性增强，金的积压减少；（2）与粉化提纯工艺相比，减少了工艺过程，由原来的粗金粉化、化学溶解合并为电化学溶解一步；（3）设备简单，节省投资；（4）生产成本比粉化提纯工艺大幅降低。

7.3.2.9　还原精炼工艺的发展与电势控制

利用各种元素氧化还原电位的差异，通过观测并控制还原过程体系的氧化还原电位，可确定金还原过程的最佳终点，从而制取更高纯度的海绵金，并获得最佳的还原率。水溶液氯化溶解金过程的终点电位一般为 1~1.1V，经继续加温搅拌赶去残存氯气后，过滤得到的氯化液电位值可降至 0.9V 以下。当溶液升温至所要求的温度后，将备好的还原剂均匀加入，同时观测体系电位值的变化。图 7.2 所示为以草酸或亚硫酸氢钠作还原剂测得的还原过程电位变化曲线。

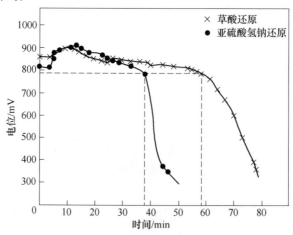

图 7.2　还原过程变化曲线图

从图 7.2 可见，两种还原剂还原过程的电位变化曲线均在 0.78V 附近呈急剧下降趋势，出现明显的拐点。此时，金得到最佳程度的还原，而贱金属尚未发生还原反应，是理想的反应终点。表 7.1 为两种还原剂的还原效果。

表 7.1 电位控制的还原效果

还原剂	$H_2C_2O_4$			NaHSO$_3$			
批次	1	2	3	1	2	3	4
还原率/%	97.92	99.16	99.26	99.97	99.51	99.14	99.12
金纯度/%	99.998	99.982	99.979	99.987	99.997	99.997	99.998

通过电位监控还原反应终点，使用草酸或亚硫酸氢钠作还原剂均可制取大于 99.99% 的海绵金，且还原率高达 99%。两种还原剂以亚硫酸氢钠更优越：还原性强、反应速度快，并可在较高酸度下进行，不须用 NaOH 调整酸度，不会造成贱金属水解沉淀，海绵金纯度更易得到保证，且还原率高。亚硫酸氢钠还原金的反应为：

$$2HAuCl_4 + 3NaHSO_3 + 3H_2O \longrightarrow 2Au\downarrow + 3NaCl + 3H_2SO_4 + 5HCl$$

亚硫酸氢钠的用量略高于按上式计算的理论量，每 1kg Au 消耗量约为 0.82~0.85kg。还原母液经再次还原到电位 340mV 以下，即可将残存的少量金全部沉淀，滤出后返回水溶液氯化，其金的回收率接近 100%。

实验证明电位监控还原过程的突出优点是：电位曲线的变化，可随意选择在某一电位值结束反应，以确保在最大还原率时获得高纯（大于 99.99% 或大于 99.999%）海绵金。且对溶液杂质含量的要求不十分严格。目前该法已在国内多家工厂用于生产，均达到较好的效果。

7.3.2.10 电位控制法提金

由东北大学和莱州金仓矿业有限公司共同开发的氯化金泥全控电湿法直接精炼金工艺是比较先进的技术。工艺流程由预处理、分金、金还原精炼、银置换电解、金银熔铸、废液净化组成。流程继承了控电氯化的思路，发展成为全流程控制电势精炼技术。预处理工序操作采用烟酸作溶剂，严格控制电势，在反应后期加入氧化剂，将贱金属除去。分金采用硫酸和食盐介质中加氯酸钠，控制电势和温度保证氯的合理添加和金的浸出率。分金液过滤净化后，除余氯，调节 pH 值、电势，添加还原剂得到高质量的金。工艺的贱金属除去率 99% 以上，溶液含金小于 $1g/m^3$，生产金的纯度在 99.9% 以上，直收率不小于 99%，综合回收率在 99.95% 以上[104]。

A 原料

原料为含金 60% 左右的汞金及含金 40%~69% 的钢棉电积金泥（见表 7.2 和表 7.3），其主要特点是金银含量高，总和达 87% 以上，贱金属不过 10%；金泥中各主要元素赋存状态复杂。一般锌粉置换金泥中各金属均以单质状态存在，而钢棉电积金泥中的金属，特别是金、银、铜等由于阴极电流密度、溶液浓度变化以及这些金属氧化还原电势相差不大，容易在钢棉阴极上同时析出，形成合金或相互包裹而存在。

表 7.2　钢棉电积金泥主要成分　　　　　　　　（%）

元素	Au	Ag	Cu	Pb	Fe
分量	43.33	43	2.60	3.49	0.17

表 7.3　钢棉电积金泥粒度分布

粒度/mm	<0.058 （250 目）	0.058~0.074 （250~200 目）	0.074~0.104 （200~150 目）	0.104~0.270 （150~50 目）	>0.270 （50 目）	合计
含量/%	85.17	4.13	5.30	2.86	2.54	100

B　工艺流程

工艺流程为钢棉电积金泥—盐酸除杂—氯化提金—还原—纯金（99.99%）。

a　盐酸除杂

在一定的酸度、温度和液固比条件下，加入 $NaClO_3$ 溶液，随着氧化剂的加入，体系的氧化还原电势上升，通过控制氧化剂的加入速率调节并控制体系的电势，使之恒定在 0.45~0.46V 范围内。当电势值超过恒定值只升不降时，说明除杂反应基本结束。反应时间的长短主要取决于物料的粒度和组成，实际生产一般需 2~3h。图 7.3 为某一批次生产所得电势控制曲线，生产情况见表 7.4，铅、铁的脱除率可达 90% 以上，而铜只有 60% 左右，这是因为铜随金、银一起从阴极析出，并与金、银呈合金状态存在于金泥中，由于金、银的包裹而使铜脱除率不高。

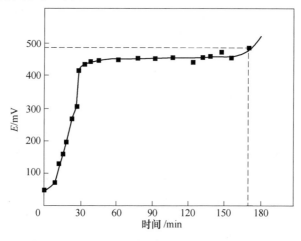

图 7.3　盐酸除杂电位控制曲线

表 7.4　盐酸除杂各金属的脱除率

序号	脱除率/%			
	Ag	Cu	Pb	Fe
1	0.017	70.67	94.90	90.49
2	0.020	59.30	89.86	96.58
3	0.011	60.60	89.37	95.78
4	0.015	60.72	92.13	95.00

b　氯化分金

在一定酸度、温度和液固比条件下，随着氧化剂的加入，体系的氧化还原电势迅速上升，当电势达到 0.7~0.75V 时，银开始激烈反应，电势出现恒定，这一恒定段为银的单独反应段，当银单独反应结束，电势很快上升至 1~1.05V 时金开始激烈反应，这时通过控制氧化剂的加入量，使电势恒定在（1.050±0.005）V。当金反应接近结束时，电势很快上升至 1.1V 左右，并不再下降，可结束操作。受氧化剂加入速度的影响，反应时间不固定，一般情况下氯化提金需要约 12h，图 7.4 所示为以 NaClO₃ 作氧化剂处理钢棉电积金泥的盐酸除杂渣所得的电势控制曲线，生产情况见表 7.5。盐酸除杂渣金的氯化率可达 99%以上。

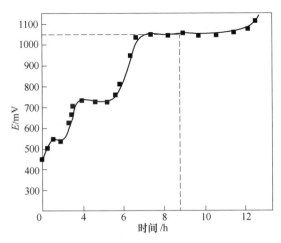

图 7.4　氧化分金电位控制曲线图

表 7.5　氯化提金生产情况　　　　　　　　　　　　　（%）

序号	1	2	3	4
氯化率	99.64	99.90	99.30	99.47
渣含金	0.27	0.037	0.930	0.320
渣率	52.93	58.20	58.92	56.48

c　草酸还原氯化提金

草酸还原氯化提金结束时溶液的氧化电势近 1.1V，其中还有大量多余的氯气，溶液的氧化性处在最高峰。在这种情况下直接加还原剂进行还原操作要浪费大量的还原剂。所以每次氯化提金反应结束后，应继续在 80~90℃下搅拌 10~20min，赶去多余的氯气，然后再过滤。滤液与少量洗液合并，还原前溶液的氧化电势约为 0.8V，在 70~80℃下控制溶液 pH 值为 1.0~1.5（用 NaOH 来调节），用草酸进行还原，其中某一次还原过程所得电势-时间曲线如图 7.5 所示。当电势在 0.78V 附近时，出现拐点，电势值呈急剧下降趋势，并很快降至 0.4V 以下。实际生产中可通过仪表检测，当溶液电势降至约 0.78V 时结束还原反应；还原后液中加入一定量的草酸可将溶液中残存的金还原，草酸还原结果见表 7.6。金直收率达 90%以上时，仍可得到纯度为 99.99%海绵金。

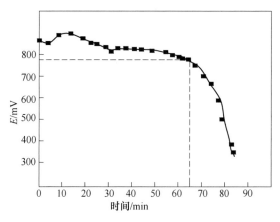

图 7.5　草酸还原电势图

表 7.6　草酸还原结果

序号	1	2	3	4
还原率/%	99.01	99.16	91.92	92.75
海绵金品位/%	99.998	99.982	99.993	99.995

d　工艺特点

电势控制法提金工艺，流程简单，结构合理，整个生产过程在全封闭体系中进行。通过电势控制，能准确控制反应终点，从而缩短操作时间。常规金电解一个周期一般需要一个月，而采用电势控制法，只需 2~3 天，减少了黄金积压，降低了能耗，加快了资金流动，降低了生产成本，从而提高了企业效益。可减少药剂消耗，降低成本。金品位从 97%~98% 提高到 99.99%，黄金的回收率可达到 99% 以上。

7.3.2.11　波立登金精炼工艺

瑞典波立登公司发明的金精炼技术，快速高效，生产回收率高（金的总回收率大于 99.8%），产品纯度高。工艺过程为先用稀盐酸洗涤浸出银电解的阳极泥，以除去非贵金属杂质，在玻璃容器内以热 HCl 和氯气浸出金和铂族金属，残余的银生成氯化银沉淀，然后用置换沉淀法回收或循环。分两步沉淀金，大部分金以纯金形式在第一步中被沉淀，然后熔炼；第二步沉淀所剩余的金中夹带有杂质需返回到浸出阶段。两步沉淀金的好处是，金的纯度可通过改变第一段中沉淀金的比例来控制。这种工艺进料具有高度灵活性，可以处理各种原料，工艺可靠性高，处理时间大大缩短，生产成本低，生产系统中金滞留少，工作环境良好且安全，得到高纯度的金 99.99%~99.996%，回收率大于 99.99%[105]。

A　工艺流程

近十九年来，国内多家黄金精炼企业和铜阳极泥处理工厂引进波立登金精炼工艺技术和成套设备，其中国内某黄金精炼企业采用工艺流程见图 7.6。

B　主要工艺技术条件

a　高压雾化喷粉

主要以粗金为生产原料，在进入精炼作业前，先对粗金进行高压雾化喷粉粉化处理，

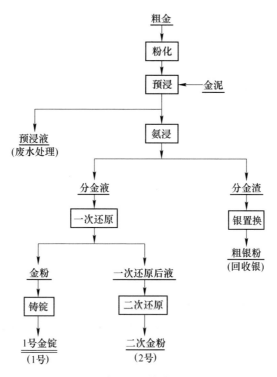

图 7.6 波立登金精炼工艺流程

粉化处理后的金粉粒度达 0.08mm（200 目）以下含量大于 95%；0.125mm（120 目）以下含量大于 99%。整个过程为熔融金液流经 42~50MPa 的高压喷射水而被高压雾化成金粉。

b 预浸除杂

粗金中含有铜、铅、锌、铁等杂质，若直接进行氯化浸出，这些杂质就会进入氯浸液中，影响还原金的质量，所以需要对粗金进行预处理。预浸工艺可以选择性地使贱金属转化为离子状态进入溶液而被除去，为提高还原金粉的质量创造有利的条件。预浸除杂用盐酸作浸出剂，压缩空气为氧化剂，固液质量比（S/L）= 1∶（4~5），反应温度为 70~85℃，pH 值为 0.5~0.7。

因受金原料性质波动较大的影响，原料中的金含量以及杂质金属的含量也不稳定。这就要求在生产过程中，技术条件能够适应这些物料化学组成的变化。生产实践表明，盐酸预浸除杂质过程技术条件易于控制，生产技术指标稳定，除杂效果好，铜、铅、锌、铁等杂质浸出率达 99% 以上。

影响预浸除杂效果的因素主要有：浸出液的 pH 值、预浸反应温度、固液比、压缩空气通入量、预浸时间。

c 氯化分金

氯化浸金的目的是将经过预浸除杂后的金粉中的金及残留的微量铜、铅、锌、铁等杂质金属转化为配离子或离子形式进入溶液，同时使与金电极电势相近的银以固态沉淀形式进入渣中。由 Au-H$_2$O-Cl$_2$ 系电势-pH 图以及一些金属的标准电极电势值可知，在盐酸介质中通入氯气，所有金属均溶于盐酸中，银以 AgCl 沉淀的形式留在渣中。为了保证较高的浸出率，选择控制适当的浸出条件是工艺的关键。

在固液比（S/L）为 1：（3~4）；盐酸浓度大于 200g/L；作业温度为 85~90℃，氯浸作业时间为 5h 左右；氯气用量每千克 Au 氯气用量超过 0.5kg 时，金的氯化浸出结束。

AgCl、$PbCl_2$ 的溶解度及生产情况，氯浸结束后必须将溶液冷却至 30~40℃，使 AgCl、$PbCl_2$ 沉淀析出，这样才能有效地抑制 AgCl、$PbCl_2$ 进入溶液，消除它们对金溶液的污染。

d　金的还原

氯化浸金液经过滤、洗涤后，用氢氧化钠调节 pH 值为 0~0.5，作业温度为 55~57℃，然后缓慢加入 Na_2SO_3，通过适当地控制溶液体系的氧化还原电势，迅速彻底地将 $AuCl_4^-$ 还原成单质金而沉淀出来，其他杂质不被还原而残留在贫液中。一次还原结束时电势控制在 690~700mV，金还原率为 85%~90%，金粉质量达到 99.99%；二次还原电势控制在 390~400mV 以上，还原率 100%，金粉质量达 99.95% 金要求。

C　工艺特点

工艺特点主要有以下几方面：

（1）波立登金精炼工艺结构合理，流程短，技术先进，适应性强。

（2）自动化程度高。整个过程采用 PLC 全自动控制系统控制工艺参数，大大提高了劳动生产率。

（3）回收率高。金回收率 99.96%，排放的污水中金含量几乎为零。

（4）产品纯度高，质量稳定，金产品均符合国家质量标准。

（5）生产周期短。金精炼周期 36h，流程中金积压少。

（6）生产成本低。金的生产作业成本仅为 0.13 元/g。

（7）流程中无工艺废渣；废水达标排放；生产过程中采用负压操作，抽出的气体经喷淋吸收后达到国家排放标准，生产环境优良。

7.3.2.12　氯氨净化工艺

我国长春黄金研究院设计的氯氨净化法黄金提纯技术，是国内较先进的黄金精炼工艺。该工艺适用于解吸电解金泥、锌粉置换金泥等。提纯合质金需加银泼珠。该方法采用氯酸钠及高锰酸钾等氧化剂代替常规的王水或液氯，同时采用特殊的净化工艺和药剂有针对性地控制物料中的杂质，利用还原剂对金的选择还原特性，使金由配合离子状态还原为单质金[106]。

工艺过程为硝酸除杂、氯化溶金、氨化除杂、还原。操作时在反应釜中加入一定量的水和硝酸，加热、搅拌条件下加入金泥，保持一定的温度和反应时间后过滤，滤液还原银，滤渣在反应釜中加入氯化溶剂和一定量的浸金调整剂和催化剂，保持一定的温度和充足的浸出时间。浸出结束后过滤，滤液进入下一步还原工序，滤饼堆存，集中处理。将反应釜中的溶液加热，在搅拌情况下加入还原剂，控制还原温度及还原剂加入量，观察还原效果。还原后的金粉经过滤洗涤烘干后，熔炼铸锭。

7.3.3　金的电解精炼

金的电解精炼工艺具有操作简单、原材料消耗少、效率高、产品纯度高而稳定、劳动条件好且能够综合回收铂族金属等优点，现在国内冶炼厂和黄金矿山仍在广泛使用。

7.3.3.1 金的电解精炼基本原理

电解精炼的原料一般要求质量分数为90%以上的粗金。以粗金铸成阳极，以纯金片作为阴极，以氯金酸水溶液及游离盐酸作为电解液。电解过程可用下列电化学系统表示：

$$阴极 \qquad 电解液 \qquad 阳极$$
$$Au(纯) \mid HAuCl_4 + HCl + H_2O \mid Au(粗)$$

氯金酸是强酸，完全电离：

$$HAuCl_4 \longrightarrow H^+ + AuCl_4^-$$

$AuCl_4^-$ 部分电离为 Au（Ⅲ）阳离子：

$$AuCl_4^- \longrightarrow Au^{3+} + 4Cl^-$$

但其电离常数很小，$K^\ominus = c_{Au^{3+}} c_{Cl^-}^4 / c_{AuCl_4^-} = 5 \times 10^{-22}$，因此，可认为金在电解液中以 $AuCl_4^-$ 状态存在。在水溶液中 $AuCl_4^-$ 离子发生水解：

$$AuCl_4^- + H_2O \longrightarrow \lceil AuCl_3(OH) \rceil^- + H^+ + Cl^-$$

然而，在酸性溶液中实际上不会发生水解。因此，可以认为电解液中金以配阴离子 $AuCl_4^-$ 形式存在。

（1）阴极反应。阴极发生金还原，其主要反应是：

$$AuCl_4^- + 3e \longrightarrow Au\downarrow + 4Cl^-$$

该反应的标准电动势为+0.99V，因此，与这一反应竞争的氢还原反应实际上被排除。由于电解液中还有 $AuCl_2^-$，故在阴极还有一价金的还原反应：

$$AuCl_2^- + e \longrightarrow Au\downarrow + 2Cl^-$$

该反应的标准电势为1.04V，与三价金很接近，有同时放电的可能。但增大电流密度就可减少1价金离子的生成。

（2）阳极反应。阳极金溶解转入溶液：

$$Au + 4Cl^- - 3e \longrightarrow AuCl_4^- \qquad E^\ominus = +1.0V$$

由于氯和氧的标准电势比金的电势正得多：

$$2Cl^- - 2e \longrightarrow Cl_2(g) \qquad E^\ominus = +1.36V$$
$$2H_2O - 4e \longrightarrow 4H^+ + O_2(g) \qquad E^\ominus = +1.23V$$

正常电解条件下，在阳极不可能析出氯和氧。但是，金典型和最重要的阳极行为是它的钝化倾向。当金转化为钝化状态时，阳极停止溶解。阳极的电势向正电势方向移动，直到可析出氯气的数值。由于 O_2 在金上的超电压低于 Cl_2，故先析出 Cl_2。钝化现象极为不利，在阳极不是发生金的有效溶解过程，而是发生氯离子氧化的有害过程，使电解液中金贫化，并毒化车间空气。

图7.7所示为金的阳极溶解极化曲线。金转为钝化状态取决于电解液的温度及盐酸的浓度。例如，如果在0.1mol/L HAuCl_4溶液中不含游离盐酸，在温度为20℃的条件下，电流密度很低（图7.7的曲线6），金开始钝化，而在同样溶液中，含1mol/L HCl，甚至在电流密度为1500A/m² 时（图7.7的曲线1），金活性仍然很强。因而，为避免阳极钝化和析出氯气，电解液必须有足够高的酸度和温度。在这种情况下，使用的阳极电流密度越

大，电解液中的盐酸的浓度应该越高，温度也应该越高。提高盐酸的浓度和温度，不但可消除金的钝化，而且可提高电解液的电导率，因此可减少电能消耗。

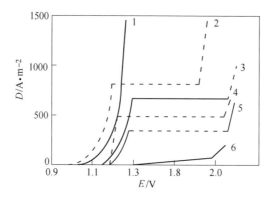

图 7.7　不同 HCl 浓度和温度下，0.1mol/L HAuCl₄溶液中金的阳极溶解极化曲线

1—1mol/L HCl，20℃；2—0.1mol/L HCl，80℃；3—0.25mol/L HCl，20℃；

4—0.1mol/L HCl，50℃；5—0.1mol/L HCl，20℃；6—不加 HCl，20℃；

电解金的另一个重要特性，是阳极溶解时金不仅以阴离子 $AuCl_4^-$ 的形式，而且也以阴离子 $AuCl_2^-$ 的形式转入溶液：

$$Au + 2Cl^- \longrightarrow AuCl_2^- + e \qquad E^{\ominus} = +1.11V$$

由于 Au（Ⅰ）的电化当量比 Au（Ⅲ）大，按 Au（Ⅲ）计算的阴极电流效率会出现超过100%的现象。阴离子 $AuCl_4^-$ 和 $AuCl_2^-$ 之间的平衡关系为：

$$3AuCl_4^- \longrightarrow AuCl_2^- + 2Au + 2Cl^-$$

但这一歧化反应的平衡常数相当小，实际上阳极生成的 $AuCl_2^-$ 的浓度超过了平衡值，上述不成比例的反应平衡式向右移动，同时，部分金呈细粒状沉入阳极泥中。由阳极泥中回收金需要增加工序，因此，应尽量防止金粉生成。实践证明，进入阳极泥的金量随着电流密度的增高而减少。

7.3.3.2　金的电解精炼影响因素

A　金电解杂质行为

阳极金品位的高低直接影响电解液被杂质污染的程度及电解液贫化速率的快慢，进而影响其电解液的更换周期和电流密度及酸度的控制，也就直接影响电解生产速率，其主要原因是如银和铅杂质浓度过高，则电离后形成的 AgCl 和 $PbCl_2$ 沉淀在阳极表面，造成阳极钝化，阻碍络合金离子向外扩散。同时阳极经常会发生一些副反应，即：

$$2Cl^- - 2e \longrightarrow Cl_2 \uparrow$$

$$2H_2O - 4e \longrightarrow 4H^+ + O_2 \uparrow$$

氯气的生成会恶化环境，使电解液贫化。如铜含量过高，则会在阴极析出从而影响金电解质量，因此阳极中含铜不应超过 2%。杂质铁在阳极中的含量一般不大于 0.1%。在阳极溶解时，铁以二价离子进入电解液中：

$$Fe - 2e \longrightarrow Fe^{2+}$$

当阴极附近的电解液中含有二价铁离子存在时，部分离子将会与阳极附近的 $AuCl_4^-$ 反应，Fe^{2+} 被氧化成 Fe^{3+}，将会降低阳极电流效率，同时增加了进入阳极泥的金含量。

$$3Fe^{2+} + AuCl_4^- \longrightarrow Au\downarrow + 3Fe^{3+} + 4Cl^-$$

当生成的三价铁盐移向阴极时，又将会被阴极金还原为 Fe^{2+}，因而又降低了阴极电流效率，并增加了电解液中的金含量。

铁虽然不至于在阴极析出，但它在电极之间来回往返作用使电流效率下降，影响生产指标。

阳极中的锇、铱、钌杂质均成阳极泥状态沉入槽底或阳极袋中。

阳极中的铂、钯均进入电解液中，铂以 H_2PtCl_6 形式存在，钯以 H_2PdCl_6 形式存在。由于铂、钯的金属标准电位与金相近，当它们在溶液中大量积累时可能在电极上与金同时析出，电解液中的铂、钯允许的浓度分别为 50~60g/L 和 5g/L。

阳极中最有害的成分是银。在阳极中的银成为氯化银壳黏附在阳极或是脱落进入阳极泥中，氯化银一般可视为不溶于电解液的化合物，但是电解液中的含酸量较高时，也会部分地溶于溶液中，当溶液稀释后，氯化银又自然析出。氯化银在盐酸溶液中的溶解度及其与温度的关系见表 7.7。

表 7.7　氯化银在盐酸溶液中的溶解度

盐酸浓度/%	氯化银溶解度/%			
	20℃	40℃	60℃	80℃
6.32	0.00246	0.00561	0.0115	0.0224
9.19	0.00632	0.0126	0.0239	0.0433
16.84	0.0396	0.0634	0.1001	0.1512

当阳极中含银不大于1%时，生成的氯化银颗粒非常细微，这种氯化银不易沉淀而悬浮在电解液中，对阴极质量较为有害。当阳极中含银在 3%~4% 时，此时生成的氯化银比较容易脱落进入阳极泥中。当阳极中含银大于10%以上时，所生成的氯化银将附着在阳极板上，使阳极金产生钝化，妨碍阳极金的继续溶解，并使阳极析出氯气，同时导致电解液中金的贫化，生产速度减慢，这种情况必须采用机械或手工的方法将阳极上的氯化银壳除掉。为了解决银的危害，金电解精炼时，往电解槽中输入直流电的同时输入交流电，形成非对称性的脉动电流。脉动电流的变化如图 7.8 所示。

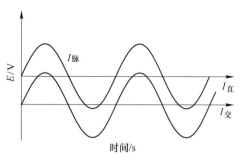

图 7.8　脉动电流的变化图

一般要求交流电的 $I_交$ 应比直流电的 $I_直$ 大，其比值为 1.1~1.5，这样得到的脉动电流 $I_脉$ 随着时间的变化，时而具有正值，时而具有负值。当其达到峰值时，阳极上瞬时电流密度突增。此时，阳极上有大量气体析出，AgCl 薄膜即被气泡所冲击，变疏松而脱落；当电流为负值时，电极的极性也发生瞬时的变化，阳极变为阴极，则 AgCl 的生成将受到压抑。

采用交直流重叠电流的电解，还能提高电解液温度，特别是可以使从阳极上落入阳极泥中的粉状金由约 10% 下降至约 1%，以减少阳极泥中的含金量，提高金的直收率。为此，即使在阳极板含银很低时，也应使用交直流重叠的电流。

脉动电流的电流和电压，可用下列公式计算：

$$I_{脉} = \sqrt{I_{直}^2 + I_{交}^2}$$

$$E_{脉} = \sqrt{E_{直}^2 + E_{交}^2}$$

新的方法介绍如下：

（1）使用非对称交流电源，该电源为交流电正半周导通，负半周小部分导通并可调，适用于含银较高的阳极。

（2）使用周期自动换相金电解装置（中国专利 ZL9329729.3），应用矩形方波电流，先正向导通数秒至数十秒，再反向导通数秒来消除钝化。此装置投资少，操作控制方便，较适用于原料含银较低的中、小型黄金矿山及首饰加工厂。周期反向电解的电流效率虽取决于正极供入电流，负极换向瞬间供入电流属"无用功"，但它可将阴极上生长的尖形粒子反溶除去，防止极间短路，并产出质量良好的电解产品。而且通过电流的频繁换向和来回振荡，可防止浓差极化，并使阳极表面厚硬的阳极泥层疏松脱落，防止阳极钝化。为此，东北大学黄金学院于 20 世纪 90 年代以来开展了周期反向用于金电解的试验。结果证明它可替代交直流重叠供电的沃尔维尔法，不需重叠交流电流。供入直流电流的波形变化如图 7.9 所示，设备及其连接如图 7.10 所示。

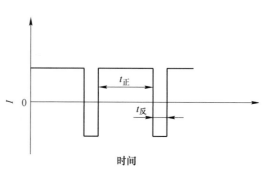

图 7.9　周期自动换时间和电流波形

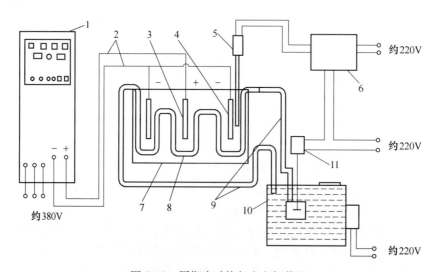

图 7.10　周期自动换相金电解装置

1—周期自动换向整流器；2—导电母线；3—阳极；4—阴极；5—感温器；6—自动温度控制仪；

7—电解槽；8—加热玻璃管；9—胶管；10—电热自动恒温水浴；11—泵

图 7.10 中周期换向整流器可在正向 3~150s，负向 1~40s 间自由调整。电解槽为聚丙烯硬塑料槽。电解液温度由蛇形玻璃管经泵送入的热水间接加热，热水供入速度由感温器测定电解液温度，并通过控温仪自动控制热水供应泵的启动，来达到电解要求的温度。

B 电解液的组成

络合金离子、酸度及杂质浓度是电解液成分控制的核心。首先，采用高浓度金离子有利于增加电流密度，缩短生产周期，但高浓度电解液会造成金的积压，滞留资金的周转；而低电解液浓度又会降低电流密度，进而影响电解速率。其次，保持一定的酸度可以防止络合金离子因非电化学反应析出而导致金浓度贫化，又能提供足够的游离氯离子用于沉淀阳极中电化学溶解的银、铅，同时又增强了电解液的导电性，有利于提高电流密度，并且酸度较高时阳极不易发生钝化现象。但酸度太高又会增加络合银离子的溶解度，即 $AgCl + Cl^- = AgCl_2^-$，使反应向右进行。从而使电解液中游离的银离子增加，在适当的条件下，其容易在阴极析出影响电金质量，而且酸度过大，挥发严重，会增加成本，恶化操作环境。因而对电解液成分的控制，既要保证金离子浓度，又要控制适当的酸度。

C 电解液温度

温度是影响化学反应速率的重要因素。提高温度可以加快阳极金的溶解及络合金离子在阴极的析出速率，提高金离子的扩散能力和增加电解液的导电性。温度高低直接影响电流密度大小的选择，温度高有利于避免阳极发生钝化。采用电加热自动控温系统直接预热电解液，可控制一定的温度，增加了电解液的导电性，提高了电流密度，可使阴极金更加致密，防止疏松脱落，提高了阴极金的回收率。

D 电解液的循环速率

保持一定的电解液循环速率可以提高金离子的扩散速率，防止因浓差极化而导致杂质在阴极析出影响阳极金的质量。电解液循环过快，会加速电解液的蒸发，增加金损失率。采用耐酸磁力泵循环方法控制电解液循环量，使电解液产生定向流动，解决了以上的问题。

E 电流密度

电解液浓度、温度和电解液的循环速率是提高电流密度的决定因素，当电解液浓度一定时，阴极电流密度越高，要求的酸度和温度越高。在保证阴极金质量的前提下，尽量提高电流密度可以增加电解速率，减少黄金积压。

F 极间距

采用高电流密度可使极间距适当控制小些，这不仅提高了单位体积电解液的利用率，而且可以进一步减少电解液的黄金积压，提高电解液的单位利用率。但极间距过小，电流密度过大时，很容易发生电解袋击穿现象，致使电解袋中的 $AgCl$、$PbCl_2$ 等杂质漏出并随电解液漂流至阴极，附着在金表面随阴极金不断析出，夹杂于产品中，很难洗去，影响电金质量。

7.3.3.3 金的电解精炼实践

电解精炼金的原则工艺流程如图 7.11 所示。

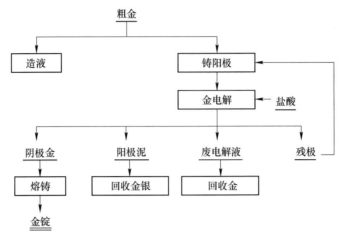

图 7.11　金电解原则工艺流程

A　电解液的制备

制备金电解液的最好方法是电解法，俗称电解造液。另外，还可使用王水溶解法。

a　隔膜电解造液法

隔膜电解造液法是在与金电解相同的槽中，采用与金电解基本相同的技术条件进行的，其最大不同点是纯金阴极很小且装于未上釉的耐酸素瓷坩埚中。

此法广泛应用于工业生产中。当使用 25% ~ 30% 的盐酸液，在电流密度 1000 ~ 1500A/m^2 和槽电压不大于 3 ~ 4V 条件下，可制备出含金 380 ~ 450g/L 的浓溶液。

某厂电解造液是在电解槽中加入稀盐酸（化学纯盐酸或蒸馏盐酸），槽中装入粗金阳极板，在素瓷坩埚中装入 105mm×43mm×1.5mm（厚）的纯金阴极板。素瓷坩埚内径为 115mm×55mm×250mm（深），壁厚 5 ~ 10mm。坩埚内的阴极液为 1∶1 的稀盐酸。电解槽内 HCl∶H_2O=2∶1，阴极液面比电解槽阳极液面高 5 ~ 10mm，以防止阳极液渗入阴极区。电解造液的条件通常采用电流密度 200 ~ 300A/m^2，槽电压为 2.5 ~ 4.5V，重叠交流电为直流电的 2.2 ~ 2.5 倍，交流电压为 5 ~ 7V，电解液温度为 40 ~ 60℃，同极距 100 ~ 120mm，当接通电流时，阴极上开始放出氢气，而阳极则开始溶解，造液 44 ~ 48h，即获得密度 1.38 ~ 1.42g/m^3、含金 300 ~ 400g/L（延长周期最高可达 450g/L）、含盐酸 250 ~ 300g/L 的溶液，经过滤除去阳极泥后，储存在耐酸瓷缸中备用。作业终止后，取出坩埚，阴极液集中进行置换处理，以回收可能穿透坩埚进入阴极液中的金。

鉴于金价昂贵，为提高金的直收率，使金不致积压于生产过程中，某些厂曾使用含金 95 ~ 120g/L、盐酸 120 ~ 150g/L 的电解液。

b　均质阴离子交换膜造液法

隔膜电解法造液，除了采用素瓷坩埚外，还可采用阴离子交换膜。阴膜 M886A 的化学组成，是带有氨基功能基团的高分子电解质（R⁺Cl⁻），由于阴膜的高分子氨基固定基团（即 R⁺），对电解液中的正电荷金离子有相斥作用，阻止金离子向阴极区迁移，使阳极区的造液效率提高。用 M886A 过氯乙烯弱酸性均质阴离子膜粘贴在硬聚氯乙烯框架上，黏合剂由聚氨酯胶水和过氯乙烯粉溶化于环乙酮饱和溶液中。阴离子膜与素瓷坩埚性能比较见表 7.8。

表 7.8 阴离子膜与素瓷坩埚性能比较

项 目	M886A 阴离子交换膜	素瓷坩埚
槽电压/V	1.6~2.0	1.8~2.2
槽温/℃	65~68	68~70
使用寿命/天	4~6	2
阴极室析出金粉	很少量，易回收	多量，不易回收
金的回收	膜基本不粘金，可全部回收	坩埚壁渗金，回收困难
操作条件	槽温低、盐酸蒸气量小、操作条件较好	盐酸蒸气较大，操作条件较差

（1）使用阴膜消除了在使用素瓷坩埚时，在阴极产生的金泥。由于阴膜的选择性，阻止了金离子在电解过程中进入阴极，因此，在阴极上很少有金泥析出。素瓷坩埚的孔隙虽小，渗透差，阻力也大，但还不能完全阻止金离子渗透到阴极区产生金泥，金泥清除困难。相反，阴膜无此弊病，故可提高成品产出率。

（2）素瓷坩埚由于它本身壁厚，在孔隙中渗进了金粉，回收有困难。而阴膜则无此缺陷，即使膜黏附少量的金粉，也可焚化回收，而素瓷坩埚则无此优点。因此，使用阴膜降低了黄金损耗。

（3）素瓷坩埚的电阻比阴膜大。使用阴膜的槽电压比使用素瓷坩埚低，电解液温度相应也低，减少电能的损耗。

（4）使用阴膜的盐酸蒸气量小，环境污染少，操作条件好。

c 王水溶解造液

将还原的金粉加王水溶解而制得。一份金粉加入一份王水，经溶解后过滤除去杂质。为了除去溶液中的硝酸，通常在金粉全部溶解后继续加热赶硝，以使其分解成氧化氮而被除去。王水造液的优点是速度快，但溶液中的硝酸根不可能完全被排除。用此溶液进行电解时，由于硝酸根离子的存在，会使电解过程中出现阴极金反溶解的不利因素。

一般常用氯化物电解液，也有的用王水电解液。如乌兹别克斯坦的穆龙陶金矿因含银和杂质较高，多年的生产实践说明：采用王水电解法（工作电解液含：Au 180~200g/L，HCl 110~140g/L，NO_3^- 95~110g/L），可以处理低品位的、杂质含量较高的阳极金属。该矿的粗金属中的杂质是在炉料熔炼时除去的，银留在阳极金属中，电解时进入阳极泥再用分离熔炼法回收。当阳极组分为 Au 70%~90%，Ag<12%，Cu<20% 时，阴极金纯度为99.99%，但槽电压较高（2.2V）、电流效率较低（换算成 Au(Ⅲ)，约比氯化物电解法低10%），同样条件下比氯化物电解法的生产能力低 8%~10%，滞留的金达 20%~25%。

B 阴极片的制作

阴极片制作可采用电解（积）法和轧制法。

a 电解法

金始极片，可用电解法制取，俗称电解造片。造片是在与电解金相似的或同一电解槽中进行。电解液使用上述制备的氯化金电解液，槽内装入粗金阳极板和纯银阴极板（种板）。电解造片通常在较低的电流密度和温度下进行，采用的操作条件见表 7.9。

表 7.9　电解造片的电解操作条件

项　目	操作条件	项　目	操作条件
电流密度/A·m^{-2}	210~250	$I_{直流}$：$I_{交流}$	1:3
槽电压（直流）/V	0.35~0.4	电解液温度/℃	35~50
槽电压（交流）/V	5~7	同极距/mm	80~100

　　先将种板擦拭干净，并经烘热至 30~40℃后打上一层极薄而均匀的石蜡。在种板边缘 2~3mm 处，一般经过涂蜡处理或用其他材料进行粘边或夹边，以利于始极片的剥离。通电后，阳极不断溶解，并于阴极种板上析出纯金。经 4~5h，即能在种板两面析出厚 0.1~0.15mm、质量约 0.1kg 的金片。种板出槽后，再加入已备好的另一批种板继续造片。取出的种板，用水洗净表面黏附的电解液（洗水集中于废液储槽中）。经晾干后剥下始极片，先于稀氨水中浸煮 3~4h，后用水洗净。再于稀硝酸中用蒸气（或外加热）浸煮 4h 左右，取出用水刷洗净并烘（或凉）干，然后剪切成规定尺寸的始极片和耳片；经钉耳、拍平，供金电解用。

　　b　轧制法

　　将造好的金电解液（一般可采用王水法造液）采用草酸（或亚硫酸钠或硫酸亚铁）还原为金粉，烘干后熔铸成片状金条，金的纯度一般为 99.95%~99.99%。再采用对辊轧机将金条压制为 0.1~0.2mm 厚的金箔。为达到该厚度，轧制时可将金片折叠在一起，并不断退火，待达到生产要求的厚度时，采用人工将金箔分离。金箔分离后，按照生产要求的尺寸裁剪为大小适合的阴极片，并在金片上部穿上金挂耳后供金电解提纯使用。

　　C　粗金阳极板的熔铸

　　电解前先将金原料熔铸成粗金阳极板。当原料为合质金或其他含银高的原料时，应在熔铸前先用电解法或其他方法分离银。粗金阳极板，一般盛装在石墨坩埚内于柴油地炉中熔铸。地炉和坩埚容量的大小视生产量规模而定，一般常用 60~100 号坩埚。如用 100 号坩埚，则每锅熔炼粗金 75~100kg。为提高阳极板的纯度，需往原料中加入少量硼砂和硝石，在 1200~1300℃温度下熔化造渣 1~2h。原料熔化后，还可视造渣情况加入少量硝石等氧化剂进行造渣。在过程中由于强烈的氧化和碱性炉渣的侵蚀，坩埚液面的部位常会受到严重侵蚀，甚至被烧穿。因此，可视坩埚情况加入适量洁净干燥的碎玻璃，用以中和碱渣来保护坩埚，并吸附液面的渣。熔炼造渣完成后，用铁质工具清除液面浮渣，取出坩埚，浇铸于经预热的模内。浇铸时不要把阳极模子夹得太紧，以免阳极板在冷凝时断裂。由于金阳极小，冷凝速度快，因此除要烤热模子外，浇铸的速度也要快。阳极板的规格各厂不一，在某些工厂为 160mm×90mm×10mm，每块质量为 3~3.5kg，含金在 90% 以上。待阳极板冷凝后，撬开模子，趁热将板置于 5% 左右的稀盐酸液中浸泡 20~30min，除去表面杂质，洗净晾干送金电解精炼。

　　D　电解槽

　　金电解精炼用的电解槽，可用耐酸陶瓷方槽，也可用 10~20mm 厚的塑料板焊成的方槽。为了防止电解液漏损，电解槽外再加保护套槽。金电解精炼槽技术操作条件见表 7.10。

表 7.10 金电解精炼槽技术操作条件实例

项 目	厂 别				
	1	2	3	4	5
$I_{直流}:I_{交流}$	1:2	1:(1.5~2)	1:1.5	1:1	无交流电
阴极电流密度/A·m^{-2}	200~250	500~700	190~230	250~280	450~500
同极中心距/mm	80~90	120	70~80	90	90
电解液密度/g·cm^{-3}	1.4	1.36~1.4			
槽电压/V	0.2~0.3	0.3~0.4	0.2~0.3		0.4~0.6

E 金电解精炼的技术经济

金电解精炼的电解液，一般含 Au 250~350g/L、HCl 200~300g/L；在高电流密度作业时，含金宜高些；电解液中含铂不宜超过 50~60g/L，含银不宜超过 5g/L。电解液的温度一般为 50℃，如采用高电流密度可高达 70℃，电解液不必加热，靠电解的电流作用即可达到上述温度。

电流密度应尽量高些，一般为 700A/m^2，国外有些厂高达 1300~1700A/m^2。如采用高电流密度，宜提高阳极品位、电解液中金和盐酸的浓度。电流效率主要指直流电的电流效率，因电金的析出是靠直流电的作用。一般工厂的阴极电流效率可达 95%。槽电压与阴极品位、电解液成分、温度、极间距、电流密度等有关，一般为 0.3~0.4V。电能消耗也是指直流电的单耗，即每生产 1kg 电金所消耗的直流电能。

F 产品及其处理

a 电金

阴极金（电金）取出后用净水洗涤，去掉表面的电解液、洗液，洗水不能弃去。电金在坩埚炉中，于 1200~1300℃下熔融，熔化后金液表面宜用适量火硝覆盖，浇铸温度 1150~1200℃，铸模预热到 120~150℃，熏上一层烟灰。金锭脱模后用纯水洗涤，用洁净纱布蘸酒精擦拭表面，使之光亮。金锭品位一般大于 99.99%。

可用多次电解的方法制备高纯金，如用含金量大于 99.9% 的阳极，在 HAuCl$_4$+HCl 电解质中用钽片作阴极，经两次电解、硝酸煮洗，获得大于 99.999% 的高纯金。

b 残极

电解一定时间后，阳极溶解到残缺不全，称为残极，残极取出后，要精心洗刷，收集其表面的阳极泥，然后送去与二次黑金粉一起熔铸成新的阳极。

c 阳极泥和电解废液的处理

金电解阳极泥产率一般为 20%~25%，约含 AgCl 90%、金 1%~10%，通常将其返回再铸金银合金阳极板供银电解。由于氯化银的熔点低（452℃），熔炼时容易挥发损失，为此某厂将金电解阳极泥于地炉中熔化后用倾析法分离金，氯化银渣加入碳酸钠和碳进行还原熔炼，铸成粗银阳极送银电解，金返回铸金阳极。

当金阳极泥含有锇铱矿时，应先筛分阳极泥，选出锇和铱后，再回收金、银。更换电解槽中的金电解液，是先将废液抽出，并将阳极泥清出，洗净电解槽加入新液。废液和洗液全部过滤，获得的阳极泥洗净烘干。

废液和洗液，一般先用二氧化硫或亚铁还原其中的金后，再加锌块置换铂族金属至溶液澄清为止。经过滤，滤液弃去。滤渣含铂族金属较高，用 1 : 1 的稀盐酸浸洗除去铁、锌后，送精制铂族金属。

当电解废液含铂、钯很高时，也可先用氯化亚铁还原其中的金，再分离铂、钯等。处理这种金电解废液，也有先加入氯化铵使铂呈氯铂酸铵沉淀后，再用氨水中和溶液至 pH 值为 8~10，使贱金属水解除去，再加盐酸酸化至 pH 值为 1，使钯生成二氯二氨络亚钯沉淀。余液用铁或锌置换回收残余贵金属后弃去。金电解过程中，如电解液中含铂、钯过高，有可能与金一起析出时，也可采用上述方法净化电解液。除去铂、钯后，溶液可返回电解使用。

某厂在进行含金 49.85g/L、钯 4.74g/L、铂 0.68g/L 的金电解废液试验时，分别使用硫酸亚铁、二氧化硫和草酸还原金，金、钯、铂的沉淀率见表 7.11。

表 7.11　金、钯、铂的沉淀率　　　　　　　　　　　（％）

还原剂	金	铂	钯
硫酸亚铁	99.13	95.99	100.00
二氧化硫	99.93	51.39	95.60
草酸	96.01	97.05	92.53

亚铁还原金的还原率高，铂、钯的损失少；草酸最低；二氧化硫还原金的还原率虽最高，但钯的损失过大，可能是生成不溶性的钯配盐之故。还原金后的溶液，尚含有少量金，再加入锌块置换，贵金属的回收率分别为：Au 99.77%、Pd 98.93%、Pt 约 100%。当把溶液酸度提高到 0.2mol/L 时，用锌还原效果会更好。如将草酸还原金的滤液不加锌置换改用甲酸还原，先调溶液 pH 值为 6，再加入甲酸，贵金属的回收率分别为 Au 99.70%、Pd 99.97%、Pt 96.09%。

锌置换法是一种具有过程迅速、置换彻底、操作简便，以及不需特殊设备的简便易行的可靠方法。经鼓风搅拌，最终加锌粉置换后的残液中，金、铂、钯小于 0.0005g/L，达到了生产废弃的标准。金、铂、钯的置换回收率在 99%~99.9% 之间，效果令人满意。为了获得更好的效果，还可以采取以下措施：

（1）可适当增加置换液的酸度，并鼓风搅拌，以免贵金属精矿中含锌粉过高。如锌粉过高，可于 3mol/L 盐酸液中加热至 80~90℃ 搅拌除锌。

（2）溶液含铜等贱金属过高时，改用铜置换。用锌或铜置换所得的贵金属精矿，均使用 60g/L 的硫酸高铁溶液浸出除铜。

（3）含有硝酸和亚硝酸介质的溶液，锌置换法不能彻底回收其中的贵金属，应避免使用。

苏联曾使用电解法处理金电解废液。该法是在金电解造液时，将电解废液注入阴极隔膜内，在阳极区溶解阳极的同时，废电解液中的金则于阴极上析出。析出的阴极金供铸阳极用。

7.3.3.4　电解精炼制备 99.999% 高纯金

电子行业广泛应用金及其合金材料作内引线和焊料。过去一般采用 99.99% 金作原料生产金材或配制金合金。如今都使用 99.999%（5N）金作为电子行业中的用金。

99.999%的高纯金可用很多方法获得，如萃取、离子交换，甚至化学还原分离等都可获得 5N 高纯金。电解精炼是提高金的纯度最为实用的一种方法，不仅除杂质效果好，而且流程短，操作简便。

A 电解精炼制备高纯金的原理与工艺

电解精炼时，以粗金作阳极，用不被电解介质腐蚀的惰性金属片作阴极。通电时，阳极主要发生如下反应（Me 代表比较活泼的金属元素）：

$$Au - 3e \longrightarrow Au^{3+}$$
$$Me - ne \longrightarrow Me^{n+}$$

阴极主要发生下列反应：

$$Au^{3+} + 3e \longrightarrow Au$$
$$Me^{n+} + ne \longrightarrow Me$$

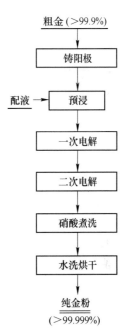

从阳极和阴极过程看，如果选择适当槽电压（即适当控制阴极电流密度）就可以控制阴极只有 Au(Ⅲ)+3e ═ Au 析出，而使 Me^{n+} 不析出或基本不析出，仍留于电解液中，金就得到纯化。电解液为 $AuCl_3$、HCl 溶液，工艺流程如图 7.12 所示。

电解用原料含金量不小于 99.9%，其杂质分析结果为：Fe 0.005%、Mg 0.00006%、Pb 0.005%、Al 0.0002%、Bi 0.002%、Ni 0.005%、Cu 0.045%、Ag 0.1025%、Zn 0.0005%、Ga 0.00004%、Sb 0.004%。

阳极板尺寸为 150mm×100mm×10mm，阴极钽片尺寸为 150mm×100mm×1.5mm。电解槽用 300mm×300mm×200mm 玻璃方缸。

一次配液用 99.99%金，二次配液用 99.999%金。电解液组成：$AuCl_3$ 60~80g/L、HCl 50~60g/L。极距：一次为 100mm，二次为 150mm。电解温度为 40~60℃，槽电压为 0.5~1.2V，阴极电流密度为 360~480A/m^2。一次电解金板直接作为二次电解阳极。一次与二次电解串联。配液所用盐酸、硝酸试剂一次为分析纯，二次为优级纯。水用 8MΩ 以上去离子水。一次阳极金板装入用涤纶布做的布袋内，以收集阳极泥。电解过程要情况适当补液和补盐酸。

图 7.12 电解精炼制备 99.999%金工艺流程

B 电解过程中主要现象

（1）通电时，阳极逐渐溶解，阴极不断有金析出。随着时间延长，有少量极微细金粉沉淀于槽底，并逐渐增多。这是由于在电场的作用下，阳极溶解不仅有 Au(Ⅲ) 进入电解液，而且有 Au(Ⅰ) 转入电解液，使电解液中存在如下平衡：

$$Au + 4Cl^- - 3e \rightleftharpoons AuCl_4^- \qquad E^{\ominus} = 0.99V$$
$$Au + 2Cl^- - e \rightleftharpoons AuCl_2^- \qquad E^{\ominus} = 1.04V$$
$$AuCl_2^- + 2Cl^- - 2e \rightleftharpoons AuCl_4^- \qquad E^{\ominus} = 0.96V$$

从上述反应的平衡电势可知，电势很接近，建立平衡很慢，所以当 Au(Ⅰ) 离子转入溶液的数量超过平衡所需数值时，Au(Ⅰ) 就会发生歧化反应，即：

$$3AuCl_2^- \longrightarrow 2Au\downarrow + AuCl_4^- + 2Cl^-$$

故有极微小的金粒沉淀于槽底。这种现象使金离子不能全部迁移到阴极放电析出金，影响电解金的产量，因此应当尽量避免。试验证明，要完全克服问题较困难，但通过适当控制电解温度和电流密度，可以改善这种现象，使尽量少的金粉沉淀于槽底。

（2）阳极有时发生钝化。阳极金在电场的作用下，不继续以 Au（Ⅲ）转入电解液，造成电解液中 Au（Ⅲ）贫乏，甚至中断电解。阳极钝化现象是由于盐酸浓度很低时，$AuCl_3$ 与水反应生成含 Cl、Au、O 的配合阴离子：

$$AuCl_3 + H_2O \Longrightarrow H_2AuCl_3O$$

$$H_2AuCl_3O \Longrightarrow 2H^+ + AuCl_3O^{2-}$$

$AuCl_3O^{2-}$ 迁移到阳极放电析出氧，造成阳极钝化，不再溶解。阳极钝化直接影响电解的进行，必须加以克服。出现钝化时，适当加入盐酸就可以消除钝化。因为在盐酸存在时，$AuCl_3$ 溶于水中就不会生成含氧、金、氯的配合阴离子，而生成氯金酸配合物。此反应如下：

$$AuCl_3 + HCl \Longrightarrow HAuCl_4$$

$$HAuCl_4 \Longrightarrow H^+ + AuCl_4^-$$

此在电解过程中，为了防止阳极钝化，要定期适当补充盐酸，使电解液始终维持一定的盐酸浓度。

C　金电解过程中杂质的行为

一次电解金和二次电解金杂质分析结果见表 7.12。

表 7.12　一次电解金和二次电解金杂质分析结果　　　　　　　　　　（%）

电解金	Fe	Bi	Pb	Ga	Cu	Ag
一次	1×10^{-4}	5×10^{-4}	2.5×10^{-4}	$<1\times10^{-5}$	1.2×10^{-4}	7×10^{-4}
二次	2.4×10^{-5}	$<1\times10^{-5}$	$<1\times10^{-5}$	$<1\times10^{-5}$	$<1\times10^{-5}$	6.8×10^{-4}

电解金	Ni	Mg	Al	Zn	Sn
一次	1.3×10^{-4}	4×10^{-5}	5×10^{-5}	6×10^{-5}	4×10^{-4}
二次	$<1\times10^{-5}$	$<1\times10^{-5}$	$<1\times10^{-5}$	$<1\times10^{-5}$	$<2\times10^{-6}$

与电解用原料对照可知，金的电解提纯除去杂质的效果很明显，不仅能除去元素的种类多，而且每次每个元素除去的程度也很高。99.9% 金经二次电解，纯度可达 99.999% 以上。

Fe、Ni、Ga、Zn、Sb、Cu、Bi、Pb、Mg、Al、Ag 的 $E^\ominus$ 都比 Au 的 $E^\ominus$ 小得多，故在电解时，阳极金以 Au（Ⅲ）、Au（Ⅰ）转入电解液的同时，它们也都会以离子状态进入电解液，并向阴极迁移。由于电解液中 Au（Ⅲ）是主体，能斯特公式判断，金的实际电极电势比上述杂质元素的电极电势要大得多。所以在阴极发生金析出的电极过程，而杂质元素则不析出或基本不析出，仍留在电解液中，使金与它们很好地分离。

二次电解金用浓硝酸煮洗除银。经过二次电解后，银绝大部分被除去，降至 6.8×10^{-4}%，但与其他元素相比，除银效果相对差些。这可能是由于两个因素：（1）电解液盐酸浓度较高，AgCl 的溶解度较大，而银的 $E^\ominus$ 为 0.8V，比较高，Ag^+ 有可能在阴极析出。

（2）$Ag = Ag^+ + e$，转入电解液后，Ag^+ 与 Cl^- 作用生成 AgCl 沉淀，虽然有布袋收集进入阳极泥，但极细的银粉，也有可能穿透布袋进入整个电解液而沉淀夹入阴极金中，并带入二次电解槽，继续机械夹带入阴极。为了继续除去 Ag，采用浓硝酸煮洗二次电解金，其结果银为 $3.4 \times 10^{-4}\%$，比二次电解金的结果 $6.8 \times 10^{-4}\%$ 要好。用含 99.9% 的粗金，在选定的电解条件下，经二次电解，金的纯度可达到 99.999% 以上的高纯金。

7.3.3.5 电解精炼金闭路循环新工艺——J 工艺

金精炼技术有很长的历史，电解法和王水法是著名的方法。电解法的一大优点是在相对投资小的条件下，容易获得 99.95%~99.99% 的金；缺点是大量黄金必须以电解液和电极形式储存，工艺速度比王水法慢；在大规模生产中，电解槽存金涉及大量资金、利息。

在王水法中，用王水溶解金（粗金），用化学试剂部分还原溶液中所含的金，以得到纯度为 99.99% 的金。要求：（1）必须知道溶液中可溶金的总量，（2）适当调整还原条件的酸度，（3）进行部分还原（一般为理论值的 80%~90%）。

王水法的主要优点是不需要像电解液和电极那样储存金，投入至产出的时间非常短；缺点是产生一氧化氮和氯化氢废气和大量的强酸性废水。为保证满意的环境条件，必须有废气洗涤器和废水处理设备。

在金精炼工艺中通常使用强酸（王水、盐酸等）和有毒的化学药品（氰化物等），这些都会影响生态环境。J 工艺是在这样的背景下发展起来的，该工艺的特点是环境满意，工艺速度快。J 工艺是一种金精炼新工艺，其工艺要点概述如下：（1）再生返回系统溶液，以便在隔膜电解槽里生产化学试剂（I_2，KOH）；（2）用碘和碘化物溶液溶解粗金；（3）去掉不溶解杂质；（4）用强碱（KOH）选择还原金；（5）从溶液中分离金粉；（6）用电沉积法除去可溶杂质（铂、银、钯等）；（7）系统溶液返回。

J 工艺的优点是：（1）不产生废气和废水；（2）J 工艺只用电能操作，不加化学药剂；（3）工艺速度比电解法快约 3~5 倍；（4）从纯度为 99.5% 的粗金中经处理可获得纯度高于 99.99% 的金。

A J 工艺流程

日本所发明的碘金精炼工艺，可快速获得 99.99% 的纯金，J 工艺流程如图 7.13 所示。在 I_2 发生器中用电解法从系统溶液中生产化学试剂（I_2，KOH）。

在反应槽里，用碘和碘化物溶液把粗金溶解为碘化金。用过滤器除去不溶杂质，在还原槽内用从 I_2 发生器产生的强碱（KOH）选择性地还原碘化金，以纯金粉形式沉淀。用离心过滤器从溶液中分离金粉，并用烘干机烘干。滤液在电解槽内电解，可溶杂质（铂、银、钯等）在阴极上沉积，无杂质溶液作为系统溶液。

B J 工艺的构成

J 工艺的构成包括以下几个方面：

（1）系统溶液。系统溶液包含碘化钾（KI）、碘酸钾（KIO_3）和氢氧化钾（KOH）。KI 用于制造使金溶成碘酸钾的碘。金从 KIO_3 溶液中被还原。在 I_2 发生器里电解碘酸钾溶液，以便在阴极把碘酸钾分解为碘化钾。氢氧化钾用于将系统溶液的 pH 值调节到 12~14，在此 pH 值范围内还原碘化金。

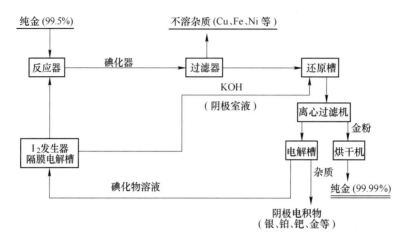

图 7.13　J 工艺流程

（2）碘发生器。用隔膜电解技术设计碘发生器，碘发生器一般用于苏打工业。碘发生器用隔膜将阳极室和阴极室分开，每室的溶液不能混合，阴极和阳极都是镀铂钛板，隔膜是一种阳离子交换膜。在阳极，碘由系统溶液的碘化钾中制取，碘酸钾不进一步氧化。在阴极，系统溶液的碘酸钾被还原为碘化钾和氢氧根，不产生氢气，因为碘酸钾氧化还原电势比产生氢气的电势低，如果产生氢气，J 工艺的物料平衡就被破坏，不可能存在封闭的化学系统。

阳极室溶液中剩余的钾离子，由于电势梯度通过阳离子交换膜转移到阴极室。在阴极室内制备 KOH 溶液。反应式如下：

阳极室：
$$2KI - 2e \Longrightarrow I_2 + 2K^+$$

阴极室：
$$KIO_3 + 3H_2O + 6e \longrightarrow KI + 6OH^-$$
$$K^+ + OH^- \Longrightarrow KOH$$

（3）反应器。反应器是一个装有 300kg 粗金粒的柱，把碘发生器中的碘和碘化物溶液装入，通过反应器的底部并到达顶部。粗金溶解速度取决于碘供应量，此反应如下：

$$2Au + 3I_2 + 2KI \longrightarrow 2KAuI_4$$

（4）过滤器。过滤器从碘化金溶液中除去不溶杂质，含金溶液调整到微酸性，贱金属（铁、镍、铜等）将变为不溶的氢氧化物或碳化物。在这个作业中，除去大部分贱金属。

（5）还原槽。在还原槽中，碘化金溶液被 I_2 发生器阴极室溶液中的碱选择性地还原，获得高纯金粉。在这个作业中，溶液由强碱组成，与系统溶液的碱度相同。还原反应式如下：

$$2KAuI_4 + 6KOH \Longrightarrow 2Au + 7KI + KIO_3 + 3H_2O$$

还原槽安装在工厂的最高位置，槽的底部连接到一个离心过滤机。

（6）离心过滤机。从反应槽底部将金泥排到离心过滤机中，金粉和溶液分离，金粉用纯蒸馏水彻底清洗，并转入干燥机上。蒸馏液作清洗水返回再用，滤液返回到系统溶液中。

（7）干燥机。干燥机是自旋转式干燥机，湿金粉约在 5min 内完全干燥。

（8）电解槽。这是作为溶液净化系统。离心过滤机的滤液含有可溶杂质（铂、银、钯等）和未还原的碘化金，以致杂质（铂、钯、银等）和未还原金在电解槽阴极上沉积，并从溶液中分离。在这个作业后，溶液可再用，并作为系统溶液返回。

C J工艺的物料平衡

碘发生器和碱溶液（碘发生器）反应为：

阳极室： $$2KI - 2e \Longrightarrow I_2 + 2K^+$$

阴极室： $$KIO_3 + 3H_2O + 6e \Longrightarrow KI + 6OH^-$$

$$K^+ + OH^- \Longrightarrow KOH$$

粗金溶解（反应器）：

$$2Au + 3I_2 + 2KI \longrightarrow 2KAuI_4$$

碘酸钾金反应（反应容器）：

$$2KAuI_4 + 6KOH \Longrightarrow 2Au + 7KI + KIO_3 + 3H_2O$$

上述每个反应式的左边之和为：

$$8KI + KIO_3 + 3H_2O + 2Au + 3I_2 + 2KAuI_4 + 12KOH$$

每个反应式右边之和为：

$$3I_2 + 8KI + 12KOH + 2KAuI_4 + 2Au + KIO_3 + 3H_2O$$

反应式左边之和正好等于右边之和，所以，J工艺化学反应能组成一个极好的封闭系统，J工艺控制只需要电力，不需要再增加化学试剂。

D J工艺金的质量

J工艺可从99.5%粗金中获得99.995%金或纯度更高的金。已经确定J工艺可以提供环境污染问题极好解决的办法。工业规模的工厂能在短短的3h之内以50kg/h的速度使99.5%的粗金提纯到99.995%的纯金。金碘化精炼工艺的优点是：（1）不产生废气和废水，（2）工艺只用电能操作，（3）工艺速度比电解法快约3~5倍，（4）可获得高于99.99%的金。

7.3.4 金的萃取精炼

萃取法提纯金效率高，工序少，产品纯度高，返料少，操作简便，适应性强，生产周期短，金属回收率高，不但可用于金的提取，还可用于金的精炼。目前用于工业的原液多为金和铂族金属的混合溶液，如含金的铂族金属精矿、铜阳极泥、金矿山和氰化金泥及各种含金边角料等，其品位低至百分之几，高至百分之几十，将其溶解转入溶液后，金均以氯金酸形式存在于溶液中[107]。

此外，磷酸三丁酯（TBP）与十二烷的混合液、TBP与氯仿的混合液，仲辛醇等均可萃取分离金和铂族金属，金的萃取率达99.0%，有机相与草酸溶液加热还原即可反萃金。用乙醚和长碳链的脂肪醚在低酸度条件下萃取，也能生产高纯金。用甲基异丁基酮从金和铂族金属混合液中萃取金，萃取率可达99.0%。异癸醇既适用于金和铂族金属与贱金属的分离，又适用于从高浓度原液中萃取金。当用醚、醇、酮萃取金时，铜、镍等贱金属均不被萃取或少量萃取，载金有机相中夹带的贱金属用酸洗涤即可除去。因而，可以用于从存在大量贱金属的溶液中选择性地提取金或回收金。

7.3.4.1　萃取精炼的基本原理

溶剂萃取冶炼金工艺是基于在含金的氯化溶液中，加入一种有机试剂进行萃取，将氯金酸络离子萃取到有机相中，与溶液中的杂质分离，有机相中的金采用适宜的还原剂还原成海绵金，其成色达到99.9%以上，达到精炼金的目的。

A　配位体交换理论的萃取

配位体交换机理是指萃取剂分子进入贵金属络合离子内界，形成疏水性的中性络合物或螯合物；氢离子不参加反应，萃取率与水相氢离子浓度无关，但随 Cl^- 浓度的增高而降低，萃取动力学速率慢，混相时间需几个小时才能达到平衡，萃取过程吸热、反萃困难，中性有机络合物在有机相中溶解性较好，饱和萃取容量较大。

B　形成离子对机理

形成离子机理又称为离子络合机理，贵金属的溶剂萃取机理大多属于此类。萃取时萃合物中贵金属络离子的结构保持不变，与水相中相同，氢离子参与萃取反应，萃取动力学速率快，一般混相几分钟即可达到平衡，萃取过程放热、反萃容易；因缔合盐在有机相中溶解度有限，金属的饱和萃取容量不高。

C　离子交换机理

季铵盐是典型的液态银离子交换萃取剂，它由大体积的有机胺阳离子与卤素阴离子组成。贵金属氯络阴离子与水化作用强的卤素阴离子发生交换而被萃取。由于氢离子不参加反应，故萃取剂与水相酸度无关。贵金属氯络离子的电荷密度低于氯离子的电荷密度，两种离子交换可降低体系的自由能，由于季铵盐萃取能力强，因而反萃很困难。

D　溶剂化机理

从盐酸介质中萃取金属络合物时，究竟是萃取剂对氢离子溶剂化，还是对整个氯金酸分子溶剂化，存在着分歧。有些文献认为酮类和醚类是非常弱的萃取剂，它们能选择性地萃取金，也对 $HAuCl_4$ 分子溶剂化，但也有人认为，氯金酸是相当强的酸，在水中不易缔合为分子，$AuCl_4^-$ 易被萃取是因为它只带一个负电荷，亲水性弱。

7.3.4.2　常用萃取剂的性质和萃取特性

金的萃取剂很多，有多种中性、酸性和碱性有机萃取剂，包括醇类、醚类、酯类、膦类、胺类、亚砜类、酮类以及含硫有机萃取剂。金与这种试剂能生成稳定配合物并溶解于有机相中为金（Ⅲ）的萃取分离提供了有利条件。

通常采用的萃取剂有二丁基卡必醇（简称DBC）、二异辛基硫醚、甲基异丁酮、磷酸三丁酯（简称TBP）以及仲辛醇、混合醇等。另外采用二元协同萃取剂对金以及贵金属的萃取也有显著的萃取效果。

7.3.4.3　金溶剂萃取精炼工艺的特点

溶剂萃取精炼工艺对原料的适用性强，金电解要求阳极泥含金不低于75%，含银不高于8%，含铜不高于2%，而溶剂萃取对原料品位无特殊要求，杂质要求含锑、锡低。适用于银电解后的金泥，氰化后的金泥和粗合质金。

溶剂萃取流程较长，劳动强度较大。而电解精炼工艺过程比较稳定，易于控制，劳动强度较小；溶剂萃取精炼工艺所需原材料种类多、消耗大、成本较高；溶剂萃取生产周期短 (24h)；熔剂萃取金积压少，直取率高 (大于 99%)；溶剂萃取总回收率为 98.5% ~ 99%；溶剂萃取工艺生产设备多，腐蚀严重，设备事故率高；溶剂萃取工艺所需劳动力定员与投资均较金电解工艺多。

7.3.4.4 王水溶解—DBC 萃取精炼法

广东金鼎黄金有限公司（原广东高要河台金矿）黄金精炼厂、福建紫金矿业股份有限公司（上杭）黄金冶炼厂等，将王水溶解—DBC 萃取法精炼技术应用于合质金的精炼，取得了较好的技术经济指标，以广东高要河台金矿黄金精炼厂的黄金精炼工艺为例，介绍王水溶解 DBC 萃取法精炼黄金技术在黄金矿山生产中的应用情况。

A 萃取工艺对原料和设备的要求

工艺对原料的要求不高，金泥经过加酸除杂作业，金含量达 80% ~ 90%，若是合质金，成色应达 80% 以上。合质金送熔金炉熔融后泼珠，泼珠后合质金或除杂或溶于王水中，而金泥溶于王水生成贵液后送萃取工艺流程。由于萃取剂具有良好的选择性，贵液中杂质元素含量不影响最终成品金的成色。由于整个工艺流程为湿法作业，对设备的要求较高，其中搪玻璃反应釜为主要设备，用于溶金、还原、酸煮金粉、尾液回收等。萃取器为自制，采用多级逆流萃取方式，和其他辅助设备一样，要求要有耐酸碱、耐一定温度、不易氧化等特性。

B 工艺流程

DBC 萃取法精炼合质金工艺流程如图 7.14 所示。

C 主要工艺条件

含金贵液 30 ~ 50g/L、HCl 1.5mol/L、萃取剂 DBC，经各自的高位槽，按规定流量比进入萃取器进行萃取。萃取流量比控制为：贵液：萃取剂：1.5mol/L HCl = 1：1：1，即相比控制在 O：A = 1：2，各流量都控制在 210 ~ 220L/h，萃取器搅拌转速 400 ~ 500r/min。

经萃取、洗涤，得到纯净的萃金有机相，导入反萃还原金的反应釜。用配置成一定浓度的 Na_2SO_3 溶液进行反萃还原，Na_2SO_3 溶液中加入一定比例的 NaOH。还原剂加至 pH 值为 8 ~ 9 为反应终点，然后用 1：1 分析纯 HCl 调到 pH 值为 3 ~ 4，反应时间为 2 ~ 3h，反萃搅拌转速 100 ~ 150r/min。

还原结束后，打开反应釜放料阀，进行真空过滤。过滤得到的金粉加入反应釜中用盐酸洗涤，加入 1：1 分析纯 HCl，加温至 90 ~ 100℃，然后用酒精洗涤，过滤后即得到纯的金粉 (Au>99.995%)。金粉烘干后铸锭即可获得符合上海黄金交易所标准的金锭。

过滤后的滤液进入分相器，静置分层后，上层有机相（萃取剂）用一定浓度的 HCl 洗涤两次后可返回萃取流程循环使用。下层水相用泵打入残液储槽与其他洗涤水和残液合并后回收其中残余的金。洗涤用过的酒精洗涤液可用蒸馏法回收酒精和萃取剂。

生产过程中（萃取、洗涤等）产生的含金废水，加碱液中和后，加入锌置换回收溶液中的金，再经过活性炭吸附柱后外排。处理后外排水中含金小于 0.1g/m³，pH 值接近中性。生产过程中产生的废气经过吸收后达到国家排放标准后外排。

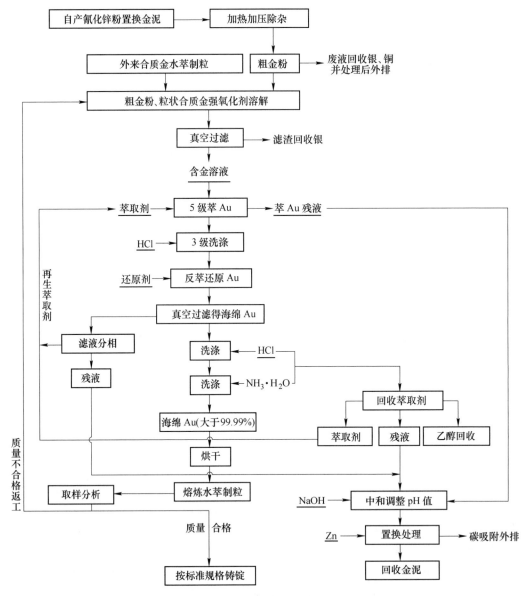

图 7.14　DBC 萃取法精炼合质金工艺流程

D　萃取槽的设备配置

DBC 萃取法精炼合质金萃取槽的设备配置如图 7.15 所示。

E　主要技术经济指标

主要技术经济指标有以下两个方面：

（1）萃取率与回收率。工业实践萃取原液金浓度达到 100g/L 以上，经萃取后的萃余液金浓度为 20mg/L 左右，萃取率达 99.9％以上。工艺对萃取原液金的浓度没有特别要求，但为了控制料液的总量应尽量提高原液金浓度。精炼过程金的直接回收率在 99.9％以上，主要的残余黄金是制备原液时过滤出来的银等沉淀物中所含的少量金及萃余液和洗涤水中

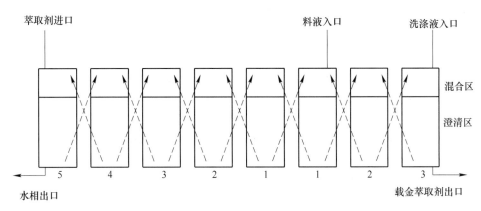

图 7.15 DBC 萃取法精炼合质金萃取槽的设备配置

的少量金，残余的金回收后在下一批生产时加入流程即可。

（2）产品质量。连续生产两年产品产量全部达到上海黄金交易所标准。

F 技术特点

技术特点有以下几个方面：

（1）技术指标先进，回收率达到 99.9%以上，产品质量高而稳定。

（2）采用复合反萃还原剂，实现在常温条件下反萃还原一步完成。一般用草酸还原时需加温至 80~90℃，操作麻烦，成本高；也有用亚硫酸钠溶液配合反萃，然后再酸化或通 SO_2 还原出海绵金，但据文献报道，用亚硫酸钠反萃，酸化还原的金粉纯度不如用草酸高，达不到 99.99%。据报道，南非哈莫尼黄金精炼采用在酸性条件通 SO_2，还原出金粉纯度为 99.99%，但使用 SO_2 气体还原速度较慢，反应条件较难控制。采用自行研究配制的复合反萃还原剂具有明显的优点。

（3）选用箱式混合澄清槽，原设备经改进后，设计合理、先进，设备配置科学，使各级萃取搅拌速率相同，相比稳定；用涡轮式搅拌桨配合一定转速，有足够的抽吸力，使级间液体流动自如，无需用泵输送，克服了箱式混合澄清槽的缺点；结合管路和阀门的合理连接，可实现快速相平衡和流程无产品积压；工艺简单，流程短，操作方便，既适合连续生产，又适合分批间断生产。

（4）投资省，成本低。该工艺流程自投产以来共生产黄金 15t，平均精炼成本 0.08 元/g，生产成本仍有较大的下降空间。成本虽略高于电解法，但电解法流程积压金量大，不利于生产经营。

该工艺的缺点是应用王水溶解金污染大、劳动环境差、废气治理较困难。

7.3.4.5 混合醇—磷酸三丁酯萃取精炼法

用 10%~30%TBP-ROH 从 2mol/L HCl 介质中萃取金 3~6 级（O/A＝1∶（5~15），3~5min，室温），金的萃取容量可达 43.6g/L。稀盐酸洗涤有机相，草酸铵还原反萃金，还原剂用量为理论的 1.5~3 倍，还原温度为 40~60℃，还原时间为 0.5~2h。获得的技术指标为：萃取率 99.9%、直收率 99%、产品纯度 99.99%。该技术已获得专利权，其优点是：适应的原液酸度范围宽、选择性好、萃取速度快、萃取剂来源广泛、价廉、损耗低（每一循环为 1.7%)、复用性能好、工艺流程短、操作简单。

该技术曾经在国内铜冶炼厂铜阳极泥处理、铅冶炼厂铅阳极泥中金的回收工艺中应用，并对经长期使用之后老化有机相的处理及其复用进行了研究。

某金矿的金泥成分为：Au 2.78%、Ag 0.16%、Zn 2.31%、Pb 7.60%、Cu 0.22%，该金泥经分离富集后，用王水溶解得含金 2.7g/L 的稀王水溶液。室温下，用 20%TBP-ROH 萃取 4 级 (O/A＝1∶3，3min，室温)，载金有机相用 0.5mol/L HCl 洗涤，在 50~60℃ 内用草酸铵还原，金的平均萃取率大于 99.98%，萃余液含金小于 0.0005g/L，金直收率大于 99%，产品纯度大于 99.99%。

长期应用之后老化有机相的处理方法为：老化有机相首先经澄清过滤除杂，然后用 40g/L 亚硫酸钠在 43~45℃、相比 (O/A) ＝ 1∶0.8、pH＝1 下深度反萃 35min，深度反萃后的有机相用稀酸洗涤 2~3 次即可再生。经上述处理方法之后的有机相萃取金的萃取率大于 99%。

对混合醇和磷酸三丁酯 (TBP) 构成的萃取体系从实用的角度做了详细的研究，而对其协萃机理和协萃萃合物组成未做详细的研究。

7.3.4.6　南非 Minataur™溶剂萃取法精炼金新工艺

Minataur™法 (Mintek 法精炼金的替代技术) 是一种采用溶剂萃取技术生产高纯金的新工艺。该工艺经中间工厂试验成功地证实之后，一座 24t/a 的工业生产厂已在弗吉尼亚的 Harmony 金矿投入运行。这种方法的工业应用不仅代表了金精炼技术的明显进步，而且也有助于推进在黄金市场合理调整方面的重要变革。

从中间工厂生产的金含量变化很大的产品中，经精炼得到纯度 99.99% 或 99.999% 的金。该工艺过程的构成为：固体物料的氧化浸出，从浸出液中选择性溶剂萃取金，去除杂质和高纯金粉的沉淀，并对该工艺做了概述，介绍了从精炼银的阳极泥和电积金的阴极淤渣中，以 5kg/d 产量生产高纯金的两个中间工厂试验的选择性结果，并提供了一些有关经济效益方面的资料。

在 Mintek 开发的、从氯化物介质中化学精炼金的溶剂萃取法，对于从银、铂族金属 (PGMS) 和贱金属中选择性萃取金，已显示出了明显的优势，有可能应用于从各种物料中精炼金。

A　生产工艺

Minataur™工艺由三个操作单元组成，如图 7.16 所示。

用常规方法，在氧化条件下于 HCl 溶液中浸出不纯金物料，这时大部分贱金属和铂族金属也被溶解。浸出液用溶剂萃取进行纯化，金被选择性萃入有机相中，其他可溶性金属离子则留在萃取余液中。在反萃取负载

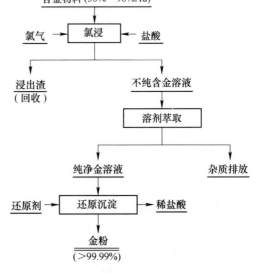

图 7.16　Minataur™工艺流程

有机相产生纯而浓的金溶液之前，应将少量共萃杂质从有机相上洗涤下来。反萃后的有机相返回到萃取回路中。萃取段富含 HCl 的萃余液返回浸出阶段，但需排放少量以控制该液流中杂质的积累。

用直接还原法从负载反萃取液中回收粉状金。该工序得到的金还需要进一步精炼，所用还原剂的选择取决于所要求的纯度。用草酸沉淀生产出纯度为 99.999% 的金，而用二氧化硫沉淀则生产出 99.99% 的金。

B　与其他方法的比较

a　沃尔维尔法电解精炼法

已确认的生产高纯金的主要技术是沃尔维尔法电解精炼法。在一般操作中，不纯金被铸成阳极，在 HCl/HAuCl₄ 电解液中电解精炼。阳极平均寿命为 22h，22h 之后，剩余的阳极材料再循环使用。所得金纯度一般为 99.99%。

在沃尔维尔法工艺过程中，由于金需要铸成阳极，所以金的滞留很显著，金在电解液中的高度富集（约 100g/L）和在回路中的有效循环，二者都消耗阳极（约 25%），并损失到阳极泥中（达到 30%）。Minataur™法在减少金在回路中的滞留时间和循环数量方面有明显的优点。如果需要，金的纯度可超过 99.99%。

b　Inco 溶剂萃取法

1971 年，英国 Inco 欧洲有限公司在 Acton 贵金属精炼厂采用溶剂萃取法精炼金，使用的萃取剂是二丁基卡必醇（DBC），尽管用这种溶剂能从 HCl 溶液中定量萃取金（金负载达到 30g/L）并对铂族金属具有选择性，但不易反萃取。洗涤之后，用草酸从负载有机相中直接还原回收金，因为不希望在连续溶剂萃取体系中形成第三相，尤其是固体相，所以反萃取以间歇方式进行。

这种方法的主要缺点是补充溶剂的费用较高，因为每个循环中溶剂损失达到 4%，这种萃取剂的水溶解度较高（约 3g/L），又相当昂贵，萃余液必须经蒸馏回收萃取剂，在从有机相还原金期间，溶剂也易于被金粉吸附。

比较而言，Minataur™法则使用的是廉价的、低水溶性的、容易获得的有机试剂。补充费用仅占工艺操作费用的很小一部分，从这种萃取剂上反萃取金较容易，不需要从负载有机相中直接还原金，省去了固体污物或有机相的分离，如果需要的话，可使还原连续进行。这种萃取体系对金的选择性比对贱金属和铂族金属的选择性要高，可获得很纯的负载反萃液，用廉价还原剂可生产出纯度为 99.99% 的金。

采用溶剂萃取技术生产高纯金的工艺，已成功地用于各种不同特性的含金物料。这种方法的经济性相当有吸引力。工业生产表明，Minataur™法与常规的电解精炼法相比，其优点在于明显地减少了金的滞留时间，容易操作控制，能够在非常宽松的回路中生产出高纯金。该方法对于含相当数量贱金属的物料特别有吸引力。

7.3.4.7　乙醚萃取精炼高纯金

晶体管、各种集成电路及精密仪表等电子元器件需用高纯金。通常将 99.9% 金（金粉或阴极金）用王水溶解或电解造液的办法，制备较纯的氯金酸溶液，再用乙醚萃取，经反萃后以二氧化硫还原，即可得到 99.999% 金。其萃取生产工艺流程如图 7.17 所示。

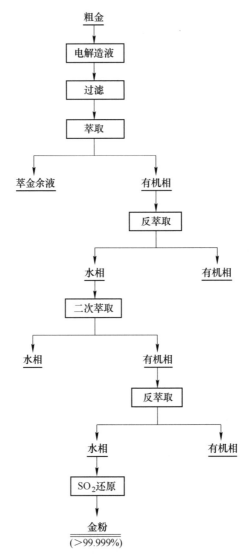

图 7.17　乙醚萃取精炼高纯金生产工艺流程

高纯金的制取要求如下：

（1）萃取原液的制备：99.9%金（海绵金或工业电解金）用王水溶解法或隔膜电解造液法制取。电解造液法是将 99.9%金铸成阳极，经稀盐酸（HCl：H$_2$O = 1：3）浸泡 24h，用去离子水洗至中性，然后进行电解造液。

（2）造液条件：电流密度为 300~400A/m^2，槽电压为 2.5~3.5V，初始酸度为 3mol/L HCl，至阳极溶解完为止，最终溶液含 Au 100~150g/L，调酸度至 1.5~3mol/L HCl，待萃取。

（3）萃取与反萃取：乙醚萃取金与蒸馏反萃过程装置如图 7.18 所示。

萃取条件为：相比（O/A）= 1：1，室温，搅拌 10~15min，澄清 10~15min。将有机相注入蒸馏器内，加入 1/2 体积的去离子水，用恒温水浴的热水（开始 50~60℃，最终 70~80℃）通过蒸馏器，同时进行乙醚的蒸馏与金的反萃。蒸馏出的乙醚经冷凝后返回使用。反萃液约含金 150g/L，调酸度至 1.5mol/L HCl，进行二次萃取与反萃，条件与一次

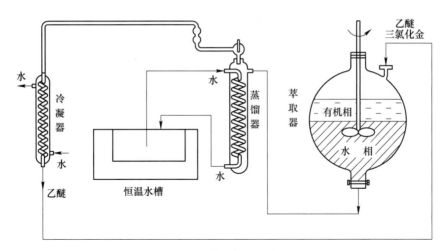

图 7.18 萃取装置示意图

相同，二次反萃液调酸至 3mol/L HCl，含 Au 80~100g/L，待二氧化硫还原：

$$2HAuCl_4 + 3SO_2 + 3H_2O \longrightarrow 2Au\downarrow + 3SO_3\uparrow + 8HCl$$

为保证金粉质量，二氧化硫气体还原前需洗涤净化，SO_2 属有毒气体，还原操作应在通风橱内进行，还原尾气需以 NaOH 溶液吸收处理，以防污染。还原所得海绵金经硝酸煮沸 30~40min，去离子水洗至中性，烘干，包装即为产品。我国某厂已有十几年生产经验，生产金品位均大于 99.999%，金总回收率大于 98%。

7.3.5 黄金精炼技术展望

随着近代黄金工业化生产技术的不断发展，已有越来越多的黄金精炼新工艺不断出现，许多矿山和冶炼企业开发了具有自主知识产权的、适合自己公司发展的黄金精炼技术。电解精炼工艺具有较长历史。黄金统购时代，各企业交售到银行的合质金，均是由专业精炼厂采用电解法提纯的。另外，有色金属行业黄金产品一般也采用电解提纯工艺。该工艺优点在于生产指标稳定，作业环境较好，工程投资较小。其不足主要表现在生产周期长，流程中积压产品，对原料适应性差等，电解精炼原料一般要求金质量分数在 90% 以上。近几年，传统的电解工艺得到许多改进，例如，采用非对称交流电源，可以提高对粗金原料的适应性，且具有良好的抗阳极钝化作用，有的企业仅利用直流电源进行电解作业，从而简化电源结构，减少操作程序，利用高电流密度，可大幅度压缩电解时间，缩短精炼周期，减少产品积压。

化学精炼是黄金提纯的主要工艺，近几年，由于其精炼周期短、对原料适应性强、批量灵活等，正在越来越多的企业推广应用，充分显示了其综合经济技术优势，弊端主要在于工序较多，投资较大，需加强环保治理。金的化合物易被还原，比金更负电性的金属，如锌、铁；某些有机酸，如草酸、甲酸；有些气体，如二氧化硫、氢气；一些盐类，如亚硫酸钠、亚铁盐等都可作为还原剂使用。还原时，应根据金溶液中的杂质情况，决定还原剂种类，必要时，可选择还原能力强弱不同的两种或多种还原剂组合还原，以产生较佳还原效果。溶液氧化还原电势变化，可以决定还原剂添加量，一般企业都采用"饱和还原法"，以提高金的直收率，简化作业流程，降低生产成本。少部分企业采用"饥饿还原法"，即还原剂缺量，对含少量金的尾液进行两次还原，粗金粉返回下批溶金工序两次提纯。此方法虽然流程长、繁杂，但效果较好。

溶剂萃取是净化含金溶液的有效方法之一，近几年在黄金精炼工业生产中得到了一定的推广和应用。国内黄金精炼技术近几年得到快速发展，无论电解法还是化学法，其工艺技术正在不断改进和优化。各企业应要处理原料的具体情况，从经济、技术、环保等方面综合考虑，择优选择一种适宜的精炼工艺来改造或建设金精炼工程，以创造最佳经济效益。

8 黄金冶金"三废"治理工艺

截至 2016 年，中国连续 10 年为全球最大黄金生产国，连续 4 年是世界第一黄金消费国。随着黄金产量及消费量的持续增长，环境保护日益成为黄金冶金工业可持续发展的核心。

尽管黄金生产工艺不断革新，但由于金矿资源的大规模开采，易选冶金矿日趋减少，高硫、高砷难处理金矿已成为目前主要的选冶矿石，处理该类金矿石时会产生大量含硫、砷等废气、废液和废渣。开发有效的污染治理技术，综合回收与有效利用资源，可从根本上解决影响黄金产业发展的瓶颈问题，保障与促进黄金冶金工业健康绿色发展。

8.1 概述

目前，氰化提金仍是黄金生产企业提金的主流工艺，生产过程中有废水、废气、废渣的排出，其产污关键节点如图 8.1 所示。废水主要包括含氰废水、含砷废水及其他重金属废水、硫酸盐废水等。废气主要来源于焙烧产生的二氧化硫、三氧化二砷、汞蒸气，精炼过程中产生的氮氧化物等。废渣主要有冶金尾渣、硫化渣、硫酸钙渣等。其中，黄金冶金生产过程产生的含砷、重金属等酸性废水的污染尤其突出。另外，黄金冶金预处理和精炼工序中会有大量废气产生，也会对环境造成污染。此外，传统湿法黄金冶炼产生的氰化尾渣及黄金冶金酸性废水处理过程产生的硫化渣、硫酸钙渣中重金属污染问题也十分严重。

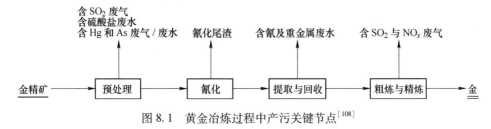

图 8.1 黄金冶炼过程中产污关键节点[108]

8.2 黄金冶金污染特征

8.2.1 黄金冶金废气特性

随着金矿资源的大量开采，含砷黄铁矿型金矿逐步成为我国黄金生产的主要资源。由于 As 和 S 元素的存在对金的氰化浸出有很大影响，因此这类金矿需要经过焙烧或生物氧化等预处理，脱除 S、As 后再进行氰化提金过程。焙烧预处理一般分为两段焙烧过程，分别为较低温度下的脱砷过程和较高温度下的脱硫过程。故黄金冶炼的废气主要来源于金精矿的焙烧预处理和金泥精炼两个过程单元，其中焙烧预处理主要产生 SO_2、As_2O_3 和 Hg 等废气，金泥精炼主要产生 NO_x 和 SO_2 等废气。另外，黄金生产过程中产生的废气还可能含有 HCN、H_2S、Cd 和 Pb 等有害成分，一般含量较少。SO_2、As_2O_3、Hg 和 NO_x 废气含量较大，成为黄金冶炼废气的主要处理对象。

8.2.2　黄金冶金废水特性

黄金冶炼厂的污水主要来自氰化浸金车间、电积车间、除杂车间等。氰化废水除含氰化物外还可能含有相当数量的 Ag^+、Cu^{2+}、Pb^{2+}、Hg^+ 等重金属离子、硫氰酸盐等无机化合物和酚等有机化合物。重金属离子的相对含量较低，而氰化物含量可达每升数千毫克。含氰废水量大、成分复杂且处理较为困难，是黄金冶炼中对环境影响最为严重的水体污染物。

8.2.3　黄金冶金固废特性

黄金生产过程中产生的固体废渣主要有选矿尾矿和氰化尾渣。其中，氰化尾渣是金精矿经过氰化浸出作业压滤后得到的尾渣，其来源有多种，由于矿石性质及提金工艺流程的不同，尾渣中有价金属元素及矿物的性质、种类、含量等也不相同，包括金、银、铜、铅、锌、锑、钨和硫等。但普遍具有粒度细、泥化现象严重、有用矿物难活化、浮选分离困难、含有一定数量的 CN^- 和部分残留药剂等特点。这些因素导致部分矿物的可浮性大幅降低，有价元素回收较困难。氰化尾渣中二次资源回收时，应根据尾矿和有用成分的差异、药剂残留情况等开发有针对性的回收方案。

8.3　黄金冶金废气治理技术

8.3.1　SO_2 烟气处理技术

目前 SO_2 浓度高于 4% 的冶炼烟气可以较为经济地制酸回收硫资源。通常，烟气 SO_2 浓度为 4%~6% 采用一转一吸制酸+尾气脱硫工艺，热能利用和污染物减排比较稳定可靠。烟气 SO_2 浓度为 6%~12% 采用二转二吸制酸+尾气脱硫工艺，或采用一转一吸制酸+尾气脱硫工艺，系统热能回收利用和污染物减排稳定可靠。烟气 SO_2 浓度高于 12% 属于制酸领域高浓度烟气范围，近几年推广应用的高浓度转化的二转二吸工艺正是针对这部分烟气，系统热能回收利用和污染物减排稳定可靠。

对于 SO_2 浓度低于 4% 的烟气，目前有两种处理思路：一是采用非常规工艺直接制硫酸，二是通过烟气脱硫处理。低浓度 SO_2 烟气直接制硫酸采用的非常规工艺必须破解系统热平衡和水平衡问题，目前可选择的技术主要有三种：（1）采用高浓度 SO_2 烟气配气制酸，将低浓度 SO_2 烟气提浓至 SO_2 浓度为 5% 以上，采用常规工艺制酸；（2）采用湿法转化制酸工艺，此工艺对进转化器烟气浓度有要求，进转化器烟气 SO_2 浓度平均在 3% 左右才能良好运行；（3）采用非稳态转化制酸工艺，此工艺对进转化器烟气浓度要求更高，进转化器烟气 SO_2 浓度平均在 3.5% 左右才能良好运行。因此，后两种工艺的应用受限。国内烟气脱硫处理技术已经比较成熟，比较适合处理 SO_2 浓度小于 1% 的烟气，脱硫运行费用比较有竞争力。SO_2 浓度为 1%~4% 的烟气治理无论是采用非常规工艺制酸还是脱硫处理均有技术瓶颈亟待突破。

现有的烟气脱硫技术方法种类较多，无论是传统的石灰石-石膏法、氨法等脱硫技术改良，亦或是新兴的活性焦法、再生有机胺法均有各自的优缺点，在当前不同的行业和企业间均有相当程度的应用，并没有固定的模式来简单区分优劣，不同的烟气脱硫工程首先应切合自身实际，利用现有工艺设施进行分析比选，才能选择一条最为合适的脱硫技术方案，实现污染减排的目的。

烟气脱硫技术发展的主流方向必将是硫资源回收，再生有机胺法、活性焦法、新型炭催化法、金属氧化法等新兴 SO_2 脱硫工艺必将拥有广阔的发展前景，传统的石灰石-石膏法、氨法、碱法等脱硫工艺必须加速改良，提高副产物经济效益。

8.3.2 含 As₂O₃ 废气治理技术

当使用石灰、NaOH 或 Na_2CO_3 吸收除去 SO_2 时，部分砷和汞也可被吸收除去，但处理后废气砷、汞含量仍达不到排放标准。为符合大气规定的要求，需在碱液吸收 SO_2 后使用气体清洗系统除砷，其中，湿式电除尘器有很好的除砷效果。澳大利亚西部矿业公司采用气体清洗系统处理两段焙烧气体。该系统包括两段热旋风器和空气-空气热交换器，使气体在进入双区静电除尘器之前冷却到 400℃，入口气体到静电除尘器有大约 38g/m³ 的烟尘负荷，典型的出口烟尘量在 100mg/m³ 以下。静电除尘之后，净化的气体用外部空气冷却到 105℃，并通入四间布袋除尘室。每间除尘室有 84 个长 5505mm、直径 130mm 的 Goretex 集尘袋。基于差压传感器的测量数据，用反向空气脉冲清理这些集尘袋，大约收集了 92% ~ 95% 的 As₂O₃ 气体。

8.3.3 含汞废气治理技术

经过混汞法选矿的金精矿在焙烧预处理时会产生大量的 SO_2 气体，同时还会产生大量汞，当采用含汞烟气制酸时应先进行脱汞处理。另外，在矿石混汞和汞-金蒸馏过程中可能会有汞泄露到工作环境中，这些场所应加强通风，抽出的空气经净化处理后才能排放。

工业上常用的处理含汞废气的方法主要有碘络合法、硫酸洗涤法、充氯活性炭净化法、二氧化锰吸收法、高锰酸钾吸收法及吹风置换法等。

碘络合法净化含汞烟气的过程：将含汞烟气经吸收塔底部进入填充瓷环的吸收塔内，并由塔顶喷淋含碘盐的吸收液来吸收汞，循环吸收汞的富液定量地部分引入进行电解脱汞。采用该法脱汞率达 99.5%，尾气含汞小于 0.05mg/m³，烟气除汞后制得的硫酸含汞小于 $1×10^{-6}$。硫酸洗涤法一般使用 85% ~ 93% 的浓硫酸洗涤烟气，沉淀汞的回收率可达 96% ~ 99%，沉淀物经水洗涤后蒸馏可得纯度高达 99.999% 的汞。

充氯活性炭净化法除汞效率较高，汞脱除率可达 99.9%。某些汞气浓度高的场合可以采用氧化吸收法，如二氧化锰吸收法和高锰酸钾吸收法等，通过二氧化锰或高锰酸钾的吸收氧化，可以将单质汞固定为汞锰络合物，从而达到净化的目的，该法净化效率高。对于中小矿山可用吹风置换法回收汞、净化汞，该法简单、经济实用，可以得到较好的除汞指标。

8.3.4 氮氧化物治理技术

在黄金的湿法冶炼过程中，硝酸分银、王水分金工艺会产生大量的 NO_x 气体，一般中型矿山一次冶炼会产生 100kg 以上 NO_x 废气，浓度高达 $10g/m^3$。同时，剧烈的反应过程会带出大量的 HNO_3 和 HCl 气体，会严重影响 NO_x 的处理效果。由于 NO_x 浓度过高而且酸度较高，根据吸收动力学与化学反应动力学，要治理瞬间浓度极高而且含有大量 NO 与 NO_2 的烟气，最佳工艺是吸收法和氧化还原法相结合。国内外处理氮氧化物（NO_x）气体主要方法有传统吸收法、选择性催化还原法、非选择性催化还原法、NO_x 抑制法、过氧化氢氧化法、氧化还原法等。

福建紫金矿业采用碱液水喷射泵处理系统治理废气，考虑到 NO_x 的特点，采用碱液吸收装置，使气体在碱液中发生中和、氧化反应而被充分吸收，经处理后其排放浓度符合国家《大气污染综合排放标准》。此工艺中关键是液体的配置，在液体中加入两种强氧化剂，加强了对 NO_x 的氧化去除率。

辽宁天利金业有限责任公司首先采用传统吸收法对尾气进行了综合回收，然后采用氧化还原法对剩余的 NO_x 气体进行深度处理，经深度处理后的气体可达标排放。在综合回收工艺中，可以回收大部分 NO_x 气体，同时抑制 HNO_3、HCl 和 Au 等溢出，在深度处理工艺中剩余的 NO_x 气体经氧化还原反应后，形成肥料而回收利用。但是，以上处理 NO_x 气体工艺均属于末端治理，真正消除湿法冶炼过程中 NO_x 气体的污染，过程控制法是理想的处理工艺。如盐酸-氯浸法在该领域真正消除了 NO_x 气体的污染，但随后又产生严重的氯气污染。因此需要进一步研究更先进的金、银湿法冶炼工艺，实现全流程无污染。

8.4　黄金冶金废水治理技术

氰化法是黄金冶炼的重要工艺，采用氰化法从矿物和精矿中提取黄金和白银的研究已经有 120 多年的历史。氰化提金法是利用氰化物溶液溶解矿石中的金，再采用活性炭吸附、离子交换树脂或锌粉置换等方式将黄金提取出来。金溶解的过程中，矿石中的其他元素也会部分溶入氰化浸出液中，产生氰化废水。

含氰废水的治理一直受到高度重视。对于废水中氰化物的去除，要根据废水中氰离子浓度的高低进行相应的处理[109]。国内外对氰化物的处理方法很多，对于高浓度的含氰废水处理采用回收氰化物的方法，而对于低浓度的含氰废水处理则采用破坏氰的方法[110]。目前含氰废水的主要处理方法有化学氧化法、活性炭吸附法、酸化回收法、生物处理法和膜分离法等[111~113]。化学氧化法包括氯碱氧化法、过氧化氢氧化法、SO_2-空气氧化法等[114]，但这些方法仅适用于废水量小且氰化物质量浓度较低的废水，处理过程受 pH 值影响较大。活性炭吸附法也不适用于高质量浓度含氰废水的处理，且活性炭易失活，需反复再生[115~117]。酸化回收法处理后氰化物质量浓度高于 10mg/L，需再次处理，且装置占地面积大，能耗高[118]。生物处理法只适用于极低质量浓度的含氰废水，且该方法设备复杂，操作严格，要求废水中氰化物质量浓度控制在很小范围内波动。

8.4.1　黄金冶金废水传统治理技术

目前，用于处理黄金矿山含氰废水的传统工艺按原理划分主要有化学法、物理化学法和生物法（见表 8.1）。其中，化学法包括沉淀法、酸化法和氧化法等，氧化法根据所使用的氧化剂类型还可以划分为氯氧化法、H_2O_2 氧化法、O_3 氧化法、SO_2 空气法和电解氧化法等；物理化学法主要有离子交换法、活性炭吸附法和膜分离法等；生物法主要是微生物法。这些处理工艺按照废水中污染物的去向还可以划分为破坏法和回收法两大类，其中，破坏法主要有氧化法和微生物法，回收法主要有沉淀法、酸化法、离子交换法、活性炭吸附法、膜分离法和萃取法等[119]。

表 8.1 提金含氰废水处理方法分类

分类依据	分类	方 法
按原理划分	化学法	沉淀法、酸化法和氧化法
	生物法	微生物法
	物理化学法	离子交换法、活性炭吸附法和膜分离法
按污染物去向划分	破坏法	氧化法和微生物法
	回收法	沉淀法、酸化法、离子交换法、活性炭吸附法、膜分离法和萃取法

综合比较化学法、微生物法和物理化学法等三大类型 12 种传统含氰废水处理工艺的原理、优缺点及其适应范围，结果列于表 8.2。现有的提金含氰废水处理工艺主要存在处理不完全、产生二次污染、成本高、处理周期长、无法回收氰化物或金属、工艺不够完善和适应性差等不足。

表 8.2 提金含氰废水处理现有工艺比较

序号	方法名称	方法原理	优点	缺点	适用范围
1	沉淀法	投加某些化学药剂，使污染物生成沉淀得以去除	可去除重金属离子和 CN⁻，实现废水循环利用	固液分离不完全，生成的残渣多，易堵塞管路，出水不达标，残渣处理困难	低浓度含氰废水
2	酸化法	在强酸环境下金属-氰络合物分解成 HCN，采用空气驱除 HCN，再以碱液吸收 HCN	可以回收利用氰化物	腐蚀性，设备投资高，产生 HCN 有毒气体，不能去除重金属离子，废水处理不达标	高浓度含氰废水
3	氯氧化法	在碱性条件下利用氯的氧化性将氰化物氧化成 CO_2 和 N_2	能氧化大部分的污染物，工艺比较成熟，设备简单，投资省，便于管理	pH 值高，不能去除络合氰根，HCN、余氯及累积氯化物产生二次污染，无法回收氰化物，药剂投加量大，腐蚀设备	高浓度含氰废水
4	H_2O_2 氧化法	利用 H_2O_2 作为氧化剂将氰化物氧化	无需经二次处理就可达标排放，处理效果好，易操作	设备复杂，投资较高，药剂成本较高，无法回收氰化物	低浓度含氰废水
5	O_3 氧化法	O_3 作为氧化剂将氰化物氧化	氧化彻底，可避免二次污染	耗电量高，无法回收氰化物，不能破坏铁氰化物	低浓度含氰废水，或二次处理

序号	方法名称	方法原理	优点	缺点	适用范围
6	SO$_2$ 空气法	以 SO$_2$ 和空气作为氧化剂,铜离子为催化剂,在碱性条件下将 CN$^-$ 分解为低毒性的 CNO$^-$	氧化物易得、成本低廉,处理效果较好	不能氧化 SCN$^-$,也不能回收氧化物及金属,腐蚀性高,运输困难	SCN$^-$ 浓度低的含氰废水
7	电解氧化法	氰化物在阳极上氧化生成 CO$_2$ 和 N$_2$,金属离子在阴极上还原	络合氧化物得以再生返回流程使用,并可回收金属	能耗大,运输成本高,出水不达标,不能回收金属氰化物	高浓度含氰废水
8	微生物法	利用微生物的代谢功能,以氰化物作为碳源和氮源,将氰化物和硫氰化物分解,重金属则被生物膜吸收去除	能彻底去除 SCN$^-$,工艺简单、费用低、适用性强、去除效率高,无二次污染	处理周期长,负荷小,适应性差,占地面积大	氰化物浓度低、浓度波动小的废水,负荷小
9	离子交换树脂法	利用离子交换剂和溶液中的离子进行交换,从而将溶液中的污染物分离出来	能综合回收、有价金属及氰化物,除去游离氰和金属络合物,包括难以去除的铁氰络合物和硫氰酸盐,出水水质好	周期较长,单一树脂种类难以有效处理提金废水,再生耗盐量大、废液多、成本高,不利于工业化推广	水量小、毒性大、有回收价值的含氰废水
10	活性炭吸附法	利用活性炭的吸附特性以及氰化物在活性炭上的氧化、水解和吹脱作用,去除氰化物	工艺设备简单,易于操作,可回收金属	需要进行预处理,且对预处理要求高,成本高,只能处理澄清水,不适用于高浓度废水的处理,再生效果差	水量较小的澄清水
11	膜分离法	利用疏水性材料制成只允许小分子 CN$^-$ 通过的膜材料来分离溶液中的 CN$^-$,膜的另一侧则以 NaOH 溶液吸收,达到提纯分离的目的	能耗低,处理效果好,工艺简单,占地面积小,无污染	设备不够完善,膜的耐污能力和再生能力差	氰呈游离态存在的含氰废水
12	溶剂萃取法	采用胺类萃取剂萃取废水中的金属,游离的 CN$^-$ 留在萃取液中,负载有机相 NaOH 溶液反萃取	分离效果好,工艺简单,占地面积小,无污染	适应性差	高浓度含氰废水

8.4.1.1 化学法

A 酸化法

酸化—吸收法是处理高、中质量浓度含氰废水的传统方法，国内外黄金选矿厂早期都采用该方法。在氰化废水中加入硫酸降低 pH 值，将 CN⁻ 转化为 HCN，HCN 的沸点（26.5℃）较低，生成的 HCN 在常温时即可从溶液中逸出。把生成的气体导入含有碱液的吸收器中。此方法可得到 20%~30% 的氰化液。此方法既回收了氰化物，又回收了有价金属，生产成本低，在我国应用广泛。但此方法很难使排放的废水达标，而且腐蚀性强，设备投资高。

酸化回收法药剂来源广、价格低；除了回收氰化物外，处理澄清液时，亚铁氰化物、绝大部分铜、部分锌、银、金可通过沉淀工序以沉淀物形式从废液中分离出来得到回收。主要缺点是当氰化物浓度低时，处理成本高于回收价值；冬季需要对废水（浆）进行预热，才能取得较好的氰化物回收率；SO_4^{2-} 浓度较高，如果对 SO_4^{2-} 排放有特殊要求，废水还应进一步处理。

HCN 是弱酸，稳定常数为 6.2×10^{-10} 的酸性条件下，废水中的络合氰化物趋于形成 HCN。HCN 的沸点为 26.5℃，极易挥发，这就是酸化回收法的理论基础，从化学角度考虑，酸化回收法可分三个步骤，即废水的酸化、HCN 的吹脱（挥发）和 HCN 气体的吸收。向含氰废水中加入非氧化性酸，废水中的碱被中和，氰化物水解，铜、铁的氰化络合物会与废液中的铅、锌等形成沉淀。某黄金冶炼公司的含氰废液中含有高质量浓度氰化物、硫氰酸盐、砷、重金属铜等，长春黄金研究院[120]采用自主研发的 3R-O 净化回收系统、Colt's 酸化再生回收系统进行了综合治理研究。3R-O 净化回收技术主要是在酸性条件下，采用四维负压吹脱反应装置进行吹脱，产生的高浓度氰化氢气体闭路循环吸收，得到质量分数高于 15% 的氰化钠溶液返回到氰化浸出工艺继续使用。经过 3R-O 净化回收后，在酸性条件下继续硫氰酸盐氧化再回收，进一步从废水中剩余的硫氰酸盐再生回收氰化物，在降低 COD 的同时，回收其中的有价物质。使用该方法处理含氰废水，运行成本占总经济效益的 51.7%，经济效益十分显著。

B 化学氧化法

化学氧化法就是选用不同的氧化剂或氧化方式将氰化物分解为无毒物质，表 8.3 是常用的几种含氰废水化学氧化法的作用原理和优缺点。

表 8.3 含氰废水化学氧化法的作用原理和优缺点[121~123]

氧化方法	作用原理	优缺点
碱性氯化法	氯氧化剂在碱性溶液中生成 OCl⁻，然后进行氧化反应。首先使废水中的氰化物氧化为氰酸盐，然后进一步氧化为 CO_2 和氮	氰化物浓度可降到 0.1mg/L；产生二次污染、腐蚀设备，不适用络合氰
过氧化氢氧化法	在用 Cu^{2+} 作催化剂，pH 值为 9.5~11 的条件下，H_2O_2 能使游离氰化物及金属络合物氧化成氰酸盐	氰化物浓度可降到 0.5mg/L 以下，操作简单；对 SCN⁻ 难以氧化，药剂费用高
活性炭催化氧化法	先让 CN⁻ 在活性炭表面吸附，在有充足氧存在下，催化剂促使 CN⁻ 被氧化成 (CN)₂、CNO⁻，进一步水解为无毒性的最终产物碳酸根、氨气、尿素等	工艺简单、投资少、易操作与管理，对重金属去除率高；只能处理澄清水，活性炭易失活，需再生处理

氧化方法	作 用 原 理	优 缺 点
电解氧化法	直接利用电解阳极对氰起氧化作用，还可以投加食盐，让氯离子放电生成 Cl_2，然后水解成 $HClO$，对氰进行氧化分解作用	适合高浓度含氰废水处理，操作简单，同时能除去金属离子；电流效率低、耗电量大
臭氧氧化法	O_3 具有很强的氧化性，能够氧化氰化物和硫氰酸盐，用铜离子作催化剂能加快反应	原料来源广、操作简单、投资大、O_3 发生器维修困难、耗电量大
SO_2/空气法	主要是利用 SO_2 和空气的混合物，在 pH 值为 8~10 的条件下氧化分解氰化物	除去氰化物时还降低重金属浓度；工艺控制严格、产生大量的含氰固体废弃物

　　氧化法处理含氰废水是国内外普遍采用的一种方法。主要氧化剂有 ClO_2、次氯酸盐、臭氧、双氧水等。一般首先将废水 pH 值调节至 11 左右，然后加入氧化剂，在 ClO_2/CN^- 浓度比不小于 3 的条件下，搅拌反应 30min 后，氰化物去除率达 99% 以上，pH<9，CN^- 浓度小于 0.5mg/L，达到污水一级排放标准。当废水成分复杂，氯氧化剂的消耗量会增大，药剂纯度低或者硫氰酸根含量高时氯氧化剂的消耗量更大。若水体中含有亚铁氰络合物时，可被氧化成铁氰络合物而溶于水中，处理后的废水很难达到国家排放标准。该方法的特点是药剂来源广泛、价格低、投资少，但工作环境污染严重，会产生氯化氰二次污染。

　　双氧水氧化法是当 pH 值为 9~11，常温、铜离子作催化剂的条件下氧化氰化物，生成氰酸根离子，氰酸根进一步水解为铵根和碳酸根离子，氰酸根的水解主要取决于 pH 值。该方法缺点是试剂成本高，且过氧化氢是强氧化剂，腐蚀性强、易分解，使之在运输、使用上有一定的危险。

　　臭氧因作为一种强氧化剂且在处理含氰废水过程中无二次污染而被关注。臭氧将氰化物、氰酸盐及硫氰酸盐氧化、水解成铵离子和碳酸根离子，成为无毒的溶液。臭氧来源广泛，操作简单，净化效率高，不产生二次污染。但是此方法投资较大，耗电高，不能破坏亚铁和铁氰化合物。

　　臭氧氧化的机理为：

$$CN^- + O_3 \longrightarrow CNO^- + O_2$$
$$2CNO^- + 3O_3 + H_2O \longrightarrow 2HCO_3^- + 3O_2 + N_2$$
$$SCN^- + O_3 + H_2O \longrightarrow CN^- + H_2SO_4$$

　　臭氧氧化处理含氰废水工艺简单、方便，但是该方法只能处理低浓度含氰废水，电耗高投资大。尚会建等人[124]研究了活性炭吸附、催化作用在催化臭氧氧化体系中的作用，提出了吸附—催化臭氧协同作用机理。在活性炭-臭氧体系中，活性炭吸附 CN^- 的能力很弱，活性炭在反应体系中主要起了吸附、催化臭氧的作用。活性炭-臭氧体系降解 CN^- 的过程是臭氧直接氧化、活性炭吸附臭氧与活性炭催化臭氧产生 OH 自由基间接氧化三者共同作用的结果。体系中活性炭的加入促进了臭氧的气液传质，缩短了反应时间。

　　碱氯化—高分子螯合法是在碱性介质中，漂白粉或液氯水解后生成具有强氧化性的次氯酸根（ClO^-），将 CN^- 转化为 CO_2 和 N_2。转化过程如下：$CN^-{\rightarrow}CNCl{\rightarrow}CNO^-{\rightarrow}CO_2+N_2$。经处理后的液体再通过有机高分子螯合剂除去重金属离子。有机高分子螯合剂为一种液体螯合树脂，其结构中含有—CSSNa、—OH、—COOH及—NH$_2$多种活性基团。可在常温下与氰化废水中重金属反应，生成水不溶性的螯合盐并形成絮状沉淀，达到净化废水的目的。氯碱法工艺成熟，净化效果最佳，有机高分子螯合剂处理方法简单，易于规模化操作。但氯碱法易造成二次污染，药剂量大，氯化钠不能回收，成本高。

SO$_2$-空气法是在碱性条件下且有可溶性Cu^{2+}存在的条件下以SO$_2$和空气作为氧化剂，使CN$^-$转化为CON$^-$最后得到无毒的CNS$^-$。此方法不仅可以除去氰化物还能降低水中的重金属浓度，其缺点是工艺控制严格且原料来源困难。

罗斌[125]在工业应用的三维电极反应器基础上，利用电激发羟基自由基的强氧化性来处理氰化物，采用两级三维电极激发羟基自由基处理含氰废水，每级反应时间为30min，总体去除率高达90%以上，与传统的碱式氯化法相比，具有明显的经济优势，运行费用节省了50%以上。

王为振等人[126]采用偏重亚硫酸钠-空气法处理氰化尾渣脱氰进行研究，在Na$_2$SO$_4$质量浓度为0.2g/L、Cu^{2+}质量浓度为80mg/L、空气鼓入速率为250mL/min、初始pH≈10的条件下反应2h，氰化尾矿浆中全氰质量浓度从91.5mg/L降到0.2mg/L左右，可以满足污水综合排放标准。

活性炭吸附氧化法是在活性炭上发生了过氧化氢氧化吸附的氰化反应。此工艺简单易操作，重金属去除率较高。但只能处理澄清水，活性炭易失活，需要再生处理。

C 化学还原法

氰化废水中的离子态金可以用亚铁、草酸和SO$_2$等还原，对于水量较大的氰化废液用SO$_2$还原更为简单且成本低。SO$_2$通入废液后首先与水反应形成H$^+$和SO$_3^{2-}$离子。H$_2$SO$_3$是较强的还原剂，能将废水中的金离子还原成单质金。反应中会产生与金性质类似的其他重金属盐沉淀物，这些金属盐很难分离。用氢氧化钠浸煮法可以有效浸出杂质，将金分离出来。此方法工艺简单、易操作，生产周期短，生成的废气易处理，不会造成环境污染。

D 化学络合法

CN$^-$与多种金属离子可形成稳定的络合物，多数的络合物是无毒无害的，根据这一性质常用Fe^{2+}和CN$^-$形成[Fe(CN)$_6$]$^{4-}$，然后与其他金属离子形成沉淀的特性来处理含氰废水。化学络合法药剂来源广、价格低、耗量少、成本低、设备投资少和使用方便，且产物可资源化，可制造铁蓝或进一步制黄血盐产品。缺点是处理深度不够，难以达到排放标准。

E 化学沉淀法

化学沉淀法是一种利用离子水解或难溶盐沉淀进行溶液组分分离的方法。主要反应过程为向废水中加入沉淀剂，使游离氰化物及锌氰络合物等转变为沉淀，经过滤得到沉淀和脱氰废液。氰化物沉淀经硫酸处理吹脱逸出氰化氢气体，然后碱液吸收后可以得到高浓度的氰化物溶液，再次作为浸出液使用。该方法具有经济效益显著的特点，但是在处理低浓度含氰废水时效果较差。化学沉淀结合Fenton试剂处理含氰废水，可以有效地降低废水中低浓度的游离氰根离子，不仅可以达到回收络合的氰化物，而且处理后的废水可以达到排放标准。

沉淀法结合Fenton氧化对CN$^-$质量浓度为450~550mg/L的高浓度含氰废水处理效果

较好,最佳处理条件为 $pH \approx 9$,曝气时间 20min,$FeSO_4$ 溶液加入量 1.62mL/L,搅拌速度 40r/min。沉淀法 CN^- 去除率达到 98% 以上,剩余 CN^- 通过 Fenton 氧化去除,调节 $pH \approx 8$,$n(H_2O_2)/n(Fe^{2+}) = 20$。经两段处理后,总 CN^- 去除率达 99%[127]。

化学沉淀法因其具有操作简单,经济效益显著的特点,越来越得到人们的重视。目前使用较多的沉淀剂主要包括硫酸亚铁、硫酸锌和硫酸铜等。硫酸亚铁法[128~130]是将氰化物或一些重金属离子转化成普鲁士蓝沉淀而除去的方法。杨明德等人[131]提出的化学沉淀—γ射线辐照法,采用锌盐沉淀氰化物,结合 γ 射线辐射降解氰化物,最终废水中的游离氰含量降至 0.5mg/L 以下,达到外排指标。王碧侠等人[132]采用硫酸铜沉淀—离子交换联合工艺处理氰化提金废水,处理后的废水中 CN^- 及 Cu、Fe、Zn 离子的综合去除率分别为 99.94%、71.23%、100% 和 99.95%。陈颖敏等人[133]用一种新型无机高分子混凝剂聚合氯化铁将废水中的 $[Fe(CN)_6]^{4-}$ 沉淀除去,总氰降到 1.0mg/L 以下。化学沉淀法应用于氰化提金废水的处理具有一定的优势。

宋永辉等人[134]以河南某黄金冶炼厂提供的氰化贫液,采用硫酸锌沉淀工艺处理某黄金冶炼厂的高铜氰化提金废水。可有效回收氰化提金废水中的 CN^-、Fe 和 Cu 离子,Fe 和 Cu 离子及游离 CN^- 的沉淀率分别可达到 100%、86% 和 99.34%,处理后的废水可直接返回浸出系统循环利用,而溶液中金没有损失。

F　高温加压水解法

高温高压下,CN^- 与水反应生成无毒害的氨和碳酸盐,温度达到 65℃ 时,反应速度加快,当温度达到 200℃ 以上时,氰化物的水解反应速度很快,催化剂可采用过渡金属的盐类物质。该法安全有效,处理浓度范围广、效果好、无二次污染、操作简单、运行稳定,但是需高温高压设备,操作运行费较高,从而影响了大范围应用。

8.4.1.2　物理化学法

A　离子交换法

离子交换法就是用阴离子交换树脂吸附废水中以阴离子形式存在的各种氰络合物,当流出液 CN^- 超标时对树脂进行酸洗再生,从洗脱液中回收氰化钠。该法由于净化水的水质好,水质稳定,可以回水利用,同时能回收氰化物和重金属化合物,国内外对该法进行了大量的研究。离子交换法处理含氰废水在国外较为成熟。离子交换工艺复杂,操作难度大,处理成本高。由于离子交换树脂对不同离子的选择性不同,对于复杂的多离子体系要达到完全处理比较困难。另外,氰化物再生困难,有价金属利用率相对较低,经济效益降低,再资源化程度降低。

但是,在实际应用中单一采用离子交换法处理废水时会遇到一些问题,比如,目前应用较多的 D296、201×7、LSD263、D301、D261 等型号树脂在实际处理氰化提金废水时,普遍存在对其中金的吸附选择性不够强,溶液 pH 值适用范围较小,一般在 7~10 之间。同时,若氰化提金废水中含有大量铁氰络合离子,树脂后续再生时,铁氰络合离子会与解吸下来的其他金属离子生成稳定的络合物而附着在树脂上,引起树脂表面的钝化,难以有效再生循环利用。若氰化提金废水中铜离子浓度过高,单纯采用离子交换吸附则会受树脂吸附容量的限制,导致处理成本急剧增加。

离子交换法是利用离子交换剂和溶液中的离子发生交换反应进行分离的方法。金属氰络合物在被交换树脂吸附后再选取酸度和解吸剂，分别将其解吸回收。用 R—OH 代表活化后的离子交换树脂，交换反应过程如下：

$$R—OH + CN^- \longrightarrow RCN + OH^-$$
$$2R—OH + Zn(CN)_4^{2-} \longrightarrow R_2Zn(CN)_4 + 2OH^-$$
$$2R—OH + Cu(CN)_3^{2-} \longrightarrow R_2Cu(CN)_3 + 2OH^-$$
$$4R—OH + Fe(CN)_6^{4-} \longrightarrow R_4Fe(CN)_6 + 4OH^-$$

含氰废水中有多种金属氰化络合物，阴离子交换树脂对金属络合物的静态饱和吸附量约为氰根离子的 4 倍[135]，吸附一个金属离子就相应的有 4 个 CN^- 被吸附，这样对 CN^- 的吸附量就提高了数倍。因此，通过离子转型把 CN^- 转换成金属氰化络合物，对离子交换树脂处理含氰废水非常有利。此外，铜氰络合物的饱和吸附量高于锌氰络合物，这是因为离子交换树脂对不同金属氰络合物的亲和力不同。可以通过离子转型把 CN^- 转化为离子交换树脂亲和力强的金属络合物。

离子交换法处理含氰废水技术的应用一直受限于其解吸工艺，负载在交换树脂表面的铁氰络合物在解吸过程中会以沉淀的形式在树脂表面沉积，导致树脂再生活化困难，增加处理成本[136,137]。此外，高浓度的 SCN^- 给洗脱也带来很大的困难。尽管已经找到多种解吸剂，但它们随着树脂结构和废液成分的变化也有很大的变化。因此离子交换树脂法处理含氰废水的发展应首先开发具有高选择性、易于解吸的新型功能树脂；其次，在使用该方法时，可先对废液中金属离子预处理，通过离子转型把离子转换成易于吸附和解吸的络合物，以避免生成沉淀造成对树脂的毒害；最后，可以综合考虑不同树脂的吸附、解吸特点，必要时可以采取几种树脂综合处理废水。

离子交换树脂法，具有处理容量大、处理水质好、可重复使用、能够除去多种重金属离子和酸根离子，且不会产生二次污染的优势，被认为是最有应用前景的技术之一，但对于含铁氰化提金废水，直接应用该方法则会遇到因铁氰络合离子存在而引起的树脂钝化失活问题。

B　溶剂萃取法

溶剂萃取法处理氰化物废液由于具有速率快、易于连续操作、溶剂损耗少等优点，近几年来受到国内外的广泛关注，并取得了一定的成果。但该方法存在不能连续处理废水，处理后的废水仍需进一步处理才能达到排放标准等问题。

C　膜分离法

中空纤维膜脱氰回收技术是在借鉴国外膜分离技术基础上开发的新一代氰化物回收技术，有气膜法和液膜法。两种方法基本原理一致，都是利用疏水性材料制成的具有选择性的中空纤维分离膜，其特点是只允许小分子的 CN^- 离子通过。使用时，膜一侧是酸化后的 HCN，在膜的另一侧流动的是具有吸收作用的液碱，生成不能逆迁移的 NaCN，从而达到分离、提纯的目的。

膜吸收法的传质原理如图 8.2 所示。疏水性中空纤维膜将废水和吸收液分隔在膜的两侧。膜吸收法利用 HCN 的易挥发性以及废水与吸收液中 HCN 的浓度差（蒸气压差）作为推动力，其传质过程分别为：（1）废水中 HCN 在膜内表面的气-液界面挥发，并扩散进入膜微孔；（2）HCN 气体沿着疏水膜微孔扩散到膜的另一侧；（3）气态的 HCN 在吸收液与膜外表面的气液界面与 NaOH 迅速发生中和反应，生成可回收利用的 NaCN，实现对废水中氰化物的去除和回收。膜吸收法传质阻力同样也分 3 个部分：（1）废水中 HCN 进入膜微孔的传质阻力；（2）HCN 气体扩散通过膜微孔的传质阻力；（3）HCN 在吸收液的传质阻力。

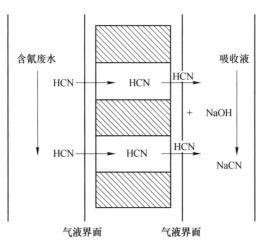

图 8.2　膜吸收法传质原理

　　同常规分离法相比，膜法分离具有能耗低、单极分离效果好、过程简单、不污染环境等特点。但是投资大、耗电高，膜设备还不够完善，需要继续加以改进，特别是在膜的耐污染能力和再生方面需进一步提高，以利于大范围的推广应用。

　　李雅等人[138]以河南某黄金冶炼厂的含氰废水作为研究对象，采用中空纤维疏水膜组件，以氢氧化钠作为吸收液处理黄金冶炼含氰废水，可将废水中氰化物质量浓度由 1000mg/L 降至低于 0.5mg/L，传质系数为 0.53×10^{-5} m/s；废水流量越大，间歇操作单位时间除氰速率越快，而连续操作单级去除率下降；初始 HCN 质量浓度降低，单级去除率降低，但都在 90% 以上，且最高可达 95% 以上；吸收液氢氧化钠质量分数对除氰效果影响不大。

　　膜吸收法处理含氰废水的工艺流程如图 8.3 所示。将酸化后的含氰废水（pH = 1.3 ~ 2.0）由离心泵打入废水储罐，经保安过滤器除去悬浮物和沉淀等杂质，由膜吸收组件的底部进入中空纤维膜组件的膜丝内部，由顶部出水流回废水储罐循环处理；将一定质量浓度的氢氧化钠加入吸收液储罐，后经离心泵由膜吸收组件的底部进入其壳程（膜丝外部），从顶部循环回吸收液储罐。膜组件采用 2 支膜并联操作。

　　D　电化学法

　　将氰化物的电解氧化和金属的电解还原结合起来，适合处理高浓度含氰废水，操作简单，可同时去除重金属离子。但是相对而言，能耗大，成本高。

8.4.1.3　生物法

A　微生物降解法

利用微生物的生物化学性质对氰化物、硫氰化物、铁氰化物进行分解，生成氨、二氧

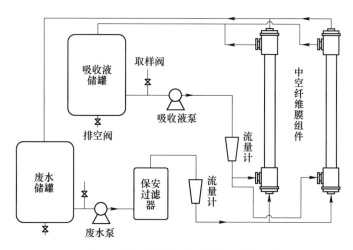

图 8.3 膜吸收法处理含氰废水工艺流程

化碳和硫酸盐。此方法可同时除去氰化物和氰络合物，但仅适用于低浓度的废水。

生物处理含氰废水与传统的物理和化学方法相比具有成本更低的优点，而且速度远比自然条件下的氧化降解要快。张利华等人[139]利用活性污泥处理含氰废水并对微生物降解氰化物机制进行了研究。结果表明，微生物降解氰化物的机制是将氰化物转化为氨氮，并最终转化为亚硝酸盐氮、硝酸盐氮。有些微生物可以在各种条件下氧化硫氰酸盐和氨的氰化物。由于氰化物对微生物具有毒害作用，在降解氰化物处理前应对活性污泥进行驯化[140]。

刘幽燕[141]从污染的土壤中分离出一株高效降氰菌株 DN25，初步判断为产碱杆菌。该菌能在氰质量浓度达 1000mg/L 的环境中生长，10h 对氰质量浓度为 500mg/L 的溶液转化率高达 99%，同时该菌株也可以有效转化亚铁氰化钾，对于氰质量浓度相当于 500mg/L 的亚铁氰化钾溶液，12h 转化率达到 96%。微生物处理法在国外比较流行，已达到商业化应用。为处理高浓度的含氰废水，一方面要筛选出高效降氰菌株；另一方面，采取联合工艺如空气氧化—活性污泥、臭氧—微生物降解等方法均经济可行。

B 自然降解法

自然降解法是最常见的脱氰方法，具有投资少、费用低等优点。王秀芹[142]在不同环境下对氰化物自然降解进行了研究。氰化物在自然条件下经过复杂的物理化学、光化学、生物化学等综合作用，自身可以降解。氰化物的自然降解需要足够的时间、足够的氧交换面积以及通畅的气体扩散条件与良好的地下防渗层。在不同的环境中自然净化基本都符合一级动力学的规律。李社红等人[143]对氰化物在金矿尾矿渣及污染土壤中的分布及自然降解进行了研究。他指出，金矿被污染土壤剖面中氰化物的含量呈高—低—高—低的变化趋势，显示了土壤剖面中的黏质土壤层可部分阻隔氰化物向潜水中的转移。

由于氰化物自然降解速度慢，在对被污染的土壤进行处理时，可以定期对被污染土壤进行翻耕，使深层的土壤充分接触空气和阳光，然后喷洒氧化物加速分解氰化物，以减轻对地下水的污染。植物处理氰化物污染土壤也是一种比较经济的选择，可以从生长在氰化物污染地区周边的野生植物中筛选最合适的植株。于晓章等人[144]研究得出黄豆和玉米对氰化物的去除率可以达到90%以上。

8.4.1.4　联合工艺法

A　膜—生物反应器

膜—生物反应器是一种将污水的膜过滤技术和生物处理结合在一起的先进污水处理技术,其优点是对有机污染物去除率高,出水中没有悬浮物,是唯一对污水进行生物处理后出水无需消毒的工艺,污泥产率低,硝化能力强,并且操作管理方便,易于实现自动控制。

B　化学沉淀—γ射线辐照法

先通过向含氰废水中加锌盐,沉淀回收大部分氰化物,再用γ射线降解残留的氰化物使废水达到排放标准。该方法对废水适应性强,且高能射线处理含氰废水效率高,可同时处理多种有毒污染物,不产生二次污染,是一种效能高、清洁度高的新的废水处理技术。

C　O_3-UV氧化法

O_3-UV氧化法是将 O_3 与 UV 辐射相结合的一种高级氧化技术,具有设备简单、反应缓和、易于控制、无二次污染、处理效果好等优点。

D　超声波—离子交换树脂法

超声波与含氰废水作用时,可使含氰尾液中某些化学成分发生改变,且频率越大,对 CN^- 的破坏作用越强,功率越大,强化效果越显著。

由于不同企业氰化浸出方法不同,应按照具体情况选择合适的废液处理方法[145]。我国对氰化废水的处理方法较多,不同方法各具特点,可根据液体的性质来选择相应的处理方法。氯碱法、酸化法、二氧化硫法等方法在我国已得到了广泛应用,处理后的液体氰化物含量可达到国家排放标准,并回收部分氰化物和金属元素。

8.4.2　黄金冶金废水处理工程

8.4.2.1　河南中原黄金冶炼厂有限责任公司黄金冶金废水处理工程

河南中原黄金冶炼厂有限责任公司是我国最早最大的专业化黄金冶炼企业,现有两条焙烧制酸—氰化提金生产线和一条萃取—电积铜生产线。产生的含氰废水和酸性废水达 $1800m^3/d$。中原冶炼废水处理站处理的废水包括制酸系统产生的废酸、萃取电积车间产生的酸性废水、氰化车间产生的含氰碱性废液及金精炼车间产生的酸性废水四部分。含氰碱性废水和精炼外排酸性废水混合后进行半酸化中和,压滤,滤液送废酸处理工序,含铜滤饼返回系统;半酸化后的废水与废酸、萃取车间废水混合后加电石渣浆液中和爆气,pH值控制在7~8,中和爆气后的矿浆经胶带真空过滤机固液分离后,滤饼外运,滤液经戈尔过滤器精滤后,返回系统使用,工艺流程如图8.4虚框部分。但实际生产过程中,水平衡系统相对薄弱,偶有系统涨水。该系统处理的出水中砷、镉等元素含量达不到国家规定的排放标准,无法外排,造成生产系统压力剧增。因此,对水处理系统改造势在必行。

经原工艺预处理过的废水首先经集水管网收集至新建均化池中进行预处理,混合均匀后,自流到综合斜板沉淀池,上清液通过清水区收集后经提升泵泵入电化学系统进行深度处理。电化学出水进入组合沉淀池曝气区进行曝气,水中的 Fe^{2+} 氧化为 Fe^{3+},增加沉降性能，在絮凝池中添加 PAM 絮凝剂，搅拌，使废水中生成的小颗粒絮凝成较大的絮体便于在沉淀区进行固液分离。组合沉淀池集 PAM 絮凝池、曝气池、斜板沉淀池为一体，兼曝气、絮凝、沉淀等作用。冶炼过程中含氰废水、酸性废水经过各自处理系统处理后排入回用池，再进入电化学系统处理。

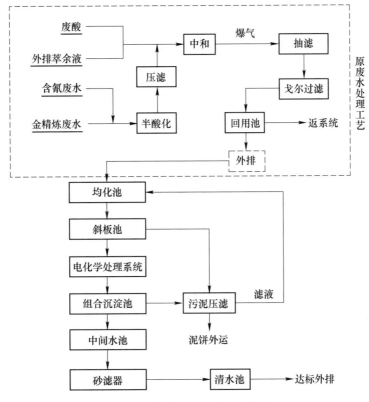

图 8.4 废水处理工艺流程简图

采用电化学处理工艺后，中原冶炼外排生产废水不但达到国家规定的工业企业污染物排放标准，还达到了要求更为严格的《河南省重有色冶炼及压延加工行业综合治理技术规范》中的标准[146]。

8.4.2.2 洛宁紫金黄金冶炼有限公司黄金冶金废水处理工程

洛宁紫金黄金冶炼有限公司是一个以金精矿为原料的黄金冶炼企业，采用焙烧—酸浸—洗涤—萃取—电积提铜—氰化浸出—锌粉置换工艺生产金、银。生产过程中的主要用水工序有设备间接冷却用水、焙烧制酸工序用水、酸浸工序用水、氰化浸出洗涤用水及冲洗地坪用水等，废水依据组成分别收集后全部回用于生产系统，实现工业废水零排放。废水循环回用过程中，由于重金属、钙、镁、各种钠盐等杂质不断积累，引起管路严重结垢，降低了系统处理能力，而且影响金、银、铜回收率，造成生产技术指标波动大、生产成本上升、经济效益下降。为此，研究开发了酸性废水多段中和除重金属及除钙镁工艺以及冶炼二氧化硫废气处理氰化贫液工艺。

中和沉淀除重金属原理：电石渣与酸性废水发生酸碱中和反应，通过调整 pH 值形成

$Cu(OH)_2$、$Fe(OH)_3$、$Zn(OH)_2$、$Ca_3(AsO_4)_2$、$FeAsO_4$ 等沉淀，达到降低废水中金属离子浓度的目的。反应方程式如下：

$$H_2SO_4 + Ca(OH)_2 \Longrightarrow CaSO_4 \downarrow + 2H_2O$$
$$Cu^{2+} + 2OH^- \Longrightarrow Cu(OH)_2 \downarrow$$
$$Fe^{3+} + 3OH^- \Longrightarrow Fe(OH)_3 \downarrow$$
$$Zn^{2+} + 2OH^- \Longrightarrow Zn(OH)_2 \downarrow$$
$$H_3AsO_4 + Fe(OH)_3 \Longrightarrow FeAsO_4 \downarrow + 3H_2O$$
$$2H_3AsO_4 + 3Ca(OH)_2 \Longrightarrow Ca_3(AsO_4)_2 \downarrow + 6H_2O$$

来自铜冶炼分厂萃余液的酸性废水，首先用电石渣一段中和，固液分离后滤液进行萃取提铜。萃余液用电石渣进行二段中和，经曝气沉降后进行三段中和，除去废水中的锌、铁、镍、铜等重金属离子经三段中和后的废水，再用液态二氧化碳除钙镁。最后，加入适量的稀硫酸进行四段中和后返回生产系统，供酸浸提铜生产使用。工艺流程如图 8.5 所示。

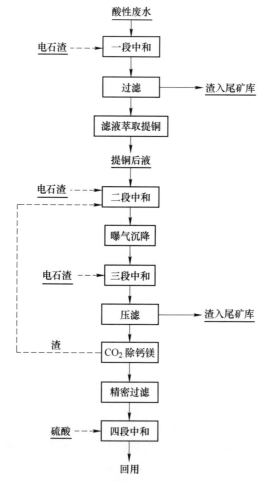

图 8.5　酸性废水处理工艺流程

酸化法回收氰化物原理：将废水的 pH 值调至 1.0~1.5，稳定的金属氰化络合物被破坏，产生一系列金属氰化物沉淀，产生的氰化氢气体则逸出与废水分离。化学反应如下：

$$NaCN + H^+ = HCN\uparrow + Na^+$$

$$Cu(CN)_4^{2-} + 2H^+ = 2HCN\uparrow + Cu(CN)_2\downarrow$$

$$Zn(CN)_4^{2-} + 4H^+ = 4HCN\uparrow + Zn^{2+}$$

$$CuCN + SCN^- + H^+ = HCN\uparrow + CuSCN\downarrow$$

含氰废水中的 $Fe(CN)_6^{4-}$ 氰化络合物酸化时不易解离，而与其他阳离子（包括 Cu、Zn、Fe）形成不溶解的复盐沉淀，经过固液分离后，回收有价元素。

$$2Me^+ + Fe(CN)_6^{4-} + 2H^+ = MeFe(CN)_4\downarrow + 2HCN\uparrow$$

二氧化硫空气法破氰原理：在 pH 值为 6~11 条件下 SO_2 和 O_2 可将 CN^- 氧化成无毒的 CNO^-，CNO^- 进一步水解形成 NH_3 和 CO_3^{2-} 从而除去 CN^-。铜离子在反应中起催化剂的作用。铁氰络合物被还原成亚铁氰络合物，并和锌、铜、铅等金属形成普鲁士蓝沉淀 $Me_2Fe(CN)_6 \cdot xH_2O$。过量的铜、锌、铅等在碱性条件下又可生成氢氧化物沉淀，通过固液分离回收重金属离子。化学反应式如下：

$$SO_2 + O_2 + CN^- + H_2O = CNO^- + H_2SO_4$$

$$CNO^- + H_2O + OH^- = CO_3^{2-} + NH_3$$

$$2Fe(CN)_6^{3-} + SO_2 + 4OH^- = 2Fe(CN)_6^{4-} + SO_4^{2-} + 2H_2O$$

$$2Cu^{2+} + Fe(CN)_6^{4-} = Cu_2[Fe(CN)_6]\downarrow$$

$$2Zn^{2+} + Fe(CN)_6^{4-} = Zn_2[Fe(CN)_6]\downarrow$$

$$Cu^{2+} + 2OH^- = Cu(OH)_2\downarrow$$

$$Zn^{2+} + 2OH^- = Zn(OH)_2\downarrow$$

含氰废水用稀硫酸调到 pH 值为 1.5~2.5，生成氰化氢被鼓入的气体吹脱进入液碱槽，吸收形成氰化钠后回用于氰化浸出工序；产生的沉淀固液分离后，回收铜、锌等有价元素，滤液经过二氧化硫空气法破氰，固液分离后，滤液返回制酸调浆工序。工艺流程如图8.6 所示。含氰废水酸化法工艺过程控制 pH 值为 2，反应温度 30℃，气液比 500:1，反应时间 2h；二氧化硫空气法工艺过程控制 SO_2 添加量气液比 40:1，反应 pH 值为 8~9，空气+机械搅拌反应时间 1h。

工业应用结果表明，可提高金回收率 1.0%~1.2%，Cu、Pb、Zn、As、CN^- 等去除率均超过 98%，处理后水的总硬度降到 350mg/L 以下，各项指标达到国家《污水综合排放标准》（GB8978—1996）一级标准。回收的水、氰化钠、硫酸钠均返回生产系统，具有良好的经济效益和环境效益[147]。

8.4.2.3 紫金矿业集团股份有限公司黄金冶炼厂黄金冶金废水处理工程

根据紫金矿业集团股份有限公司黄金冶炼厂废水水质特点，采用分流分质、物化法与膜法相结合的工艺处理黄金冶炼废水。将含金较高的电积废水、含金铜较高的提纯废水先分别采用二氧化硫脲还原法、活性炭吸附法+萃取法组合工艺回收其中的有价金属；预处理后的废水与炭再生废水混合，采用硫化物沉淀法和漂白粉氧化法进行综合处理后，再采用戈尔膜过滤技术进行固液分离，膜出水可直接排放或返回生产循环使用[148]。黄金冶炼废水综合处理工艺流程如图 8.7 所示。

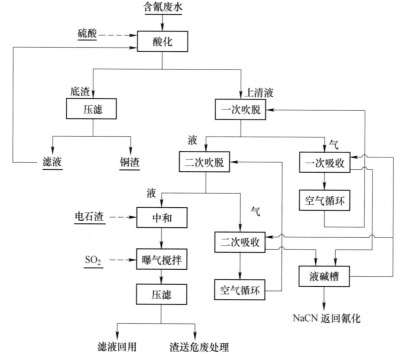

图 8.6　含氰废水处理工艺流程

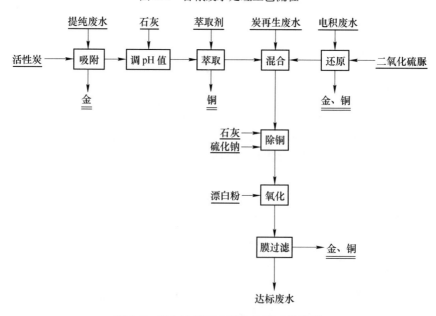

图 8.7　黄金冶炼废水综合处理工艺流程

工艺原理如下：

（1）金还原过程。在碱性、加热条件下，二氧化硫脲还原金氰络合物的反应热力学趋势较大，可将电积废水中的金氰络合金还原成单质金。其化学反应式为：

$$(NH_2)_2CSO_2 + 2Au(CN)_2^- + 4OH^- \Longrightarrow 2Au\downarrow + (NH_2)_2CO + SO_3^{2-} + 4CN^- + 2H_2O$$

（2）金吸附过程。活性炭对金氰络合物具有较高的吸附能力，通过物理、化学吸附作用或离子交换作用将提纯废水中的金氰络合物固定在活性炭上，达到富集、回收金的目的。

（3）铜萃取过程。提纯废水中的铜离子与溶解于有机溶剂中的铜萃取剂反应，生成溶解于有机溶剂中的铜化合物，达到富集、回收铜的目的。其化学反应式为：

$$Cu^{2+}(A) + 2HR(O) = CuR_2(O) + 2H^+(A)$$

（4）重金属离子去除过程。调节废水 pH 值并投加硫化剂，使混合废水中的重金属离子生成氢氧化物或硫化物沉淀而析出，达到去除废水中重金属离子的目的。其化学反应式为：

$$2Me^{n+} + nS^{2-} = Me_2S_n \downarrow$$

（5）氰化物氧化过程。漂白粉可将废水中的氰化物彻底氧化成氮气和二氧化碳，从而使氰化物的毒性去除。其化学反应式为：

$$CN^- + ClO^- + H_2O = CNCl + 2OH^-$$
$$CNCl + 2OH^- = CNO^- + Cl^- + H_2O$$
$$2CNO^- + 3ClO^- + H_2O = 2CO_2 \uparrow + N_2 \uparrow + 3Cl^- + 2OH^-$$

8.4.2.4 灵宝金源晨光有色矿冶公司黄金冶金废水处理工程

灵宝金源晨光有色矿冶公司矿冶分公司采用"金精矿酸化焙烧—烟气制酸—焙砂酸浸萃取电积提铜—酸浸渣氰化锌粉置换提金银"工艺，产品有黄金、白银、阴极铜及硫酸。工艺废水的来源有：（1）制酸系统净化、洗涤和电除雾作业产生的酸性废水，铜萃取作业产生的酸性废水；（2）氰化浸出洗涤作业、锌粉置换作业产生的含氰废水。废水主要含有氰离子、铜、铅、锌、镉等重金属离子。

按照废水"回收+回用处理"的处理原则，采用 3 项专利技术，废水处理回收了氰化钠和硫氰化亚铜，实现了废水 100% 回用[149]。酸性废水处理工艺流程如图 8.8 所示。一段电石渣中和，浓缩过滤二段固液分离，采用专利技术"酸性污水调浆中和系统"（ZL201220436477.0），有效减少了系统循环水量。二段液态 CO_2 除钙镁，戈尔过滤固液分离。

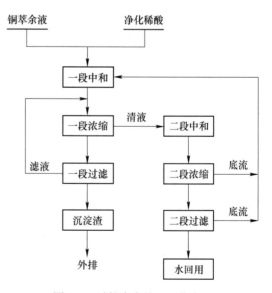

图 8.8 酸性废水处理工艺流程

含氰废水处理采用"含氰污水多效真空蒸发回收方法及回收装置"（ZL200710193034）回收氰化钠，余下的含氰酸性废水进一步净化处理后回用。含氰废水处理工艺流程如图 8.9 所示。加稀硫酸酸化、二级吹脱二级吸收回收氰化钠。二氧化硫喷射融合破氰工艺净化含氰污水。回收氰化物后的含氰废水采用"一种用于二氧化硫喷射法深度处理含氰污水的装置"（ZL201220619102）进行净化破氰。二段碳酸钠除重金属、戈尔过滤深度净化。

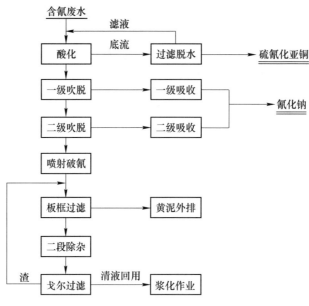

图 8.9　含氰废水处理工艺流程

8.4.3　黄金冶金废水处理新技术

近年来，含氰废水处理技术取得了许多新进展，主要表现在传统方法的联合应用、新方法研发以及资源化综合利用等多个方面，使含氰废水处理方法更加多样化，处理效率更高、效果更好，并避免了二次污染的发生。

8.4.3.1　传统方法的联合运用

联合臭氧氧化法+催化氧化法+生物处理法对黄金工业尾矿库含氰废水深度处理，可以回收废水中的贵金属及其他金属资源，并能避免氨氮造成的二次污染。氯氧化法和沉淀法联合处理含氰废水也有较好的处理效果。焦亚硫酸钠氧化+电絮凝的新工艺处理含氰提金废水后，废水满足回用标准，实现了生产废水的重复利用。H_2O_2 氧化后再加石灰调浆工艺对树脂矿浆法提金工艺产生的含有大量 SCN^- 和金属离子的废水进行处理，实现了污水零排放。隔膜电积与部分酸化法结合，通过向电积液加酸酸化并充气吹脱回收游离 CN^-，使阴极电流效率大大提高，从而同时解决了从铜锌氰溶液中电积铜或黄铜时阴极电流效率低的问题和氰的回收问题。采用电积残液方式处理后，废水可以返回金氰化浸出工序再使用，以实现贫液的循环利用[150~154]。

硫酸锌沉淀—电吸附联合工艺处理氰化提金废水的过程是首先加入沉淀剂硫酸锌，除去游离 CN^- 及铜、锌、铁氰等络合离子。沉淀物用稀硫酸浸出 Zn，挥发出的 HCN 由NaOH 溶液吸收并回收利用，随后利用氨水进一步回收 Cu，剩余的固体残渣主要为$Zn_2[Fe(CN)_6]$。以制备好的煤基电极材料为阴阳极，在给定电压下进行电吸附处理，阳极板吸附饱和后通过焚烧或者反向脱附回收负载物。采用硫酸锌沉淀—电吸附联合处理工艺可以快速、有效除去大部分 Cu、游离 CN^- 和全部 Fe，成本低廉，对黄金企业降本增效有重要意义[155]。

长春黄金研究院公开了一种黄金矿石含氰废水综合治理方法[156]。该方法将膜处理、酸化吹脱、化学氧化、混凝沉淀和光催化氧化处理技术结合在一起，协同对黄金矿山含氰废水进行处理，具有处理效果好、效率高、工艺流程简单、便于实现工业应用等优点，处理后的废水可返回工艺流程循环使用或达标排放。

云南某金矿采用次氯酸钠两段氧化—活性炭吸附法处理提金含氰废水，在一段局部氧化反应的 pH = 10.5、$m(\text{NaClO})/m(\text{CN}^-)$ = 2.5，二段完全氧化反应的 pH = 9.1、$m(\text{NaClO})/m(\text{CN}^-)$ = 7，两段氧化反应的反应时间均为 15min 的条件下，废水经次氯酸钠两段氧化，游离氰根质量浓度可由原来的 45.01mg/L 下降到 0.19mg/L。两段氧化后的废水再用 200mg/L 的活性炭吸附 1h，可使游离氰根质量浓度小于 0.05mg/L，从而达到《生活饮用水卫生标准》和《工业企业设计卫生标准》的要求[157]。

叶锦娟[158]针对某黄金冶炼厂极高浓度含氰废水中污染物的组分分析结果，采用酸化法及 OOT 或 GOC 清洁药剂联合工艺对其中的氰化物、硫氰酸盐及铜进行了酸化、氧化和回收利用。针对某黄金冶炼厂产生的极高浓度含氰废水展开了综合治理技术研究。极高浓度含氰废水经过酸化、氧化等联合工艺方法综合治理，回收氰化物、硫氰酸盐及铜等有用组分后，废水回用于原氰化浸出系统针对极高浓度含氰废水，采用酸化曝气吹脱工艺进行回收氰化物及 Cu，HCN 回收率可达到 99.88%，Cu 回收率可达到 99.88%。采用 OOT 氧化法对酸化液进行氧化硫氰酸盐处理，硫氰酸盐的去除率大于 99%，氧化硫氰酸盐生成的 CN^- 回收率为 97.36%。采用 GOC 氧化法对酸化液进行氧化硫氰酸盐处理，氧化硫氰酸盐生成的 CN^- 回收率为 70.54%。

8.4.3.2　光催化降解法

光催化降解法是在多晶半导体氧化物存在的条件下，利用紫外光/太阳光辐射将氰化物降解为危险性较小的物质。Parga 等人[159]报道了含氰废水 TiO_2 微电极光电降解法，该方法采用 TiO_2 氧化破坏氰化物，研究结果表明，使用 450W 的卤素灯进行光降解 30min，氰化物的降解率为 93%。Nitoi 等人[160]通过将 TiO_2（锐钛矿型）悬浮在溶液中进行多相光催化，结果表明氰化物的降解效率受 pH 值、TiO_2 剂量和接触时间的影响。

王平等人[161]将纳米二氧化钛负载于硅藻土上，通过两步法制备二氧化硅/二氧化钛复合催化吸附材料。制备的复合材料比表面积和孔容积较高，具有高吸附性和高光催化活性，不仅能吸附含氰废水中的铜离子，又能光催化分解里面的氰根离子。

8.4.3.3　辐照降解技术

辐照降解技术是利用电子束与介质中的水发生作用，产生一系列自由基、离子、水合电子及离子基等具有极高的化学反应活性的粒子，这些粒子能与污染物发生作用，从而使其降解[162]。该方法具有能同时处理众多难降解、高毒性污染物，适应性广泛，不产生二次污染，安全可靠等优点[163,164]，存在的主要问题是自由基与有机物反应的选择性差，易受自由基消耗剂的影响，所需剂量一般较大，能耗大。电子束辐照处理含硫氰酸溶液的研究结果表明，对于初始硫氰酸浓度为 500mg/L、pH 值为 7 和 12 的溶液，当辐照剂量从 60kGy 增加至 550kGy 时，硫氰酸（转化成硫酸盐）的转化率为 47.1%~84.5% 和 26.9%~

67.7%。在 550kGy 辐照剂量条件下，pH 值为 7 和 12 的溶液硫氰酸最高分解率分别达到 98.61% 和 99.46%[165]。

杨明德等人结合辐照法与化学沉淀法（即化学沉淀—γ 射线辐照法）用于含氰废水的处理。该方法首先采用化学沉淀法（向含氰废水中加入锌盐）沉淀回收大部分氰化物，再用 γ 射线降解残留的氰化物使废水达标排放。该方法既可回收氰化物和金属，又可使废水达到排放标准，具有处理效率高、可同时处理多种有毒污染物和不产生二次污染等优点。

8.4.3.4　生物法

微生物法处理含氰废水主要是利用某些微生物的代谢功能来降解氰化物。获得高效降氰菌是微生物处理含氰废水的关键所在[166]，降解效果则取决于氰化物浓度、pH 值、温度和营养物质的可用性等因素[167]。微生物法主要有硫酸盐还原菌法和氧化亚铁硫杆菌法[168]。除了微生物之外，一些藻类能以氰化物作为生长碳源和（或）氮源，从而可以降解氰化物。Gurbuz 等人[169]研究了斜生栅藻用于含氰化物废水的降解，结果表明，氰化物浓度为 77.9mg/L 的矿山废水经斜生栅藻降解 77h 后，氰化物浓度降低到 6mg/L，锌浓度下降了 50%。此外，斜生栅藻细胞能很好地适应高 pH 值、含氰化物和金属的溶液环境，将溶液的 pH 值保持在 10.3 左右可防止氰化物转为 HCN 而损失。

8.4.3.5　人工湿地法

人工湿地是一种新型的生态污水处理技术，主要通过自然生态系统中的物理、化学和生物三者的协同作用达到净化污水的目的[170,171]，其基本流程有推流式、回流式、阶梯进水式和综合式，组合方式有单一式、串联式、并联式和综合式等[172]。在使用人工湿地处理矿山废水时，一般应选择种植耐受性能好的植被品种，如香蒲、灯芯草和宽叶香蒲等[173,174]。

Alvarez 等人[175]开展了实验室和现场湿地被动系统治理氰化物渗滤液的研究，通过在实验室以不同规模、不同种类的被动系统（好氧和厌氧）作为独立单元进行废水处理研究，同时以不同的反应器基质和流速进行检测研究，并在半工业规模系统中设计和建设好氧和厌氧单元，进行长达 9 个月的监测。结果表明，基于人工湿地的废水被动处理系统能够解毒氰化物废水，除去了大约 21.6% 的溶解氰化物、98% 的 Cu 以及亚硝酸盐和硝酸盐，方法运行成本低，对环境友好。人工湿地法具有投资少、能耗低、易于维护以及能改善和美化生态环境等诸多优点，但也存在占地面积大、处理周期长和容易受气候影响的缺点。

8.4.3.6　充气膜吸收法

充气膜吸收（GFMA）工艺是一种新的含氰废水处理方法。该工艺采用 NaOH 溶液回收氰化物，在这个过程中，充满空气的疏水膜孔将含有氰化物的废水和高 pH 值的吸收液分隔开，水溶液不能渗透到膜孔中，但氰化溶液中的氰化物（HCN）可以转移到接收液中[176,177]。研究表明，使用该工艺处理含氰废水 10min 后氰化物回收率大于 90%，平均氰化物转化速率达 $0.01kg/(m^2 \cdot h)$；pH 值、进水流速和 Cu^{2+} 浓度是影响处理效果的主要因素。

8.4.4　黄金冶金废水处理技术的发展趋势

通过对现有含氰废水处理工艺进行分析，结合近年来国内外研究进展，认为提金含氰废水处理工艺主要有4个方面的发展趋势：

（1）多种方法的联合应用。综合比较提金含氰废水处理方法可知，传统方法已有较多的应用经验，工艺相对成熟且各有优点，在长期的提金废水治理中发挥了重要作用。但这些工艺本身仍然存在较多不足之处，而理想的新方法还未开发，因此，许多学者致力于研究多种方法的联合应用，从而可以起到优势互补的作用。从近年的发展趋势来看，有不少关于多种方法联合处理含氰废水的尝试，取得了较好的效果。因此，多种方法的联合应用是含氰废水处理工艺的一个重要发展趋势。

（2）高效节能新方法的研发。传统方法存在的不足可以通过多种方法的联合应用在一定程度上得到缓解，但是仍然不能从根本上解决现有工艺存在的不足，需要不断寻找、开发理想的含氰废水处理工艺，实现提金含氰废水处理的高效、节能、环保及经济可行的最终目标。因此，高效节能新方法的研发将是未来含氰废水处理工艺研究的主要发展方向。

（3）新方法工业化应用研究。新方法的研究对于探索提金含氰废水的无害化和资源化利用具有重要意义。近年来，光催化、辐照降解技术和充气膜吸收等新方法得到较多研究，处理效果均较好，这些新方法为提金含氰废水处理提供了新的思路，但大多仍处于实验室研究阶段，也存在一些不足，例如人工湿地法工艺简单、成本低但占地面积大，微生物法处理效果好但周期过长且易受气候条件影响，光降解法和辐照技术能耗高等，需要进一步探索其工业化应用的可行性和条件。因此，探索这些新方法的工业化应用是未来含氰废水处理工艺研究的一个重要内容。

（4）反应装置的研发。近年来，反应装置的研发也是含氰废水处理工艺研究的主要内容之一。我国学者研发出一些反应装置，对于提高含氰废水的处理效果、降本增效具有重要意义。周仲魁等人[178]发明了一种含氰废水 O_3 氧化法处理系统，该系统通过将含氰废水与其臭氧发生装置产生的臭氧充分混合，使含氰废水与臭氧进行氧化反应，达到降解废水中氰化物的目的。

8.4.5　酸性废水硫化—浓缩处理工艺实践

8.4.5.1　基本情况

山东某公司包括污酸废水在内的所有厂区废水在各车间通过初级处理、循环使用等措施，最后全部进入酸性废水处理站进行处理，在酸性废水处理站经过"硫化+石灰-铁盐+电化学深度处理+软化回用"的工艺处理后，进入生产回用，其中大部分废水进入了各车间的冷却循环水系统。通过在冷却循环水系统的热蒸发作用，把废水进行蒸发，从而实现零排放的要求。

A　废水处理存在的问题

根据调研的情况，目前企业废水系统主要存在三大问题：

（1）酸性废水处理站废水处理产生渣量大。酸性废水处理站废水处理每天消耗石灰为100t，产生的渣量每天多达360t（湿渣）。渣量主要来自中和反应的石膏渣及重金属渣，其中石膏渣占总量的 95% 以上，而石膏渣主要成分为 $CaSO_4$，所以导致废水处理渣量大的最主要原因是废水中的 SO_4^{2-} 含量高，污酸废水占厂区废水中 SO_4^{2-} 总量的约 35%，是厂区废水 SO_4^{2-} 的重要组成部分。

（2）循环冷却水系统氯离子高，管道设备腐蚀严重。目前企业循环冷却水的补水主要来自酸性废水处理站处理后的回用水，由于循环冷却水系统没有形成废水排放的开路，在长期循环过程中导致循环水系统中氯不断浓缩升高而引起的管道、设备结垢和腐蚀的问题，其中氯离子的含量最高达 5000mg/L，通过调研发现污酸废水占氯离子总量的约 28%，是厂区废水氯离子的主要组成部分。

（3）循环冷却水系统硬度高，管道设备结垢严重，阻垢剂成本高。目前企业循环冷却水的补水主要来自酸性废水处理站处理后的回用水，此部分回用水的中总硬度约为 600mg/L，由于循环冷却水系统没有形成废水排放的开路，在长期循环过程中导致循环水系统中硬度不断浓缩升高而引起的管道、设备结垢，其中钙离子的含量高达 3000mg/L 以上，为防止管道设备结垢，需添加大量阻垢剂，阻垢剂消耗的成本很高。

B　解决措施

该公司原有的污酸处理采用"硫化钠+石灰+铁盐+电化学深度处理+软化回用"的工艺路线，产生的石膏渣渣量大，需要较大的堆存空间，并且采用硫化钠处理引入大量 Na^+，使废水回用变得困难。

根据酸性废水水质指标，对污酸废水处理设计采用新的处理工艺，采用两段气液强化硫化铜砷分离工艺深度脱除铜砷重金属，同时实现铜砷高效分离、分类回收和处置的目的。处理系统包括硫化氢制备、两段气液硫化铜砷分离、除杂后稀酸浓缩及脱氟氯。硫化氢制备工序采用甲醇制备氢气和工业硫黄合成产生硫化氢气体，为两段气液硫化铜砷分离工序提供硫化氢气体。两段气液硫化铜砷分离工序先用硫化氢通过气液强化反应器生成粗铜渣，再通过精细分离实现废水中铜、砷的有效分离，分离处理后分别得到精铜渣、富砷渣，实现铜的回收利用以及砷的开路。除杂后稀酸浓缩及脱氟氯工序，除杂后稀酸进入多效蒸发浓缩装置，在多效蒸发浓缩装置中，污酸中的绝大部分水分被蒸发，通过控制硫酸的浓度、温度，使酸中的氟氯不析出；然后，预浓缩进入浓缩氟氯装置，在浓缩脱氟氯装置中，硫酸浓度进一步提高、温度进一步提高，使氟氯从溶液中析出，并随水蒸气带出系统。出浓缩脱氟氯装置的净化酸，作为制酸工艺干吸工段的补充水。含有氟氯的水蒸气经氢氧化钠吸收为氟化钠、氯化钠溶液，溶液经蒸发系统蒸发结晶为氟化钠、氯化钠盐产品。

该工艺有以下优点：

（1）去除污酸中的重金属及砷等有害成分。硫化法除铜、砷得到的硫化物渣的渣量少，与石灰中和法相比可减少 90% 的渣量，产生的铜渣可以返回铜冶炼系统作为配料，产生的砷渣可以返回金精矿两段焙烧系统回收三氧化二砷产品。

（2）硫资源得到回收，产出的 50% 的硫酸产品，可以返回生产使用。

（3）设备能耗低、运行成本低、投资小、运行稳定。

通过该处理工艺对污酸废水进行处理，实现对废渣、氯离子、重金属的减排，同时对硫酸、有价金属资源进行回收。

8.4.5.2　工艺流程

工艺流程如图 8.10 所示。

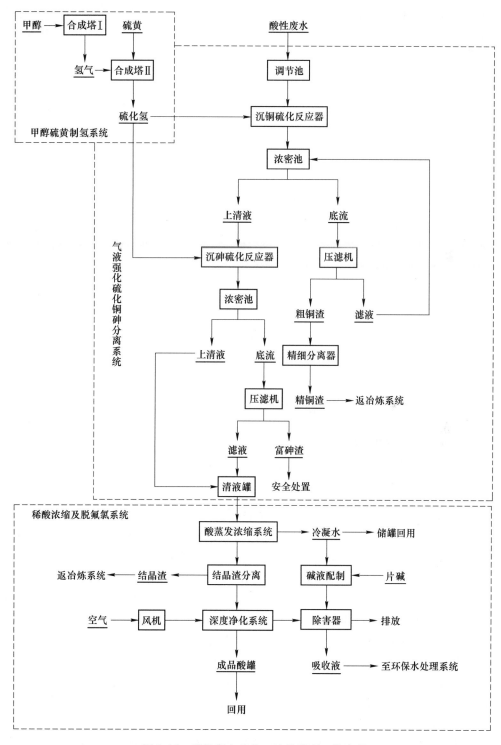

图 8.10　酸性废水硫化—浓缩处理工艺流程

8.4.5.3　主要经济技术指标

主要经济技术指标及特点有:

(1) 重金属净化效果高,出水指标优。新工艺气液强化硫化铜砷分离 5min 内便可实现砷和重金属的高效脱除,脱出率可达 99%,出水重金属浓度低且指标稳定,将污酸变成可以直接运用于生产的 50%硫酸,实现资源化的回收(见表 8.4)。

表 8.4　回收后硫酸的品质标准　　　　　　　　　　(mg/L)

指标	硫酸浓度	As	Cu	Pb	Cd	F	Cl	Zn	Fe
范围	≥50%	<30	<30	<20	<20	≤50	≤50	<500	<500

(2) 原料节省。采用高效气液硫化铜砷分离技术,硫化物的利用率高,可接近理论值,相比传统的硫化法硫化物的用量至少节省 15%以上。

(3) 有价金属铜回收率高。新工艺铜的回收率可达 98%,每天以含 Cu>40% 的硫化铜(干基)形式回收精铜,产生直接的经济效益。

(4) 危废渣减量。新工艺砷渣砷品位 45%以上,比现有工艺砷渣砷品位高出约 10% ~ 15%,按砷渣含水率 60%核算,每天减少砷渣约 20%。

传统硫化法产生的铜渣含有一定量砷,使得铜渣的品位降低、渣量大,在保证 98%的铜回收率的基础上,新工艺相比传统硫化法渣量减少约 20%。

(5) 出水盐分低,过程无硫化氢二次污染。采用硫化氢硫化,避免大量的钠离子进入酸性废水,降低了酸性废水中的盐分,便于后续的处理与回用,处理过程在全密闭系统中进行,无硫化氢二次污染产生。

8.5　黄金冶金废渣处理与处置技术

8.5.1　含金固体废物处理技术

黄金冶炼过程中产生大量含金碎炭末、废水沉渣、废水处理塘泥以及熔炼炉烟尘,根据这些含金废渣中金含量的高低,分别用下述方法进行金的回收:

(1) 对含金 200g/t 以上的废渣可用火法富集。常见的是先将含金废渣破碎,含金废渣:硝石:碳酸钠:氧化铅按 5:1:2:8 的比例配料混匀装入耐火坩埚,然后在其表面覆盖一薄层硼砂,放入 1200℃高温炉中熔炼得铅扣,再将铅扣灰吹可得粗金。

(2) 对于含金 200g/t 以下的废渣可用氰化法浸金。即将粉碎后的含金废渣倒入瓷缸中加入适量的水调成糊状(浓度为 40%左右),加入实际含金量 3~4 倍的氰化钠,加石灰调整溶液 pH 值为 10~11,再加入少量的过氧化氢溶液,使金溶解生成 NaAu(CN) 而进入溶液;过滤使固液分离,用清水反复洗涤滤渣中残金,使其全部进入溶液;含金氰化钠溶液按含金废液处理方法处理后得到粗金粉。此外,也有采用焙烧—氯化浸出处理含金固体废物的,如目前世界著名黄金生产商——南非金田公司在处理黄金冶炼厂含金废料时,采用焙烧—氯化浸出方法,国内一些铜冶炼厂的铜阳极泥一般也采用氯化浸出工艺处理来提金。

国内某黄金冶炼厂积压大量碎炭末、废水沉渣、废水处理塘泥等含金固体废弃物,该类物料的特点是炭末细、碎，且杂质含量高，除含量较高的 CaO、Al_2O_3、SiO_2 外，还含有 Cu、Fe、Pb、Zn、Cl、As、Cd 等杂质，且金（200~1000g/t）、银（50~2000g/t）含量波动大。为高效回收该部分含炭复杂难选冶含金固体废弃物，先后开展了火法富铅捕收—灰吹、焙烧—边磨边浸—炭吸附、焙烧—硫酸预处理—氯化浸出、中频炉熔炼—粗铜捕集—铜电解—阳极泥湿法回收等工艺研究，但由于固体废弃物成分复杂，均未取得理想效果。

衷水平等人[179]针对某黄金冶炼厂产生的碎炭末、废水沉渣、废水处理塘泥等含炭复杂难选冶含金固体废弃物，用焙烧—酸浸—氰化工艺处理，在焙烧温度 600℃、焙烧时间 1.5h、室温下硫酸预处理 1h、硫酸浓度 25%、液固比 3：1、氰化工序液固比 3：1、pH 值为 10.5、氰化钠浓度 3‰、氰化 12h 的工艺条件下，渣计金回收率可达 99.4% 左右，尾渣金品位小于 10g/t。

8.5.2 氰化尾渣的处理技术

不同性质和来源的氰化尾渣中金属元素的赋存状态和含量各不相同，结合尾渣的性质有不同的回收方法。氰化尾渣的利用除重点回收尾渣中贵金属金、银外，有些研究方法关注尾渣中铅、锌的回收，有些则关注铜、铁等的回收。

综合回收氰化尾渣中有价金属的方法有浮选、重选、磁选等多种，其中浮选法是研究应用最多的方法。通过浮选药剂首先富集尾渣中金、银、铜等有价金属，然后进行下一步提取回收金属资源。林海等人用混合浮选—分离浮选工艺，从氰化尾渣中提取金、银、铜等有价金属。结合氰化尾渣中主要有价矿物黄铁矿和黄铜矿及大量的脉石矿物粒度均微细的特点，采取先混合浮选黄铜矿和黄铁矿除去脉石矿物，然后再进行黄铜矿与黄铁矿分离浮选以得到铜精矿和硫精矿的方案。氰化尾渣中贵金属元素金、银同时被富集到铜精矿中，铜精矿冶炼后回收，硫富集后可作硫精矿。内蒙古喀剌沁旗大水清金矿采用双回路循环浮选流程回收氰化尾渣中的有价金属铜、金、银等。在浮选金精矿氰化提金流程中，增设了扫精选作业，解决氰渣浮选时存在的中矿恶性循环问题，同时建立合理的复合药剂制度及多点给药，增设矿浆缓冲系统、石灰乳化添加等手段保证氰渣浮选过程的稳定性。金厂峪金矿选矿厂在国内最早应用浮选法回收氰渣中金，1986 年 6 月正式投入使用，氰渣品位 3~4g/t，经一次粗选、一次扫选、三次精选后，得到品位为 80~100g/t 的金精矿，回收率 26%~30%，相当于提高总回收率 1%。梁冠杰采用混合药剂提取氰化尾渣中铜、铅、银等有价金属元素，获得含铜 21.81%、回收率 96.58% 的铜精矿，含铅 58.20%、回收率 74.83% 的铅精矿。薛光等人采用加压氧化—氰化浸出方法处理氰化尾渣，氰化尾渣中金的品位高达 3~4g/t，尾渣中的金以硫化物包裹金为主。加压氧化—氰化浸金法综合运用流体力学的原理，利用空压机将压缩空气以分布式射流的方式均匀地射入氰化矿浆中形成强力旋搅，氧化矿中的硫化物，加快包裹金的解离，加快浸金速度，缩短浸出时间，可以提高金的浸出率。贵州紫金矿业针对氰化尾矿品位高、金属量多、尾渣中金主要赋存于碳质物中的特点，采用一次粗选、三次扫选、三次精选闭路浮选流程回收金。金回收率为 83.11%，尾矿平均品位为 0.26g/t，浮选效果显著。

氰化尾渣中有价元素较多，现有利用趋势转向于尾渣中有价元素的全元素提取。根据尾渣中金属元素的存在形态，提取方法有所不同。如广东高要河台金矿的氰化尾渣中铜矿物主要是以黄铜矿为主的原生矿物及次生硫化铜矿物,品位大于4%,设置粗选2台、一次精选2台、二次精选1台、一次扫选及二次扫选各1台的浮选机组,通过加强精矿再磨管理,消除氰根离子对铜矿浮选的影响、抑制黄铁矿,获得品位为20%左右的铜精矿。甘肃省天水金矿采用优先选铅后选铜的工艺流程获得合格的铜精矿和铅精矿,并回收了部分金、银、铜、铅,回收率分别为71.04%、77.59%、31.25%、81.04%。邹积贞等人[180]研究黑龙江某金矿的氰化尾渣铜的回收,针对氰化尾渣含砷2.08%,用拷胶抑制砷,优先浮选铜获得合格的铜精矿,铜精矿中金品位达20g/t。

氰化尾渣中的铅、锌等也是回收的重要元素,要通过浮选回收,同时也可以回收金、银等。针对陕西小口金矿精矿氰化尾渣金含量高且铅单体为解离充分的硫化物的特点,采用一次粗选、一次精选和一次扫选的浮选铅流程,在适宜的氧化钙浓度下,不磨矿,不加温,不加活化剂,不破坏剩余氰化物,铅精矿品位达57.46%,回收率为79.7%,同时回收尾渣中的金和银。银坡洞金矿的王宏军[181]首先用浮选方法对矿浆进行脱药降氰根预处理,而后进行一次粗选、二次扫选和三次精选的铅浮选工艺流程,产出铅精矿,再采用一次粗选、二次扫选和三次精选工艺对铅浮选尾矿进行选锌浮选,产出的铅精矿品位达到62.59%,铅回收率达76.44%,锌精矿品位为50.79%,锌的回收率为74.53%。北京矿冶研究院[182]针对某氰化尾渣中方铅矿主要以单体形式存在的情况,以YO作为活化剂,采用异步混选新工艺经两次粗选、两次扫选、三次精选的工艺流程,最终获得的铅锌混合精矿(铅+锌)品位为52.56%,铅、锌回收率分别为85.15%和97.51%。徐承焱等人[183]针对黄金冶炼厂氰化尾渣综合利用采用铅锌混合浮选富集—优先浮选富集铜—铜尾浮选富集硫方案,获得含铅品位30.29%、回收率为70.12%的铅精矿,含锌品位为41.19%、回收率为74.93%的锌精矿,含铜7%的铜精矿和含硫40%~50%的硫精矿,在最佳的硫铁矿入炉品位、粒度、富氧程度下,获得全铁品位65%以上的铁精粉。宋翔宇[184]根据云南某矿强化尾矿中金、银、铜、铅、铁等有价元素的存在特点,首先通过提高磨矿细度和延长浸出时间,氰化尾矿金品位由0.83g/t降至0.35g/t,然后采用异戊基黄药和环烷酸皂混合捕收剂选铅,得到品位和回收率分别为46.83%和35.15%的铅精矿,采用Cl-5消除矿浆中游离氰以及铅浮选残留药剂对铜浮选的影响,活化剂AS-2和Na_2S活化铜,混合黄药T820、F-1黑药和$C_{5~9}$羟肟酸作混合捕收剂选铜,得到品位和回收率分别为17.72%和53.33%的铜精矿,磁选回收铁矿物,先弱磁后强磁,得到品位为64%和51%的两种铁精矿。谢建宏等人针对氰化尾渣含铁较高,赤铁矿、褐铁矿、菱铁矿分布率大,采用磁化焙烧—磨矿—弱磁选工艺流程,得到品位55%,铁精矿产率50%左右的铁精矿。精矿中金品位4g/t左右,银品位30g/t左右,铁回收率75%以上,金回收率80%以上,银回收率65%。王洪忠利用混合添加剂两段焙烧、氰化前加入助浸剂共磨处理含铜、砷浮选金精矿氰化尾渣,氰化尾渣金、银的浸出率分别为82.92%和61.54%,浸渣中金、银的最终品位分别降至0.55g/t和30g/t。赵战胜[185]针对河南地区金品位达3g/t的可再回收利用的资源的氰化尾渣首先采用沉降分离法,富集含金黄铁矿,含金黄铁矿经封闭式焙烧炉焙烧,使金充分裸露,产出硫气体经冷却生成硫酸,对进一步提高金品位的焙砂采用冲空气搅拌水浸后,压滤固液分离,滤液蒸发烘干后为$FeSO_4$产品,固体用常规氰化法浸金,尾渣中金的回收率达72.95%~91.91%。薛光等人[186]提出一种从焙烧氰化尾渣中回收金、银的工艺方法,将氰化尾渣加添加剂再磨至小于38μm粒级大于95%,除去矿样中的砷,使氰化尾渣中脉石包裹的金、银暴露，然后用 30% 除杂剂加热浸出杂质，并除去金矿物表面的钝化膜，处理后的矿样采用氰化法进行浸出金、银，氰化尾渣中金、银的氰化浸出率分别达到 65.00% 和 41.19%。薛光、于永江等人对山东招远黄金冶炼厂的焙烧氰化尾渣回收金、银，采用添加 SC 焙烧氰化浸出的流程，回收了焙烧尾渣中的金、银，其浸出率金为 60% 以上、银为 65% 以上。

金矿氰化尾渣的利用除了较多关注有价金属铜、铅、锌的回收外，铁的回收利用价值也较大。目前氰化尾渣中回收铁的方法可以分为火法和湿法两种工艺。火法工艺是对氰化尾渣进行还原焙烧，然后进行磁选回收铁。通过还原焙烧使氰化尾渣中的铁氧化物转变为磁性较大的四氧化三铁。张亚莉等人[187]针对氰化尾渣中高含量的铁，首先在低温条件下对氰化渣进行还原焙烧预处理，使渣中的铁氧化物转变成磁性铁，然后通过磁选工序进行选矿，提炼出渣中的铁，送钢铁生产系统；再将磁选后的渣用氰化钠溶解，使金以配合物的形式进入溶液，固液分离后，以二氧化硅为主要物质的渣，送去水泥厂作原料，溶液用锌置换出其中的金。金的回收率为 50%，铁的回收率为 80%。尚德兴等人[188]以褐煤为还原剂，采用还原焙烧—磁选的方法回收氰化尾渣中的铁，获得了品位 59%、回收率 80% 的铁精矿。高远等人针对氰化尾渣经选矿工艺获得的磁铁矿、褐铁精矿（TFe 品位约 55%）中砷、铜含量超标，难以用选矿手段进一步分离富集的难题，采用一步氯化挥发法脱除铜砷，适当配比制球，焙烧温度 1160℃，尾渣中的铜砷脱除率达到 90% 以上，通过冷凝收尘回收铅、锌、银等有价金属，烧渣中铁的品位达到 64% 以上。湿法回收铁主要是采用浸出工艺，如高酸浸出和高锰酸钾浸出。翟毅杰等人[189]在酸性条件下用高锰酸钾对氰化尾渣进行预处理，铁浸出率达 93.33%。尚军刚[190]采用高酸浸出对氰化尾渣进行处理，硫酸用量为理论量的 3.5 倍、浸出温度为 363K、浸出时间 4h 时，氰化尾渣中铁浸出率达 93.33%，氰化浸出高酸浸出渣，金、银回收率分别达到 90% 和 76.92%。

尾渣资源的综合回收关键要抓住产生尾渣的重要环节，从生产过程的开始就挖掘潜力，针对不同的矿石性质，采用必要的工艺和设备，把尾渣的金属品位降低到极限品位，最大限度地提高金属回收率。对于氰化尾渣而言，由于矿石性质及采用的提金工艺流程的不同，其有价金属元素及矿物的性质、种类、含量也均有不同。但氰化尾渣有一些共同的特点，一般尾渣粒度很细、泥化现象严重且组成较复杂，含有一定数量的 CN⁻ 和部分残余药剂，受此影响部分矿物的可浮性大大降低，回收其中的有价元素较困难。为了更好地回收尾渣中的金和银，国内很多研究者进行了大量的工作。焙烧过程中产生的氧化铁等杂质对一定量的金、银产生"包裹"作用，在氰化浸出过程中阻碍了 CN⁻ 与贵金属的充分接触，研究者开发的氰渣催化酸解浸铁的工艺，最大限度地将金、银从"包裹"中释放出来，以便用常规氰化浸出。从某种意义上讲，对尾渣的综合回收与利用是对矿产资源的深度利用，随着科学技术的不断发展，工艺不断完善，对尾渣的利用越来越充分，利用层次逐步提高，效益越来越明显。尾渣资源的综合回收与利用是对矿产资源的二次开发，不仅可以提高矿产资源利用率，还可以治理环境污染，为企业增加经济效益。

8.5.3　含氰废堆的处理技术

堆浸法提金具有预投资少、生产成本低、规模大及设备简单等优点，是目前处理低品位金矿的主流工艺。堆浸过后会产生几乎等量的废堆，这些废堆中含有大量的含氰废液，对地下水源和人类生存环境带来严重威胁。废堆暴露于空气中,尤其当溶液 pH < 10.5,HCN 就可能从含氰化物的溶液中挥发出来。当 pH = 7 ~ 8 时,约 95% 以上的自由氰化物以 HCN 分子形式存在,并有相当高的蒸气压。HCN 气体的产生速率低、数量少,风的冲散使这种气体稀到无法测出,达到安全浓度,挥发使一些氰化物自然消失。目前,对含氰废堆的处理主要包括自然降解法和化学破坏法。自然降解以多种方式发生,如光分解、氧化、挥发、吸附以及生物降解。在堆浸中氰化物的自然降解是连续发生的,这种破坏可使废堆达到环保要求。堆中氰化物的破坏或损失存在着多种机理,包括微生物(细菌)、空气、阳光和堆材的作用。化学破坏法常用的化学试剂有氯、空气-二氧化硫和过氧化氢等,氧化反应既可以在堆外反应后返回堆中,也可以将氧化剂加入堆中。

8.5.4　含砷废渣处理技术

目前,含砷处理技术总体可分为三大类,一类是火法,即用氧化焙烧、还原焙烧和真空焙烧等火法进行脱砷处理。一类是采用酸浸、碱浸或盐浸等湿法流程,先把 As 从渣中分离出来,然后再进一步回收利用,或进行其他稳定化处理,达到脱砷稳定化的目的。湿法脱砷包括物理脱砷法和化学沉淀法,化学沉淀法又可分为硫化沉淀法、钙盐沉淀法和铁盐沉淀法等。最后一类是采用稳定剂或固化剂,通过将含砷废渣中的 As 转变为稳定形态或包裹钝化,从而实现含砷废渣的稳定化/固化处理。

8.5.4.1　传统固砷和火法脱砷技术

"传统固砷法"是防止砷污染简便有效的方法,主要有石灰沉砷—煅烧法、铁砷矿法和臭葱石法等。20 世纪 80 年代的一些研究结果和美国 TCLP 浸出实验表明:含砷酸钙废渣的稳定性较差,具有较高的溶解度。经高温煅烧,砷酸钙和亚砷酸钙的溶解度会降低,且煅烧温度越高,其溶解度越小。用石灰沉砷法处理含砷废水,配合砷酸钙煅烧技术曾在智利几个铜冶炼厂得到应用,并取得了较好的效果。有研究表明,通过铁砷矿法处理得到的含砷水铁矿沉淀物比较稳定,因此,大多数企业直接把这种含砷沉淀物排入尾矿坝或就地堆放、掩埋。臭葱石的稳定性与含砷水铁矿相当,但相比含砷水铁矿,臭葱石沉淀物的体积小、砷质量分数高、晶型结构完整、易澄清、过滤和分离。

火法炼砷作为一种传统的炼砷工艺,被应用于含砷废渣脱砷处理中。含砷废渣在 600 ~ 850℃ 下氧化焙烧,可使其中 40% ~ 70% 的砷得以挥发脱除,加入硫化剂(如黄铁矿)后,脱砷率可提升至 90% ~ 95%,而在适度的真空中对含砷废渣进行焙烧,脱砷率可达 98%。目前火法回收砷的生产厂有日本住友冶炼厂和瑞典波利登公司,国内有云锡公司、柳州冶炼厂及赣州冶炼厂等,但由于该方法易导致二次环境污染,并且存在投资大、原料适应范围小和能耗高等不足,未被广泛应用。

8.5.4.2　湿法脱砷

湿法脱砷主要有以下几种方法:

(1)硫酸铜置换法。无论有色冶炼或化工等行业领域,处理废酸、废水得到的含砷废渣主要有硫化砷渣和砷酸铁、砷酸钙渣。硫酸铜置换法是硫化砷渣比较成熟的方法。日本住友公司冬予冶炼厂是采用该法生产白砷的代表性厂家。该公司采用非氧化浸出法,用硫

酸铜溶液中的 Cu^{2+} 置换硫化砷滤饼中的砷，然后用 6% 以上的 SO_2 还原制得 As_2O_3，实现与其他重金属离子的分离，得到纯度 99% 以上的白砷。我国江西铜业公司贵溪冶炼厂，耗资 5000 万元引进日本该技术及主要设备，处理硫化砷滤饼，虽然取得了较好的处理效果和环境效益，但此法存在一些不足之处，如工艺流程复杂、铜消耗量大（每生产 1t As_2O_3 约需 3t 氧化铜）、运行成本高等。

（2）硫酸铁法。利用硫酸铁在高压下浸出硫化砷，使各种金属离子得以分离是美国专利。由于该工艺采用高压操作，存在设备复杂、操作费用及造价高等问题。我国白银公司探索出了一条硫酸铁常压处理含砷废渣的新方法。白银公司采用二段浸出工艺，一段浸出基本实现了 As、Bi 的分离，二次浸出提高 As、Bi 的浸出率和 Bi 的转化率，避免了过量的 Fe^{3+} 生成不溶于硫酸的铁钒。二段浸出后的滤液采用二氧化硫烟道气还原，还原液精制后得到纯度较高的"白砷"；二段浸出后的滤渣，用盐酸使 Bi 转化，浸 Bi 后过滤的滤渣（即含铅硫渣），可返回铅冶炼。As、Bi 分离后的循环液经氧化使 Fe^{2+} 转化为 Fe^{3+}，可重复使用。

（3）碱浸法。利用氢氧化钠并通入空气对含砷废渣进行碱性氧化浸出，将砷转化成砷酸钠，然后经苛化、酸分解、还原结晶过程，制得粗产品 As_2O_3。日本住友公司和外联有色矿冶研究院采用此法处理含砷废渣。日本今井贞美、杉本诚人等人在 80℃ 的浸出温度条件下，对含砷 21.0% 的脱铜阳极泥进行处理，60min 即有 90% 以上的 As 被浸出，呈 5 价进入溶液，质量浓度达 20g/L，浸出液经进一步处理，得到纯度 99.6% 的 As_2O_3。

（4）酸浸法。湿法提砷是消除生产过程中 As 对环境污染的根本途径。研究表明，在传统的湿法提 As（As(Ⅲ)→As(Ⅴ)→As(Ⅲ)→As）的基础上，存在一种途径更短的技术，即 As(Ⅲ)→As，能够大大提升提砷效率和提高经济效益。硫化沉淀产生的硫化砷渣（As 含量 49.23%，As_2S_3 含量 81.07%），在密闭反应器中用浓硫酸（≥80%）处理，反应温度 140~210℃，反应时间 2~3h。As_2S_3 经分解、氧化、转化，形成单质硫黄和 As_2O_3。在一定温度下，As_2O_3 溶解在硫酸溶液中形成母液，固液分离出硫黄渣后，将母液冷却结晶出固体 As_2O_3。结晶出的 As_2O_3 用少量水洗涤，获得高纯度 As_2O_3 产品。经分析，砷的总回收率达 95.3%，As_2O_3 固体的纯度达 99.4%，SO_4^{2-} 未检出[191]。

8.5.4.3　固化/稳定化法

目前，国内外普遍采用的固化/稳定化技术主要有胶凝固化、常规火法烧结固化、有机聚合固化、塑性材料固化、熔融固化、石灰固化和自胶结固化等。

（1）胶凝固化。胶凝固化技术主要是将含砷废渣与胶凝物料混合制成浆料，或另外加入稳定药剂，经长时间水化形成胶凝材料，通过吸附、化学键和物理包裹等多种作用，协同实现废渣的稳定化/固化。该类技术以水泥固化应用最为广泛。水泥固化技术最早开始于 20 世纪 50 年代，美国采用普通水泥固化低水平放射性废物，在欧洲也有类似技术处理放射性废物。随着水泥固化技术不断改善，人们研发了一些添加剂如硅酸钠、粉煤灰、石灰和黏土等，来改善水泥水化环境，提高水泥稳定化/固化效果。由于硅酸钠中的硅酸根与重金属离子之间的反应并非以单一的比例生成晶体结构硅酸盐，而是形成了二氧化硅或硅胶与金属离子以不同摩尔比配合的无定型混合物。这种金属硅酸盐在较宽的 pH 值（2~11）范围内能够保持低浸出量，同时可参与水化胶凝反应，利于固化体的强度发展。研究表明，天然黏土，例如膨润土和活性白土，能够促进水化反应的进行，明显提高水化胶凝产物的物理及化学吸附性能。除了该类添加剂，国外已开展利用纤维和聚合物添加到水泥体系的研究，研究表明天然胶乳聚合物能够提高水泥浆颗粒和废物颗粒间的结合作用力，同时，该类聚合物填充在固化体中的孔隙中，在一定程度上能够抑制有害元素，二者协同作用，显著降低了有害元素的浸出。研究表明，废渣中的盐类通常对水泥水化产生不利影响，如锰、锡、铜等可溶性盐会阻碍水泥中胶凝成分水化反应，延长水泥凝固时间，并大大降低固化体物理强度，进而最终影响重金属固化效果。研究表明，当水化体系中的杂质如有机物及其他惰性成分颗粒径低于 0.074mm（200 目）时，会在水化中间产物表面形成惰性膜，阻碍水化反应进一步进行，导致固化体强度发育差，降低固化体重金属稳定化效果。由于工业废渣成分复杂，会对水泥最终物理强度产生不同程度的负面影响，进而影响其稳定化效果，这决定了其掺量必须低于某限值，因此导致固化体的增容率大大增高，若仅仅以重金属废渣稳定/固化为目的，大大增加了运输和填埋工作量，变相增加了稳定化处理成本，这是目前水泥固化技术存在的主要不足之处。

（2）有机聚合固化。有机聚合固化的优点是可以在常温下操作；添加的催化剂数量很少，最终产品体积比其他固化法小，既能处理干渣，也能处理湿泥浆。缺点是不够安全，有时使用的强酸性催化剂在聚合过程中会使重金属溶出，并要求使用耐腐蚀设备；固化体的耐老化性能差，且固化体松散，需装入容器处置，增加了处置费用。

（3）塑性材料固化。塑性材料固化按使用材料性能不同可分为热固性材料固化和热塑性材料固化，常用的是热塑性材料固化。热塑性材料固化就是用熔融的热塑性物质（沥青、石蜡、聚乙烯、聚丙烯等）在高温下与危险废物混合，以达到对其稳定化解毒的目的。目前，国内外最常用的热塑性固化技术是沥青固化技术。

沥青固化是以沥青类材料作为固化剂，与废物在一定的温度下均匀混合，产生皂化反应，使有害物质包容在沥青中形成固化体，从而得到稳定。沥青属于憎水性物质，完整的沥青固化体具有优良的防水性能以及良好的黏结性和化学稳定性，而且在大多数酸和碱性环境下保持稳定，所以沥青固化具有较好的稳定性。可以用于危险废物固化的沥青可以是直馏沥青、氧化沥青和乳化沥青等。沥青固化的工艺主要包括三个部分，即固体废物的预处理、废物与沥青的热混合以及二次蒸汽的净化处理。其中关键的部分是热混合环节。

热塑性材料固化的优点是固化体的浸出率低于其他固化法，增容率小；固化对溶液有良好的阻隔性，对微生物具有较强的抗侵蚀性。其缺点就是热塑材料价格昂贵，操作复杂，设备费用高。

（4）熔融固化。熔融固化技术也称之为玻璃固化技术。此法是将待处理的废物与细小的玻璃质，如玻璃屑、玻璃粉混合，经混合造粒成型后，在高温下熔融形成玻璃固化体，借助玻璃体的致密结晶结构确保固化体的永久稳定。

熔融固化需要将大量物料加温到熔点以上，无论是采用电力或是其他燃料，需要的能源和费用都是相当高的。但是相对于其他处理技术，熔融固化的最大优点是可以得到高质量的建筑材料。因此，在进行废物的熔融固化处理时，除去必须达到环境指标以外，应充分注意熔融体的强度、耐酸碱性甚至外观等对于建筑材料的全面要求。

玻璃固化的优点是所形成的玻璃态物质相比胶凝固化体耐久性更高、抗渗性更好、耐酸性腐蚀更强，因为废物的成分已成为玻璃的一个组分，玻璃固化体的浸出率最低，废物的增容率不大。此法的缺点是工艺复杂、设备材质要求高、处理成本高。应用推广受到一定的限制。

（5）石灰固化。石灰固化是指以石灰、垃圾焚烧飞灰、水泥窑以及熔矿炉炉渣等具有波索来反应的物质为固化基材而进行的危险废物固化/稳定化解毒的操作。在适当的催化环境下进行波索来反应，将污泥中的重金属成分吸附于所产生的胶体结晶中。但因波索来反应不似胶凝材料的水合作用，石灰系固化处理所能提供的结构强度不如胶凝材料固化，因而较少单独使用。常用的技术是以加入氢氧化钙（熟石灰）的方法使污泥得到稳定。与废物中物质进行反应的结果，石灰中的钙与废物中的硅铝酸根会产生硅酸钙、氯酸钙的水化物，或者硅铝酸钙。和其他稳定化解毒过程中一样，与石灰同时向废物中加入少量添加剂，可以获得额外的稳定效果。石灰作为稳定化解毒同烟道灰一样，均具有提高 pH 值的作用。石灰固化法适用于固化钢铁、机械的酸洗工具所排放的废液和废渣、电镀污泥、烟道脱硫废渣等。

石灰固化的优点是使用的填料来源丰富、价廉易得，操作简单，不需要特殊的设备，处理费用低，被固化的废渣不要求脱水和干燥，可在常温下操作等。

（6）自胶结固化技术。自胶结固化是利用废物自身的胶结特性来达到固化目的的方法。该技术主要用来处理含有大量硫酸钙和业硫酸钙的废物，如磷石膏、烟道气脱硫废渣等，在废物中的二水合石膏的含量最好高于 80%。自胶结固化法的主要优点是工艺简单，不需要加入大量添加剂。

各种稳定化固化处理技术的适用对象和优缺点见表 8.5。

表 8.5 各种稳定化固化处理技术的适用对象和优缺点

技 术	适用对象	优 点	缺 点
胶凝材料固化法	绝大多数冶炼废渣及其他行业废渣	1. 对废物中化学性质的变动具有相当承受能力； 2. 胶凝材料制备、处理技术较成熟； 3. 可由胶凝材料与废物的比例来控制固化体的强度与抗渗性； 4. 废物可直接处理； 5. 无需特殊设备，成本低	1. 大量胶凝材料的使用增加固化体的体积和质量； 2. 有机物的分解造成裂隙，增加渗透性，降低结构强度； 3. 废物中若含有特殊的盐类，会造成固化体破裂
传统烧结固化	非挥发性、热化学稳定性强的废渣	1. 配合适当物料，形成具有一定强度的固化体； 2. 废物可直接处理； 3. 采用常规设备，工艺成熟	1. 工艺较为复杂，占地面积大，操作繁琐，能耗大； 2. 容易产生二次污染气体和粉尘
石灰固化法	含重金属碱稳定性废渣	1. 所用物料价格便宜，容易购得； 2. 操作不需特殊设备与技术； 3. 在适当的处置环境，可维持波索来反应的持续进行	1. 固化体的强度较低，且需要较长的养护时间； 2. 有较大的体积膨胀，增加清运和处置困难
塑性固化法	非强酸碱腐蚀性废渣	1. 固化体的抗渗性较其他固化法高； 2. 对水溶液有良好的阻隔性	1. 需要特殊的设备和专业的操作人员； 2. 废污水中若含氧化剂或挥发性物质，加热时可能会着火或逸散； 3. 废物需先干燥，破碎后才能操作

技 术	适用对象	优 点	缺 点
熔融固化法	非挥发性高危废渣、核能废料	1. 玻璃体的高稳定性，可确保固化体的长期稳定； 2. 可利用玻璃废屑作为固化材料； 3. 对核能废料的处理已有相当成功的技术	1. 对可燃或具挥发性的废物并不适用； 2. 高温热熔消耗大量能源； 3. 需要特殊的设备和专业人员
自胶结法	含有大量硫酸钙和亚硫酸钙的废渣	1. 烧结体的性质稳定，结构强度高； 2. 烧结体不具生物反应性及可燃性	1. 应用面较为狭窄； 2. 需要特殊的设备和专业人员

除以上固化方法外，长沙赛恩斯环保科技有限公司联合中南大学开发出含砷废渣晶化解毒技术，该技术在常温常压半湿法下通过晶化剂与废渣的充分搅拌反应来实现砷的固化稳定化目的，处理后的砷渣浸出毒性低于危险废物填埋污染控制标准（GB18598—2001），可以进入危险废物填埋场进行安全填埋。湖北大冶有色污酸渣晶化解毒项目采用常温全湿法工艺，将污酸中和渣和晶化剂强制搅拌混合，改变污酸中和渣中无定型砷化合物晶型，得到晶型规整、形貌单一、性质稳定含砷矿物晶体，对砷进行稳定化降低砷的浸出毒性，从而达到解毒的目的。

8.5.4.4　含砷废渣产品化

无论有色冶炼或化工等行业领域，处理废酸、废水得到的含砷废渣主要有硫化砷渣和砷酸铁、砷酸钙渣。综合对企业现行处理工艺技术的分析以及在对国内有色金属冶炼行业的综合考察、调研和分析的基础上，目前的有色金属冶炼企业污酸废水处理技术 90% 以上均会采用石灰中和方法作为其处理工艺的某一单元，均面临着大量危险固体渣的处置问题。因此，含砷废渣产品化处理将是未来冶炼行业发展的唯一出路。

A　含砷废渣的处理工艺及来源

目前，含砷酸性废水硫化法处理工艺已逐步为冶炼行业所认可，该工艺主要包括硫化氢制备系统、硫化除杂系统、稀酸浓缩及脱氟氯系统等三部分，工艺有以下优点：

（1）去除污酸中的重金属及砷等有害成分。硫化法除铜、砷得到的硫化物渣的渣量少，与石灰中和法相比可减少 90% 的渣量，产生的铜渣可以返回铜冶炼系统作为配料，产生的砷渣可以返回金精矿两段焙烧系统回收三氧化二砷产品。

（2）硫资源得到回收，产出的 50% 的硫酸产品，可以返回生产使用。

（3）设备能耗低、运行成本低、投资小、运行稳定。

通过该处理工艺对污酸废水进行处理，实现对废渣、氯离子、重金属的减排，同时对硫酸、有价金属资源进行回收。

B　含砷废渣的产品化处理

虽然砷是一种有用的资源，但是在国民经济领域中的需求十分有限，如三氧化二砷的全球需求量只有大约 5 万吨，高纯砷需求量约有 100t（生产砷化镓）。纯度 99% 的砷主要用于铅或铜合金添加剂（0.1%~0.5%），以提高铅酸蓄电池板栅的强度或提高铜合金的抗蚀能力和拉伸强度，出于环保方面的考虑，市场正逐步萎缩；含砷农药被一些地区明令禁止生产和使用；白砷在玻璃工业中的应用也十分有限；木材防腐是砷应用的主要途径，如在美国 90% 的三氧化二砷用于木材防腐，虽然我国木材防腐的市场很大，但每年消耗砷最大不超过 4000t。

尽管难以准确估算出砷及其化合物的实际产出量，但仅从云南一家有色冶金集团公司每年产出砷 6000t（分别赋存在除尘灰、炉渣、水处理渣中）推测，我国每年的砷产出量可能为 10 万吨左右，如此庞大的砷源，在砷资源化前景不明的情况下，很多相关企业也只是做了简单的无害化处理，并没有涉及资源的再利用。

含砷废料资源化处理有以下几种方法：

（1）含砷废料生产纯度 95% 以上的 As_2O_3。一是用氧化焙烧、还原焙烧和真空焙烧等火法工艺，火法炼砷作为一种传统的炼砷工艺，被应用于含砷废渣脱砷处理中。含砷废渣在 600~850℃ 下氧化焙烧，可使其中 40%~70% 的砷得以挥发脱除，加入硫化剂（如黄铁矿）后，脱砷率可提升至 90%~95%，而在适度的真空中对含砷废渣进行焙烧，脱砷率可达 98%。目前火法回收砷的生产厂有日本住友冶炼厂和瑞典波利顿登公司，国内有云锡公司、柳州冶炼厂及赣州冶炼厂等，但由于该方法易导致二次环境污染，并且存在投资大、原料适应范围小和能耗高等不足，未被广泛应用。

二是采用酸浸、碱浸或盐浸等湿法工艺，先把砷从渣中分离出来，然后进一步采用硫化法处理或进行其他无害化处理。湿法工艺不产生粉尘，具有低能耗、污染少、效率高等优点，但流程较为复杂，处理成本相对高。南昌大学环境科学与工程学院从事相关研究的陈敬军指出，硫化钠直接沉淀法，在江西某些冶炼厂硫酸车间，硫酸生产每年创造约 1 亿元的利润，但用于硫化钠除砷就得耗资约 1500 万元。

三是采用硝酸浸出法、有机溶剂萃取法和三氧化二砷饱和溶解度法等，这些方法特点是浸出率低、工业化生产难度大。对于含砷废料的资源化尤其是将砷固化/稳定化后生产建材等工程技术研究相对缺乏。

（2）制备高纯砷。高纯砷是指纯度达 99.999%~99.99999% 的单质砷，为银灰色金属结晶状，质脆而硬，有金属光泽，在潮湿空气中易氧化，属有毒产品，密度为 5.75g/cm^3，熔点为 817℃，升华温度为 615℃，不溶于水。高纯砷的生产与应用是继半导体电子管，第二代半导体材料硅取代第一代半导体材料锗后的又一场半导体新材料革命。因其优越的理化性能，常以化合物砷化镓及通过掺杂于硅材料中等形式应用。

国外能进行高纯砷生产的国家主要有日本和德国，年产高纯砷分别为 70t 和 50t 左右。目前国内主要有峨眉山嘉美高纯材料有限公司、扬州高能新材料有限公司、云南锡业集团公司红河砷业公司、昆明鸿世达高技术材料有限责任公司等 10 余家，设计年生产能力在 150t 左右，但因为技术原因不能满负荷生产，实际生产能力不足 100t。

有关高纯砷制备的研究报道较多，概括起来主要有氯化—还原法、升华蒸馏法、热分解法。此外，硫化—还原法、区域熔炼法和单晶法也有报道。

氯化—还原法技术成熟，是制备高纯砷的主要方法之一。但在氯化—还原法中制备的中间体 $AsCl_3$ 有强烈的刺激性和腐蚀性，容易渗透到有机物里，一旦粘到皮肤，特别是眼睛，非常危险，必须非常小心处理。此外，该制备方法存在产能低、工序冗长、产品合格率低等问题。一般来说，用三氧化二砷制备砷（液相氯化—氢还原）的纯度比由粗砷制备砷（气相氯化—氢还原）的纯度高，不过用粗砷制备砷的方法流程短，目前仍是氯化—还原法制备高纯砷的主要方法。

升华蒸馏法制备高纯砷主要是在真空条件下，利用砷易升华的性质制备高纯砷，制备设备的材质易于解决。这种方法只对有限的几种杂质比较有效，有时需要添加附加试剂，经过几次反复升华蒸馏方能得到较好的效果；或者与其他方法相结合，如以升华—蒸馏—吸附相结合的联合法，可以达到较好的效果，应用较为广泛。而且升华、蒸馏法以粗砷为原料，流程相对较短、产率高，是目前主要的制备方法之一。

$As(OR)_3$ 热分解法是一种较有前途的方法，制备过程无污染，是制备高纯砷可取的方法。目前工业上应用较少。砷化氢（AsH_3）的热分解法对于杂质的去除比较简单，得到的金属砷纯度也高。但该方法以剧毒物质砷化氢为原料，生产条件苛刻，能耗高，设备投入大，必须严格监控生产流程，以防气体泄漏。$As(OR)_3$ 热分解法是一种较有前景的高纯砷制备方法，工艺新颖，操作安全。

硫化—还原法将氧化砷还原为多硫化物，然后进行氢还原制备高纯砷，可以实现循环生产，无废液、废气产生，技术环保，是一种具有发展前景的技术。虽然国外仅有一例报道，国内也还未见研究，但值得关注和研究。蒸气区域精制法和单结晶法一般作为辅助提纯方法，对一些难除杂质有很好的效果，能够使砷的纯度提高一至两个数量级，但生产能力有限，难以大规模生产。

对于上述各种方法制备高纯砷，首要条件是设备密闭性必须要好，有配套的安全防护设施，因砷及其化合物都有剧毒，操作条件控制不当容易造成泄漏，对人身和环境造成巨大危害。

伴随着科技日新月异的发展，砷化镓、砷化铟的需求越来越广，第三代半导体材料高纯砷越来越得到重视，需求量将越来越大，质量要求也越来越高，目前高纯砷的产量供不应求，前景十分广阔。但目前我国的高纯砷生产技术与国外仍有一定差距，是制约我国高纯砷发展的重要瓶颈。部分生产出来的高纯砷与国外同级产品相比，质量相差较大，严重影响了我国高纯砷的发展。未来高纯砷应是向着更高纯度、更大规模、更节能、更安全方向发展。因此，要使我国高纯砷得到更快更好的发展，必须依靠自主创新，突破技术瓶颈，完善制备工艺。

8.5.5　含金黄铁矿烧渣中有价金属的回收

8.5.5.1　含金黄铁矿烧渣的回收利用

我国制酸原料黄铁矿矿石和浮选硫精矿含有贵金属、银和有色金属等，用这种原料制酸后排出的尾渣称为含金黄铁矿烧渣，利用价值较高。针对含金黄铁矿烧渣中的贵金属和有色金属的直接回收，研究人员采用不同的方法进行了试验。主要方法有应用硫酸渣浮选、烧渣精矿氰化或烧渣金泥氰化回收金，浮选回收铜的工艺。

针对乳山县化工厂每年排出的烧渣金品位在 4g/t 左右的含金硫酸渣的利用，于 1983 年建成日处理 100t 的提金厂[192]，采用烧渣金泥氰化工艺，生产回收了金及部分铁和银。针对烧渣中铜的回收，昆明理工大学采用细磨加浮选的工艺，在原渣含铜 0.5% 时，铜精矿品位为 17%，回收率达 72% 以上。烟台黄金设计研究院完成了常规浮选法从烧渣中回收金的研究，原矿含金 1.6g/t，经一段粗选、三段精选最终得到的精矿金品位为 68.88g/t，金的回收率为 48.68%。左恕之采用常规浮选法处理金品位 3.04g/t 的黄铁矿烧渣，经 3 次精选得到含金 13.04g/t 的金精矿，金的浮选回收率为 66.46%。崔吉让等提出采用疏水絮凝浮选工艺回收黄铁矿烧渣中微细粒金，从含金 2.94g/t 的烧渣中，获得含金 126.3g/t 的金精矿，金的浮选回收率为 53.35%。

马涌等人[193]研究采用盐酸-氯化钠系浸出硫酸烧渣中的有价金属，在试样为 50g、NaCl 浓度 250g/L、双氧水用量 3.93mL、盐酸用量 10mL、液固比为 4:1、浸出温度为 60℃、浸出时间为 1h 的最优条件下，Pb、Zn 和 Ag 的浸出率分别为 95.72%、75.70% 和 64.8%。为提高金的浸出率，张泽强研究了预处理工艺，先用硫酸浸出烧渣中的铁暴露出金，然后用氰化法浸出金，浸出率明显提高。张金成采用硫酸加氯化钠的溶液预处理烧渣，强化预处理效果，增强金粒暴露，效果良好。高大明等人研究氯化—炭吸附工艺从硫酸烧渣中提金的方法，经过连续 15 次氯化法浸金实验，能获得与氰化法、硫脲法相同的金浸出率。张泽强研究以硫铁矿烧渣为原料，通过添加活性还原剂，用废硫酸直接还原浸出铁并制铁黄，同时用以二-2 乙基己基磷酸为主体的三元萃取剂萃取回收浸液中的铜，用金泥氰化和锌粉置换工艺从浸渣中提取金银，较经济有效地回收利用了烧渣中的有价金属，铁、铜和金的回收率分别达到了 93.71%、80.78% 和 90.18%。库建刚研究了金银铜多金属黄铁矿烧渣综合回收，在试样未磨的情况下，采用石灰调节矿浆 pH 值为 10~11、矿浆浓度 35%、浸出时间 24h、氰化钠耗量 6kg/t 的条件，可以获得金、银浸出率分别为 67.25%、60.8%；采用浮选法处理烧渣可获得金品位 8.6g/t、回收率为 37.2% 的浮选产品，其中银品位和回收率分别为 100.3g/t、20.6%，对浮选尾矿直接进行氰化浸出，可获得金、银浸出率分别为 96.5%、70.08%。吴海国等人对氯化法回收黄铁矿制酸烧渣中金、银、铜、铅和锌等有价金属进行了研究，通过焙烧深度脱硫、焙砂细磨、氰化浸出，回收其中的金、银、铜、铅和锌。烧渣焙烧深度脱硫—两段浸出，浸出率分别为 Au 83.58%、Ag 80.56% 和 Cu 87.8%。

8.5.5.2 黄铁矿烧渣回收金工艺

黄铁矿精矿和各种烧渣中含有金，对其溶解发现金的浸出率随着浸出物料中硫含量的增加而下降，这是由于物料的透气性，特别是由于金与其他导电矿物共生时，金阳极溶解的钝化作用所致。通常，与黄铁矿或砷黄铁矿共生的金不适于用氰化法提取。为此，某些回收金的工厂采用浮选硫化矿精矿，并将这种物料在 700~850℃下焙烧，游离出金，使其更适于浸出，生成的二氧化硫，制成硫酸。

A 黄铁矿烧渣的性质及组成

黄铁矿烧渣是以黄铁矿为原料，经沸腾焙烧制硫酸后排出的工业废渣，又称硫酸烧渣、硫铁矿烧渣及烧渣等。在我国由黄铁矿生产的硫酸占 75% 左右，利用黄铁矿每生产 1t 硫酸就会产出 0.8~1t 烧渣，每年黄铁矿烧渣的排放量在 2000 万吨左右。黄铁矿烧渣中铁资源量巨大，同时还含有 Au、Ag、Cu、Zn 等有价金属。

黄铁矿精矿在制酸过程中经沸腾炉焙烧后，绝大部分 S 转变成 SO_2，并生成 H_2SO_4，而少量 S 及几乎全部 Fe 及原来存在于精矿中的其他杂质元素均残存于烧渣中。烧渣中主要成分 Fe 含量为 30%~50%，还含有硅、钙、镁、硫等其他元素，主要矿物为磁铁矿、赤铁矿、石英等。黄铁矿经 900℃ 左右焙烧形成的黄铁矿烧渣不再是天然矿物，物理化学性质有较大改变。烧渣中磁铁矿和赤铁矿与脉石之间多以连生体形式存在，磁铁矿、赤铁矿呈浸染状、蜂窝状被细小的脉石充填，或者呈皮壳状包裹着脉石，这种复杂的连生结构严重影响选别精矿品位的提高。

采用弱磁选工艺提取磁铁矿时，烧渣中磁铁矿的疏松结构使之形成强烈的磁团聚，使脉石夹杂现象严重，大量脉石进入磁选精矿中。烧渣中铁矿物密度较天然铁矿物密度低，且多呈蜂窝状结构，其与脉石矿物的密度差较小，因此用重选工艺分选效果很差。如应用反浮选工艺虽可以取得一定的分选效果，但脉石很难上浮，仍不能获得理想的分选指标。

B　烧渣中浸出金的主要影响因素

a　焙烧温度、残硫及硫酸化程度

通常认为在高的焙烧温度下，颗粒会结块而形成物理胶囊包裹金，降低金的提取效率。残留的硫对浸出期间金浸出率的影响较多，其中包括在浸出液中消耗了氧：

$$FeS + 6CN^- + 2O_2 \longrightarrow Fe(CN)_6^{4-} + SO_4^{2-}$$

$$S_2O_3^{2-} + CN^- + 1/2O_2 \longrightarrow SCN^- + SO_4^{2-}$$

即通过同一反应消耗了氰化物。在焙烧期间，局部生成了多孔氧化物结构，而在部分浸出金表面形成一层反应产物的薄膜，从而形成了钝化作用。

硫化（硫酸化）焙烧对下一步浸出金的影响还不太清楚。不过，较低的焙烧温度似乎是影响下一步金溶解的主要因素。

众所周知，在氰化介质中金的溶解是电化学反应。阳极反应是金的溶解：

$$Au + 2CN^- \longrightarrow Au(CN)_2^- + e$$

而阴极反应是氧的还原：

$$O_2 + 2H_2O + 4e \longrightarrow 4OH^-$$

对阳极反应已经进行了深入研究，为此不再做详细论述，只是结合这两个反应过程对其影响因素加以讨论。

b　影响浸出金的因素

各种原料中金的浸出率随着硫含量的增加而降低（见表 8.6）。其原因可用物理胶囊作用和电化学钝化作用来解释。

表 8.6　试样硫含量对浸出率的影响

物　料	原料含硫/%	原料含金/$g \cdot t^{-1}$	金浸出率/%
烧渣	43	3.56	17
局部焙烧的烧渣 A	13.5	4.02	28
局部焙烧的烧渣 B	6.7	4.1	40
烧渣	0.1	4.35	82

（1）氰化物的消耗。浸出条件：物料 50g，NaCN 2.5g，CaO 2.5g，H_2O 100mL，时间 24h。

浸出局部焙烧的烧渣，氰化物的耗量比浸出完全焙烧的物料要高（见表 8.7）。实践中，假定所使用的氰化物稍微过量是造成金的浸出率较低的原因。实际上，在这些试验中所使用的氰化物大大过量，其提取率变化却不大，因此氰化物的耗量不是金浸出率低的主要原因。

表 8.7 氰化物的消耗对金浸出率的影响

物　料	开始的 NaCN/g	最终的 NaCN/g	金浸出率/%
烧渣	2.5	2.25	82
烧渣	0.25	0.13	82
局部焙烧的烧渣 A	2.57	1.71	28

（2）氧的消耗。浸出条件。物料 50g，NaCN 2.5g，CaO 2.5g，H_2O 100mL，时间 24h。

在某种情况下，是由氧的还原速度来控制烧渣中金的溶解。因此，氧含量的降低会使金溶解速度下降。如硫化铁的溶解反应就消耗氧，因此局部焙烧的烧渣中含有大量硫化铁时，溶解中有可能出现缺氧，但用氧代替空气作为氧化剂，24h 后对反应程度没有影响。如果氧不足是局部焙烧的烧渣中金浸出率低的原因，那么在氧充分的情况下，则金就可溶解得更多。

在第二组试验中，把 25g 局部焙烧的烧渣 A 和 25g 烧渣相混合后进行浸出，得到的金浸出率与分别处理物料的结果相同。假如，在浸出局部烧渣期间出现氧不足，那么在浸出混合烧渣时，也会影响到烧渣中金的溶解。因此，氧的消耗不是局部焙烧烧渣金浸出率低的主要因素。

（3）物理胶囊（包裹）作用。当焙烧黄铁矿时，其体积和结构发生变化，颗粒成为多孔状态。表面积增加对金浸出率的影响说明金浸出率随着孔隙率的增加而提高（见表 8.8）。因此，从黄铁矿和局部焙烧的烧渣中浸出金，金的浸出率很低。这种可能性可以通过反应速度来证实。在试验中，对所有样品，开始浸出金的速度都很快，但 1h 后，都停止浸出，这说明一部分易浸出金已溶解，而残留的金不易在氧化物中溶解。

表 8.8 焙烧和磨矿对表面积的影响

物　料	磨矿前		磨矿后	
	表面积/$m^2 \cdot g^{-1}$	金浸出率/%	表面积/$m^2 \cdot g^{-1}$	金浸出率/%
烧渣	0.9	17	6.4	71
局部焙烧的烧渣 B	2.1	40	7.5	72
烧渣	3.0	82	7.9	87

当试样磨得很细时，金浸出率较高。尽管表面积较大，但从磨细的黄铁矿和局部焙烧的烧渣中浸出金，其浸出率仍然比从未细磨的烧渣中金的浸出率要低很多。这表明黄铁矿和局部焙烧的烧渣中金已暴露出来，或是已完全呈游离状态，因而使溶解度增加，但是，还有某些因素是造成金浸出率低的原因。然而，在焙烧过程中，使颗粒破裂而让金暴露出来是非常重要的，因为它有利于提高金的浸出率，当然这并非是唯一要考虑的因素。

（4）烧渣中金的钝化。浸出条件：物料 50g，NaCN 2.5g，CaO 2.5g，时间 24h。

氰化液中金的氧化是一个还未得到圆满解释的复杂反应。在这方面的所有文献表明，氧化初期遵循着正常的 Tafel 标准特性，但是，由于阳极电位改变，结果出现钝化作用。

在钝化前达到的阳极电流取决于溶解中氰化物的浓度和杂质的含量。图 8.11 中曲线 2 为电流电位曲线，这一曲线是通过刚刚抛光的金电极浸泡在纯溶液内而后扫描而成的。把电极浸于溶液中几分钟以后，或加入铅盐或铊盐时，得到电流电位曲线 1。金电流电位曲线 1 扫描至 -0.4V，随后立即从 -0.9V 进行另一个扫描，得到一条和曲线 2 相似的曲线。出现这种性质的原因目前还不清楚。但是对表面出现的这两种明显的形式，即对活化和钝化做了详细的叙述。当阴极电位保持到 -0.6V，通常，金就会由钝化转为活化。反之，当阳极电位达到 -0.6V 时，金就会由活化转为钝化。由金表面上氧化还原的电流电位曲线与金表面的钝化和活化的氧化曲线对比表明，在这种情况下，电流约为 $200\mu A/cm^2$ 时，金发生溶解。由于烧渣中金颗粒的形状和大小不清楚，所以这个图像不能直接转换为浸出率。

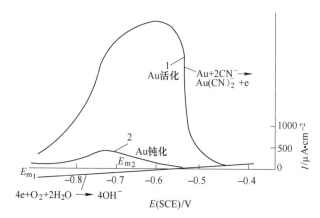

图 8.11　金氧化和氧化还原的电流电位曲线

（阳极条件：Au，0.2mol/L NaCN，pH=12.4，氩气，500r/min，22℃，10mV/s；

阴极条件：Au，pH=14，空气，500r/min，22℃，10mV/s）

对烧渣颗粒的矿物研究表明，金被周围的矿物紧紧包裹着。若接触的矿物导电，则在矿物的整个表面上发生氧还原。氧还原的电流数值可以超过当在阴极范围内达到金出现钝化的电位时金氧化的电流数值。在混合电位（金、氧电位）条件下金发生溶解，而混合电位移向阳极区，同时金的表面发生钝化（见图 8.12）。在这种情况下，金的溶解速度慢。精矿和烧渣中与金共生的矿物，像磁黄铁矿、黄铁矿和磁铁矿都具有很高的电

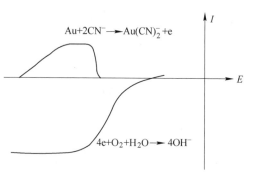

图 8.12　阴极区增加的情况下电流电位曲线

导率，而赤铁矿却是个绝缘体。可以预见与磁铁矿、黄铁矿和磁黄铁矿共生的金会发生钝化，这是由于阴极电流增大的结果。

在完全氧化的烧渣中，仅有赤铁矿存在，因此，除了金的表面外不能发生氧还原，金的溶解不会受到阻碍。在其他导电矿物存在情况下，预计金的溶解电流就会减少到 $10\mu A/cm^2$ 以下。此外，烧渣中金颗粒的大小不清楚，这个数值不能直接转换为浸出率。但该溶解速率要比为钝化的金的溶解速率低得多。活化金的溶解只需几个小时，而钝化金的溶解需要

几天。

单个矿石中可溶组分对金溶解速度的影响可能不大,已经发现钝化前金的溶解电流与溶液中的杂质有关(如铅、铊、汞和铋),它会使金变成钝化状态的倾向发生改变。

根据金的钝化作用,可以说明焙烧后细磨可使黄铁矿和局部焙烧的废渣中金的溶解加速。当物料被磨碎时,从一群导电矿物中分离出来的金量增多了,同时,在浸出期间发生钝化时间不会太长,这是由于较小的金表面上出现氧的还原所致。因此,在浸出 24h 内,金会很好地溶解。然而,从黄铁矿和局部焙烧的烧渣中金溶解率的下降不完全是因为这些原因所造成,这将在下面加以解释。

在两次试验中,表 8.9 的数据证实了阻止金溶解的钝化机理。在第一次试验中,前三种物料浸出 21 天(一个周期)。从完全氧化烧渣中没有更多地溶解金,但是,从局部焙烧的烧渣中和黄铁矿中却能更有效地溶解金,这表明反应进行得很慢。如果在开始的 24h 内,从这些物料中溶解金进行很慢,纯粹是由于物理包裹所致,则无需额外增加浸出时间。像 21 天以后预料的那样,根据相对溶解的量,全部金被暴露,但钝化的金被溶解。从黄铁矿和局部被烧的烧渣中浸出金,其浸出率比从烧渣中浸出金要低得多。表明部分金未暴露在浸出液中,物理包裹作用是局部焙烧的烧渣中金浸出率低的原因之一。

表 8.9 长时间内金的溶解

物　料	浸出金/%	
	24h	21d
烧渣	82	82
局部焙烧的烧渣 B	40	65
黄铁矿精矿	17	82
还原的烧渣	60	未测定

延长浸出时间,溶液中贱金属的浓度明显不同于浸出 24h 以后的。因此,从黄铁矿和局部被烧的烧渣中金的额外溶解,并不能认为是由于包裹金的矿物溶解所致。

在第二次试验中,烧渣试样是在氢气中于 900℃ 下被还原成含有一部分磁铁矿的物料,虽然通过预处理未改变物料表面积,但是在 24h 内从这种物料中金溶解非常少,这是由于嵌布在磁铁矿中的金溶解慢的缘故,因此它处于钝化状态。

局部焙烧影响到金的进一步溶解。这种局部焙烧还妨碍暴露于浸出液中。实际上,选择烧渣溶解金最佳条件的唯一方法是生产完全氧化的烧渣,或在氰化前溶解掉局部氧化的物料。

从局部焙烧的烧渣中,金的浸出率低,部分是由于孔隙结构发育不完全所致。另外一个原因是在某些金表面上发生氧还原,引起金的钝化而造成的。生产实践中,缺氧和过多地消耗氰化物可能会使金的溶解速率降低。

8.5.5.3 黄铁矿烧渣提金的工业实践

山东某冶炼厂自 2006 年通过日处理量 150t 规模的含金黄铁矿烧渣工业试验,并转入工业生产，获得较好的技术经济指标。

A　物料性质

山东某冶炼厂制酸原料基本上是直接氰化尾矿浮选所产硫精矿。经沸腾炉焙烧脱硫后的烧渣为氰化浸出金的原料。烧渣中金属矿物多为氧化矿物。氰化尾渣中的金，其粒度非常细小，多在 0.01mm 以下，且极细的微粒金大多为包裹金，用单一的磨矿方法使金单体解离也是难以达到的。唯有经过焙烧及水淬作用后，才能用氰化法浸出其中的大部分。

B　提金工艺

工业生产流程是将制酸过程中沸腾焙烧脱硫后的烧渣，经水淬、磨矿、浓密脱水和碱处理后，采用常规氰化—锌丝置换的提金方法回收黄金。

a　工艺流程

工艺流程如图 8.13 所示。

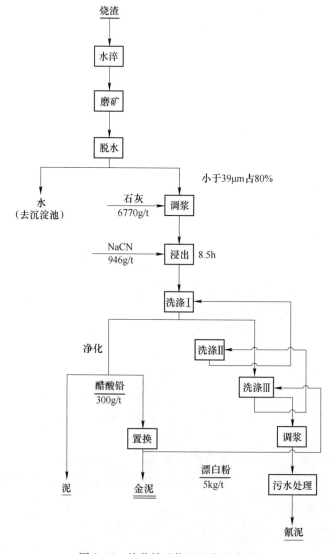

图 8.13　从黄铁矿烧渣回收金流程

b 工艺条件

焙烧温度为 840~890℃；磨矿分级；溢流浓度为 6%；分级溢流细度为小于 39μm 占 83%；排矿细度为小于 39μm 粒级占 74%；φ12000 浓密机给矿浓度为 7.5%~8%；入浸原料细度为小于 39μm 粒级占 80%，φ12000 浓密脱水排出浓度为 55%~60%，φ12000 洗涤 Ⅰ 排出浓度为 55%~60%；φ300 搅拌调浆排出浓度为 33%；浸出矿浆 pH 值为 10.5~11。φ400 搅拌浸出槽：叶轮线速度 7.121m/s；充气量 0.1~0.2m³/(m³·min)；NaCN 浓度为 0.025%~0.03%；CaO 浓度为 0.025%~0.03%；浸出时间为 8.5h。

置换时间：79min。氰化钠用量：946g/t。石灰用量 6.77kg/t(pH=10.5)。醋酸铅用量：300g/t。漂白粉用量：5kg/t。金泥分析结果见表 8.10。

表 8.10　金泥、锌丝头元素分析结果　　　　　　(%)

元素	Au	Ag	Cu	Pb	Zn	S	SiO$_2$	Mg	Fe
金泥	0.3775	0.162	1.042	46.86	11.56	3.83	2.18	0.39	2.25
锌丝头	0.456	0.0127	0.824	6.57	83.91				

注：锌丝头已处埋过。

试验获得的氰化金泥含金品位在 0.4% 左右。工艺指标见表 8.11。

表 8.11　试验获得指标　　　　　　(%)

项目	浸出率	洗涤率	置换率	氰化总回收率	冶炼回收率	金总回收率
指标	77.00	98.02	99.83	75.35	95.00	71.58

1kg 黄金成本 5621.6 元，按处理烧渣 150t/d 计算，每年可回收黄金 211.12kg，年利润 100 万元。

C 烧渣提金的工艺特点

山东某冶炼厂烧渣提金的焙烧制原料恰恰是氰化处理过的硫化铁，含金品位 4g/t 左右，其中金被黄铁矿和脉矿致密包裹着，只有通过焙烧使矿物产生裂缝、成孔隙、疏松，金才能解离出来。焙烧主要是温度影响，600~700℃ 是提金最佳温度，但又是产生 SO$_3$ 的温度，对制酸不利；850~900℃ 是制酸的最佳温度，但对浸出金不利。该工艺在不影响制酸的前提下，达到副产黄金的目的。

烧渣的排放有干排和水排两种，该工艺采用使烧渣快速冷却，尤其将赤热的烧渣直接排入冷水中，达到骤然冷却，提高氰化提金指标。

在工业实验中，各项指标较为稳定，具有投资少、见效快的特点，因此，可以在原料性质类似的化工厂推广应用。这对充分利用国家资源，加速黄金生产发展，具有现实意义。

国外黄铁矿品位普遍较高，含 S 达到 45%~50%，经沸腾炉焙烧后的烧渣总 Fe 含量基本都高于 60%，无需处理就可用作炼铁原料。但国内黄铁矿品位低，大多数黄铁矿制酸企业入炉前矿含硫 35%~38%，因此烧渣中总铁的含量在 40%~50%，并且烧渣中残留的硫量较高（一般都大于 1%）。低品位的烧渣不能直接作为炼铁原料，利用率低，堆存填埋不仅占用大量土地、污染生态环境，并且严重浪费有价金属资源。

参 考 文 献

[1] 中国黄金协会. 中国黄金年鉴 2017 [R]. 北京：中国黄金协会，2017.

[2] 周博敏，安丰玲. 世界黄金生产现状及中国黄金工艺发展的思考 [J]. 黄金，2012，33（3）：1~3.

[3] 海光宝. 国内外黄金选冶技术现状与展望 [J]. 云南冶金，2000，29（4）：2~7.

[4] 黄礼煌. 金银提取技术 [M]. 北京：冶金工业出版社，1995.

[5] 宋广君. 重选在脉金矿山的应用 [J]. 黄金学报，2000，2（4）：288~290.

[6] 卢易源，阳德炎. 氧化炉富氧吹炼生产实践 [J]. 有色冶炼，2008（5）：13~16.

[7] Loroesh J, Knorre H, Gritfiths A. Developments in gold leaching using hydrogen peroxide [J]. Mining Engineering, 1989（9）：963~965.

[8] Loroesh J, Knorre H, Gritfiths A. Peroxide assisted leach：three years of increasing success [C]. Randol Gold Forum 90′, Squaw Vallay Go, 1990：215~219.

[9] Loroesh J, Knorre H, Gritfiths A. Peroxide assisted leach [J]. E. M. J., 1991（6）：36~37.

[10] 张兴仁. 提金工艺中过氧化氢的应用研究 [J]. 矿产综合利用，1992（3）：21~27.

[11] 钟平，黄振泉. 富氧浸出机理及其在氰化提金中的应用 [J]. 江西有色金属，1996，10（4）：28~34.

[12] 许鹏秋. 用氧气强化堆浸 [J]. 国外黄金参考，1995（8）：34~36.

[13] Udupa A R. 黄金提取工艺进展 [J]. 国外金属矿选矿，1992（1）：34~44.

[14] Nieves I, Francisco C. Refractory gold-bearing ores：a view of treatment methods and recent advances in biotechnological techniques [J]. Hydrometallurgy, 1994, 34（3）：383~395.

[15] 姜涛，吴振祥. 从堆浸金矿石中回收金的理论与实践 [J]. 国外金属矿选矿，1989（8）：36~43.

[16] 张鹏飞. 高锰酸钾辅助浸金的研究 [J]. 长沙铁道学院学报，1996，14（4）：10~13.

[17] Demopoulos G P, Papangelakis V G. Acid pressure oxidation of refactory gold mineral carriers [C]//Proceedings of the Internationl Symposium on Gold Metallurgy. Winnipeg Canada, 1987：341~357.

[18] 方兆珩，夏光祥，石伟，等. 高砷含锑难浸金精矿提金工艺研究 [J]. 黄金科学技术，2001，9（3~4）：28~35.

[19] 秦晓鹏. 高温高压氰化提金新工艺的试验研究 [J]. 黄金，2000，21（4）：34~36.

[20] Chanturiga V A. Electrochemical liberation of refractory gold ore minerals [J]. Gorn Zh., 1997（10）：51~55.

[21] Van Aswegen P C, et al. Developments and innovations in bacterial oxidation of refractory ore [J]. Miner Metal Process, 1991, 8（4）：188~191.

[22] Liu X, Petersson S. Mesophilic versus moderate thermophilic bioleaching [J]. Biohydrometal Technol Proc. Int. Biohydrometal Spmp., 1993（1）：29~38.

[23] Mao Zaisha, Li Ximing. Experiments on bacterial removal of arsenic from a refractory arsenical gold concentrate and gold leaching by cyanidation [J]. Huagong Yejin, 1996, 17（3）：200~204.

[24] 兰兴华. 金和基本金属生物浸出的新进展 [J]. 世界有色金属，2002（4）：28.

[25] 张兴仁，傅文章. 国内外主要类型难浸金矿的处理方法 [J]. 国外金属矿选矿，1987（7）：2~6.

[26] 郭硕朋. 硫脲提金及其进展 [J]. 有色金属：选矿部分，1980（6）：43~47.

[27] 聂树人，索有瑞. 难选冶金矿石浸金 [M]. 北京：地质出版社，1997.

[28] 章建民，杨丙雨，刘传胜，等. 硫脲溶金机理的探讨——吸附络合物观点 [J]. 黄金，1980，1（2）：37~40.

[29] 陈立三. 含金矿物硫脲铁浆法提金综述 [J]. 湖南有色金属，1995，4（11）：29~34.

[30] 罗仙平，邱廷省，付丽珠，等. 磁场强化硫脲提金的热力学研究 [J]. 南方冶金学院学报，1999，

20（4）：248~251.

[31] 念保义，郑炳云. 超声波强化硫脲提金的研究 [J]. 福建化工，2001（2）：21~22.

[32] Zipperrian D，Raghavan S，Wilson J P. Gold and silver extraction by ammoniacal thiosulfate leaching from a rhyolite ore [J]. Hydrometallrugy，1988，19（3）：361~375.

[33] 杨天足，陈希鸿，宾万达，等. 多硫化钠浸金研究 [J]. 中南矿业学院学报，1992，23（6）：687~692.

[34] 罗家珂，刘伯琴. 我国黄金生产技术及其进展 [C]//首届全国贵金属学术研讨会论文集. 昆明，1997：26.

[35] 张箭，兰新哲，丁峰，等. 一种新的非氰提金方法 [J]. 黄金，1993，14（10）：40~43.

[36] 庞锡涛，张淑媛，徐琰. 硫氰酸盐法浸出金银的研究 [J]. 黄金，1992，13（9）：33~37.

[37] Schaeffer C A. Process of Extracting Gold and Silver from Their Ores：US，267723 [P]. 1882.

[38] Little R H. Method for the Recovery of Precious Metals from Ores：US，4731113 [P]. 1988.

[39] 聂如林. 从含金矿物中无氰浸金方法 [J]. 黄金科学技术，2004（2）：11~15.

[40] 黄振泉，胡跃华，钟平，等. 黄金提取方法与工艺现状及其发展前景 [J]. 赣南师范学院学报，1994，15（1）：54~67.

[41] 邢国栋. 多金属矿混汞选金及无毒防护 [J]. 黄金，1993，13（1）：48~50.

[42] 简椿林. 黄金冶炼技术综述 [J]. 湿法冶金，2008，27（1）：1~5.

[43] 申开邦，谈谈两段焙烧法预处理高硫砷难浸金精矿 [J]. 云南化工，2007，34（5）：26~28.

[44] 张亦飞，等. 现代黄金冶炼技术 [M]. 北京：冶金工业出版社，2014：168.

[45] 方兆衍. 硫化矿细菌氧化浸出机理 [J]. 黄金科学技术，2002，10（5）：26~30.

[46] 杨松荣，等. 含砷难处理矿石生物氧化及应用 [M]. 北京：冶金工业出版社，2006：117.

[47] 徐邦学. 硫酸生产工艺流程与设备安装施工技术及质量检验检测标准实用手册 [J]. 广西电子音像出版社，2004：207~209.

[48] 张永峰，武鑫. 两段焙烧工艺在黄金生产中的应用 [J]. 中国有色冶金，2010，39（5）：37~40.

[49] 陈景，杨正芬，崔宁. 硫化钠分离贵贱金属的方法和意义 [J]. 贵金属，1985，6（1）：5~13.

[50] 朱祖泽，贺家齐. 现代铜冶金学 [M]. 北京：科学出版社，2003：493~501.

[51] 《铅锌冶金学》编委会. 铅锌冶金学 [M]. 北京：科学出版社，2003：55~58.

[52] 张乐如. 现代铅冶金 [M]. 长沙：中南大学出版社，2013.

[53] 傅崇说. 有色冶金原理 [M]. 北京：冶金工业出版社，2008.

[54] 崔雅茹，陈傲黎，户可，等. 高铅渣还原过程渣性能及其还原特性的热力学分析 [J]. 中国有色冶金，2015，44（4）：79~82.

[55] 王吉坤. 铅锌冶炼生产技术手册 [M]. 北京：冶金工业出版社，2012.

[56] 张亦飞，等. 现代黄金冶炼技术 [M]. 北京：冶金工业出版社，2014：521.

[57] 黎鼎鑫，王永录. 贵金属提取与精炼 [M].2 版. 长沙：中南大学出版社，2013：379.

[58] 孙戬. 金银冶金 [M].2 版. 北京：冶金工业出版社，2005：468~471.

[59] 余建民. 贵金属分离与精炼工艺学 [M]. 北京：化学工业出版社，2006：161~165.

[60] 金哲男，马致远，杨洪英，等. 铜阳极泥全湿法处理过程中贵贱金属的行为 [J]. 东北大学学报，2015，36（9）：1305~1309.

[61] 王吉坤，张博亚. 铜阳极泥现代综合利用技术 [M]. 北京：冶金工业出版社，2008：200.

[62] 董凤书. 波立登隆斯卡尔冶炼厂阳极泥的处理 [J]. 有色冶炼，2003，32（4）：25~27.

[63] 王晓平. 国外黄金参考 [J]. 1989（11）.

[64] Habashi F. Extractive Metallurgy，General Principles [M]. New York：Gordon & Breach，1969.

[65] 胡一平. 铜阳极泥处理工艺的选择 [J]. 云南冶金，2015，8（4）：35~36.

[66] 万雯，杨斌，刘大春，等. 用真空蒸馏法提纯粗硒的研究 [J]. 昆明理工大学学报，2006，31 (3): 26~28.

[67] 张佳峰，张宝，郭学益，等. Na_2SO_3 浸出法提纯粗硒工艺研究 [J]. 稀有金属材料与工程，2011，40 (1): 121~124.

[68] 金世平. 真空蒸馏提取金属硒的工艺研究 [D]. 昆明: 昆明理工大学，2004.

[69] 马玉天. 高铅碲渣中碲的提取新工艺及光谱选择性制备碲膜的研究 [D]. 长沙: 中南大学，2006.

[70] 罗马亚赟. 沉金后液中硒碲的回收及热力学分析 [D]. 太原: 太原理工大学，2016.

[71] 张健，蒋继穆，等. 重有色金属冶炼设计手册 [M]. 北京: 冶金工业出版社，1995: 755.

[72] 王安. 碱性加压氧化处理铅阳极泥的工艺研究 [D]. 长沙: 中南大学，2011.

[73] 孙戬. 金银冶金 [M]. 2版. 北京: 冶金工业出版社，2005: 475~478.

[74] 张亦飞，等. 现代黄金冶炼技术 [M]. 北京: 冶金工业出版社，2014: 583.

[75] 刘宏伟. 三段熔炼法处理低品位阳极泥的研究与实践 [J]. 有色矿冶，1998 (5): 23~27.

[76] 李卫峰，张晓国. 阳极泥火法处理技术进展 [J]. 稀有金属与硬质合金，2010，38 (3): 63~65.

[77] 任鸿九. 有色金属熔池熔炼 [M]. 北京: 冶金工业出版社，2001.

[78] 史学谦. 用底吹氧气转炉处理含贵金属物料 [J]. 中国有色冶金，1996 (3): 36~39.

[79] 王光忠. 铅阳极泥富氧底吹还原熔炼氧化精炼新工艺的生产实践 [D]. 长沙: 中南大学，2011.

[80] 李阳，白桦. 侧吹炉优化设计探讨 [J]. 中国有色冶金，2015，44 (4): 34~36.

[81] 黄宪涛，涂绪良. 铅阳极泥侧吹炉直接还原熔炼试生产总结 [J]. 中国有色冶金，2012，41 (5): 26~27.

[82] 包崇军，蒋文龙，李晓阳，等. 真空蒸馏法处理贵铅新工艺研究 [J]. 贵金属，2014，11 (S1): 31~36.

[83] 浦恩彬，张俊. 真空冶金在铅阳极泥回收稀贵金属中的工艺研究 [J]. 云南冶金，2010，39 (5): 40~43.

[84] 刘伟峰. 碱性氧化法处理铜/铅阳极泥的研究 [D]. 长沙: 中南大学，2011.

[85] 魏洪洁. 铅阳极泥中锑铋分离提取的研究 [D]. 沈阳: 东北大学，2009.

[86] 肖金娥. 金银冶炼过程中铋的综合回收 [J]. 湖南有色金属，2004，20 (5): 13~16.

[87] 刘云锋. 精铋生产工艺探讨与实践 [J]. 世界有色金属，2013 (2): 37~39.

[88] 张德芳，牛磊. 精铋电解生产5N高纯铋实验研究 [J]. 湖南有色金属，2013，29 (1): 35~36.

[89] 任建民，黄宪涛. 从阳极泥中回收铋新工艺生产实践 [J]. 中国金属通报，2017 (3): 42~43.

[90] 孙戬. 金银冶金 [M]. 北京: 冶金工业出版社，1986.

[91] 余建民. 贵金属分离与精炼工艺学 [M]. 北京: 化学工业出版社，2006: 85~147.

[92] 董德喜. 黄金精炼工艺特点分析及选择 [J]. 黄金，2004，25 (9): 38~40.

[93] 陈跃先. 黄金精纯的新工艺 [J]. 闽江学院学报，1996 (3): 47~48.

[94] 宋文代，范顺科. 金银精炼技术和质量监督手册 [M]. 北京: 冶金工业出版社，2003: 15~17.

[95] 黎鼎鑫. 贵金属提取与精炼 [M]. 长沙: 中南大学出版社，2003: 523~603.

[96] 卢宜源，宾万达. 贵金属冶金学 [M]. 长沙: 中南大学出版社，2003: 344~392.

[97] 杨思军，曹峰，刘卫峰. 化学法黄金精炼工艺的应用与实践 [J]. 中国有色冶金，2017 (5): 44~47.

[98] 刘亚建. 王水银渣金银综合回收工艺研究 [J]. 有色金属 (冶炼部分)，2016 (9): 24~27.

[99] 吴卫煌. 氯酸钠分金试验研究及工业应用 [J]. 中国有色冶金，2017 (5): 68~70.

[100] 薛光. 无污染金银分离新工艺: 中国，CN1082615 [P]. 1994.

[101] 杨敏，张传福. 氯酸钠分金试验研究及工业应用 [J]. 山东冶金，2001，23 (6): 38~40.

[102] 贾铃. 氯盐浸出-草酸还原法从银阳极泥中回收黄金 [J]. 资源再生，2014 (4): 61~63.

[103] 杨天足，宾万达，刘朝辉. Process for Preparing Gold by Reduction of Gold-Contained Chlorated Liduid：中国，CN1271781A［P］. 2001.

[104] 丁龙波，范卿，王玉贵. 氰化金泥全空电湿法直接精炼新工艺［J］. 黄金，1999，20（5）：34~37.

[105] 秦洪训，徐学强，滕宝强，等. SBRF-E 金银精炼新工艺的研究与生产实践［J］. 黄金，2004，25（9）：34~37.

[106] 杨家景，邱合福. 氨法分离金泥中的金银：中国，CNIO43529A［P］. 1990.

[107] 余建民. 贵金属萃取化学［M］. 北京：化学工业出版社，2006：85~147.

[108] 陈芳芳，张亦飞，薛光. 黄金冶炼污染治理与废物资源化利用［J］. 黄金科学技术，2011，19（2）：67~73.

[109] 于雅宁. 黄金冶炼含氰废水处理方法研究进展［C］//中国矿业科技大会，2012：762~764，767.

[110] 张大同，高素萍，谢爱军. 金矿尾矿及废水中氰化物的处理研究进展［J］. 山西冶金，2016（3）：48~51.

[111] 邢相栋，兰新哲，宋永辉，等. 氰化法提金工艺中"三废"处理技术［J］. 黄金，2008，29（12）：55~61.

[112] 薛文平，薛福德，姜莉莉，等. 含氰废水处理方法的进展与评述［J］. 黄金，2008，29（4）：45~50.

[113] 李雪萍，钟宏，周立. 含氰废水处理技术研究进展［J］. 化学工业与工程技术，2012，33（2）：17~23.

[114] 陈加豪，蒋白懿，李锐. 金矿含氰废水的臭氧氧化处理［J］. 黄金学报，2000（2）：100~101.

[115] 韦朝海. 活性炭催化氧化处理电镀厂含氰废水［J］. 环境科学与技术，1997（3）：19~22.

[116] 张玉琴，王而力，钱风国. 活性炭吸附法处理金矿含氰废水的试验研究［J］. 辽宁城乡环境科技，2004，24（6）：12~13.

[117] 胡红旗，聂伟琴，朱玉峰. 含氰废水处理方法的研究现状与展望［J］. 油气田环境保护，2007，17（4）：46~49.

[118] 陶云杰. 含氰废水处理工艺的新进展［J］. 黄金，1990，11（10）：47~51.

[119] 黄爱华. 提金含氰废水处理工艺研究现状及发展趋势分析［J］. 黄金科学技术，2014，22（2）：83~89.

[120] 宋永辉，兰新哲，张秋利. 树脂吸附回收提金尾液中氰化物的研究［J］. 贵金属，2005（4）：39~43.

[121] 梁玉兰. 二氧化氯处理矿山含氰废水的实验研究［J］. 污染防治技术，2002（4）：10~11.

[122] 寇文胜，陈国民，李倩，等. 含氰废水的综合处理［J］. 中国有色冶金，2012（6）：55~58.

[123] 刘晓红，陈民友，徐克贤，等. 臭氧氧化法处理尾矿浆中氰化物的研究［J］. 黄金，2005，26（6）：51~53.

[124] 尚会建，周艳丽，蒋良鹤，等. 活性炭—臭氧体系处理含氰废水的作用机理［J］. 环境工程学报，2013（7）：2635~2640.

[125] 罗斌. 电激发羟基自由基处理含氰废水的中试应用［J］. 广东化工，2014（16）：253~254.

[126] 王为振，孙聪，常耀超，等. 偏重亚硫酸钠—空气法处理氰化尾渣［J］. 有色金属（冶炼部分），2015（4）：47~49.

[127] 范文玉，王红，夏洪娟，等. 络合沉淀-Fenton 试剂氧化法处理高浓度含氰废水［J］. 化工环保，2015（1）：44~48.

[128] 陈来福，刘宪，乔治强，等. 硫酸亚铁-次氯酸钙处理高浓度含氰废水［J］. 工业水处理，2011，31（6）：73.

［129］熊正为. 硫酸亚铁法处理电镀含氰废水的试验研究［J］. 湖南科技学院学报，2007，28（9）：49～52.

［130］尹六寓. 络合沉淀工艺处理氰化电镀废水［J］. 给水排水，2006，32（12）：59～61.

［131］杨明德，胡湖生，党杰. 化学沉淀-γ 射线辐照法处理含氰废水的方法：中国，200610169697［P］. 2007.

［132］王碧侠，屈学化，宋永辉，等. 二价铜盐沉淀—树脂吸附处理氰化提金废水的研究［J］. 黄金，2013，34（8）：67～71.

［133］陈颖敏，张玮，许佩瑶. 混凝—化学沉淀法处理含氰废水的实验研究［J］. 环境污染治理技术与设备，2004，5（10）：68～71.

［134］宋永辉，屈学化，吴春晨，等. 硫酸锌沉淀法处理高铜氰化废水的研究［J］. 稀有金属，2015，39（4）：357～364.

［135］党晓娥，兰新哲，郭莹娟. 离子交换纤维法处理金矿含氰废水［J］. 有色金属（冶炼部分），2007（5）：27～29.

［136］党晓娥，兰新哲，张秋利，等. 离子交换树脂和交换纤维处理含氰废水［J］. 有色金属（冶炼部分），2012（2）：37～41.

［137］王碧侠，兰新哲，宋永辉. 用 D301 树脂回收含氰溶液中的游离氰［J］. 有色金属（冶炼部分），2006（2）：71～73.

［138］李雅，刘晨明，石绍渊，等. 膜吸收法处理黄金冶炼含氰废水的试验研究［J］. 黄金，2017，38（3）：71～75.

［139］张利华，周珉，瞿贤，等. 活性污泥处理含氰废水毒性及降解机制研究［J］. 湿法冶金，2015（3）：149～153.

［140］王娴，殷双元. 活性污泥法处理含氰废水［J］. 资源节约与环保，2014（1）：116.

［141］刘幽燕，何玉财，李青云，等. 一株降氰细菌的筛选及其转化特性初步研究［J］. 微生物学通报，2005（2）：25～28.

［142］王秀芹. 氰化物在不同环境中的自然降解规律研究［J］. 湖北第二师范学院学报，2014，31（8）：59～61.

［143］李社红，郑宝山. 金矿废水中氰化物的自然降解及其环境影响［J］. 环境科学，2000（3）：110～112.

［144］于晓章，Trapp Stefan. 氰化物污染的植物修复可行性研究（英文）［J］. 生态科学，2004（2）：97～100.

［145］魏凯. 黄金冶炼废水综合处理概述［J］. 科学技术创新，2012（1）：45.

［146］梁高喜，张文歧，王伯义. 黄金冶炼生产废水的综合治理及利用［J］. 中国有色冶金，2016（3）：64～66.

［147］陈鹏. 黄金冶炼废水零排放处理技术的工业应用［J］. 中国有色冶金，2016（4）：56～61.

［148］刘亚建. 黄金冶炼废水综合处理工艺研究及应用［J］. 黄金，2013，34（11）：65～67.

［149］王安理，李建政，刘晓勃. 黄金冶炼废水回收及回用处理技术实践［J］. 矿业工程，2016，14（1）：45～47.

［150］李哲浩，吕春玲，降向正，等. 一种黄金工业尾矿库含氰废水深度处理方法：中国，CN103253834A［P］. 2013.

［151］孙玉刚，陈光辉. 含氰废水处理方法的研究［J］. 黄金科学技术，2011，19（1）：74～76.

［152］李仕雄，李勇，徐忠敏，等. 焦亚硫酸钠破氰-电絮凝法处理黄金生产废水［J］. 黄金科学技术，2012，20（3）：66～69.

［153］孙敏喆，杨新华，蒋旺. 含 SCN⁻ 矿山废水处理回用工艺研究［J］. 中国矿山工程，2013，42

（1）：38~41.

[154] 宋永辉，雷思明，周军．沉淀—电吸附联合处理氰化提金废水［J］．黄金科学技术，2015，2（4）：75~79.

[155] 胡湖生，杨明德，党杰，等．从含氰废水中回收铜以及相应的废水处置方法：中国，CN101008090［P］. 2007.

[156] 刘强，李哲浩．一种黄金矿山含氰废水综合治理方法：中国，CN104193058［P］. 2016.

[157] 周吉奎，喻连香．云南某金矿含氰废水处理工艺研究［J］．金属矿山，2013（12）：139~142.

[158] 叶锦娟，迟崇哲，杨飞莹，等．极高浓度含氰废水综合回收治理技术研究［J］．黄金，2015，36（6）：69~72.

[159] JoséR P, Victor V, Letal V J. Detoxification of cyanide using titanium dioxide andhydrocyclone sparger with chlorine dioxide［J］. Chemical Speciation and Bioavailability, 2012, 24（3）：176~182.

[160] Nitoi I, Dinu L, Nicolau M, et al. Study on photocatalitycal detoxification of wastewater contaminated with cyanides［J］. Journal of Environmental Protection and Ecology, 2008, 9（4）：883~889.

[161] 王平，杨静，史娟华，等．二氧化硅/二氧化钛复合材料合成条件对其处理含氰废水性能的影响［J］．有色金属（冶炼部分），2014（1）：71~74.

[162] 张亚莉，杨静，于先进，等．二氧化硅/二氧化钛催化吸附材料的制备及处理含氰废水研究［J］．湿法冶金，2014（4）：313~316.

[163] 冯海兵，胡湖生，杨明德，等．硫氰酸根及其复杂体系的辐照降解研究［J］．环境科学，2008，29（11）：3138~3142.

[164] 刘宇，胡湖生，杨明德，等．电子束辐照降解氰化浸金废水的研究进展［J］．水处理技术，2011，37（1）：20~22.

[165] Zhu W, Huang H, Hu H, et al. Decomposition of thiocyanatein wastewater by electron beam radiolysis［C］//Bioinformatics and Biomedical Engineering（iCBBE），2010 4th International Conference on. IEEE, 2010：1~4.

[166] 曾虹燕，姜和，雷光辉，等．高效降氰菌群的构建及降解特性［J］．环境科学学报，2008，2（4）：487~492.

[167] Akcil A, Mudder T. Microbial destruction of cyanide wastesin gold mining：process review［J］. Biotechnology Letter, 2003, 25：445~450.

[168] 马尧，胡宝群，孙占学．矿山废水处理的研究综述［J］．铀矿冶，2006，25（4）：199~203.

[169] Gurbuz F, Ciftci H, Akcil A. Biodegradation of cyanidecontaining effluents by scenedesmus obliquus［J］. Journal of Hazardous Materials, 2009, 162（1）：74~79.

[170] 刘志斌，金晓芳．人工湿地处理矿山废水的可行性研究［J］．露天采矿技术，2005（6）：39~43.

[171] Bishay F, Kadlec R H. Wetland treatment at Musselwhite Mine, Ontario, Canada［C］//Vymazal J. Natural and Constructed Wetlands：Nutrients, Metals and Management. Leiden：Backhuys Publishers, 2005：176~198.

[172] 王薇，俞燕，王世和．人工湿地污水处理工艺与设计［J］．城市环境与城市生态，1997（3）：59~62.

[173] 杨正全，李晓丹，高波．矿山废水污染与防治［J］．辽宁工程技术大学学报，2002，21（4）：523~525.

[174] 戴晶平，胡岳华．香蒲植物生理特性及其对矿山尾矿的环保作用［J］．矿冶工程，2003，23（6）：32~34.

[175] Alvarez R, Ordonez A, Loredo J, et al. Wetland-based passive treatment systems for gold ore processing effluents containing residualcyanide, metals andnitrogen species［J］. Environmental Science：Processes

Impact，2013，15：2115~2124.

[176] Estay H，Ortiz M，Romero J. A novel process based on gas filled membrane absorption to recover cyanide in gold mining［J］. Hydrometallurgy，2013，2（134~135）：166~176.

[177] Estay H，Hasanoglu A，Romero J. Gas-filledmembrane absorption：novel process to recover cyanide in gold cyanidation［C］. XXV Interamerican Congress of Chemical Engineering（CIIQ 2011），Santiago，Chile，2011.

[178] 周仲魁，陈泽堂，孙占学. 人工湿地在治理矿山废水中的应用［J］. 铀矿冶，2008，27（4）：202~205.

[179] 衷水平，吴在玖，廖元杭. 含金固体废弃物焙烧—酸浸—氰化工艺研究［J］. 有色冶金设计与研究，2011，32（3）：17~19.

[180] 邹积贞，部普今，刘怡芳，等. 从中硫化物高砷矽卡岩型金矿石氰化尾渣中综合回收铜的工艺研究［J］. 黄金，1993，14（8）：29~31.

[181] 王宏军. 超细粒氰化尾渣多金属浮选试验研究与实践［J］. 金属矿山，2003（7）：50~52.

[182] 叶力佳. 氰化尾渣铅锌浮选试验研究［J］. 有色金属（选矿部分），2009（6）：36~40.

[183] 徐承焱，孙春宝，莫晓兰，等. 某黄金冶炼厂氰化尾渣综合利用研究［J］. 综合利用，2008，390（12）：148~151.

[184] 宋翔宇. 某氰化尾矿中金铜铅铁的综合回收试验研究［J］. 黄金，2012，33（4）：39~42.

[185] 赵战胜. 从氰化尾渣中提取 S、Fe、Au 的方法［J］. 选矿与冶炼，2007，7（28）：40~41.

[186] 薛光，任文生. 我国金精矿焙烧—氰化浸出工艺的发展［J］. 中国有色冶金，2007，3：44~49.

[187] 张亚莉，于先进，李小斌，等. 氰化渣磁化焙烧过程中铁化合物反应行为的热力学分析［J］. 中南大学学报，2011，42（12）：3623~3629.

[188] 尚德兴，陈芳芳，陈亦飞，等. 还原焙烧—磁选回收氰化尾渣中铁的试验研究［J］. 矿业工程，2011，31（5）：35~38.

[189] 翟毅杰，李登新，王军，等. 酸性条件下高锰酸钾预处理氰化尾渣的试验研究［J］. 矿业工程，2010，30（3）：66~69.

[190] 尚军刚，李林波，刘佰龙，等. 高酸浸处理氰化尾渣的实验研究［J］. 金属材料与冶金工程，2012，40（1）：30~32.

[191] 胡斌. 有色金属行业含砷废弃物处置技术的研究进展［J］. 化工环保，2014（2）：114~118.

[192] 崔学奇，邱俊，吕宪俊. 硫酸渣综合利用的研究现状与进展［J］. 金属矿山，2004（z1）：509~511.

[193] 马涌，路殿坤，金哲男，等. 硫酸烧渣的综合利用研究［J］. 有色矿冶，2010，26（1）：24~27.